国之重器出版工程

制造强国建设

新型显示技术丛书

触控显示技术

马群刚 编著

電子工業出版社
Publishing House of Electronics Industry
北京 · BEIJING

内容简介

触控显示是融合显示屏技术和传感器技术发展而成长起来的新兴产业技术，已成为电子信息产业不可或缺的重要组成部分，触控显示技术将贯穿万物互联，成为未来智能交互核心。能够实现触控功能的技术门类很多，但完成触控动作的机理各不相同。本书在结合产学研多年科研成果和工程实践的基础上，系统介绍了触控显示技术的基本原理、实现技术，以及存在的问题与对策。全书共 10 章：第 1 章概述了触控显示的发展、分类与挑战，第 2 章介绍了三种关键的触控材料：玻璃盖板、感测材料和贴合胶材料，第 3～10 章详细介绍了电阻式触控、电容式触控、整合型触控、光学式触控、声波式触控、电磁式触控、压力式触控和触觉反馈式触控等获得产业化应用的触控显示技术。

本书可作为高校、科研单位、企业、政府等理解、应用和发展新型显示技术的重要参考资料。

图书在版编目（CIP）数据

触控显示技术 / 马群刚编著. —北京：电子工业出版社，2022.1
（新型显示技术丛书）
ISBN 978-7-121-42747-3

Ⅰ. ①触…　Ⅱ. ①马…　Ⅲ. ①电致发光显示　Ⅳ. ①TN27

中国版本图书馆 CIP 数据核字（2022）第 004629 号

责任编辑：徐蕾薇　　文字编辑：赵　娜
印　　刷：固安县铭成印刷有限公司
装　　订：固安县铭成印刷有限公司
出版发行：电子工业出版社
　　　　　北京市海淀区万寿路 173 信箱　　邮编：100036
开　　本：720×1000　1/16　印张：24.75　字数：476 千字
版　　次：2022 年 1 月第 1 版
印　　次：2022 年 1 月第 1 次印刷
定　　价：128.00 元

凡所购买电子工业出版社图书有缺损问题，请向购买书店调换。若书店售缺，请与本社发行部联系，联系及邮购电话：（010）88254888，88258888。

质量投诉请发邮件至 zlts@phei.com.cn，盗版侵权举报请发邮件至 dbqq@phei.com.cn。

本书咨询联系方式：xuqw@phei.com.cn。

《国之重器出版工程》
编辑委员会

专家委员会委员（按姓氏笔画排列）：

于　全　中国工程院院士
王　越　中国科学院院士、中国工程院院士
王小谟　中国工程院院士
王少萍　“长江学者奖励计划”特聘教授
王建民　清华大学软件学院院长
王哲荣　中国工程院院士
尤肖虎　“长江学者奖励计划”特聘教授
邓玉林　国际宇航科学院院士
邓宗全　中国工程院院士
甘晓华　中国工程院院士
叶培建　人民科学家、中国科学院院士
朱英富　中国工程院院士
朵英贤　中国工程院院士
邬贺铨　中国工程院院士
刘大响　中国工程院院士
刘辛军　“长江学者奖励计划”特聘教授
刘怡昕　中国工程院院士
刘韵洁　中国工程院院士
孙逢春　中国工程院院士
苏东林　中国工程院院士
苏彦庆　“长江学者奖励计划”特聘教授
苏哲子　中国工程院院士
李寿平　国际宇航科学院院士

郑纬民　中国工程院院士
郑建华　中国科学院院士
屈贤明　国家制造强国建设战略咨询委员会委员、工业和信息化部智能制造专家咨询委员会副主任
项昌乐　中国工程院院士
赵沁平　中国工程院院士
郝　跃　中国科学院院士
柳百成　中国工程院院士
段海滨　“长江学者奖励计划”特聘教授
侯增广　国家杰出青年科学基金获得者
闻雪友　中国工程院院士
姜会林　中国工程院院士
徐德民　中国工程院院士
唐长红　中国工程院院士
黄　维　中国科学院院士
黄卫东　“长江学者奖励计划”特聘教授
黄先祥　中国工程院院士
康　锐　“长江学者奖励计划”特聘教授
董景辰　工业和信息化部智能制造专家咨询委员会委员
焦宗夏　“长江学者奖励计划”特聘教授
谭春林　航天系统开发总师

新型显示技术丛书编委会

总序

新型显示产业是国民经济和社会发展的战略性和基础性产业，加快发展新型显示产业对促进我国产业结构调整、实施创新驱动发展战略、推动经济发展提质增效具有重要意义。新型显示产业具有投资规模大、技术进步快、辐射范围广、产业集聚度高等特点，是一个全球年产值超过千亿美元的新兴产业。为了推动我国新型显示产业链条的延伸和产业升级发展，贯彻党中央、国务院提出的“加快实施科技创新和制造强国的发展战略”，系统掌握新型显示产业技术的本质特征，深刻认识新型显示产业技术的发展趋势，具有现实和长远的战略意义。

我国领导人高度重视新型显示产业的发展。习近平总书记先后于 2007 年 6 月 19 日视察上海广电 NEC 液晶显示器有限公司的中国大陆地区第一条 G5 液晶面板生产线，2011 年 4 月 9 日视察合肥京东方光电科技有限公司（以下简称“合肥京东方”）的中国大陆地区第一条 G6 液晶面板生产线，2016 年 1 月 4 日视察重庆京东方光电有限公司的 G8.5 液晶面板生产线，2018 年 2 月 11 日视察成都中电熊猫显示科技有限公司（以下简称“成都中电熊猫”）的世界第一条 G8.6 IGZO 液晶面板生产线。在合肥京东方，习近平总书记指出：显示产业作为战略性新兴产业，代表着科技创新和产业升级的方向，决定着未来经济发展的制高点，一定要大力培育和发展。在成都中电熊猫，习近平总书记勉励企业抢抓机遇，提高企业自主创新能力和国际竞争力，推动中国制造向中国创造转变、中国速度向中国质量转变、中国产品向中国品牌转变。

短短十多年来，在政策推动及产业链相关企业的共同努力下，我国新型显示产业取得了跨越式发展。2017 年，我国大陆地区 TFT-LCD 面板出货量和出货金额双双跃居世界第一。2018 年，我国大陆地区显示面板出货量稳居世界第一，营收规模居世界第二。截至 2019 年 8 月，我国已建成显示面板生产线 43 条，规划或在建显示面板生产线 17 条，全球建成或在建的 6 条 G10 以上超高世代显示面板生产线都在中国。显示面板生产线的投资总额已超过 1 万亿元人民币。2020 年，我国在全球显示面板市场的占比将超过 50%。

在我国显示面板规模稳居世界第一的当下，如何引领显示产业继续向前发展是我们面临的新课题。未来几年是我国新型显示产业进入由大到强、由并跑到领跑的关键时期，面临着产能规模大与创新能力不足、产业配套能力薄弱之间的不平衡，技术储备和前瞻技术布局不充分，资源分散与集聚发展的要求不协调等诸多问题和挑战。深刻认识新型显示技术的原理、内涵和显示产业的发展规律，利用并坚持按发展规律指导显示产业布局，关系到我们是否能够引领新型显示产业的高质量发展，是否能够推动信息产业的转型升级。为了系统呈现当代新型显示技术的发展全貌及其进程，总结和探索新型显示领域已有的和潜在的研究成果，服务我国新型显示产业的持续发展，电子工业出版社组织编写了“新型显示技术丛书”。

本丛书共 7 册，具有以下特点。

（1）系统创新性。《主动发光显示技术》和《非主动发光显示技术》概述了等离子体显示、半导体发光二极管显示、液晶显示、投影显示等全部新型显示技术，《TFT-LCD 原理与设计（第二版）》和《OLED 显示技术》系统地介绍了目前具备大规模量产能力的 TFT-LCD 和 OLED 两大显示技术，《3D 显示技术》和《柔性显示技术》完整地介绍了最具潜力的两种新型显示形态，《触控显示技术》全面地介绍了显示终端界面实现人机交互的支撑技术。

（2）实践应用性。本丛书基于新型显示的生产实践，将科学原理与工程应用相结合，主编和执笔者都是国内各相关技术领域的权威人士和一线专家。其中，马群刚博士、闫晓林博士、王保平教授、黄维院士都是工业和信息化部电子科学技术委员会委员。工业和信息化部电子科学技术委员会致力于电子信息产业发展的科学决策，推动建立以企业为主体，“产、学、研、用”相结合的技术创新体系，加快新技术推广应用和科研成果产业化，增强自主创新技术和产品的国际竞争力，促进我国电子信息产业由生产大国向制造强国转变。本丛书是产业专家和科研院所研究人员合作的结晶，产业导向明确、实践应用性强，有利于推进新型显示技术的自主创新与产业化应用。

（3）能力提升性。本丛书注重新型显示行业从业人员应用意识、兴趣和能力的培养，强调知识与技术的灵活运用，重视培养和提高新型显示从业人员的实际应用能力和实践创新能力。本套丛书内容着眼于新型显示行业从业人员所需的专业知识和创新技能，使新型显示行业从业人员学而有用、学而能用，从而提升新型显示行业从业人员的能力及工作效率。

培育新型显示人才，提升从业人员对新型显示技术的认识，出版“产、学、研、用”结合的科技专著必须先行。希望本丛书的出版，能够为增强新型显示产业自主创新能力，推动我国新型显示产业迈向全球中高端价值链贡献一份力量。

王小谟

中国工程院院士

工业和信息化部电子科技委首席顾问

2019 年 10 月 30 日

序 言

5G、人工智能（AI）、数字孪生等新技术加速了柔性显示、超高清显示、全息显示的发展，显示产业正加速融合智慧城市、智能工业、智能交通、智能家居、智慧医疗等领域，万物互联、万物显示，“显示已无处不在”。触控显示是融合显示屏技术和传感器技术而成长起来的新兴产业技术，已成为电子信息产业不可或缺的重要组成部分，触控显示技术将贯穿万物互联，成为未来智能交互的核心。

触控显示屏作为一种新型的人机交互输入方式媒介，与传统的显示器、键盘和鼠标输入方式相比，触控屏的输入更为简单、直接、方便、自然。无论是以智能手机、平板电脑为代表的消费电子显示，还是以交互式数字标牌等为代表的商用大屏显示，触控显示都已成为一种时尚潮流。触控显示技术更好地满足了人机交互体验的需求，让屏幕显示从单行传播转化为双向互动，实现更为智能化的应用体验，触控显示技术的推广应用成功开启了人机交互时代的大门。

自 20 世纪 60 年代诞生以来，触控显示技术不断发展革新，出现了适应不同行业、不同需求的技术和产品。触控显示产品早期广泛应用于工业计算机、大众运输场所的售票机、银行的 ATM 机等，近几年智能手机、平板电脑、笔记本电脑等新型中、小尺寸触控显示产品的快速崛起，深刻影响了人们对显示屏操作方式的偏好，而对中、小尺寸触控显示产品的使用习惯和依赖程度的建立，又将增加人们对中、大尺寸触控显示产品的需求，从而使触控屏向人类生活全面渗透。随着人性化操作及互动式体验需求的不断增强，流畅的显示及灵敏的触控产品在行车电脑、车载娱乐、导航系统等方面的应用越来越广泛，使汽车电子成为继智能手机、平板电脑之后的第三大触控显示终端应用产品市场。随着“工业互联网”等应用的发展升级，触控显示产品在工业仪器仪表及装备制造业中的需求将持续扩大。随着物联网技术在智慧生活中的不断应用，广泛使用触控显示屏的智能家居需求不断增长。随着未来医疗设备市场规模的不断增长，作为医疗设备重要零部件的触控显示模组的需求将大幅增长。随着触控显示系列产品应用的不断拓展，超大尺寸、快速响应、精确控制、人性化等成为人们对触控屏的全新要求，未来触控显示类产品将更加多样化，应用领域也将更加广阔。

马群刚博士撰写的《触控显示技术》一书系统整理了当前主流触控显示技术的科学原理与工程应用，全面介绍了显示终端界面实现人机交互的支撑技术。它以触控显示技术的发展为主线，对触控显示技术进行了准确细致的分类整理，详细介绍了触控玻璃、盖板玻璃、ITO、银纳米线、金属网格、碳纳米管、石墨烯、透明胶等关键触控显示材料的性能要求和国内外发展现状，同时详细阐述了当前 8 种触控技术的工作原理、结构、实现方法、工艺技术、产业化应用等。《触控显示技术》一书集中了一批一线技术人员和高校专家学者的智慧和经验，内容全面系统，既具基础原理性、理论性，又有很强的实践性，可以为电子工程师、平板显示工作者、学生及其他相关学科研究人员全面、深入、系统地学习触控显示技术提供帮助，值得产业界人士、学术界师生，以及对显示技术演进感兴趣的读者细致研读。

新一轮科技革命和产业变革孕育兴起，带动了数字技术的强势崛起，促进了产业深度融合，显示产业各个环节均在积极布局，抢占未来先机。作为人机交互的最主要方式，触控显示技术也将进一步实现突破和发展。加快触控显示发展，对打造竞争优势、实现制造强国，具有重要战略意义。当前，迫切需要以市场为导向，加速创新链、产业链、资本链“三链”融合，围绕产业链部署创新链，围绕创新链布局产业链，围绕创新链整合资本链，加快建设和完善触控显示产业技术创新生态体系。《触控显示技术》

正是在这样一个产业发展关键时点出现的行业学术专著，具有极高的学术和实用价值，一定能够助推我国触控显示上下游产业链协同创新发展，迈向全球价值链的高端。

中国工程院院士

2021 年 1 月 1 日

前言

显示器以人机交互界面的形态存在，人机交互显示不仅能够在屏幕上显示可视信息，还能感知和理解人类行为，接收用户直接输入的指令。在显示屏上整合触控功能的触控显示技术，方便了显示的使用，拓展了显示的用途。

触控屏的本质为传感器，主要由触控检测装置和触控屏控制器两部分构成。触控检测装置嵌于显示器上，用于检测用户的触摸动作，并将触摸动作信息传送到触控屏控制器；触控屏控制器通过处理触控动作信息确定触摸点的位置，并将其转换成坐标数据传送给主机，同时接收主机传送来的命令并加以执行。

实现触控功能的技术门类很多，但完成触控动作的机理各不相同，主流的触控显示技术是手指或触控笔在触控模块上面近距离使用的技术。根据显示形态与用途的不同，主流的触控显示技术分为电阻式触控技术、电容式触控技术、整合型（嵌入式）触控技术、光学式触控技术、声波式触控技术、电磁式触控技术、压力式触控技术和触觉反馈式触控技术 8 个大类，每个大类又依次划分为若干个小类。整合型（嵌入式）触控技术把触控功能集成在显示屏内，而其他的触控技术被称为分离式触控技术。

触控行业具有产业相当分散和技术高度保密的特点。仅从事触控面板研

发和生产的企业就多达几百家，许多触控方案提供商因为掌握某一项特殊技术而为人所知，触控企业的兼并重组很频繁。所以，很少有触控技术开发者或触控企业发表论文或出版图书，基本没有完整介绍触控显示技术的专著。

本书通过梳理所有主流触控显示技术的科学原理与工程应用，希望能让读者对各种不同的触控技术的操作、功能、应用、优缺点、局限性等方面有深入广泛的认识。全书共 10 章。第 1 章概述了触控显示技术的发展、分类与挑战，第 2 章介绍玻璃盖板、感测材料、贴合胶材料三种关键触控材料，第 3～10 章详细介绍电阻式触控技术、电容式触控技术、整合型触控技术、光学式触控技术、声波式触控技术、电磁式触控技术、压力式触控技术和触觉反馈式触控技术。

全书由马群刚博士负责统稿，多位触控行业的企业技术带头人和高校院所教授参与了撰写。杨伯儒教授撰写了第 1 章中的 1.4 节，彭引平高工撰写了第 2 章中的 2.1 节，李志福高工和马群刚博士撰写了第 5 章，孙晓颖教授撰写了第 10 章，剩余章节由马群刚博士负责撰写。在本书撰写过程中，张冲教授级高工审阅了第 1 章，崔化先高工审阅了第 3 章，唐根初博士审阅了第 4 章，秦锋博士审阅了第 5 章，叶志成教授审阅了第 6 章，陈丽洁研究员和杜朝亮博士审阅了第 7 章，梁云天高工审阅了第 8 章，陈丽洁研究员和李灏博士审阅了第 9 章。此外，李贤斌高工、陈之昀博士、冯哲圣教授、曹军博士、卢如西教授、石腾腾博士、袁剑锋博士、朱泽力高工、曾毅高工、黄亮高工、周九斌高工、李翔宇教授等在本书撰写过程中提出了许多宝贵意见，在此谨向他们表示衷心的感谢。

感谢工业和信息产业科技与教育专著出版资金的支持。限于作者的水平，书中难免存在不足之处，真诚希望各位专家和读者批评指正。

作者

2020 年 10 月 16 日

目录

第1章 绪论

使用显示设备进行人机交互时，需要通过传感器接收被测量的信息，并将接收到的原始信息按一定规律转换成电信号或其他所需形式的信息输出，以满足信息的传输、处理、存储、显示、记录和控制要求。触控屏（Touch Panel）又称为触控面板，是个可以接收触头等输入信息的感应式传感装置。触控屏和显示屏融合发展形成了触控显示。当手指等触头接触到触控显示设备屏幕上的图形按钮时，触控显示设备的触控反馈系统根据预先编程的程式驱动各种连接装置，以取代机械式的按钮面板，并借由显示屏显示所需影像。触控显示技术的发展推动了电子产品更加轻薄化、智能化，推动了显示形态的升级，扩大了显示的应用范围。

1.1 触控显示技术概述

触控显示设备是带有触摸传感器的显示装置，当使用者触摸显示屏幕上的按钮时，触控感应系统会将触摸信号送给CPU，CPU根据预先设定的程序完成相应的操作。实现触控感应的具体传感技术有十多种，常见的有电阻式、电容式、红外线式、声波式、电磁式五种可以进行*X*/*Y*方向触控识别的平面型触控技术，针对*Z*方向触控识别的有压力式触控技术，即3D触控。无论基于哪种触控技术，触控屏都通过识别和检测用户的触控点，将其转化为坐标输入给显示设备进行下一步操作，从而实现人机交互。

1.1.1 触控显示的基本功能

人机交互的输入是指使用者通过鼠标、键盘、触控屏或声控等硬件将信息或指令输入给显示设备，在收到输入指令后，显示设备将信息或响应结果反馈给使用者，主要是显示设备的图像输出和音响设备的声音输出。键盘、鼠标等传统输入设备需要用户通过外挂设备来对显示产品进行操作，这种方式在人机交互的自然性和友好性上存在一定的局限性，而触控屏直接贴附于显示设备的表面，使用者只需轻轻触摸触控屏上面的用户界面就可以对显示设备进行实时操作，符合人类的日常生活习惯，从而使人机交互更加直观、简单和方便，推动触控显示设备广泛应用于通信、医疗、工业控制、信息查询等诸多领域。

1. 触控显示原理

以显示屏为主体的显示模组和以触控屏为主体的触控模组共同构成触控显示模组。触控模组主要包括三类元件：处理触摸选择的传感器单元、感知触摸并定位的控制器，以及由一个传送触摸信号到计算机操作系统的软件设备驱动。如图 1-1 所示，触控显示模组是典型的人机界面产品，是一种包含硬件和软件的人机交互设备。硬件部分包括处理器、显示单元、输入单元、通信接口、数据存储单元等，软件部分包括运行于硬件中的系统软件和运行于显示单元操作系统下的画面组态软件。触控显示模组作为输入和输出二合一的人机接口，屏幕即键盘，设计美观，操作方便。

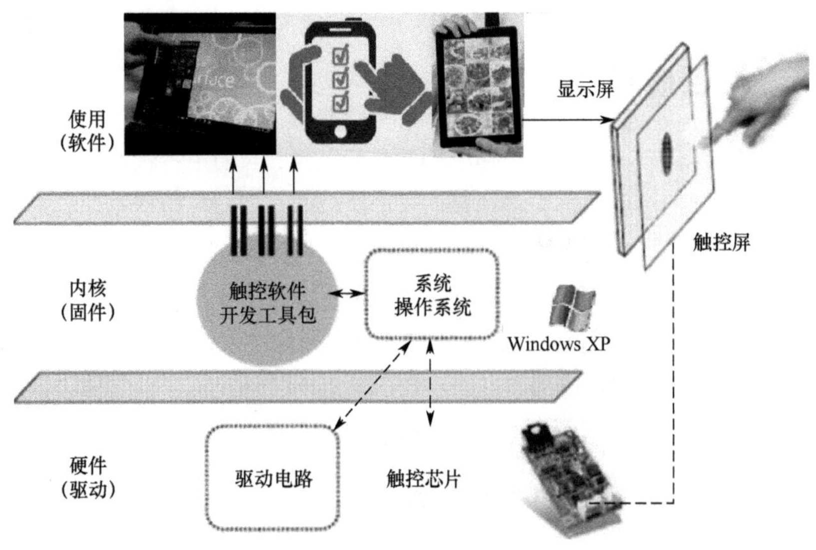

图 1-1　触控显示模组的基本结构

触控屏是一个可接收电、声、热、力和体等输入信号的感应式装置，当触头在屏幕上输入信号时，屏幕上的触控反馈系统可利用软件驱动各种连接装置，用于取代机械式的按钮面板。从应用属性看，触控屏是一套透明的绝对定位系统，应具备定位和透明两大功能。

触控屏的基本功能是精确定位触控位置（触点）。触控屏系统由触控感测部件和控制器两部分组成。触控感测部件一般安装在显示屏前面，用于检测用户的触控位置，并将相关信号送至控制器；而控制器的主要作用是从触控感测部件接收触控信息，并将其转换成触点坐标送给 CPU，同时能接收 CPU 发来的命令并加以执行。与鼠标的相对定位系统不同，触控屏是一套绝对坐标定位系统。绝对坐标系的特点是每次的触点坐标和上一次定位坐标没有关系，每次触控输入信号都会转化成屏幕上的特定坐标，并触发相应的功能。这要求触控屏在不同情况下，相同触点位置输出的坐标是稳定的。如果点击相同位置会输出不同坐标（触点不准），就会出现定位漂移现象。针对不同类型的触控屏，虽然引起定位漂移的原因存在差别，但改善方法目前主要以算法优化为主，当多次触控相同位置时，触控屏控制器多次采集触控屏传感器的模拟信号，并同步将模拟信号转换为数据后进行统计分析，当多次点击位置达到一定相似度时，给出相同的坐标值，从而改善触控的体验效果。

触控屏一般贴附于显示面板的上面或集成于显示面板的内部。因此，其透明度直接影响触控显示模组的显示画质。这种结构对触控屏光学性能提出的高要求可从以下四个特性进行表征：透光率、色彩失真度、反光率和雾度。

在众多触控显示技术中，光学式和声波式触控技术因不需要在透明衬底上制作电极而具有出色的透光率，其透光率主要取决于透明衬底自身的材质，像玻璃衬底的透光率可达 91%以上。对于电阻式、电容式等触控屏，由于它们是多层薄膜结构，会降低透光率。由于不同薄膜材料的透光率与波长相关，通过多层薄膜结构后看到的背部显示屏的色彩，可能存在一定色彩失真，并影响视频观感。

另外，多层薄膜也容易引起高反射率，主要是指由于镜面反射造成图像光线与环境光影相重叠，造成显示图像可视度下降。反光过强会限制触控屏的使用范围，严重影响用户的使用体验。例如，在日光下无法看清显示屏幕的显示画面。

显示画面的清晰度还与触控屏的雾度密切相关。清晰度是影像上各个影纹、细节、边界的清晰程度。雾度可以很好地表征显示画面的清晰程度，它是指偏离入射光一定角度的投射光强与总投射光强之比。雾度越小，显示画面越清晰，在显示领域，一般要求雾度小于2%。

2. 触控显示应用

随着万物互联时代的到来，人们对智能化操作的需求迅速提升，越来越依赖触控屏，从而催生了触控显示更大的市场潜力。触控显示的应用领域除智能手机和平板电脑外，还有大数据信息查询系统、车辆管理系统和交通信息查询系统等信息产业领域；电视/电话会议控制系统、酒店管理查询系统和会议日程安排等商务管理领域；银行自动存取款机、股票信息查询平台等金融行业领域；工业生产车间控制平台、物流管理控制系统等工业生产领域；图书检索平台、旅游信息查询、游戏机控制平台、移动通信设备等公共信息领域；零售、医疗、教育等领域。触控显示终端产品的应用与产品尺寸密切相关。

在中小尺寸触控显示应用方面，智能手机和平板电脑获得了广泛普及，车载人机交互界面也成为小尺寸触控发展期待的应用领域。随着智能车载电子系统的不断升级，车载显示从普通的显示屏升级为触控屏，同时汽车的仪表盘也升级为触控显示器，触控体验与智能手机十分相似，丰富了驾驶员及乘坐者的感官体验，如图1-2（a）所示。小尺寸触控显示模组已经拥有了许多消费电子领域盛行的功能，随着电子化、智能化的深入，触控显示将具有十分广阔的市场和发展前景。

(a) 车载触控显示

(b) 多点触控

图1-2 触控显示模组的应用

在大尺寸触控显示应用方面，零售数字标牌的应用，体现了触控显示屏的高效信息化，除传统的信息推送外，还能够与顾客形成互动式的购物体验，如虚拟试衣、智能识别等。在教育领域，会强调多点触控、多屏互动、智能分享、云应用等，如图 1-2（b）所示。在企业会议室的应用，则会强调功能丰富、兼容性强、可移动化操作、远程管理等。

对于一些显示控制产品市场，也是触控行业可以期待的应用领域，如工业控制上的应用、智能家电产品上的应用。这类产品包括带有触控屏幕和计算机调温的冰箱、数控机床的操作面板、控制与显示一体化的 B 超设备等。这些领域的产品对触控面板的性能要求相对较高，如防尘/防水更好、抗震、特殊的电磁兼容性等。

1.1.2　触控显示技术比较

自触控屏发明以来，触控技术逐步发展和完善，目前比较主流的触控技术包括电阻式、电容式、声波式、红外线式、电磁式五种，此五种触控技术主要是针对平面的触控技术，即可以进行 *X*/*Y* 方向的触控识别。本节将从这五项主流触控技术的性能、操作方式、产品领域、优缺点等方面进行比较。

如表 1-1 所示，电阻式触控成本与技术门槛最低，但因为其触控需要按压使两面 ITO 膜内凹，因变形而使 ITO 层接触导电使电阻发生变化，因多次变形所以寿命较短且性能较差，透光率低、不支持多点触控等一系列缺点使得其不能满足高端产品的需求。

表 1-1　触控技术对比一览

特性/技术种类	电阻式（Resistive）	电容式（Capacitive）	声波式（SAW）	红外线式（Infrared）	电磁式（Magnetic）
透光率	85%	85%～91%	92%	98%	90%
感应方式	侦测电压	电容变化	侦测声波	信号遮断	电磁感应
操作寿命	100 万次	2 亿次	500 万次	5 亿次	3 亿次
侦测精度	感压面积	触控面积	侦测面积	遮断面积	介质磁通量
耗损部件	ITO 薄膜	无	无	无	无
成本价格	一般	中	高	高	高
技术门槛	低	中	高	高	高
产品特性	怕刮、怕火、透光度低	防污、防火、防静电灰尘、耐刮	防火、耐刮、机构厚度	可靠度高、耐刮、防火，但防水与防污性较差	压力感应度高，但需使用专用电磁笔，组装难度高，厚度增加
应用尺寸	2～12 英寸	3～30 英寸	10～50 英寸	6～40 英寸	2～20 英寸

电容式触控传感以其响应速度快、可靠性高、支持多点触控等优势逐渐占据市场，现在已经是智能手机及平板电脑等高端产品的触控标准配置，电容式产品普遍使用于3～30英寸的显示交互，具备最大的产品使用范围。

声波式触控技术是通过触摸导致声波的能量或频率信号变化来定位的触控技术，表面声波式触控技术不仅探测稳定，能精确地定位 X 和 Y 轴坐标的方向，还可以从接收波形的信号的衰减缺口感应 Z 方向的坐标，对应触摸压力的大小，衰减缺口越宽、越深，触摸压力越大。表面声波式触控技术适合用于大尺寸及非金属表面，技术门槛与成本价格都比较高，且使用寿命相对较短，还需要提升。

红外式触控屏是基于检测红外光线是否被遮挡来检测和定位用户触摸行为的触控屏。用户在触控屏幕时，手指就会挡住经过该位置的横竖两条红外线，据此可以判断出触摸点在屏幕中的位置。红外式触控屏主要应用于无红外线和强光干扰的各类公共场所、办公室及要求不是非常精密的工业控制场所。

电磁式触控技术基于电磁感应实现触控感应，触控模块需要配套一支能够发射电磁信号的笔作为信号发射端。这支笔在靠近触控面板时，发射的电磁信号能被信号接收端的天线阵列感应，并在对应位置的感应线圈中产生电流，电磁式触控的特点具有其他触控方式所不具备的极高精度，这是电磁式触控较早实现实用化的一个因素。

整体而言，在投射电容式触控屏量产之前，市场上主要是电阻式触控屏和红外式触控屏，这两种对应的是简单的触控操作。当投射电容式触控屏实现量产后，因为其具有多点触控功能，搭配智能操作系统，表现出非常好的人机交互效果，因此，手机、平板电脑、笔记本电脑及AIO等高端产品，都使用电容式触控屏。电阻式触控屏萎缩到工业设备领域；红外式触控屏则主要用于大尺寸的商业显示，操作简单、低成本。电磁式触控屏则用于需要高精度书写的领域，但电磁笔的能源模块、通信模块及能耗增大等缺点，都对大规模产品化产生了影响。

1.1.3 触控显示的基本性能与概念

触控显示的基本性能与概念包括线性度（Linearity）、准确度（Accuracy）、灵敏度（Sensitivity）、手套操作（Glove）、防手掌识别（Palm Rejection）、手势（Gesture）、手势识别（Gesture Recognition）、被动笔（Passive Stylus）、

主动笔（Active Stylus）、触控点数（Touch Numbers）、报点率（Report Rate）、防水（Waterproof）、信噪比（SNR）、两手指分离度（Finger Pitch）、坐标转换等。

线性度指在触控显示器件划线时报点轨迹与实际划线的偏差大小，反映触控显示器件划线响应的一致性。边缘与中心区域，横竖方向与斜方向，线性度会有一定差异，通常边缘与斜线线性度会差一点。如图 1-3（a）所示，法线距离误差 E_1 由实际报点与路径规划点决定。

$$E_1 = \frac{\left(y_{实} - y_{始}\right)\cdot\left(x_{终} - x_{始}\right) - \left(x_{实} - x_{始}\right)\cdot\left(y_{终} - y_{始}\right)}{\sqrt{\left(y_{终} - y_{始}\right)^2 + \left(x_{终} - x_{始}\right)^2}} \tag{1-1}$$

线性度一般情况下采用均方根非线性误差来表示，它是衡量触点在触控屏上的实际位置与触控屏通过检测计算得出的触点位置之间线性关系的一种性能指标。由式（1-2）求得的$\Delta x'$即 x 轴上的均方根非线性误差。

$$\Delta x' = \sqrt{\frac{\sum_{i=1}^{n}(x_i - x_{0i})^2}{n}} \tag{1-2}$$

式中，x_i、x_{0i} 分别表示第 i 个触点通过触控屏检测计算得出的输出坐标值及实际位置的坐标值。

如图 1-3（b）所示，横轴表示触点之间的距离，即 L 轴；纵轴表示触点在 x 轴上的位置。通过将实际触点位置与通过触控屏检测计算得出的坐标位置绘制在坐标体系中，图中曲线部分即触控屏计算得出的坐标线，直线部分即触点真正的位置描绘线。图中，x_1、x_{01} 分别是触控屏上离原点距离 L_1 处的点对应计算得出的位置与实际触点的位置，依次类推其他触摸点的情况。x 方向线性度表示为

$$\delta = \sqrt{\frac{\frac{(x_1 - x_{01})^2 + (x_2 - x_{02})^2 + (x_3 - x_{03})^2 + \cdots + (x_n - x_{0n})^2}{n}}{L_{\max} - L_{\min}}} \times 100\% \tag{1-3}$$

式中，x_n、x_{0n} 分别表示第 n 个触点通过触控屏检测计算的坐标值与实际触点的坐标值，$L_{\max}$、$L_{\min}$ 分别表示所有测量的触点中实际相差最大的距离。y 轴方向上的线性度也可以采用上述方法求得。

准确度 D 指触控显示模组报点位置与触控点位置的偏差，用来反映触控显示模组触控性能的精准程度。用户操作触控屏的定位，比滑动测试时要求更高，一般采用重心公式乘放大系数 G，以此来满足触控准确度的要求。

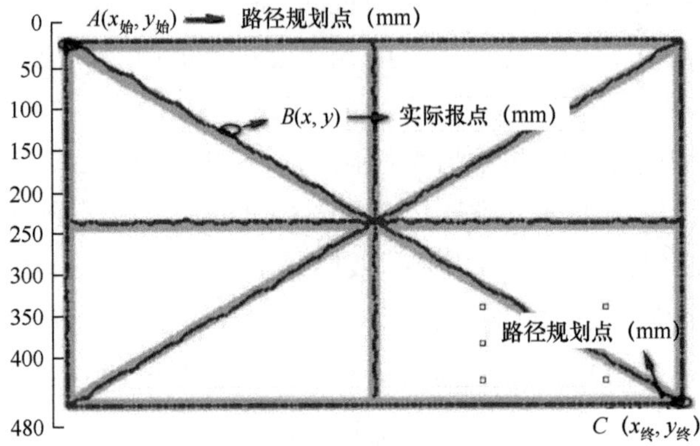

(a) 实际报点与路径规划点

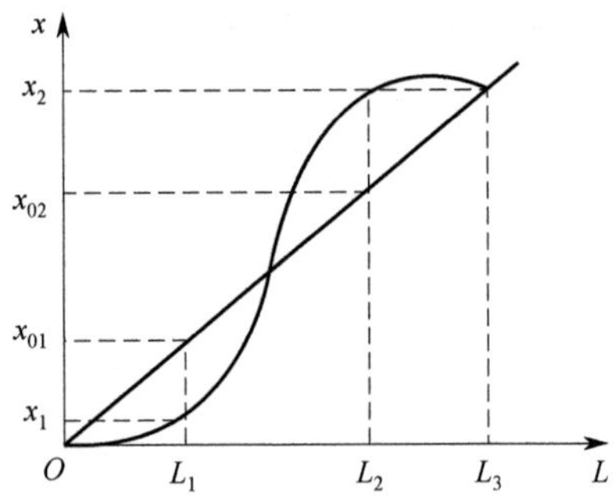

(b) 触点的输出坐标值和实际坐标值

图 1-3 触控屏线性度分析

$$P = n \cdot G = \frac{\sum_{n=1}^{N}(nS_n)}{\sum_{n=1}^{N} S_n} \cdot G \tag{1-4}$$

如果重心放大不能满足精度，就必须对计算公式进行修正，修正后的公式如下：

$$P = \frac{R_{\mathrm{L}}}{N} \cdot \frac{\sum_{n=1}^{N}(nS_n)}{\sum_{n=1}^{N} S_n} - 0.5 \tag{1-5}$$

式中，P 表示手指在屏上的 X 或 Y 的坐标值，G 表示放大系数，S_n 表示在第 n 个通道感应点上的信号量，N 表示 X 或 Y 方向上覆盖的通道个数，R_{L} 表示触控屏在 X 或 Y 方向的逻辑分辨率。

准确度 D 计算公式如下：

$$D_{准确度}=\sqrt{\left(x_a-x_r\right)^2+\left(y_a-y_r\right)^2} \tag{1-6}$$

其中，$(x_a,\ y_a)$为实际触控点坐标，$(x_r,\ y_r)$为报告触控点坐标，如图 1-4 所示。

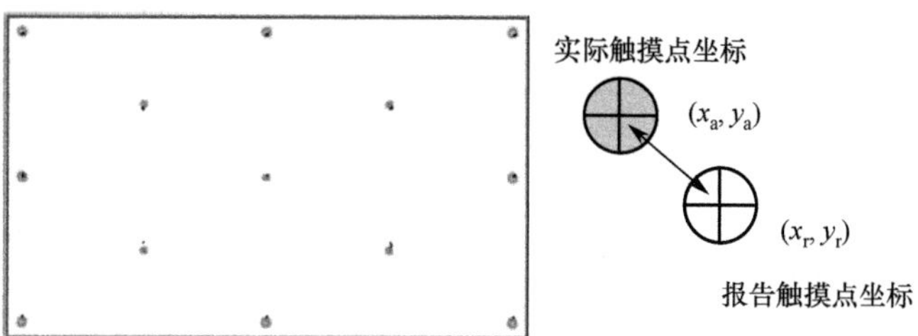

图 1-4 准确度

灵敏度指测量最小被测量的能力（感应度），一般定义为由手指触摸产生的最大信号与设定阈值的比例。阈值设置越低，灵敏度就越大，但可能会因噪声而产生误触发的风险；阈值设置过高，灵敏度将降低，但可能会因触摸信号低而产生无报点的风险。一般选择手指触摸产生的最大信号量的一半左右为宜。此外，灵敏度与感应元器件上的覆盖物厚度也有一定的关系，如图 1-5 所示。

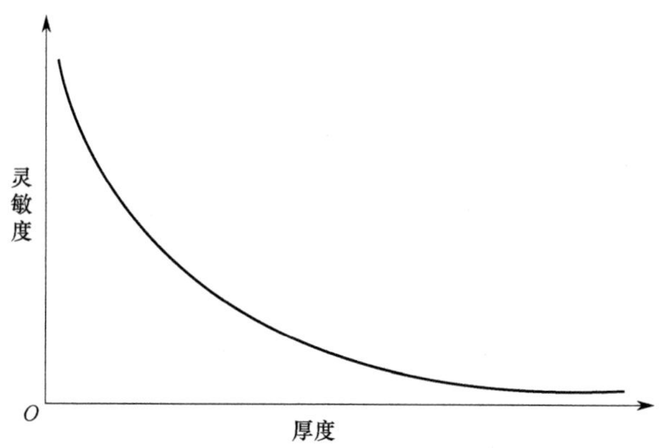

图 1-5 灵敏度与覆盖物厚度的关系曲线

手套操作关注触控操作时所戴手套的材质，如橡胶、尼龙、棉质、牛皮等，主要针对电容式触控显示技术，如图 1-6 所示。不同材质的手套介电系数不同，产生的触控效果也不同，例如，橡胶手套的介电系数通常为 2～3，尼龙手套的介电系数为 3.5～3.8，棉质手套的介电系数为 2.2，不同的材质手套的介电系数影响手指到触控屏幕表面形成的电容，从而影响触控效果。同种材质不同厚度的手套，同样影响触控效果。

防手掌识别（Palm Rejection）：手掌（大面积）接触屏幕时，触控屏不报点，其他非手掌接触的区域，可以正常操作。如图 1-7 所示，在使用电容笔操作时常用到此功能，当手掌接触到触控屏表面时不会误报点，同时再使用电容笔操作时可以正常操作。此功能需要关注：面积多大时判为大面积；手掌识别和被动笔是否需要同时使用（有些 IC 不支持同时使用）。

图 1-6　手套操作

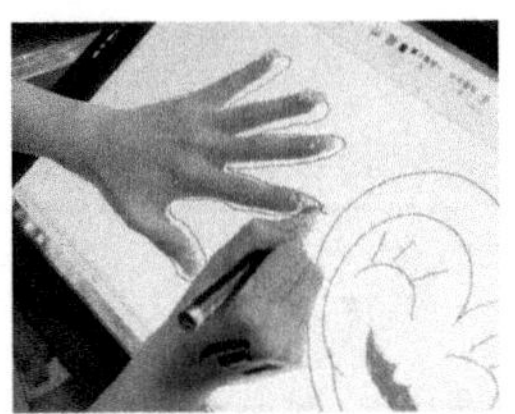

图 1-7　防手掌识别

手势的具体方式如图 1-8 所示。手势可用于触控显示模组的工作唤醒。手势唤醒指在黑屏时，在触控屏上画特定的图案，可以解锁屏幕或直接打开相应的应用。触控屏的手势指示一般有单击、双击、拖放、旋转、缩放等。其中拖放、旋转、缩放实质上是触点在做移动，或者可以当成在触控屏上完成划线的动作。所以触控屏的手势指示可以简化为单击、双击及划线。

当主机接收到第一个触摸坐标时，手指处于“按下”的状态，过后如果在一定的时间 t_1 内没有接收到第二个坐标点，则认为发生了“抬手”的动作。这里的 t_1 定义为一般手指从抬起到再次按下所需要的时间，如果在这个时间内接收到了第二个坐标点且属于第一个坐标点的领域内，则说明手指没有离开触控屏，重新计时直到判定为发生了“抬手”动作；再过一定的时间 t_2，如果有新的坐标点产生且属于第一坐标点的领域内，说明该次动作为双击，否则为单击；这里的 t_2 定义为一般手指点击触控屏开始到主机接收到新坐标所用的时间。上面提到的领域由触控屏的分辨率决定。一个坐标点属于另一个坐标点是指两个坐标点间的距离在分辨率之内。

单击、双击涉及的坐标数据少，每个坐标数据都单独地表征它的含义，最多也是两个坐标数据之间有一定的关联，而且单个坐标点表征含义显得尤为重要。但是，对在触控屏上划线则不同，它往往涉及多个坐标数据。如果手指移动速度过快，在采集这些触点时就可能存在一些数据欠采样或在传送

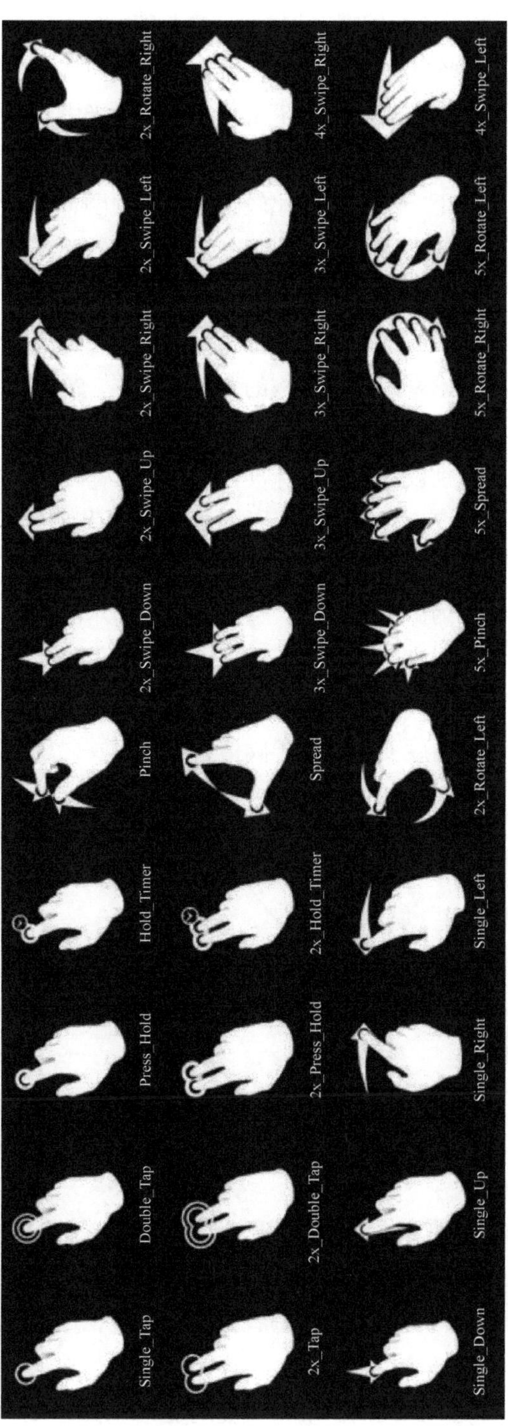
Single_Tap
Double_Tap
Press_Hold
Hold_Timer
Pinch
2x_Swipe_Down
2x_Swipe_Up
2x_Swipe_Right
2x_Swipe_Left
2x_Rotate_Right
2x_Tap
2x_Double_Tap
2x_Press_Hold
2x_Hold_Timer
Spread
3x_Swipe_Down
3x_Swipe_Up
3x_Swipe_Right
3x_Swipe_Left
4x_Swipe_Right
Single_Down
Single_Up
Single_Right
Single_Left
2x_Rotate_Left
5x_Pinch
5x_Spread
5x_Rotate_Right
5x_Rotate_Left
4x_Swipe_Left

图 1-8　手势的具体方式

中丢失一些数据，引起坐标点的弹跳，跳跃间隔长的话就可能会被误认为发生了“抬手”动作，认为划线结束；手指移动速度慢的话，在采集数据时可能造成坐标点在某一点处分布很紧密，带来毛刺，一般采用求平均值的方法排除。如果新的坐标点属于第一个坐标点的领域，将它们的坐标求平均值作为真正的触点坐标，再与下一个新坐标比较，若还是相融，再求取平均值作为真正的触点坐标，如此循环下去，直到两个坐标之间的距离大于触控屏的分辨率时结束。

手势识别属于多点触摸技术，同时由坐标采集和转换技术及手势识别技术构成，缺一不可。无论采用何种结构的多点触控屏，最后生成的坐标数据结构都一样。手势识别仅仅对生成的坐标数据进行综合处理，属于数据的后期处理。所以，手势识别没有固定的标准，同样的动作依照不同的应用程序可以触发不同的操作。最基本的手势识别动作是延长和旋转。“延长”是对两点间的距离进行比较，“旋转”是对两点所确定的直线相对于水平参考线的夹角大小进行比较。为减小计算量，直接对距离的水平及夹角的正切值进行比较。这样，不需要对点的移动细节进行考察，而仅需要直接比较不同时刻两点所成直线的状态。如图 1-9 所示，时刻 1 测得两点坐标 A、B，时刻 2 测得两点坐标 A'、B'，角度变化 a 大于阈值，则判定发生旋转操作；长度变化 d 大于阈值，则判定发生缩放操作。

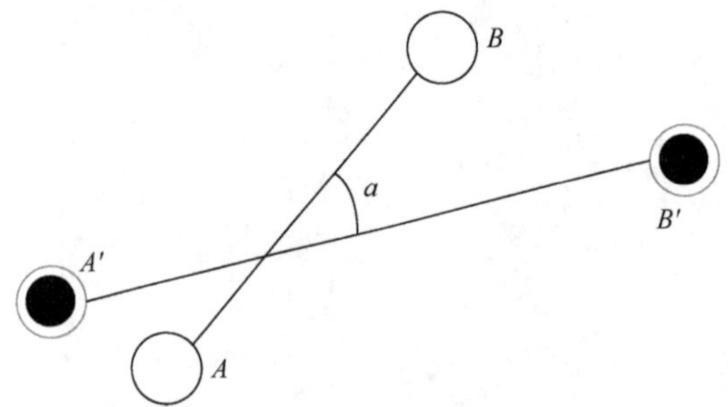

图 1-9　基本手势识别

被动笔和主动笔主要应用于电容式触控屏和电磁式触控屏。被动笔不发射信号，与触控屏接触可以改变触控屏的电容或电感。主动笔里有电路，发射信号给触控屏接收，来检测笔的坐标，需要电池。在电容式触控技术中，为了使被动笔头引起足够的电容变化量，通常笔头直径都比较大。在笔中加入压力传感器，可以使笔感测用户书写力度的变化，从而根据书写力度的变

化来改变笔迹的粗细，达到优异的用户体验效果。

触控点数指可以同时识别触摸点的数目。通常大于等于 3 点的，称为多点触控。

报点率指触控屏报点的频率，报点率越高单位时间内报出的坐标点数越多，系统接收到的数据量越大，可以越真实地还原触摸的轨迹。一般报点率需求大于 80Hz，不同应用要求不一样。

防水指当水或水汽加到盖板表面区域，滴水过程和触控操作时，无死点、乱报点、多报点或其他功能失效，未触控时无乱报点。评估时要注意应用环境，对防水需求划分等级，并注意盖板上的液体是否为导电液体（如盐水）。

信噪比（SNR）是指触控信号与噪声之比（S/N），如图 1-10 所示。一般来说，S/N 越大越好，但是没有必要过分追求 S/N 值，因为在有的情况下受 PCB 布线和覆盖物的材料、厚度的限制，很难达到很高的信噪比，但无论如何 S/N 不能小于 5，否则将很难保证不会出现误触发和其他不可控的问题。不同触控芯片的供应商，SNR 算法可能会有差异。典型的 SNR 计算公式如下：

$$\mathrm{SNR}=\frac{S_{\mathrm{T}}}{3\sigma}=\frac{S_{\mathrm{T}}}{3\sqrt{\frac{1}{N}\left[\left(x_1-\mu\right)^2+\left(x_2-\mu\right)^2+\cdots+\left(x_N-\mu\right)^2\right]}} \tag{1-7}$$

式中，$\mu=\frac{1}{N}\left(x_1+\cdots+x_N\right)$，$N$=1000。$S_{\mathrm{T}}$ 表示触控信号，σ 表示触控 IC 的噪声。

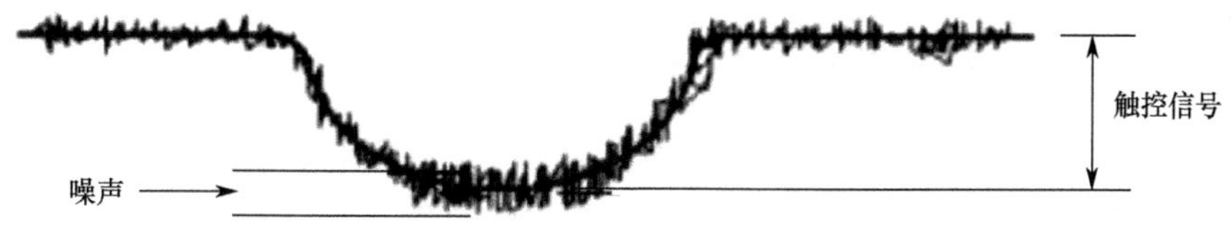

图 1-10　信噪比

两手指分离度指检测触摸时两指间的最小距离，如图 1-11 所示。两指在触控屏上滑动，当两指并拢到某一个距离时，系统判断为一个点。每根手指触摸时都会形成一个信号量，当两指之间逐渐靠近信号量出现叠加的形态，两指移动到某一距离，两指间的信号叠加使系统判定为一个大面积的信号输入，从而只输出一个坐标。两指分离度通常要求大于 2.5 倍的感测电极节距。

在触控屏和显示屏装配过程中，可能会出现两者边缘没有对齐的情况，

或者经过长时间的使用后，触控屏与显示屏发生错位而导致显示屏的坐标原点、标度与触控屏的原点、标度不一致。所以，必须进行坐标变换，使得通过触控屏放映的坐标与显示器上的坐标一一对应。

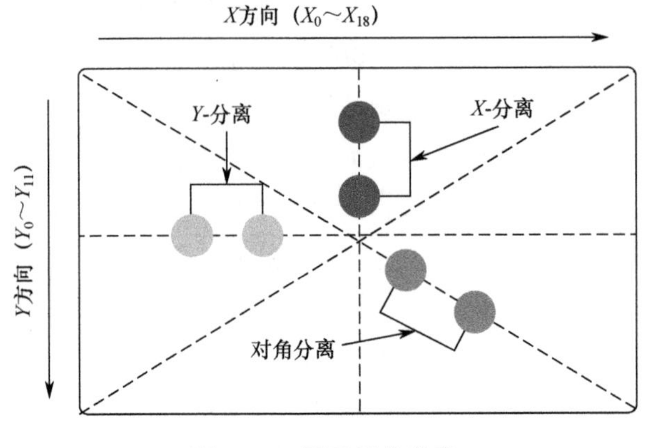

图 1-11　两手指分离度

1.2　触控显示技术的发展

触控显示技术在 2000 年后走向成熟，2007 年后快速发展，主要从外挂式触控发展为内嵌式触控，从单点触控发展为多点触控，从框贴发展为全贴合。随着市场对人机互动理念认知的不断提升，触控显示技术不再满足初级的触摸、滑动，更人性的体验效果成为技术研发的目标。

1.2.1　触控显示技术的发展历程

触控屏源于 20 世纪 60 年代，是美国军方为军事用途而研制的。经过 50 多年的发展，触控屏现已得到广泛应用。2007 年第一代 iPhone 手机拉开了智能手机触控显示时代的序幕。2010 年，随着智能手机的爆发式增长和平板电脑的面世，电容式触控操作和高分辨率显示技术在智能移动终端上的核心地位得到认可。第一代 iPad 发布，使得触控屏在中大尺寸产品市场得以拓展。

1．触控技术从发明到产业化

1965 年，约翰逊（E. A. Johnson）首次提出电容式触控屏的设想：屏幕的主体是一块复合的玻璃屏，内表面涂有一层 ITO 导电层，四个角落分布四个电极。当手指触碰到玻璃屏时，由于人体自带的电场，会令手指和玻璃内层的金属层形成一个电容，从而“吸走”该位置的少量电流。这个“泄漏”的电流是从四个电极流出来的，而且理论上流经不同电极的部分与手指到电极的距离成正比。通过控制器的精密计算，就可以准确地得到手指的位置。1967 年，约翰逊制造了历史上第一块触控屏：手指点到哪里，屏幕就会在该处发出亮光，如图 1-12（a）所示。

20 世纪 70 年代，为了提高武器装备的自动化水平，美国科学家研制了一种方便控制的智能化瞄准调节器，该调节器能够通过手指触摸，调节显示器屏幕来控制其视野中的十字坐标位置。其采用的触控机制是电阻式触控技术。1970 年，塞缪尔・赫斯特（Samuel Hurst）通过手工方式制造出了世界上第一台电阻式触控屏“AccuTouch”。1977 年，摩托罗拉公司推出了第一款支持触摸笔输入的掌上电脑 Palmpilot，标志着电阻式触控屏商业化的开始，如图 1-12（b）所示。1982 年，SamHurst 与西门子合作，将电阻式触控技术应用于电视机。1996 年，Palm 公司凭借 Pilot 系列掌控 PDA 掌上电脑市场近十年，随后开始转向智能手机开发。1999 年，摩托罗拉公司推出了第一款集成了电阻式触控屏的手机 A6188，支持手写中文。

(a) 约翰逊的电容式触控屏

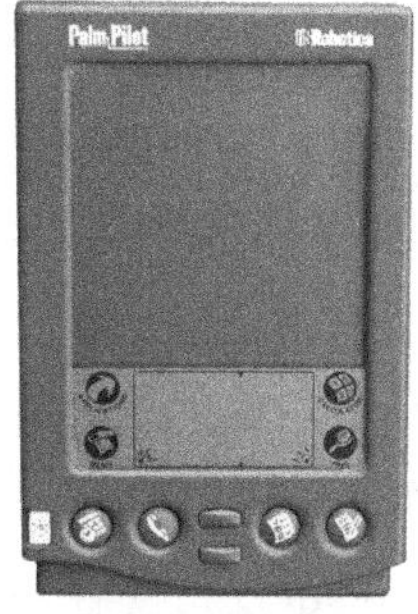

(b) 电阻式掌上电脑 Palmpilot

图 1-12 历史上的触控屏样机

光学式触控显示和声波式触控显示的发展较早，但由于使用的限制，很长一段时间内并未得到充分的发展及应用。20 世纪 70 年代，美国 Carroll Touch 公司最早商业性地开发了红外阵列式触控屏。这种显示屏把红外 LED 阵列置于显示屏的两个邻边，把光电二极管（PD）置于 LED 的对边。当 LED 开启时，光电二极管探测到 LED 的信号，当发生触摸动作时，系统会根据红外信号被阻断来识别触摸的位置。如图 1-13（a）所示，1983 年推出的惠普 PC-150 是最早的商用触屏电脑之一，屏幕上网格红外线可记录手指运动，

但其感应器会堵塞灰尘，需要经常清洁。如图 1-13（b）所示，1994 年 IBM 公司推出了第一部智能手机“IBM 西蒙（IBM Simon）”，该手机采用压力传感触控屏，可替代机械按键。

(a) 惠普 PC-150

(b) IBM Simon

图 1-13 不同阶段样机展示

进入 21 世纪，带有触控屏的智能手机普遍流行，出现了诺基亚 Symbian 系统手机、微软 Windows Mobile 及索尼爱立信 UIQ 平台手机。2007 年是触控屏发展的分水岭。当年 3 月，LG 公司推出首款具有多点触控功能的电容式触控屏手机 Parada。同年 6 月，苹果公司推出具有高分辨率和多点触控功能的电容式触控屏手机 iPhone。随着智能手机的爆发式增长和平板电脑的面世，触控操作尤其是电容式触控操作在智能移动终端上确立了核心地位。第一代 iPad 发布使触控屏竞争扩展到中大尺寸领域。微软推出的 Windows 7 系统使家用计算机支持多点触控。

2. 从外挂式触控到内嵌式触控

早期的触控显示模组将触控模块和显示模块分开，称为外挂式触控显示技术（Out-Cell）。外挂式触控显示技术对于盖板可视区（显示区域）以外的左右边框部分（非显示区域）都需要制作金属线路，同时金属线路要和显示区域的透明导电材料 ITO 搭界，从而组成一个完整的触控显示模组，因此触控屏左右边框需要一定的宽度来走线，导致边框较粗。另外，外挂式触控屏和手机机壳结合的主要方式为泡棉胶贴和点胶，其中点胶对于边框要求一般比泡棉胶的小，没有良好的一体化体验。如图 1-14 所示，早期的触控显示模组使用 GG（Glass-Glass）触控屏方案，后来触控模块为了优化 GG 感应结构，推出 GFF（Glass-Film-Film）、G1F（Glass-Film）、OGS（One Glass Solution）等触控屏方案。其中，GFF、G1F 均需要使用铟锡氧化物 ITO 膜；GG 则是在玻璃衬底上，使用溅射镀膜方式涂布 ITO 图案，达到如同 GFF、G1F 的 ITO 薄膜感应效果。

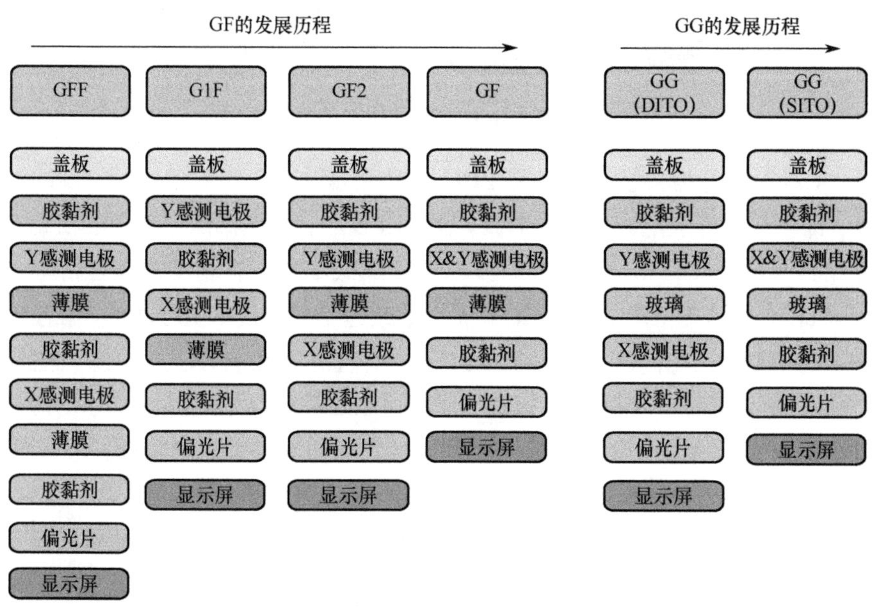

图 1-14　外挂式触控技术发展

使用外挂式触控技术，研究者大多把轻薄化设计着眼于电路载板、元件上面，或使用高效能的锂聚合物电池进行产品厚度改善，但实际上通过改善元件厚度与载板优化能改善的轻薄化设计已相当有限，移动设备开发商需要开发更积极的产品轻薄化设计方案。解决方案是将触控屏感测功能集成到盖板上或内置于显示屏中，分别形成 OGS 触控显示技术和 On-Cell/In-Cell 触控显示技术。整合型触控显示技术的发展历程如图 1-15 所示，其中出现过各种各样的技术类型，均为将触控感测电极的位置进行简单更换。

OGS 技术由于减少了一块衬底玻璃的使用，结构更为轻薄、透光性更好。由于省掉一片衬底玻璃和一道贴合工序，利于降低生产成本、提高产品良率。但是，该技术面临在感测电极的工艺选择、兼容盖板玻璃时的强度保持与质量稳定性、控制芯片的调校等问题，量产厂商较少。

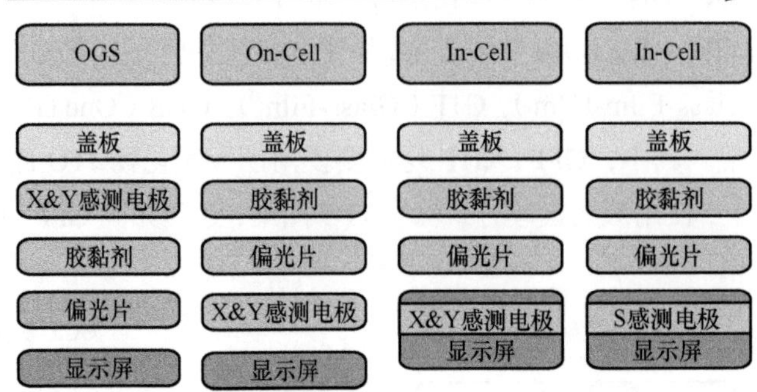

图 1-15　整合型触控显示技术的发展历程

On-Cell 是指将触控屏嵌入 LCD 的彩色滤光片基板和偏光片之间的技术，即在显示屏上配触控感测电极。在 OLED 中，触控感测电极一般在偏光片和封装层之间，相比 In-Cell 技术难度降低不少，有利于提高合格率。On-Cell 多应用于三星 AMOLED 产品上，致力于解决技术上轻薄化、触控时产生的颜色不均等问题。三星在 On-Cell 技术上的成果有 YOUM（柔性主动有机发光显示器）、AP1S（过渡方案）、Youm On-Cell Touch AMOLED（Y-OCTA）等。另外，Cambrios 公司提出的 FF 和 F2 超薄触控叠构，更是为这项技术提供了一个可行的解决方向。

In-Cell 结构将触控感测电极嵌入液晶像素中，需要在 TFT 阵列基板上的像素内部嵌入触控感测功能。为此，必须使用复杂的半导体制造工艺，影响成品率。另外，在像素内嵌入触控感测电极，会降低像素开口率，影响画质。根据触控感测电极中驱动电极（Tx）与接收电极（Rx）放在显示屏中的位置不同，得到了混合式 In-Cell、单电极式 In-Cell 结构、掩膜节省式 In-Cell 结构等。其中索尼的混合式 In-Cell 技术（Hybrid In-Cell）同苹果的互电容式 In-Cell 技术相比，区别主要在于前者的驱动电极在显示屏内部，接收电极在显示屏外部，而后者的驱动电极与接收电极都在显示屏内部。基于互电容式 In-Cell 结构的 iPhone 5，直接将触摸感应驱动电路嵌入 LCD 显示屏的 TFT 基板上，使 iPhone 5 的厚度压缩到了 7.6mm，比上一代 iPhone 手机薄了 18%。

从 GF2、GG 等外挂式触控屏技术到 OGS、In-Cell 等整合型触控屏技术，触控显示模组的集成度更高，产品更为轻薄。表 1-2 给出了 GF2、GG、OGS、In-Cell 四种典型触控屏的性能比较。

表 1-2　GF2、GG、OGS、In-Cell 四种典型触控屏的性能比较

性　能	GF2	GG	OGS	In-Cell
电极位置	分置于两层膜片上	均在触摸用玻璃上	均在盖板上	在 CF 或 TFT 内侧
FPC 绑定位置	膜片	触控玻璃	盖板	TFT 基板
轻薄度	△	×	○	◎
触控特性	◎	◎	○	○
显示效果	×	×	○	◎
工艺简易度	○	◎	△	×
外形兼容性	◎	◎	○	△
产品可靠性	○	◎	×	○

注：性能优劣顺序◎>○>△>×。

3．从单点触控到多点触控

多点触控是在同一显示界面上的多点或多用户的交互操作模式。用户可通过双手进行单点触控，也可以通过单击、双击、平移、按压、滚动及旋转等不同手势触控屏幕，从而更好、更全面地了解对象的相关特征。触控显示技术的产业化发展路线是，从最早的点阵式红外式触控技术，到单点触控的电阻式触控技术，再到目前流行的多点触控的电容式触控技术。

多点触控技术始于 1982 年，多伦多大学发明感应食指指压的多点触控屏幕，贝尔实验室发表首份探讨触控技术的学术文献。1984 年，贝尔实验室研制出一种能够以多于一只手控制改变画面的触控屏。1991 年，Pierre Wellner 对多点触控的“数码服务台”，即支持多手指的提案，研制出一种名为数码桌面的触控屏技术，允许使用者同时以多个指头触控及拉动触控屏上的影像。1999 年，“约翰埃利亚斯”和“鲁尼韦斯特曼”生产的多点触控产品包括 iGesture 板和多点触控键盘。2006 年，纽约大学的 Jefferson Y Han 开发支持多人同时操作的 45 英寸触控屏，同时利用多只手指在屏幕上划出多根线条，同时有多个触控热点得到响应，响应时间小于 0.1s。

2007 年，苹果公司通过投射式电容技术实现多点触控功能，令该技术开始进入主流应用。此后，多点触控技术从开始的仅可以实现两指缩放、三指滚动及四指拨移，发展到能够支持 5 点以上的触控识别和多重输入方式。多点触控技术将向实现更细致的屏幕物件操控和更具自由度的方向发展。

4．从框贴发展为全贴合

全贴合触控显示模组是将保护玻璃（盖板）、触控屏、显示屏以无缝隙

的方式完全粘贴在一起，省略掉了显示屏与触控屏间存在的空气层，使屏幕厚度变得更加薄。同时，减小了进灰概率，画面更加通透，让视觉效果完美呈现，看起来就更美观。

目前触控屏贴合工艺主要有全贴和框贴两种，两者的比较见表 1-3。框贴是用泡棉将盖板与感测电极层或显示模组贴合在一起，工艺简单、良率高，但是因为存在两个反射界面的问题，所以总体透光率较低。该种工艺贴合的产品透光率相对较低、防水和防尘性能也较差。全贴主要用光学透明树脂（Optical Clear Resin，OCR）/光学透明胶带（Optical Clear Adhesve，OCA）将盖板与感测电极层或显示模组整面贴合在一起，全贴产品通透性更好，但成本相对较高，工艺比较复杂。

表 1-3　框贴和全贴对比

贴合方式	示　意　图	贴合设备	胶　　材	优　　点	缺　　点
框贴	盖板玻璃 框胶　框胶 显示屏	手工（治具）	泡棉胶、片材	易操作、成本低	空气间隙影响视觉效果、透光率低、边框较宽
OCA 全贴	盖板玻璃 光学透明胶带 显示屏	真空贴合机、网板贴合机	OCA、片材	贴合精度高、结构薄、透光率高	成本高、不易曲面贴合、易黄变
OCR 全贴	盖板玻璃 光学透明树脂 显示屏	OCR 贴合机	OCR、液态	贴合精度与透光率高、可曲面贴合、无尺寸限制	工艺复杂、设备投资高

1.2.2　触控显示技术的发展趋势

作为触控显示模组的关键配套组件，触控屏的强度、透光性、厚度、响应速度和控制精准性对触控显示模组的性能具有重要影响。为持续提升触控显示产品的用户体验、产品性能和外观设计，触控屏将朝着尺寸大型化、形态整合化和应用多元化的方向发展。

1．尺寸大型化

触控显示应用的演进趋势之一是从小尺寸到大尺寸，从消费电子到工业应用。

中小尺寸触控屏主要应用在手机和平板电脑等领域，表现为电容屏逐渐取代电阻屏，内嵌式触控逐渐取代外挂式触控。电容屏具备操作精准、可实现多点触摸、抗跌落性强、外观美观等优势，而且大部分电容屏的成本接近甚至低于电阻屏。目前，除了少数可能影响电容场工作的应用场景，其他领域的应用被电容屏以绝对优势占据。在手机领域，内嵌式触控技术将会是未来的主要趋势，内嵌式触控技术由小尺寸向中大尺寸扩散。外挂式触控技术将在其他细分领域占据主要市场。

大尺寸触控屏的挑战是触控的响应速度。产品尺寸越大，电阻值就要越低，才能维持足够的触控灵敏度。传统大尺寸屏幕一般采用红外式触控技术，一方面，容易被光干扰，稳定性欠佳，并且长期使用会因为外框积灰导致触控失灵；另一方面，需要解决紧邻干涉并达到多点触控的问题。随着电容式触控使用习惯的普及，大尺寸电容式触控屏是发展趋势。大尺寸电容式触控技术使用金属网格，需要克服摩尔干涉造成的影像杂纹。银纳米线的透光率高、雾度低、电阻值小、耐弯折，非常适合大尺寸的触控屏。大尺寸触控屏的发展推动了商用显示、教育式电子白板、交互式多媒体信息机等的发展。

2. 形态整合化

触控显示模组中各模块的融合是趋势，就像触控功能融入显示屏的内嵌式触控显示技术，未来将出现一个功能模块间相互整合和进步的过程。在器件结构层面增加更多的功能，以提升触控显示模组价值。如触控芯片与显示屏驱动芯片的整合，指纹识别模组、屏下摄像头模组与触控屏的整合等。

传统智能手机的触控功能和显示功能由两块芯片独立控制，显示驱动芯片的工艺通常为 45～90nm，触控芯片的工艺通常为 90～180nm。TDDI（Touch and Display Driver Integration，触控与显示驱动器集成）架构使用 SIP（System in Package）技术或 SoC（System on Chip）技术把触控芯片与显示芯片整合进单一芯片中。TDDI 的内嵌式解决方案一方面可以减少触控芯片与显示芯片分离造成的噪声较大的问题，另一方面能够减少显示屏组件，使触控显示模组更纤薄，实现智能手机的超窄边框和全面屏效果。TDDI 芯片的发展方向是支持更高的分辨率，提升触控流畅度，降低成本等。

带指纹功能的设备一般要有一个物理键来扫描指纹。但随着触控和显示高度集成，可以在屏幕上的任何位置完成指纹识别，把指纹识别内嵌到显示

核心中。指纹集成处于高速发展阶段，从固定点位识别进化到 1/4 屏，再到全屏指纹识别，指纹传感器也从外挂式切换到 In-Cell 集成，集成化程度越来越高，如图 1-16 所示。屏下摄像头的集成化正在快速迭代进化，从镜头区开盲孔，到镜头区减少像素，再到镜头区像素不损失三个发展阶段。屏下摄像头技术，不仅解决了挖孔、刘海及水滴屏幕的完整性，而且抛弃了因使用升降摄像头所带来的厚度和质量，实现真正的全面屏，如图 1-17 所示。

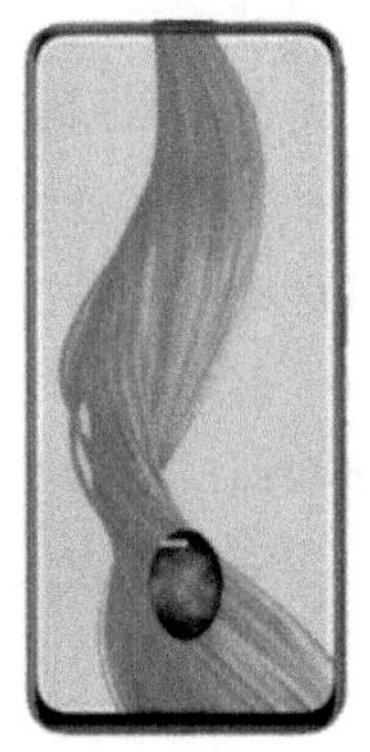
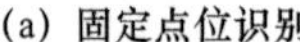

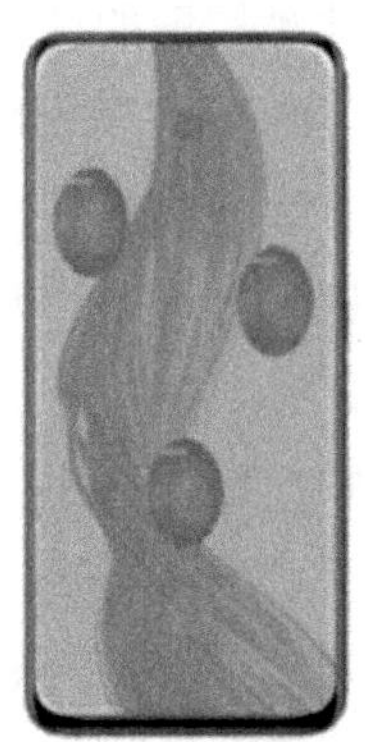

(a) 固定点位识别　(b) 1/4 屏识别　(c) 全屏指纹识别

图 1-16　屏幕指纹的发展趋势

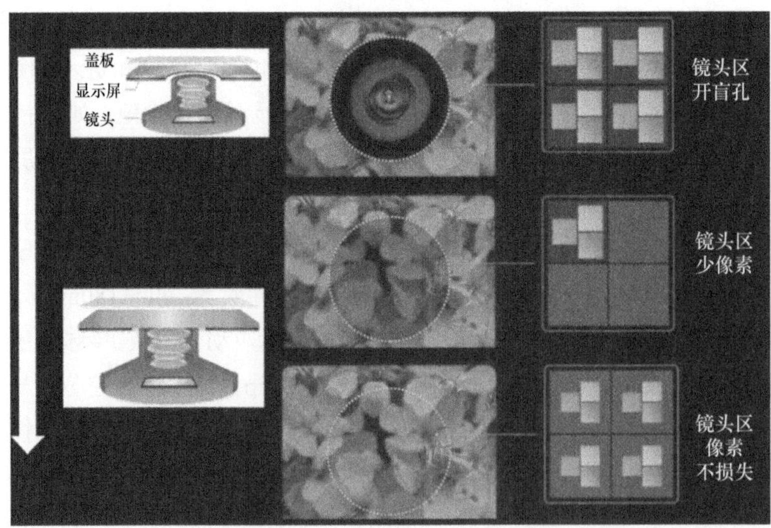

图 1-17　屏下摄像的发展趋势

3. 应用多元化

随着终端产品应用多元化发展，触摸显示模组将更广泛地应用于笔记本电脑、车载电子、工控终端、物联网智能设备等信息设备领域。终端应用产品多元化的发展从产品定制化程度、产品稳定性、产品性能方面对触控显示模组提出了更高的要求。

1）触觉反馈

触觉反馈技术可以应用于车载导航仪等显示设备，其特点是无须查看显示屏，用户可以根据指尖感受到的触觉效果，确认自己的触控操作是否被识别，从而提高安全性。触觉反馈是指当手指接触到触控屏时，触觉反馈系统根据触摸的内容提供相应的振动、温度和静电等触觉效果，使人感受到所触摸视觉对象的轮廓、纹理和软硬等特征。

触觉反馈系统包括定位跟踪单元、信号处理单元、驱动电路单元和反馈力生成单元四部分，集成在显示设备中，如图 1-18 所示。反馈力生成单元让人感受到触觉效果，其生成方法包括机械振动、静电力和空气压膜效应等。振动触觉反馈大多采用电机作为振动源，电机根据操作指令进行特定参数的振动。静电力触觉反馈是指改变手指与屏幕之间的静电吸引力来改变触摸和滑动时的触觉效果，具有功耗低和噪声小等特点。空气压膜触觉反馈是由固定在薄板上的压电陶瓷片带动薄板高频振动，在手指和薄板之间产生高压空气膜。高压空气膜与环境气压形成气压差，产生法向挤压力，通过改变手指滑动时受到的摩擦力产生触感。

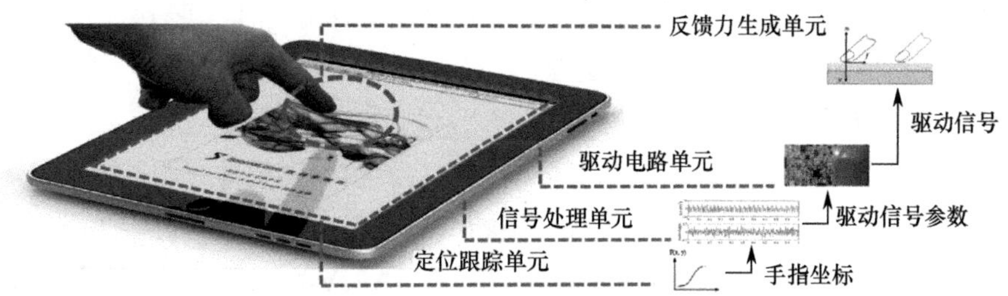

图 1-18　显示设备的触觉反馈系统结构示意图

2）柔性触控

显示屏往柔性显示方向发展，带动了触控显示往柔性方向发展。柔性触控屏要求使用柔性衬底，并要求传感电极具有轻薄、与衬底黏附性强、高柔韧性、高电导等特性，以实现在不同曲度下展现高画质图像的功能。广泛使用的 ITO 电极材料在弯曲状态下容易断裂而恶化电导率，不适合作为触控感测电极，需要研发各种新型柔性透明导电材料，如碳纳米管、石墨烯，银纳米线、金属网格等新材料。金属网格和银纳米线是目前柔性触控屏的两大导电材料。为了做到可随意弯折，除解决柔性显示和柔性触控问题之外，还要实现柔性盖板和贴合。

柔性盖板分为前盖和后盖，盖板的发展趋势如图 1-19 所示。相比玻璃盖板，高表面硬度和高透光率的 PET 和 PI（聚酰亚胺）材质更适合柔性盖板。但是，PET 和 PI 在不太高的环境温度下就会出现部分熔融和性状改变的问题，而且透光率比玻璃低，在硬度和绕折性上也难以达到平衡。如果要达到一定硬度的要求就要涂布硬化层，但是涂布硬化层之后，经过反复绕折，这个硬化层就会出现龟裂，使硬度降低。作为柔性盖板的一个发展阶段，3D 玻璃盖板趋于成熟。基于 3D 玻璃盖板的触控显示模组是在基板上先覆盖导体薄膜，然后通过压印程序将基板改变成弧形，再经高温加热固定成曲面形状，确保触控感应层不易变形，以生产波浪状的柔性触控屏幕。

盖板选定之后就是贴合，即把盖板和下面的触控屏、显示屏整合在一起形成一个完整的触控显示模组。贴合有滚轮式贴合和真空式贴合两种：滚轮式贴合的效率高，需要滚压被贴物；真空式贴合的效率相对较低，但不需要滚压被贴物，不易造成被贴物的损伤。如果屏幕曲率大，要选择真空式贴合。对于未来有可能出现的 4R 贴合，由于其特殊的 4 边弯折特性，即便采用了真空式贴合，也很难避免在弧度大的地方出现褶皱和气泡。可以采用定制的挤压气囊或塑胶件来缓解这一问题。

3）软硬件融合应用

触控显示与物联网、移动互联网相融合，由强调硬件层面的显示技术逐步向凸显软性创新的综合解决方案转变，实现向软硬件与内容相结合的方向发展。例如，触控显示与交互式投影、AR/VR 显示相结合的应用，如图 1-20 所示。触控显示技术延伸到投影领域形成交互式投影，可将任何平整表面变成触控屏。虚拟现实、增强现实作为未来显示技术发展的一个重要领域，需要人和智能设备之间更好地互动，这就需要集成触控显示技术协同发展。

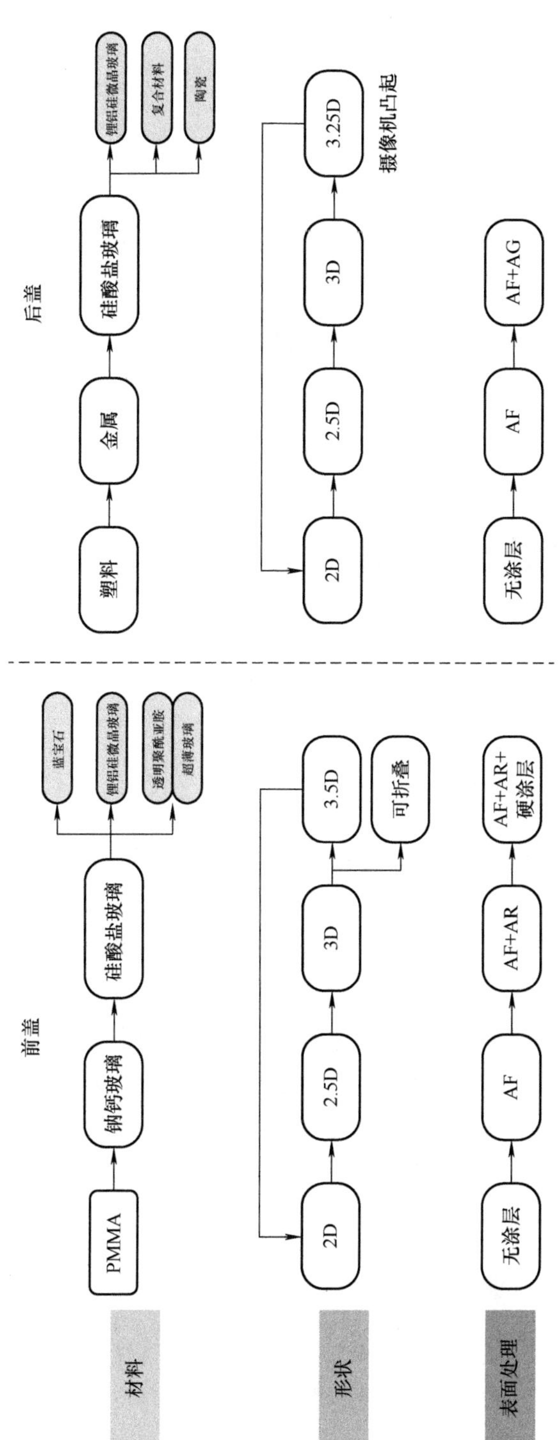

图 1-19　盖板的发展趋势

(a) 触控在交互式投影上的应用

(b) 触控在 AR/VR 上的应用

图 1-20　触控显示在投影和 AR/VR 领域的应用

1.3　触控显示产业链概况

触控显示技术的发展涉及整个产业链，整个产业链横跨近 20 个次产业。触控显示技术的发展与触控显示产品的升级依赖产业链上下游的工艺创新和材料突破。

1. 触控显示产业链

触控显示产业链的结构如图 1-21 所示。上游为玻璃基板、ITO 靶材、胶材等原材料，中游为触控屏、盖板、触控芯片等元件与材料的加工，加工完成的触控模组与 LCD 等显示模组组合，进入下游模组生产，制作出触控显示模组。触控显示模组是将显示屏与触控屏直接贴合成为一体，进入下游应用于各类电子终端产品。从触控显示模组的成本结构来看，其中，保护玻璃成本占比 33%，ITO PET 薄膜成本占比 24%，触控芯片成本占比 13%，软板、光学透明胶、银浆分别占比 8%、6%、3%，其他成本占比 13%。触控显示产业还包括指纹识别、摄像头等延伸产业，各类产品均是在触控屏的生产基础上进一步深加工的成果。

2. 触控显示产业的材料技术

触控显示技术的发展得益于触控材料的发展。每种触控显示技术都需要特定的结构和特定要求的材料。触控材料分为电极材料和非电极材料。电极材料主要用于实现触摸信号感测。非电极材料主要包括盖板材料和贴合胶。

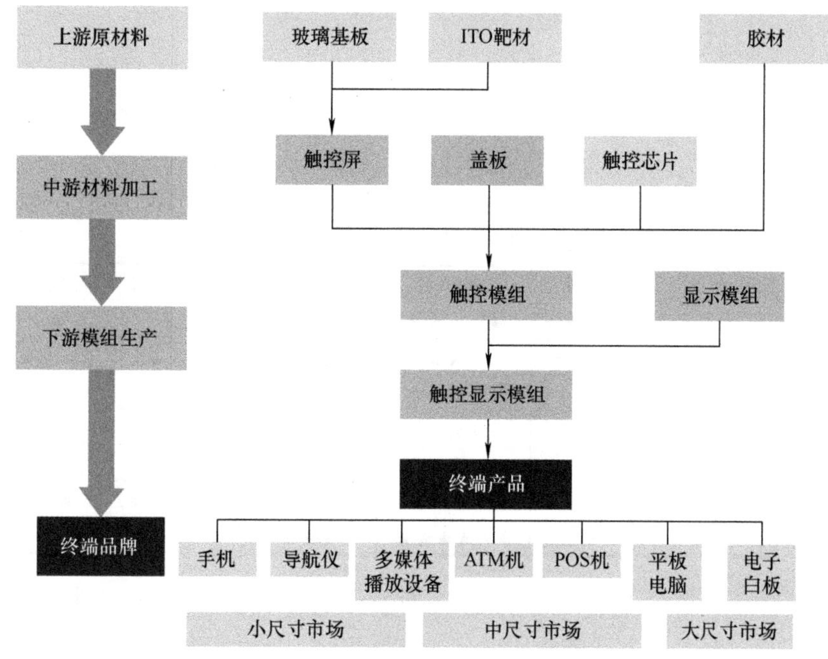

图 1-21　触控显示产业链的结构

电极材料是触控屏最为核心的材料，需要具备高导电率和高透光率。目前，触控电极材料主要有 ITO、碳纳米管、石墨烯、银纳米线、金属网格等。ITO 的延展性差，在低应变（2%～3%）作用下就会破裂。形成的微缝在多次弯曲后会进一步变大，显著地恶化薄膜的电导率，使得 ITO 不适用于柔性触控产品。碳纳米管材料的电导率较为出色，但基于碳纳米管透明导电薄膜的光电性能仍然难以满足触控屏的需求。目前，制备出高质量的大面积单层石墨烯仍然比较困难。尽管金属网格的光电性能超过 ITO 的光电性能，但其制备成本较高。金属纳米线保持了纳米金属网格优异的光电特性，同时又可以采用与卷对卷兼容的溶液法进行低成本制备。表 1-4 对 ITO、碳纳米管、石墨烯、导电聚合物、金属网格和银纳米线在导电性、透光性、弯曲性、材料成本、制造成本、稳定性、摩尔纹等方面进行了总结和比较。

盖板主要起保护触控屏的作用，一般分为玻璃盖板和塑料盖板两种。对盖板的性能要求包括：①抗磨损，不易划伤；②抗冲击强度高，不易碎裂；③防油污、水雾和抗指纹污染；④透光率高、反射率低、眩光小；⑤表面光滑、粗糙度低；⑥厚度轻薄。盖板材料经历了塑胶、玻璃、陶瓷等发展路径。塑料板最大的缺点是不耐刮，而陶瓷材料加工工艺较为复杂，所以玻璃是常用的盖板材料。玻璃盖板分为三种材料系列：硼硅酸盐玻璃、钠钙硅玻璃和碱铝硅酸盐玻璃。其中受到重点关注的碱铝硅酸盐玻璃又分为高铝硅酸盐玻璃、低铝硅酸盐玻璃、中铝硅酸盐玻璃。高铝硅酸盐玻璃具有高硬度、抗划伤、高韧性等优点，是智能设备触控屏的首选盖板材料。

表 1-4　基于不同材料的透明导电薄膜的比较

	ITO	金属网格	银纳米线	导电聚合物	石　墨　烯	碳纳米管
导电性	★★★	★★★★★	★★★★★	★★	★★	★★
透光性	★★★	★★★★	★★★★★	★★★	★★★	★★★★★
弯曲性	★	★★	★★★★★	★★★★★	★★★★★	★★★★★
材料成本	★★★	★★★	★★★★★	★★★★★	★★	★
制造成本	★★★	★	★★★★★	★★★★★	★	★
稳定性	★★★	★★	★★★★	★★★	★★★★★	★★★★★
摩尔纹	★★★★	★	★★★★★★	★★★★★	★★★★★	★★★★★

光学透明胶是贴合胶的一种，具有高透光率、低雾度、高黏性、耐老化等优点。光学透明胶的主要成分为环氧树脂、丙烯酸酯、有机硅等。在显示器件中，光学透明胶能够黏结组装各模块、各功能层，在弥补段差的同时控制层间距离。光学透明胶能够吸收一定的应力，使器件受力更加均匀，增强器件的抗冲击能力。触控屏和显示屏的叠构中有多处需要用到光学透明胶，包括触控模块内的黏结、触控屏与显示屏之间的黏结等。光学透明胶分为 OCA 和 OCR 两类。OCA 通常指光学透明胶膜材，分为橡胶型、丙烯酸型、有机硅型。目前已推出的触控屏手机，包括折叠手机，皆使用 OCA 光学透明胶膜。OCR 是光学透明树脂，又称液态光学透明胶，基于液体的流平性，其弥补段差的能力比 OCA 光学透明胶膜强，但难以准确控制被黏结层间的距离。OCA、OCR 需要根据不同的应用需求进行选择，如被黏结材料的厚度、间距精确度、被黏结材料的平整度、被黏结材料是否为 ITO/PC/ PMMA 等。

3．触控显示产业的工艺技术

触控显示产业链涉及的工艺非常多，如绑定、SMT、注塑等。这些工艺的任意一个环节的创新突破都可能带来触控显示技术的发展。根据触控屏主要部件材料加工工艺的区别，大致分为盖板的加工工艺技术、触控感测电极的制作工艺技术、触控屏和显示屏的贴合技术。

1）盖板的加工工艺技术

盖板的形态经历了 2D—2.5D—3D 的一个发展过程，主要源于盖板的生产工艺的不断突破，从盖板 2D 到 2.5D 的进化，盖板在手持时更加符合人体工程学，握感更舒适，主要是在原有的 2D 盖板基础上加入了立卧研磨及 2.5D 抛光两道工艺。而从 2.5D 到 3D 盖板的创新，给触控显示技术提供了更加炫酷的瀑布屏，侧面触控的演进，而实现这些的根本在于在 3D 盖板工艺流程中加入了 3D 热弯工艺及对应的移印喷涂工艺。

2D 盖板工艺流程：开料—CNC 雕刻—研磨—抛光—强化—超声波清洗—丝网印刷—AF 镀膜。

2.5D 盖板工艺流程：开料—CNC 雕刻—立卧磨—2.5D 抛光—强化—超声波清洗—丝网印刷—AF 镀膜。

3D 盖板工艺流程：开料—CNC 雕刻—3D 热弯—3D 抛光—强化—超声波清洗移印喷涂—AF 镀膜。

2）触控感测电极的制作工艺技术

触控感测电极作为触控屏的功能件，它的生产工艺主要包括如下两个步骤。

（1）成膜工艺，即在传感器的基材上（主要是 PET/玻璃）形成导电薄膜。形成导电薄膜的方式主要有两种，一种为涂布，主要针对的材料为银纳米线薄膜；另外一种是以 ITO 导电薄膜为代表的磁控溅射。

（2）图形化。由于触控屏的感测电极需要对导电电极进行图形化，图形化的方式通常是光刻工艺，早期基于相对低阶的产品也出现过如激光镭射工艺。

3）触控屏和显示屏的贴合技术

在触控显示产业链当中，需要将触控屏和显示屏整合一体化，这个整合的工艺主要是贴合工艺。除了触控屏与显示屏的贴合，还有盖板与触控屏的贴合，以及感测电极膜层之间的贴合。贴合工艺的发展带来显示效果的提升。如早期触控屏和显示屏的贴合工艺主要采用框贴，即用口子型双面胶将显示屏与触控屏黏结在一起，框贴后触控屏与显示屏中间存在一个较大的空气间隙，一方面因存在较大反射使显示屏的亮度较低，另一方面容易进入灰尘影响显示效果。全贴合采用高透光率的光学胶进行整面贴合，可以提升显示亮度，提升可靠性。全贴合又可以分为 OCA 光学透明胶贴合和 OCR（UV 胶）贴合两种方式。OCA 贴合具有高黏性、高透过性（＞90%）、高耐候性（抗

UV）等特点，非常适用于小尺寸的触控显示贴合。由于早期 OCR 贴合的透过性不高，但工艺相对简单，因此其主要应用于触控屏和显示屏成本较高的中大尺寸贴合。随着高透过性 OCR 被开发出来，OCR 贴合将是一个更好的贴合方式。

本章参考文献

[1] JOHNSON E A. Touch display—a novel input/output device for computers[J]. Electronics Letters, 1965, 1(8):219-220.

[2] JOHNSON E A. Touch Displays: A Programmed Man-Machine Interface[J]. Ergonomics, 1967, 10(2):271-277.

[3] 张乾桢，欧晓丹，胡贝贝，等. 触摸屏技术的专利分析[J]. 电视技术，2013, 37(S2):166-168.

[4] HECHT D S, HU L, IRVIN G . Emerging transparent electrodes based on thin films of carbon nanotubes, graphene, and metallic nanostructures[J]. Advanced Materials, 2011, 23(13):1482-1513.

[5] 陈康平. 触控 LCD 模组制造工艺中的智能检测技术研究[D]. 杭州：浙江大学，2019.

[6] CAIRNS D R, WITTE R P, SPARACIN D K, et al. Strain-dependent electrical resistance of tin-doped indium oxide on polymer substrates[J]. Applied Physics Letters, 2000, 76(11):1425-1427.

[7] LAYANI M, KAMYSHNY A, MAGDASSI S . Transparent conductors composed of nanomaterials[J]. Nanoscale, 2014, 6(11):5581-5591.

[8] 张卫，王庆浦，徐佳伟，等. OGS 触控显示模组一体黑技术研究[J]. 液晶与显示，2019, 34(10):969-976.

[9] BID A, BORA A, RAYCHAUAHURI A K . Temperature dependence of the resistance of metallic nanowires of diameter >= 15nm: Applicability of Bloch-Gruneisen theorem[J]. Physical Review B Condensed Matter, 2006, 74(3):035426.

[10] 黄蕾，舒强，刘柱，等. 基于自容内嵌式触控面板触控电极的横纹研究[J]. 光电子技术, 2019, 39(2):131-136.

[11] SEAGER C H, PIKE G E . Percolation and conductivity: A computer study. I[J]. Phys.Rev.B, 1974, 10(4):1435-1446.

[12] 崔永鑫. 柔性触控屏中的 Ag 纳米线导电层研究[D]. 苏州：苏州大学，2019.

[13] LI J H, LUCZKA, JERZY. Thermal-inertial ratchet effects: Negative mobility, resonant activation, noise-enhanced stability, and noise-weakened stability[J].

Physical Review E Statal Nonlinear & Soft Matter Physics, 2010, 82(4):041104.

[14] 林钢，吕岳敏，吴永俊．电容式触控显示模组的抗反射结构及其性能研究[J].液晶与显示, 2015, 30(4):621-627.

[15] ELLMER, KLAUS. Past achievements and future challenges in the development of optically transparent electrodes[J]. Nature Photonics, 2012, 6(12):809-817.

[16] 田晶，田丰，凌晨，等．基于光学的真三维触控定位与识别方法研究[J]．液晶与显示, 2013, 28(1):64-70.

[17] 梁列全．基于稀疏特征的触摸屏图像缺陷检测及识别方法的研究[D]．广州：华南理工大学, 2015.

[18] 汪海波，薛澄岐，朱玉婷，等．多点触控手势在复杂系统数字界面中的应用优势[J]．东南大学学报（自然科学版）, 2016, 46(5):1002-1006.

[19] 詹思维．投射电容式触控芯片的研究与设计[J]．固体电子学研究与进展，2016, 36(1):60-65,82.

[20] 刘信，杨妮，李辉，等．电容式触摸屏气泡线不良的研究与改善[J]．液晶与显示，2019, 34(7):676-681.

[21] FUKUDA T, MESEROLE C A, KIGAWA K . Touch Panel Surface Modification Technology: The Latest Trends[J]. Sid Symposium Digest of Technical Papers, 2015, 45(1):1622-1625.

[22] XING H, DENG L, KE J, et al. High Sensitive Readout Circuit for Capacitance Touch Panel With Large Size[J]. IEEE Sensors Journal, 2019, 19(4):1412-1415.

[23] MOHATTA S, PERLA R, GUPTA G, et al. Robust Hand Gestural Interaction for Smartphone Based AR/VR Applications[C]. IEEE Winter Conference in Applications of Computer Vision. IEEE, 2017.

[24] LEE S, JEON S, CHAJI R, et al. Transparent Semiconducting Oxide Technology for Touch Free Interactive Flexible Displays[J]. Proceedings of the IEEE, 2015, 103(4):644-664.

[25] 郭瑞，朱沛立．红外触摸屏响应分析及延时优化[J]．液晶与显示，2015，30(6): 1057-1062.

[26] CHOU K Y, CHAO C P, CHEN C X, et al. Modeling and analysis of touch on flexible ultra-thin touch sensor panels for AMOLED displays employing finite element methods[J]. Microsystem Technologies, 2017, 23(11):5211-5220.

[27] 余玉卿，宋爱国，陈大鹏，等．用于触摸屏图像感知的指端力触觉再现系统[J]．仪器仪表学报, 2017, 38(6):1523-1530.

[28] CHEN J, QIAO G, LI W, et al. Recent Development on Flexible Touch Sensor for Flexible AMOLED Display[J]. SID Symposium Digest of Technical Papers, 2018, 49:426-427.

[29] GOTO H, GE M, QIAN Z, et al. Study of the Finger Detection Technology for the One Camera Touch Panel[C]. The 5th IIAE International Conference on Intelligent Systems and Image Processing, 2017.

[30] 蔡浩, 陈超平, 卢佳惠, 等. 液晶显示屏与电容式触摸屏间的信号串扰抑制[J]. 液晶与显示, 2018, 33(6):504-510.

[31] CHEON B J, KIM J W, OH M C . Plastic optical touch panels for large-scale flexible display[J]. Optics Express, 2013, 21(4):4734-4739.

[32] TAI Y H, LIN C H, CHEU W J. Active in-cell touch circuit using floating common electrode as sensing pad for the large size in-plane-switching liquid crystal displays[J]. Journal of the Society for Information Display, 2017, 25(10):610-620.

第2章 触控材料技术

触控材料主要指用在触控显示面板出光光路上的材料，包括盖板玻璃、电极基板、感测材料和贴合胶材料。触控显示材料的发展趋势是减少部材及部材间的贴合，降低部材成本，提高材料性能，进行资源性和环保型材料替代。

2.1 玻璃盖板材料技术

手机等便携式产品的盖板材质主要有金属、玻璃、陶瓷和复合板材等。随着无线充电、5G 等传输方式的发展和普及，无线频段越来越复杂，金属壳屏蔽信号成为重大瓶颈，去金属化趋势比较明显，而玻璃因其材质、手感及加工成形、成本等特性，属于当前非金属材料中应用最广泛的材料。

2.1.1 玻璃盖板技术

1. 盖板玻璃的组成

玻璃的化学组成通常以组成玻璃的化合物或元素的质量比（质量分数/%）、摩尔比（摩尔分数/%）、原子比来表示，其组成（成分）是决定玻璃物理化学性质的主要因素。改变玻璃的组成即可改变玻璃的结构状态，从而使玻璃在性质上发生变化。在生产中，往往通过改变玻璃的组成来调整其性能及控制其生产。

目前，盖板玻璃料方研发经历了钠钙玻璃（Na_2O+CaO+SiO_2）、钠铝硅玻璃（Na_2O+Al_2O_3+SiO_2）和锂铝硅玻璃（Li_2O+Al_2O_3+SiO_2）三个阶段。盖板玻璃性能不断提升，从耐划伤的普通钠钙玻璃逐渐向高韧性、耐跌落的高铝玻璃转化。从料方组成配比来看，在铝硅玻璃中 Al_2O_3 含量远超过钠钙玻璃，SiO_2 组分低于钠钙玻璃。SiO_2 是主要的玻璃组成氧化物，以[SiO_4]四面体结构形成无规则的连续网络骨架，在钠-钙-硅玻璃体系中适量的 SiO_2 可降低玻璃热膨胀系数，提高玻璃热稳定性、软化温度、黏度及机械强度。而在铝硅玻璃中，Al^{3+}以[AlO_4]四面体的形式进入玻璃结构网络，[AlO_4]四面体的 Al-O 键键强大于 Si-O 键，同时[AlO_4]四面体的存在对[SiO_4]四面体网络结构具有一定的修补作用，能够在降低玻璃结晶倾向的同时提高其热稳定性和机械强度。此外，当（R_2O+RO）/Al_2O_3>1 时，R_2O 与 RO 提供的游离氧充足，Al_2O_3 均以四面体结构形成架状网络结构，多出的游离氧进一步断开网络，形成少量的快速离子扩散通道，同时可保证玻璃具有较低的熔融温度。

根据终端应用对产品轻量化、耐刮划、抗冲击等性能要求，众多企业在料方开发过程中均以铝硅玻璃体系为基础，相继掺入 Li_2O、P_2O_5 等部分特定元素成分优化料方，进一步提升玻璃性能。碱金属离子（Li、Na、K）是玻璃结构中网络外体的主要成分，其在一定程度上可促进强化工艺中与盐浴中的离子交换进程；而碱土金属离子（Mg、Zn）主要起性能调节的作用，由于其会抑制强化过程中的离子交换，所以含量不宜过高。碱金属及碱土金属离子在玻璃结构中起到断网作用，从而降低玻璃的黏度，使玻璃易于熔融。因此，在料方优化过程中，碱金属与碱土金属含量的调整对于玻璃性能有至关重要的影响。高铝玻璃、低铝玻璃和钠钙玻璃三种常见盖板玻璃化学组成构成见表 2-1。

表 2-1　三种常见盖板玻璃化学组成（质量分数）　　单位：%

成　分	高铝玻璃	低铝玻璃	钠钙玻璃
SiO_2	60.40	70.33	71.80
Al_2O_3	13.65	4.28	1.49
Na_2O	12.80	13.7	14.12
K_2O	5.65	0.83	0.07
MgO	6.65	4.31	4.53
CaO	—	6.20	7.97
ZrO_2	0.80	—	—
Fe_2O_3	0.0120	0.08	0.0158
Σ（SiO_2 +Al_2O_3）	74.05	74.61	73.29
Σ（Na_2O + K_2O）	18.45	14.53	14.19
Σ（CaO + MgO）	6.65	10.51	12.5

2. 盖板玻璃的性能

盖板玻璃的主要作用是保护显示屏，应具有优异的力学性能、良好的透光性、高洁净度及高耐磨性等特点。根据显示屏形状设计的变化，盖板玻璃也由 2D 平面发展到 3D 曲面，趋于人体工学设计，以便更好地改善消费者的感官和体感体验。目前，强度性能提高仍是盖板玻璃研发的主要方向。盖板玻璃通过进行化学强化可使其性能大幅度提升，而用于触控屏保护的盖板玻璃都经过了化学强化处理。早期的盖板玻璃一般采用普通的钠钙硅玻璃，利用传统强化工艺中的一步强化使盐浴中较大半径的碱金属离子 K^+快速置换玻璃表面中较小半径的 Na^+离子，形成单层压缩应力，但由于钠钙玻璃的钠含量较低，且玻璃网络架构全为硅氧四面体，离子交换能力弱，导致钠钙玻璃的压缩应力和应力层深度都很小，最终作为触控屏使用一段时间后即会被刮伤，透明度也很低，对使用者的眼睛伤害很大。

目前，主流触控屏采用钠铝硅盖板玻璃。特别是高铝玻璃，其强度是钠钙玻璃的 6 倍，可以像塑料一样弯曲、耐刮擦。高铝玻璃的高强度特性使得其在同等面积下玻璃用量更小、质量更小。由于 Al_2O_3 一般在玻璃结构中为铝氧四面体$[AlO_4]$结构，修补了网络结构，提高了玻璃网络结构的完整性，因而其在机械性能、光学性能和电学性能等方面体现出优良的特性。$[AlO_4]$体积较$[SiO_4]$大，会产生更大的空隙，有利于碱离子的扩散。当钠铝硅酸盐玻璃在进行离子交换增强处理时，作为离子交换源的 Na_2O 含量进一步决定交换速率，玻璃中的 Na^+离子被熔盐中的 K^+离子置换，K^+离子半径大于 Na^+离子的特性，使表面“挤塞”膨胀而形成压应力，从而使玻璃强度得以提高。由于钠铝硅盖板玻璃制作采用简单易控的低温离子交换工艺，且用于离子交换的钾盐来源广泛，因此得到了广泛的应用。

无论是配方体系还是产品性能，钠铝硅玻璃与锂铝硅玻璃都存在较大的差异。为不断提升盖板玻璃抗摔、表面耐磨等强度性能，开发了高铝锂铝硅 LAS 盖板玻璃及其复合离子交换化学强化（或称二次强化）技术。锂铝硅盖板玻璃网络体间含有 Li^+和 Na^+，玻璃在一定配比的硝酸钾与硝酸钠熔融液体中实现熔融液体中 K^+和 Na^+分别与玻璃表面内 Na^+和 Li^+的两次置换，通过两步强化工艺充分发挥了锂铝硅盖板玻璃的性能优势。两步强化工艺的第一步采用硝酸钠大于硝酸钾配比的熔盐，离子置换以 Na^+与 Li^+为主，实现更大的离子交换深度；第二步采用硝酸钾大于硝酸钠配比的熔盐，以 K^+与 Na^+

置换为主，在玻璃表面产生更大且适当的表面压应力。强化程度用表面压应力（Center Stress，CS）、中心张应力（Center Tension，CT）及强化层深度/压应力层深度（Depth of Layers，DOL）三个指标来评估。CS 的大小直接决定玻璃表面强度；CT 因在强化过程中平衡表面压应力而产生，CT 值越大强化玻璃自爆的可能性越大；DOL 值越低代表离子交换程度越低，抑制玻璃表面及边部微裂纹能力越差。两步强化法处理方法简单，不损坏玻璃表面透明度，不致使玻璃变形。高铝 LAS 玻璃、中高铝 NAS 玻璃和钠钙玻璃三种盖板玻璃理化及强化性能示例见表 2-2。

表 2-2　三种盖板玻璃理化及强化性能示例

性　　能	高铝 LAS 玻璃	中高铝 NAS 玻璃	钠钙玻璃
密度/（g/cm^3）	2.46±0.03	2.47±0.03	2.48±0.03
热膨胀系数（10^{-7}/℃）	98.0±2.0	92.1±2.0	87.5±2.0
透光率（550nm）/%	＞92.1	＞91.8	＞91.6
折射率	1.5100	1.5106	1.5200
CS/MPa	≥850	≥700	≥676
DOL/μm	≥75	≥35	≥9.4
翘曲/mm	0.15	0.17	0.20
4PB/MPa	≥650	≥550	≥445
落球高度/cm（130g 钢球，中心 3 次）	≥35	≥20	≥15

3．盖板玻璃的工艺

盖板玻璃的生产技术主要有溢流下拉法和浮法，其他的狭缝下拉法、二次拉制法和二次抛光法更适用于小规模生产及实验研究。溢流下拉法与浮法、狭缝下拉法生产工艺比较见表 2-3 所示。高铝硅酸盐玻璃机械强度高、硬度大，有其他品种玻璃无法比拟的优势。但高铝硅酸盐玻璃由于 Al_2O_3 的引入导致玻璃液黏度高、表面张力大，生产过程中玻璃表面易出现波纹，所以很难采用一般的玻璃生产技术进行生产。目前，以溢流下拉法为代表的康宁、电气硝子、彩虹和以浮法为代表的肖特、旭硝子、旭虹高铝硅酸盐玻璃系列产品都已进入市场。

4．盖板玻璃的多元化应用需求

目前，玻璃盖板的主要适用对象为手机镜片、平板电脑、数码相框、汽车导航仪等触控屏产品，以及一些需要用玻璃盖板进行装饰保护的产品，如手机后壳装饰玻璃等。随着手机、车载、手表等终端应用的创新升级，高铝盖板玻璃以其优良的特性在市场的占有率不断提升，未来还将迎来 3.5D 玻璃盖板的应用。玻璃也是 5G 手机等显示终端重要且合适的功能和装饰材料。

表 2-3　溢流下拉法与浮法、狭缝下拉法生产工艺比较

	溢流下拉法	浮　　法	狭缝下拉法
玻璃成分	高铝硅玻璃	钠钙玻璃及铝硅玻璃	钠钙玻璃及铝硅玻璃
产能/（吨/日）	5～20	50～150	5～20
拉引方向	垂直向下	水平	垂直向下
Al_2O_3/（wt%）	16～25	7～12	12～16
成形方式	溢流通道	在液态锡面上摊平	铂铑合金漏板
成形面积	中大	大	中小
表面品质	双空气面	单空气面	无
优点	适合高铝盖板玻璃生产	成型产能大、成本低	—
缺点	技术壁垒高	空气面与锡面强化有差异，密度均匀性差，易翘曲	—
代表厂家	康宁、电气硝子、彩虹	旭硝子、肖特	肖特

2.1.2　蓝宝石玻璃盖板技术

目前主流的铝硅玻璃手机屏幕盖板关键性能参数为四点弯曲强度（650Mpa）、莫氏硬度（6）、纳米维氏硬度（20GPa）、落球耐跌落测试能量（0.25J）、可见光波段透光率（大于 90%）。由于铝硅玻璃材质盖板的硬度相对较低、四点弯曲强度及落球耐跌落性能有待提高，随着智能手机应用场景越来越广、使用频率越来越高，这就要求手机屏幕盖板必须具备更加优异的耐划伤性能、四点弯曲强度性能和耐摔性能。铝硅强化玻璃材质手机的屏幕盖板物理硬度相对较低，因此，需要开发制造出耐磨耐摔的手机盖板。美国苹果公司提出将具有优异物理性能的蓝宝石晶体材料应用于智能手机。“蓝宝石玻璃”是人工合成的一种蓝宝石，成分也是 Al_2O_3，可以通过添加各种化学元素使之生成各种颜色。由于蓝宝石晶体材料具有独特的力学、光学、电学、化学稳定性及高散热性等一系列优异性能，采用合成蓝宝石作为覆盖材料能够大大提高产品的密封性及抗震性，是手机行业取代玻璃材质的下一代手机屏幕盖板的最佳材料。

1. 蓝宝石的结构和性质

蓝宝石是一种常见的简单配位型氧化物晶体，纯的 Al_2O_3 晶体无色透明。自然界中的蓝宝石由于含有一些杂质离子而呈现出不同的颜色，如含有钛离子（Ti_3^+）与铁离子（Fe_3^+）的蓝宝石会呈现蓝色，含有铬离子（Cr_3^+）时会呈现红色，含有镍离子（Ni_3+）时会呈现黄色。蓝宝石在晶体学中属于六方晶系，晶体空间群为 R_3C，晶胞结构如图 2-1 所示，氧原子和铝原子通过共价键的形式结合，晶格参数 $a=b=0.4758$nm，$c=1.2991$nm，$\alpha=\beta=90°$，$\gamma=120°$。晶胞结构中 O_2^-作六方最紧密堆积，堆积层垂直于三次轴，Al_3^+填充于其中 2/3 八面体空隙，垂直于 C 轴方向与[AlO_6]八面体连接成层。另两个实心[AlO_6]八面体则由平行于 C 轴方向的[AlO_6]八面体以其面或顶角方向连接而构成，这两个实心[AlO_6]八面体沿 C 轴方向呈 3 次螺旋对称，和一个 O_2^-围成八面体相间排列的柱体。所以，蓝宝石的主要晶体形态有六方柱、六方双锥、菱面体和平行双晶等，如图 2-2 所示。

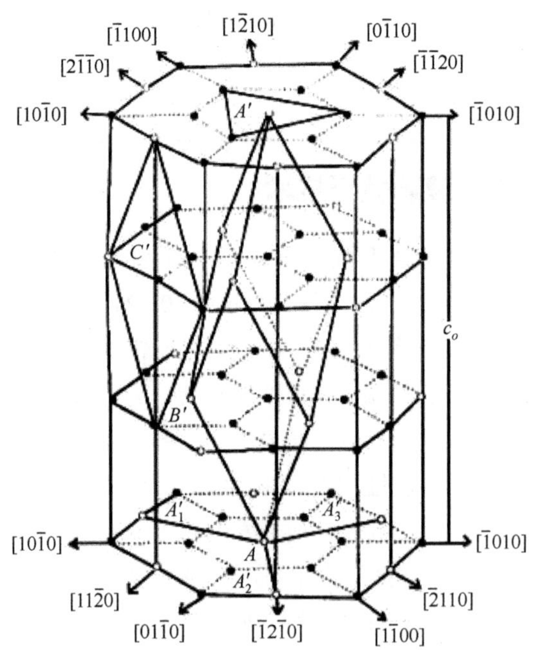

图 2-1　蓝宝石的晶胞结构

如表 2-4 所示，蓝宝石晶体具备了很多优异的性能，蓝宝石的莫氏硬度为 9，仅次于金刚石，强度高、热导率高、抗热冲击性和化学稳定性较好，表面平滑度高，介电性能好。这些性能与其独特的晶体结构密不可分。另外，蓝宝石在 3～5μm 波段具有很高的光学透光率，而且它的单晶透光范围很广，覆盖了真空紫外线、可见光、近红外线到中红外线等诸多波段。

六方柱

六方双锥

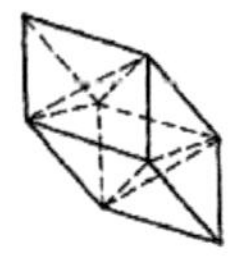

菱面体

平行双晶

图 2-2　蓝宝石的晶体形态

表 2-4　蓝宝石材料的主要性能

性　　质	数　　值	性　　质	数　　值
密度/（g/cm^3）	3.98	熔点/℃	2040～2080
硬度/（kg/mm^3）	1800～2000	沸点/℃	3000
弹性模量/GPa	435	最高使用温度/℃	2000
断裂强度/MPa	400	比热容/[J/(mol · K)]	77
抗压强度/GPa	2	导热率/[W/(m · K)]	24
抗弯强度/MPa	895	热膨胀系数（25℃）/K^{-1}	88×10^{-7}
断裂韧性/（$MPa/cm^{1/2}$）	2.0	电阻率/（Ω · cm）	1014
泊松比	0.27～0.29	介电常数（1～10GHz）/（F/M）	9～11.5
折射率（nd）	1.767	介质损耗（tanδ）	<0.0001
双折射率	0.008	色散	0.018

蓝宝石的硬度比康宁的大猩猩玻璃更强、更耐磨。蓝宝石盖板硬度较大，可以抵挡刀划等，因而不会因为磨损而降低触控屏的反应速度。蓝宝石盖板可以做到更薄，是大猩猩玻璃厚度的一半，可以大大减少机身的厚度。蓝宝石的折射率更高，可以提高蓝宝石屏幕的透光率和背光 LED 的亮度，大大提升了视觉体验。蓝宝石的介电常数是大猩猩玻璃的 1.3 倍，使得触控屏的灵敏度更高，所以指纹识别的 Home 键用蓝宝石盖板。

2. 蓝宝石晶体生长法

采用热交换蓝宝石晶体生长法可生长出应用于手机屏幕盖板制造的大尺寸蓝宝石晶体，并将蓝宝石晶体进行加工后制成蓝宝石材质手机屏幕盖板，蓝宝石材质手机屏幕盖板综合性能优于玻璃材质手机屏幕盖板。热交换法（HEM）晶体生长系统是美国 GT Advance Technology 公司的主要生产系统，具有低位错率的优点，成为生长大型晶体（直径 340mm 以上，质量 105kg 以上）的最佳方法之一。由于坩埚在生长晶体之后不可回收再利用，该种方法只适用于大型晶体尺寸的工业生长和高品质的晶体生长。

热交换法的实质是控制温度，让熔体在坩埚内直接凝固结晶。如图 2-3 所示，热交换法要有一个温度梯度炉，在真空石墨电阻炉的底部装上一个钨钼制成的热交换器，内有冷却氦气流过。把装有原料的坩埚放在热交换器的顶端，两者中心相互重合，而籽晶置于坩埚底部的中心处，当坩埚内的原料被加热熔化以后，氦气流经热交换器进行冷却，使籽晶不被熔化。随后，加大氦气的流量，带走更多的熔体热量，使籽晶逐渐长大，最后使整个坩埚内的熔体全部凝固。热交换法生长晶体无法自动测量生长晶体尺寸和质量，而通过目测来获得晶体的几何参数也是不可能的，因为凝结的晶体埋在熔体之中。

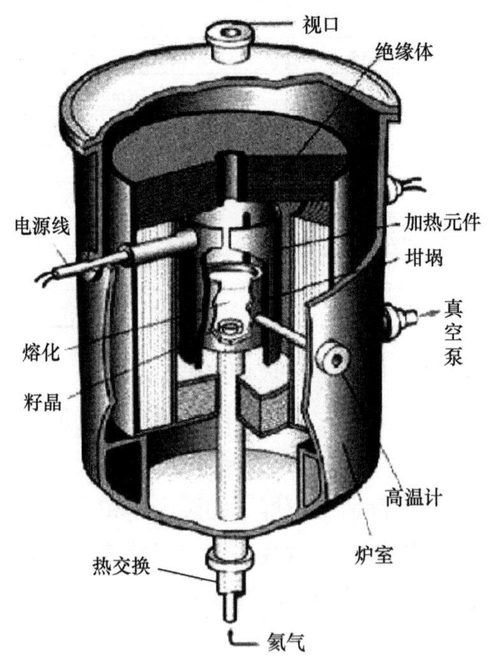

图 2-3　热交换法示意图

3. 蓝宝石屏幕盖板制备工艺

将大尺寸蓝宝石晶锭经过开方、晶块成型、多线切割、双面研磨、双面精磨、CNC 成型及开孔、CMP 机械化学抛光、边缘强化等加工工艺可制作出蓝宝石材质手机屏幕盖板。加工工艺流程如图 2-4 所示。

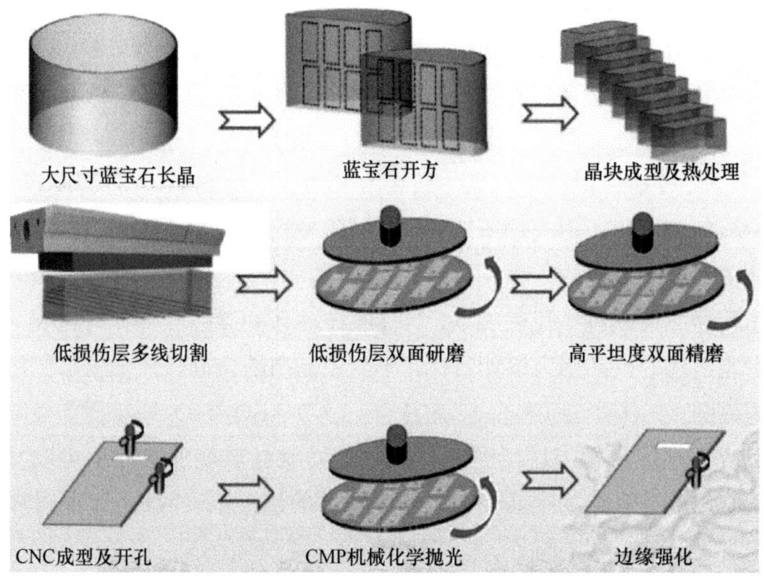

图 2-4　蓝宝石手机屏幕盖板加工工艺流程

4．蓝宝石玻璃盖板应用

近年来，随着蓝宝石玻璃的批量生产，有一些奢侈品级别的手机开始使用蓝宝石玻璃。苹果在其批准的专利文献中详细描述了在电子设备上应用蓝宝石玻璃的各种方法。2018 年，iPhone XR 把蓝宝石玻璃用在摄像镜头面上，英国 Vertu 的 ASTER P 系列手机采用了蓝宝石水晶玻璃屏。

蓝宝石玻璃的优点突出，但大面积应用尚需要解决一些技术难题。蓝宝石玻璃虽然硬度高，但它的脆性也更高，换而言之，它虽耐刮耐磨，但是它不抗摔。而抗摔性能是终端应用尤其是手机等移动终端应用中追求的第一性能要点。况且，蓝宝石玻璃的透光率并不如玻璃，这也是蓝宝石玻璃目前无法普及的一个重要原因。

2.1.3　微晶玻璃盖板技术

微晶玻璃兼具玻璃和晶体的诸多优点，具有优异的机械、热学和光电性能，有望成为 5G 时代盖板玻璃新的发展方向。

微晶玻璃是充分利用玻璃的热力学和动力学特性而获得的新材料，在特性上是一种介于玻璃和陶瓷之间的材料，其维氏硬度在 750kgf/mm² 以上，可化学强化（CS）值在 500MPa 以上，深度（DOL）高于 110μm，特性上更耐刮、更强韧。特别是高品质铝硅酸盐玻璃，化学强化后拥有出色的耐刮擦性能和机械强度，适合作为触控屏技术的保护面板。如 Na_2O-Al_2O_3-SiO_2 系玻璃，先通过热处理使其析出 $Na_2O·Al_2O_3·2SiO_2$ 钠霞石晶体，然后通过 K^+ 与 Na^+交换，使表面的钠霞石晶体转变为 $K_2O·Al_2O_3·2SiO_2$ 六方钾霞石，体积增大 10%使表面产生很大的压应力，机械强度提高到 1500MPa，在已知的微晶玻璃中强度是最高的。

透明微晶玻璃种类见表 2-5。具体某一体系的微晶玻璃配方主要采用体系中可能出现的主晶相为设计目标，不同主晶相的微晶玻璃具备不同的性能及应用范围。在几种透明微晶玻璃中，以 Li_2O-Al_2O_3-SiO_2 系统微晶玻璃研究最多，应用领域也相当广泛[29]。从几种透明微晶玻璃的主晶相可以看出，Li_2O-Al_2O_3-SiO_2 系统的主晶相 β-石英固溶体的热膨胀系数最小，而且 β-石英晶体本身是一种透明的材料，与基础玻璃的折射率相当匹配。在几种晶体中，β-石英固溶体的热膨胀系数最低（$\pm5\times10^{-7}$/℃），其余几种主晶相的热膨胀系数都在 10^{-6} 以上。同时，尖晶石、莫来石和钙黄长石常因含有部分别的离子而显现一定的颜色，如在形成尖晶石晶相中存在铁离子或钴离子时呈现红色红宝石，少量时显橙黄色或橙红色不利于制备透明无色的微晶玻璃。

表 2-5　透明微晶玻璃种类

基础玻璃	主　晶　相	主要特征（除透明性外）
Li_2O-Al_2O_3-SiO_2	β-石英固溶体	低膨胀、耐高温、耐热冲击
Li_2O-MgO-Al_2O_3-SiO_2	β-锂辉石	低膨胀、高强度
ZnO-Al_2O_3-SiO_2	锌尖晶石	低膨胀
ZnO-MgO-Al_2O_3-SiO_2	尖晶石	低膨胀
BaO-Al_2O_3-SiO_2	莫来石	低膨胀

微晶玻璃的特点如下。

（1）根据不同的应用，调整组成和热处理制度，可以使膨胀系数在 -10×10^{-6}～10×10^{-6}℃范围内变动。

（2）硬度大，它比许多陶瓷材料和金属材料都硬，机械强度高，抗折强度一般能达到 98MPa 以上，经过增强后可达 400MPa 或更高。

（3）具有优良的化学稳定性。微晶玻璃的化学稳定性比玻璃好，尤其是在耐碱腐蚀方面更为突出。

（4）可耐较高的热冲击。它的耐热冲击性能可以与石英玻璃相比，加热到 400℃以上急冷也不会炸裂。

（5）具有较高的软化温度。

（6）电绝缘性能好，其电阻率可达 109Ω · M 以上，并具有较低的介电损耗。

（7）具有较大的介电常数，强介电性微晶玻璃的相对介电常数可达 1200 左右（普通玻璃不超过 40）。

陶瓷是高端机型的发展方向，全陶瓷机身（外壳+中框均采用陶瓷）手机的面市引起终端市场对于微晶玻璃盖板的使用热潮。陶瓷材质虽然会对 5G 信号接收略有影响，但并不会有过多的影响。随着技术的成熟，这方面的问题也会随之解决。当前的陶瓷盖板仅应用于手机背板材料，而作为手机盖板材料各方面性能还未达到标准，尤其是透光率和后期强化性能还有待进一步研究。陶瓷盖板虽然在很多性能如硬度、外观、手感等方面有着突出的优势，但是在加工难度、产能等方面都存在劣势，且高昂的成本、复杂的工艺及散热等问题依然困扰着这种盖板材料的发展。

2.1.4　树脂类盖板材料

由于 5G 时代的来临，智能终端产品市场的爆发，可穿戴设备的兴起，树脂类由于其材料自身优势及非常灵活的加工自由度，能够实现设计师各种各样的个性化设计灵感，再次成为研究热点。在树脂材料的应用中主要涉及 PMMA（聚甲基丙烯酸甲酯）和 PET（聚对苯二甲酸乙二醇酯）两种材料。其材料特性及应用见表 2-6，PMMA（聚甲基丙烯酸甲酯）具有良好的透光性能及抗冲击性能等，PET（聚对苯二甲酸乙二醇酯）具有良好的电绝缘性能及耐候性，使其在触控盖板显示器件中应用广泛。

表 2-6　树脂材料特性及应用

材　料	材料特性	原材料成本	主要应用领域
PMMA	透光率>92%，抗冲击强度高，耐候性佳	较低	视窗镜片、标牌铭牌
PET	电绝缘性能优秀，拉伸强度高，材料不抗紫外线，耐候性好	低	标牌铭牌、面板

1. PMMA 材料

聚甲基丙烯酸甲酯（Polymethyl Methacrylate，PMMA）为高分子透明材料，是一种开发较早的重要热塑性塑料，俗称有机玻璃、亚克力、亚格力等，是由甲基丙烯酸甲酯聚合而成的高分子化合物。其显著特点为高度透明性、机械强度高、质量小、易于加工。由于其具有较好的透明性、化学稳定性、力学性能和耐候性、易染色、易加工、外观优美等优点而被广泛应用。

与普通的玻璃或蓝宝石保护的盖板触摸显示器件不同的是，在日常使用PMMA 保护盖板的触摸显示器件的过程中，可以防止因意外跌落和撞击带来的玻璃或蓝宝石碎片所引起的物理伤害，以及破裂后显示器件内部化学物质泄漏所造成的污染伤害。

PMMA 有机玻璃具有极好的透光性能，可透过 92%以上的太阳光，紫外线透光率达 73.5%，具有优异的光学性能和稳定的电学性能，机械强度是普通玻璃的 7～8 倍，直接利于注塑机械可以成型成 2.5D、3D PMMA 触控屏保护盖板，替代造价和污染更高的强化玻璃保护盖板。在获得与玻璃保护盖板相似的光学和电学性能的情况下，减小整机质量，并且具有使用安全性和优秀的性价比，在手机和平板领域越来越多被应用，特别是在一些商务机器和儿童学习、游戏机器、可穿戴设备产品上应用广泛。

常用的触控屏 PMMA 保护盖板加工过程如图 2-5 所示。触控屏 PMMA 保护盖板还可以通过 IMD 模内装饰技术、精密切割技术、表面印刷技术、激光内外雕刻技术、真空溅镀技术、化学电镀技术等工艺进行后期处理，丰富产品的外观设计。

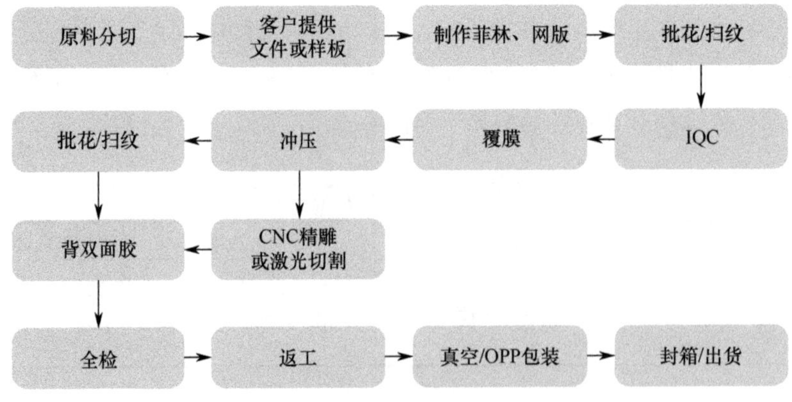

图 2-5　常用的触控屏 PMMA 保护盖板加工过程

1）触控屏 PMMA 保护盖板 IMD 模内装饰技术

IMD 是将已印刷好图案的膜片放入金属模具内，将成型用的树脂注入金属模具内与膜片接合，使有图案的膜片与树脂形成一体而固化成成品的一种成型方法。IMD 工艺主要由油墨和印刷技术、成型工艺、冲床和切割、背部注塑组成，由于其具有表面耐腐蚀、颜色图案随时可换、表面装饰效果极佳等优点，广泛应用于手机、平板等产品的表面装饰。

2）触控屏 PMMA 保护盖板表面改性加硬处理技术

为解决 PMMA 保护盖板的表面硬度问题，一般对其表面进行硬度改性处理，处理方式有三种：表面涂层硬度改性、表面镀膜处理、表面化学处理。表面涂层硬度改性指在表面涂敷一层硬度高的材料，如无机物、有机硅涂料、氟碳漆等。表面镀膜处理主要通过 PVD 方式在盖板表面镀上金属、金属氧化物或其他无机物。表面化学处理主要利用激光等手段使得 PMMA 表面结构发生变化。在表面改性加硬处理后，PMMA 保护盖板仍然能保留其原来的光学性能等优势，同时提高其表面硬度。

3）触控屏 PMMA 保护盖板表面装饰

触控屏 PMMA 保护盖板上的表面装饰可以是功能性的，也可是装潢性的，其方式包括共注射、扩散印刷等。功能性装饰改善抗磨损、抗擦伤、抗紫外线及抗化学性等，所有的装饰都依赖在盖板表面上作永久性的表面外印记或油漆涂层。

2. PET 材料

聚对苯二甲酸乙二醇酯（Polyethylene Terephthalate，PET）俗称涤纶树脂，单元摩尔分子质量为 192g/mol，是对苯二甲酸与乙二醇的缩聚物。PET 是乳白色聚合物，表面平滑而有光泽，耐蠕变，耐疲劳性好，耐磨擦和尺寸稳定性好，磨耗小而硬度高，电绝缘性能好，受温度影响小，但耐电晕性较差；无毒、耐气候性、抗化学药品稳定性好。

作为盖板材料的 PET 树脂为乳白色半透明或无色透明体，透光率为 90%。对 O_2 的透过系数为 50～90$cm^3 \cdot mm/(m^2 \cdot d \cdot MPa)$，对 CO_2 的透过系数为 180$cm^3 \cdot mm/(m^2 \cdot d \cdot MPa)$，吸水率为 0.6%，吸水性较大。PET 膜的拉伸强度很高，可与铝箔相比，是 PC 和 PA 膜的 3 倍；蠕变性小、耐疲劳性极好、耐磨性和耐冲突性杰出，力学性能受温度影响较小。纯 PET 的耐热性能不高，但增强处理后性能得到提高，在 180℃时，机械功能比 PF 层压

板好，是热塑性工程塑料中耐热较好的一种；耐热老化性好，脆化温度为-70℃。PET 虽为极性聚合物，但电绝缘性优秀，在高频下仍能保持该性能优越，但其耐电晕性较差，不能用于高压绝缘，电绝缘性受温度和湿度影响较大。

PET 含有酯键，在高温水蒸气的条件下不耐水、酸及碱的侵蚀；在有机溶剂如丙酮、苯、甲苯、三氯乙烷、四氯化碳和油类中具有抵抗侵蚀作用，对一些氧化剂如过氧化氢、次氯酸钠及重铬酸钾等也有较高的抵抗性且耐候性优秀。

树脂类的 PMMA、PET 材料作为盖板材料在原料成本上具有价格低廉、工艺简单的优势，然而在高端电子器件应用中，由于其性能的差异性其应用受到限制。

2.2 感测材料技术

触控屏正在向大尺寸、全集成、柔性化方向发展。ITO 作为目前主流的触控感测材料，是氧化锡与氧化铟的混合物（In_2O_3:Sn），其主要原材料为稀有金属铟，全球储量很低，且铟有毒性导致 ITO 类废旧电子产品不易回收。ITO 薄膜本身不适用于柔性显示应用，导电性及透光率等本质问题不易克服，因此近年来银纳米线、金属网格、碳纳米管、石墨烯等感测材料替代 ITO，用于制备透明导电薄膜（Transparent Conductive Film，TCF），开始受到关注并获得了较好的发展。众多主流触控显示厂商，如 TPK、欧菲光等，加大了对新型可替代 ITO 感测材料类触控屏的研发，并形成了批量出货。对 ITO 替代材料的基本要求包括性能优势、成本低、资源易获取、产业链完备、下游工艺简单、环保。

2.2.1 感测材料的发展

触控显示技术的飞速发展，对 ITO 透明导电膜的各项技术性能和制程提出了更高的要求。同时 ITO 在大尺寸与柔性显示应用中的局限，也催生了许多可替代 ITO 的感测材料。

1. ITO 导电膜技术

ITO 凭借其较高的可见光波段透光率（>90%）、相对较低的电阻率

（10^{-4}～$10^{-3}\Omega\cdot cm$）、空气环境下稳定的化学性质、良好的机械耐磨性，成为触控屏透明导电薄膜的主流材料。典型 ITO 触控屏结构如图 2-6 所示。ITO 成膜工艺较成熟，应用于触控感应电路最主要的问题是工艺制程与材料本身易脆的特性。另外，ITO 在 PET 基体上镀膜时，太厚则需要考虑 PET 薄膜耐受性，太薄则无法降低表面阻抗。ITO 材料具有易脆性，且表面电阻相对较大，传统制程无法顺利切入大尺寸、柔性显示产品。近年来兴起的金属网格（Metal Mesh）与银纳米线具有较好的导电性与可挠性，有逐步取代 ITO 的趋势。

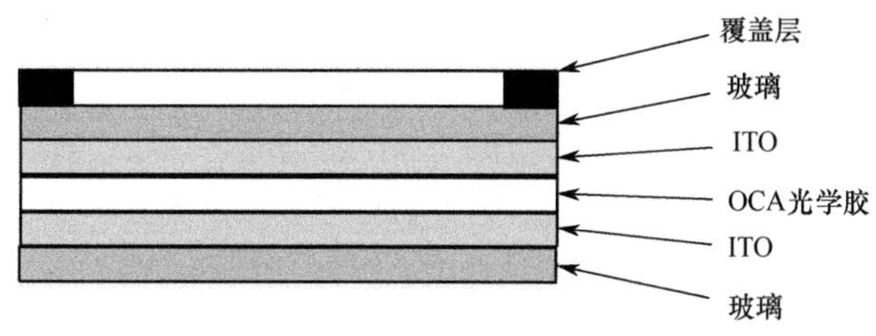

图 2-6　典型 ITO 触控屏结构

ITO 柔性应用一般把 ITO 成膜在柔性基板上。通常柔性基板由有机材料构成，透光率低于常规玻璃基板，镀 ITO 后导致透光率进一步下降。为避免影响整体性能，制备柔性 ITO 导电膜的透光率不宜太低，需在 86%以上。另外，表面硬度特性关系着触控屏的耐用度，若表面硬度不佳，柔性基板表面易受到破坏，进而影响 ITO 膜的均匀性，使触控屏无法精确地计算接触位置。一般柔性基板的表面硬度至少要求 3H 以上。此外，柔性 ITO 基板耐湿、耐热性及尺寸稳定性的要求，也会影响进一步制成触控屏之后正常工作的温度条件范围，这些特性在测试条件下均需要达到一定的标准，如表 2-7 所示。

表 2-7　柔性 ITO 导电膜的特性及测试标准

特　　性	单　　位	测试条件	标　　准
透光率	%	JIS-K7150	>86%
表面电阻值	Ω/□	4 端探针法	500±100
表面硬度	H	JIS-K5400	>3
耐热性	R/R0	90℃/500h	>1.3
耐湿性	R/R0	60℃/90%RH/250	>1.3
耐低温性	R/R0	−30℃/500h	>1.3
尺寸稳定性	%	150℃/30min	>0.1

ITO 广泛应用于电阻屏和电容屏中，触控屏尺寸的增大，对 ITO 膜的低方阻性能提出了更高的要求。电阻式触控屏的 ITO 膜厚一般在 20nm 左右，方块电阻在 200～500Ω/□（换算为电阻率为 6×10^{-4}～$1\times10^{-3}\Omega\cdot cm$）。如果膜厚在 20nm 以下，则耐久性不足。投射电容式触控屏的方块电阻由早期的 255Ω/□降到 175Ω/□左右，相应地，ITO 成膜温度在 300℃甚至更高。PET 基材的 ITO 膜片，耐热能力不足，量产品的方块电阻一般在 140Ω/□左右，投射电容式触控屏尺寸超过 5 英寸信号检测就很困难。采用可耐 250℃以上的透明 PI 或同等能力的耐热基材，可以获得方块电阻在 100Ω/□左右的 ITO 膜片。

随着面板尺寸的增大，ITO 电极或感测器的长度相应增大。如果控制 IC 要求的端子间电阻不变，ITO 膜所需的片电阻会随之降低。如果片电阻不够低，也不能增加 ITO 膜厚来弥补，因为 ITO 膜太厚会大幅降低透光率，而且会使 ITO 膜的刻蚀图案明显可见。淡化 ITO 膜的刻蚀图案的方法有：在 ITO 膜和基板之间追加光学调整层，提高透光率；在 ITO 中混入其他材料，减少其折射率；尝试不同的图案形状；降低 ITO 膜的厚度（电阻增大）来提高透光率，并且用控制器来调整触摸感测器的灵敏度；选择合适的光学胶等材料。

消影 ITO 玻璃是通过在 ITO 膜和玻璃之间镀上一层 IM 膜（INDEX MATCH 层），使 ITO 玻璃在刻蚀制作电容屏线路之后，透过可见光波长 500～650nm 范围内，ITO 层蚀刻前后反射率$\triangle R\%<0.5\%$，减少 ITO 区域和非 ITO 区域的视觉反差，使得电容屏 ITO 刻蚀线条变淡，线路的图案在正常光下看不见，变为可起到消除图案效果的 IM+ITO 玻璃。IM（Nb_2O_5/SiO_2）+ITO 根据 ITO 阻值不同，IM 层厚度也需要做不同的调整。目前常用的消影 ITO 阻值为 80～120Ω/□，ITO 膜厚范围为 20～27nm。如图 2-7 所示，消影 ITO 的玻璃透光率增加、反射率减小，具有 AR 膜功能。减少 ITO 区域和刻蚀后非 ITO 区域的视觉反差，使得电容屏 ITO 刻蚀线条变淡，提高视觉效果。

2. ITO 替代导电膜技术

一种材料若要取代另一种既有材料，技术规格是最基本的要求，同时也要关注工艺与供应链的成熟度。ITO 取代材料要求具有良好的导电性能与透光性能。除此之外，从供应链来看，包含原始材料、成膜与图案蚀刻工艺都必须获得触控屏厂商的认可，能够对终端应用产生明显的价值。这些新材料多数可以达到较低的方阻值，尤其是对 10 英寸以上的触控屏应用最能产生显著价值。

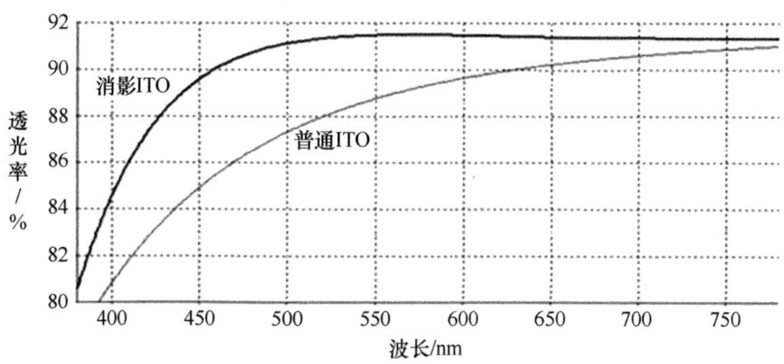

(a) 透光率曲线比较

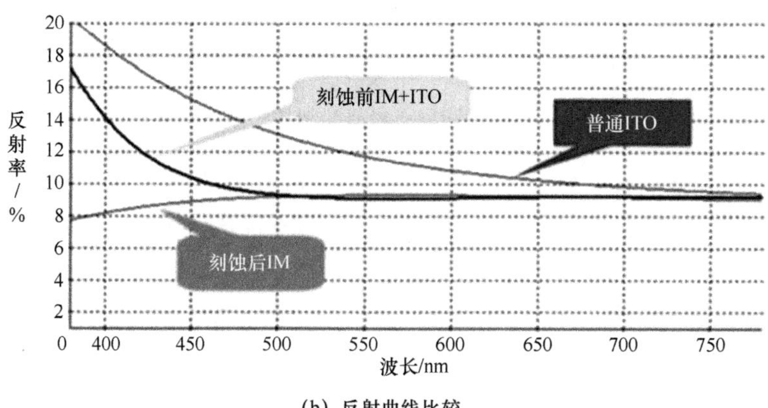

(b) 反射曲线比较

图 2-7　消影 ITO 的玻璃透光率增加、反射率减小

作为触控感测线路，新材料的导电性能将直接影响到触控响应时间及触控检测的灵敏度。对于 10 英寸及以上尺寸产品，触控感测线路的面阻值需要维持在 150Ω/□以下。而对目前主流的投射电容式触控显示技术而言，触控线路通常处于显示屏的上方，因而要求新材料需要保持良好的透光性能，以保障显示的画面品质，通常情况下，应至少保证 80%～85%的透光率。

从目前研究进展看，ITO 新取代材料主要集中在 5 种技术：金属网格技术（Metal Mesh）、银纳米线技术（Silver Nanowire）、碳纳米管技术（Carbon Nanotube）、导电聚合物技术（PEDOT：PSS）和石墨烯技术（Graphene）。其中，金属网格与银纳米线是触控屏厂商目前最主要采用的两种新一代传感器电极材料。这几种透明导电材料的阻抗与成本关系如图 2-8 所示。新一代的 ITO 取代材料除透光率与导电性规格要能超越 ITO 外，镀膜工艺与结构特性也是考虑的重点。多数的取代材料都已经不再使用溅射工艺，而改以湿式涂布，而且配合软性或曲面感应线路，载板也不再是问题。

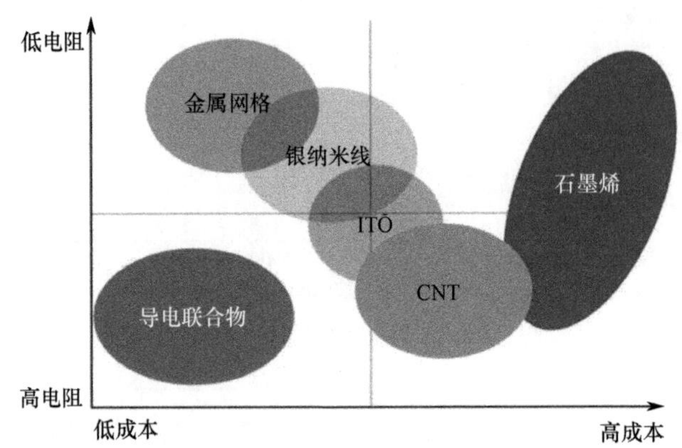

图 2-8　几种透明导电材料的阻抗与成本关系

金属网格图案具有一致性、连贯性与延伸性，因此在形成较大尺寸的感测图案时，在线路与图案的均匀度控制方面具有优势，如图 2-9 所示。相对而言，银纳米线目前的制程是先以湿式涂布于薄膜上，均匀度的控制尤其重要。由于不具备金属网格的连贯性，每根银纳米线都是单独的个体，导电性通过银线之间的交错、重叠实现，若银线分布的均匀性不佳，阻抗值的均匀度就会受影响，甚至会出现断路。金属网格的缺点主要在于反光与摩尔纹问题。目前，金属网格可以顺利生产的单一线宽在 3μm 左右；过宽则需要在网格线表面做黑化（Blacking）处理，减少反光，但是这样又会导致显示面板在视觉上太黯淡。而网格线如果过细，对有些加成法制程来说，工艺难度则相对提高许多。对目前显示面板像素动辄超过 300ppi 的智能手机来说，比较理想的网格线宽在 2μm 左右。

图 2-9　典型图形金属网格形貌图

银纳米线是透明导电材料，其直径在 250nm 以下，典型银纳米线微观形貌图及银纳米线网络如图 2-10 所示。银纳米线在可见光频率范围内的透光率高。同时，银具有高导电性和稳定性，可作为 ITO 透明导电膜的替代方案，运用在触控感测导电图形结构的制程中。目前的触控式屏幕使用 ITO 薄膜大多色偏而发黄，而采用银纳米线为新材料便可实现几乎无色的状态。在制造方法上，ITO 制程使用真空工艺，而银纳米线油墨则能够用涂布法成膜，因此可以低成本制造；再者，现有 ITO 薄膜难以弯曲，而银纳米线易于弯曲，可匹配未来柔性显示器件的发展需要。由于传统采用低温 ITO 生产的 G/F/F 式触控屏，单位面积阻值固定，因此传感器的灵敏度会随着面积增加而下降，成为大尺寸 G/F/F 式触控屏良率难以提升的关键。为此，G/F/F 式触控屏制造商展开了低阻值的银纳米线与高温 ITO G/F/F 式触控屏部署，以期提高大尺寸 G/F/F 式触控屏良率。

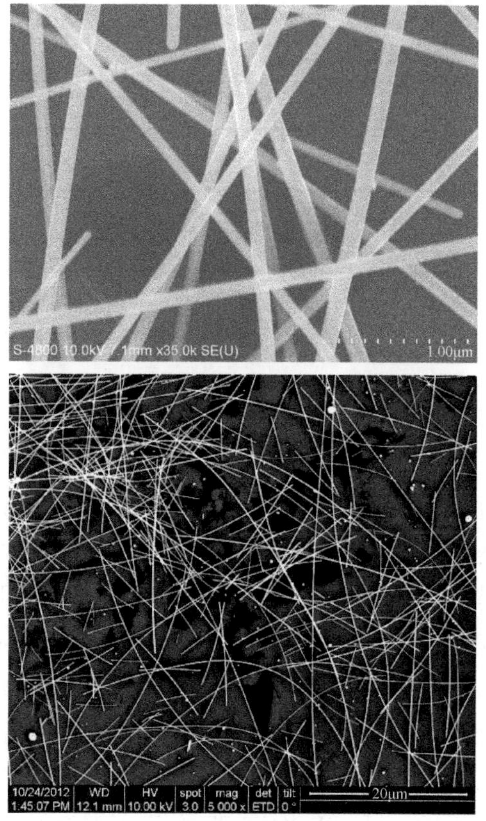

图 2-10　典型银纳米线微观形貌图及银纳米线网络

碳纳米管是具有高理论电导率的碳纳米圆柱管，其透射电镜形貌如图 2-11 所示。厚度在 10～100nm 的薄膜具有很高的透光率和导电性，可以用来替代 ITO 电极。碳纳米管和 ITO 膜相比有如下几大优势：首先，原材料比较便宜，目前碳纳米管薄膜已实现低成本、大面积批量制备，而 ITO 必须镀膜，工艺制程成本及原料成本较高；其次，碳纳米管将拉膜平铺于透明的基底上，利用薄膜本身各向异性的结构成形，没有 ITO 的光刻刻蚀等化学工艺环节，制作过程比较环保；最后，碳纳米管的机械性非常好，可任意弯曲和折叠，甚至铺完膜之后再热成型，把它变成二维或三维结构，也不会损坏。机械性好是碳纳米管能够应用在异形、弧形产品的基础，这使得碳纳米管在智能穿戴、柔性、异形等触控产品应用领域比较有优势。而一般的 ITO 镀膜机械性较差，弯曲变形时薄膜易破裂。

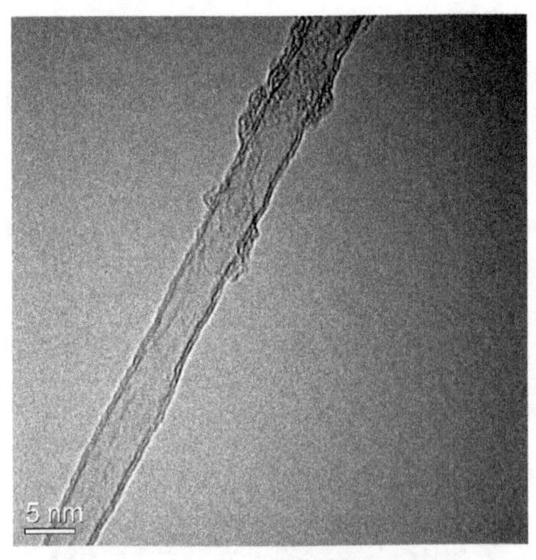

图 2-11　典型碳纳米管透射电镜形貌图

石墨烯具有很好的物理性能，单层石墨烯对可见光的吸收率只有 2.3%，透光率好；理论电阻率很低，甚至比铜/银电阻率还要低；电子迁移率高，常温下其电子迁移率超过 15000cm^2/V · s，相对 ITO 材料高几个数量级。石墨烯原材料成本远低于 ITO 材料，基底材料成本（PET/Glass）比重很高，石墨烯触控屏 Sensor 加工工序相对简单，可进一步降低模组成本。柔性是石墨烯的重要特性，其弯折性能主要取决于基底 PET 材料的弯折极限。

聚 3,4-乙烯二氧噻吩/聚苯乙烯磺酸盐（PEDOT:PSS）是在高导电高分子中具有潜力的一种新的材料。PEDOT:PSS 可以呈现稳定的悬浮液态，该悬浮液可以在玻璃基底或柔性基底上形成一种淡蓝色的透明导电薄膜。此种薄膜不仅易于加工，同时还具有良好的机械性能、较高的透光性、耐热、绿色环保等优点。但原始薄膜电导率低于 1S/cm，所以需要找到合适方法来提高它的电导率。使用有机酸、无机酸、表面活性剂和盐溶液对 PEDOT:PSS 进行预处理或薄膜的后期处理，可以使 PEDOT:PSS 薄膜电导率提高 2～3 个数量级。

金属网格、银纳米线、石墨烯、碳纳米管和 PEDOT 等新型透明导电材料性能比较见表 2-8。

表 2-8　新型透明导电材料性能比较

	金属网格	银纳米线	石墨烯	碳纳米管	PEDOT
方阻	约 10Ω/□	约 60Ω/□	约 100Ω/□	约 200Ω/□	约 300Ω/□
透光率	85%～88%	90%	90%	88%	88%
优势	低阻抗	导电率和透光率高、量产性好	稳定可靠、柔性、透明度适中	大面积涂布、强韧	工艺简单、低成本
劣势	网格可见、摩尔纹、表面粗糙、产品设计周期长	工艺流程长、降低面阻抗后透光率显著下降	大面积涂布困难、均一性有待提高	导电性不佳、不宜刻蚀	导电性不佳、色调偏蓝、高湿度下可靠性不佳

2.2.2　金属网格技术

金属网格电容式触控显示技术是将铜、银等导电金属或金属氧化物的丝线密布在 PET 等塑胶基材上，形成形状规则的网格，基于贴合的导电膜通过感应触摸实现信号传输功能，常应用于 G/F/F、G/F、G/G 等触控屏工艺结构中。金属网格面阻值非常容易达到 100Ω/□以下，甚至小于 50Ω/□，使得其触控感测性能优于传统的 ITO 触控线路，尤其适用于大尺寸产品。目前已有产品的薄膜电阻已做到 0.1～0.5Ω，最大可支持 84 英寸的触摸面板。

1. 触控技术

驱动电极 Tx 与接收电极 Rx 重叠的区域是无效区域，这个区域已经是电力线可以布设的最短距离，所以当用手指碰触时，影响不到这个区域的电力线，不会产生任何互电容变化。其次，重叠的区域越小则互电容越小，两层的距离越近，则互电容越大，调整这两个参数可以产生所需要的互电容值，互电容的大小反比于其容抗的大小，如果互电容的容抗变大，测量到的触控感应电流就会变小，因此要在可量测到的最佳触控感应电流条件下，让重叠面积越小越好。

要让手指触碰时产生较大的变化，就要让靠近接收电极 Rx 的非重叠区域越大越好，如此才会有更多的电力线溢出，穿透玻璃基材与外部的手指互动，当手指碰触时可以吸收到这些溢出的电力线，让电力线回不到接收电极 Rx，造成互电容的减少，所以双层互电容结构的触控显示都保持较大面积的 Tx 与较小面积的 Rx。

设计时需要合理分配互电容的大小与互电容改变量的大小。由于触控发生时互电容变小，变化最多也只能让互电容从现有值变到零，所以从哪个基本数值开始变化，这个数值就是所要的互电容值，这个值越大，才会有足够的变化空间。此外，还需要考虑到之后的读取电路是用何种方法来放大信号的，前面保留的空间越大，对读取的信号放大越不利，信号放大的好坏直接影响到触控的灵敏度，所以不同的触控电路所搭配的触控屏规格不一样，选对触控 IC，触控屏的设计就会相对简单，弹性增大。

把 Tx 与 Rx 由 ITO 改成金属网格后，Tx 和 Rx 的面积都变小，所以重叠的区域会很小，造成互电容变小、容抗变大，读取电路读到的感应电流变小，在电路背景噪声不变的状态下，信噪比会变得很差，且不重叠区域也会变小，所以没有太多的溢出电力线来让手指吸收，因此触控造成的互电容改变也会相应变小，如此会让信噪比更加恶化。虽然使用金属网格可以让电阻变小，让灵敏度稍微变好，但是好的范围非常有限，不足以抵消上述信噪比的恶化，所以使用互电容的金属网格技术，无论是作为 LCD 内部或外挂，成功的机会都不大，唯有搭配自电容的技术才有成功的可能。

金属网格面板的有效显示区图案最窄导通宽度大于 1.2mm。要求导通节点最少 4 个，导通宽度一般在 1.6mm 左右。10 英寸以上显示面板的有效显示区图案最窄导通宽度大于 2mm。如图 2-12 所示，有效显示区的网格类型为菱形网格，网格角度为 40°，线宽小于 2.3μm，导通节点 13 个。如果 PPI 大于 150，需要采用金属线上直接覆盖 ITO 图案的 ITO+MM 方案。

2. 光学品质

品质要求越高的产品，必须使用越细的金属线与越少的感应面积，而越细的金属线会增加生产难度让成本上升，越少的感应面积则会考验触控 IC 的感测能力。保证低于 5μm 线宽的金属线幅不断裂，并解决金属的反射问题，以及解决银、铝或铜金属网格材料的氧化性问题。

金属网格如果线宽较大，肉眼就能看到布线，影像的观看性能下降。一般，如果布线宽度在 5μm 以下，肉眼就无法看到金属丝。但当金属线幅小于 5μm 时，触控屏厂的黄光显影设备不能对应，必须用 LCD 面板厂等级的黄光显影设备。如果将黄光显影制程换成印刷的方法来打印小于 5μm 的金属线，即使凹凸版印刷技术足够精良，金属网格良率也难以保证。此外，印刷过程中每个模板的可使用次数、清洗成本都会对金属网格触控屏的成本造成很大影响。使用卷对卷的生产设备则要保证在高转速的张力下，小于 5μm 的金属线不断裂。金属除了不透光的特性外还有高反射的特性，要解决金属反射的问题须在金属表面加上遮光材料或抗反射材料。通过把金属布线的宽度缩窄到 3μm，以及在金属布线表面实施“黑化处理”，可以解决配备触摸面板时由于金属高反射导致布线视觉明显的问题。

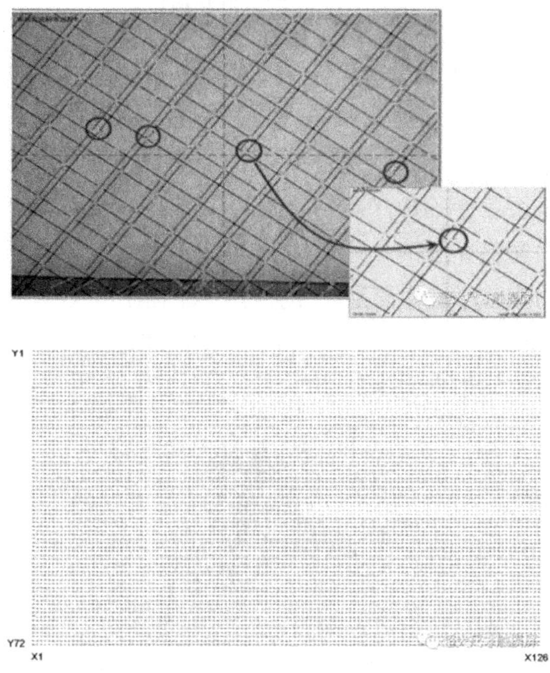

图 2-12　金属网格图案

金属网格最大的问题是摩尔纹干涉。Metal Mesh 在与 LCD 液晶面板搭配时，会出现摩尔纹。以掺黑技术结合精细化的金属网格线路，加上触控线路图案依照所要搭配的不同 LCD 液晶面板去调整修改，可有效解决摩尔纹问题。在实际的设计过程中，利用网格随机化的设计，可进一步避免摩尔纹的产生。选定网络时的摩尔纹判定操作规范：30cm 小距离观察，左右角度

45°，上下角度 30°；60cm 大距离观察，左右角度 45°，上下角度 30°。如图 2-13 所示，采用超高双折射材料代替 PET 材料，可以抑制彩虹状斑纹。

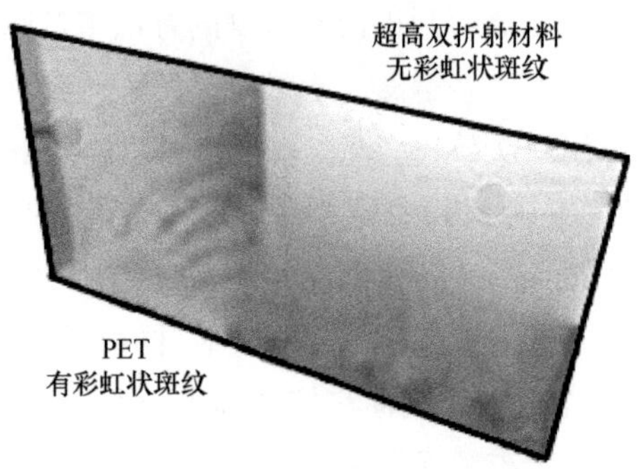

图 2-13　抑制彩虹状斑纹

金属的延展特性保证了其在多次弯曲或较大幅度弯折的状态下依旧能保持良好的导电特性，这使金属网格成为柔性显示触控线路的主要候选技术。同时，金属网格可挠曲的特性能让触控屏幕实现窄边框，甚至是无边框。ITO 或其他金属线是浮在 PET 材料之上的，而 Metal Mesh 金属网格制程将金属材料包裹在塑料介质中（见图 2-14），在弯曲的时不易断线，该技术目前已经在部分可穿戴手表中使用。目前的金属网格产品在弯折性能上可以达到 R=3mm（内弯&外弯）、20 万次弯折、1cycle/s 弯折频率、电阻上升<10%，不会有折伤或气泡等不良的现象。

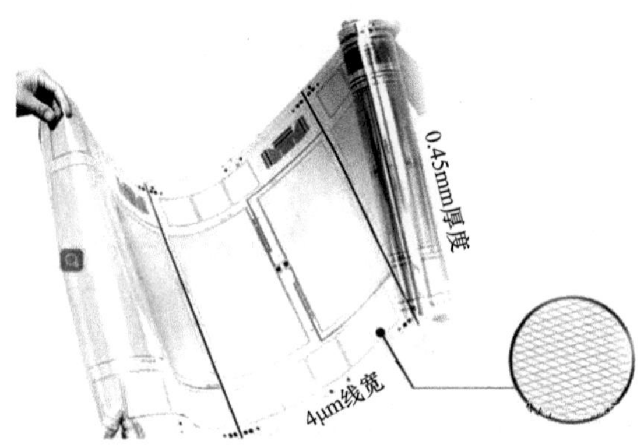

图 2-14　柔性金属网格触控屏

金属网格的加工工艺可分为四种：第一种工艺是直接以金属油墨加以网印；第二种工艺是先在 PET 薄膜上涂布整面金属，再通过黄光微影制程，洗去多余成分而产生网格；第三种工艺和第二种工艺类似，只是将其中的金属改成溴化银，利用化学手段将溴化银还原成银；第四种工艺是先在 PET 等基板上做出网格化图形，再以金属油墨填埋网格沟道，形成金属网格。上述加工工艺已经有大量的经验，但有多种原因导致金属网格失效，视觉上难以察觉，如金属油墨的团聚或颗粒不均匀导致的断线，如图 2-15 所示。因此，金属网格技术加工技术依然面临良率较低的问题，影响了其大规模产业化应用。Metal Mesh 也可做多层结构复合，可以在 PET 材料上做两层、三层，甚至更多层，以节省 PET 材料的使用成本。采用两张薄膜时，要黏合分别用于上部电极和下部电极的两张金属网格布线图案的薄膜，黏合时的位置偏差会导致波纹和斑纹。而只采用一张薄膜的话，是在一张薄膜的两面形成金属网格薄膜，对两面统一曝光，同时形成分别用于上部电极和下部电极的布线图案。这种方法的特点是省去了黏合工序，能消除黏合时的位置偏差造成的波纹和斑纹。另外，还能削减薄膜数量，有助于触摸面板实现薄型化，而且只需要一道曝光工序，还能降低制造成本。

图 2-15　金属油墨不均匀导致的金属网格断线失效

2.2.3　银纳米线技术

银纳米线除具有优良的导电性之外，由于其纳米级别的尺寸效应，还具有优异的透光性、耐曲挠性。30 英寸以下的触控屏，薄膜电阻值比铜网高，达到 30～90Ω/□的银纳米线也能应对。大尺寸银纳米线 G/F/F 式触控屏系采用聚酯薄膜（PET）为基体的银纳米线薄膜透明材料。

1. 银纳米线技术

银纳米线的制备方法有多元醇法、醇热法、微波辅助法、紫外线照射法、模板法等。其中，多元醇法具有良好的再现性和低成本的优点，加入 NaCl、$CuCl_2$、$PbCl_2$ 或 AgCl 等盐成分可以有效均衡反应 Ag+离子浓度，形成形貌均匀的银纳米线，可用于银纳米线的大规模合成。银纳米线的直径需要做到纳米级，长度需要做到亚毫米级，即长宽比在 1000 以上。

醇热法制备银纳米线是在含分散剂的体系中引入晶种，用多元醇还原 Ag+。常见的醇热法体系以聚乙烯吡咯烷酮（PVP）为分散剂，以硝酸银为银源，以乙二醇（EG）为溶剂和还原剂，以银纳米粒子、金纳米粒子为晶种，或者引入 $PtCl_2$、NaCl、$CuCl_2$ 形成晶种，反应温度在 150～200℃。

不同的制备方法决定了银纳米线不同的生长机理。双晶十面体生长机理认为得到均匀的银纳米线的关键环节是 PVP 的覆盖作用形成晶种。硝酸银在乙二醇溶液中首先被还原生成纳米银颗粒，经过 Ostwald 熟化过程，小颗粒聚集成大颗粒，而大颗粒直接形成直径均匀的纳米银棒，然后继续生长成长度可达 50μm 的银纳米线。基于双晶十面体生长机理的晶种腐蚀机理认为硝酸银在含有 PVP 和 HCl 的乙二醇溶液中发生反应，经腐蚀作用，由纳米银立方体转变为银纳米线。自组装理论认为硝酸银在含有 PVP、KNO_3、H_2PtCl_6 的乙二醇溶液中，在 160℃的温度下先生成晶种，然后在溶液中生成大量的纳米棒和少量的短纳米线，在 AgCl、NO^{3-}和 PVP 的作用下，纳米棒与短纳米线相连接，形成 100μm 量级的自组装银纳米线。将含有纳米银颗粒的有机乳液涂布到各类基底材料上，数秒内自组装形成透明导电网络，线宽约 5μm，如图 2-16 所示为 CimaNano Tech 公司开发的纳米银颗粒涂布技术。

2. 银纳米线透明薄膜技术

银纳米线用作触控屏的感测电极，要求透光率在 80%以上、方阻低且均匀、膜厚薄（<100nm）且均匀、与基底的附着性好、方便大面积成膜。相对于金属网格图案单元是有秩序的排列与延伸，银纳米线是多数细小银线单体的随机散布，因此散布均匀度的达成对日后线路的方阻值一致性有重要影响。而且，金属网格中每个图案单元彼此相连，不易有断线问题，但银纳米线是通过单体散布中、彼此的交错重叠来实现导电性的，因此银线墨水的涂布均匀性更为关键。

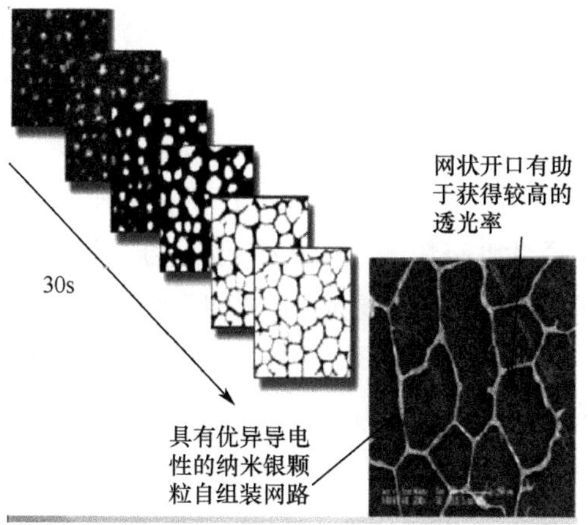

图 2-16　CimaNano Tech 公司开发的纳米银颗粒涂布技术

银纳米线湿膜的常用成膜工艺主要有旋涂法、喷涂法、棒涂法等。喷涂成膜工艺最可能满足银纳米线透明电极成膜的厚度和均匀性要求，同时适用于大面积成膜和连续生产。喷涂成膜工艺利用气流与喷涂液体相互作用，雾化喷涂液并将雾状液滴喷洒到基材成膜。喷涂法制备的液膜由沉积在衬底表面的液滴随机占位、互相堆叠而成，其均匀性依赖液滴落点位置的概率及液滴摊开后液饼内部的厚度均匀性。喷涂成膜的均匀性不及旋涂膜层。实现大面积的均匀成膜需要精确控制喷头的移动速度和喷涂液流量。喷涂法的最大优势是易于工业化连续生产，易于大面积成膜，不受衬底表面形状的限制，成膜过程不会对前一膜层造成破坏。通过增大载荷气体压强、柔化喷涂液表面张力并减缓干燥速度，喷涂能够制备厚度很薄的膜层。使用静电力场雾化并加速喷涂液体的静电喷涂法，成膜均匀性更好，材料利用率更高。

成膜后的银纳米线湿膜膜层经后续干燥工艺将溶剂挥发后即得到透明电极膜层。如前所述，导电膜层为银纳米线随机网格，银纳米线之间为点接触，有很大的接触电阻，故膜层的方阻较高。另外，膜层与基材的附着较弱，所以透明电极膜层的性能对弯曲等形变很敏感。因此，膜层还需要经过一定的后处理工艺降低膜层的方阻，提高膜层与基底的附着力及增加银纳米线网格连接强度等，以满足透明电极的使用要求。后处理方法按作用机制不同可归纳为加热、加压及引入介质三种。

加热是银纳米线随机网格导电膜层后处理方法中最常用的方法。加热方式分为整体加热和局部加热。前者对包含基材在内的透明电极整体加热处理，后者则通过辐射加热的方式实现透明电极的膜层表面加热。加热处理方法较为简单，且该法提高膜层导电能力的效果明显。膜层方阻主要源于接触电阻。未经加热处理之前，膜层内银纳米线之间的接触可以认为是重力作用下的堆积式搭接，又由于银纳米线为液相法制备，在 AgNW 表面残存有高分子反应物（如聚乙烯吡咯烷酮，PVP），所以经成膜工艺制得的银纳米线导电薄膜有较高的方阻。整体加热是通过热扩散进行热量输入，加热温度和时间的选择主要由 PVP 的热物理参数和膜层中银纳米线的尺寸确定。局部加热法（如辐照纳米熔焊）采用大功率强光短时辐照技术实现膜层中银纳米线网格搭接处局部熔化而焊合，使用该技术可避免整体加热处理对柔性基材造成的破坏。

对成膜工艺制得的银纳米线导电膜层加压处理也可起到降低方阻的作用。加压处理还可以使膜层厚度更均匀，使表面粗糙度降低，改善透明电极的使用效能。外压的施加除通过两片平面硬质片挤压外，工业上常用辊轴滚压来实现。一般来说，加压处理降低膜层方阻的效果比加热处理更明显，且工艺更容易实现。需要指出的是，银纳米线之间仍然是物理接触，并没有实现晶格层面的原子接触，因此接触电阻还有进一步降低的空间。

引入介质是指用物理或化学的方法在银纳米线导电膜层表面引入其他物质（介质）以改善或提高透明电极的性能。按作用机理可将介质分为黏接介质、导电介质、节点熔焊介质和表面剥蚀介质。节点熔焊介质的处理工艺简单，光电综合性能改善效果明显。而其他介质处理方法中介质的加入大多以牺牲透光性能为代价提高导电性能，并且大部分的实际效果不佳。

3. 技术挑战

银纳米线导电膜在触控显示中的规模化应用，主要受限于其雾度与可靠性问题。

银纳米线导电膜因其导电层组成物（银纳米线）的纳米尺寸效应，随银线用量的增加，其导电膜成品的雾度增大，而又无类似于 ITO 导电膜用于消除刻蚀纹的消影层材料而导致其刻蚀纹较 ITO 明显，限制了其在小尺寸方面的应用，仅适用于市占率较低的大尺寸或柔性显示产品，而大尺寸产品又存在金属网格类产品等的竞争。降低产品雾度需要减小银纳米线的直径，降低纳米尺寸效应。采用低温熔合的方案，以金属离子还原为金属单质实现银线间导通，提高其接触面积和接触效果（部分实现银纳米线头尾相接），增强导电性，可以在保证产品性能的情况下减少银线用量，降低雾度。如图 2-17 所示，日产化学工业通过在银纳米线薄膜上涂布可降低雾度的高折射率材料，实现了 1.79 的高折射率，可使薄膜电阻值为 100Ω/□的银纳米线薄膜的雾度降至基本看不到（雾度<1）。

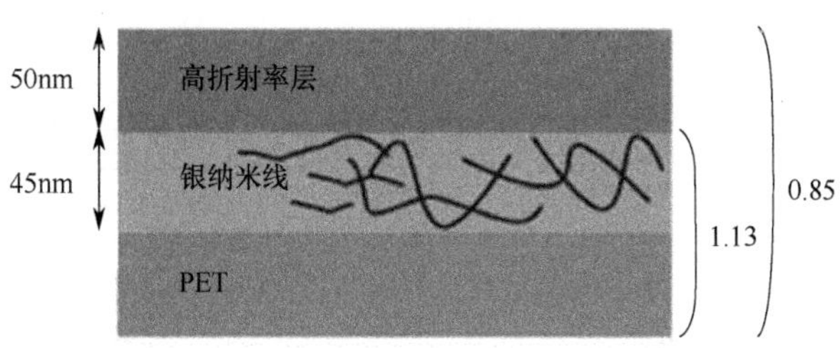

图 2-17　降低银纳米线的雾度（图由日产化学工业提供）

银纳米线触控屏导致产品失效的可靠性问题，主要源于银纳米线导电膜的光稳定性。未添加光稳定剂的导电膜在光稳定性测试方面表现欠佳。如图 2-18（a）所示，银纳米线光失效主要源于银纳米线等离子效应而产生的对紫外波段的光吸收，导致 $Ag \rightarrow Ag^{+}$ 反应的发生，最终导致产品失效。对于光稳定性，通过在其覆盖层（Over Coat，OC）中添加光稳定剂，所制备的产品在模拟太阳光的加速测试条件下可实现 2000h 后线阻变化率 < 10%，换算成实际使用条件，其稳定性至少可达 3 年，如图 2-18（b）所示。采用不同的 OCA（用于层间贴合），其稳定性测试结果也存在差异，再配合合适的 OCA 可满足产品的可靠性要求。

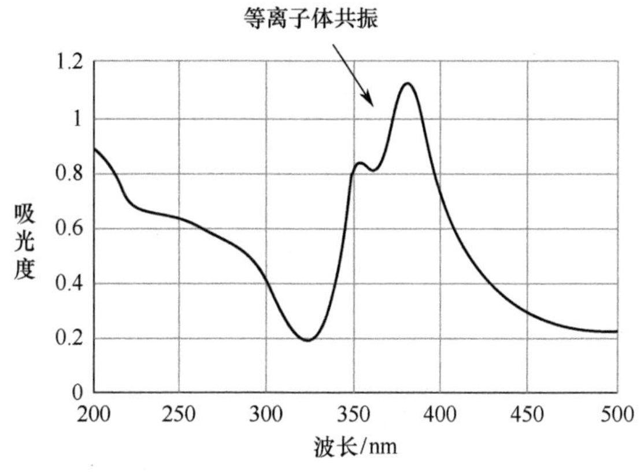

（a）银纳米线吸收光谱

图 2-18　银纳米线

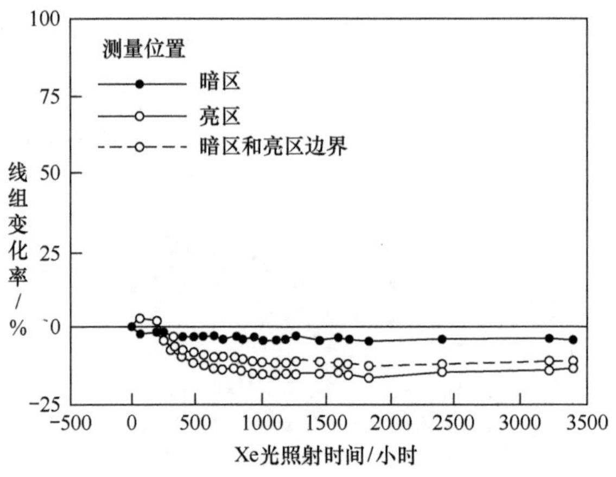

(b) 改善后导电膜的光稳定性测试

图 2-18 银纳米线（续）

2.2.4 石墨烯技术

石墨烯具有优异的物理性能，单层石墨烯可见光的透光率高，常温下其电子迁移率超过 15000cm²/V · s，远高于硅材料晶体管的开启速度，并且柔性很好。石墨烯触控屏色质纯净、透光性好、触控灵敏度高，特别是在弯曲的情况下同样可以实现良好的触控和书写。2010 年以后，石墨烯薄膜作为透明电极先后被应用于电阻式触控屏和电容式触控屏中。

1．石墨烯材料特性

石墨烯内部碳原子的排列方式与石墨单原子层一样，是由碳原子以 sp^2 杂化轨道组成六角型晶格的平面薄膜，是仅有一层原子厚度的新型二维材料，石墨与石墨烯的比较如图 2-19 所示。石墨烯碳原子有 4 个价电子，其中 3 个电子生成 sp^2 键，即每个碳原子都贡献一个位于 pz 轨道上的未成键电子，近邻原子的 pz 轨道与平面成垂直方向可形成 π 键，新形成的 π 键呈半填满状态。石墨烯中碳原子的配位数为 3，每两个相邻碳原子间的键长为 1.42×10^{-10}m，键与键之间的夹角为 120°。除 σ 键与其他碳原子链接成六角环的蜂窝式层状结构外，每个碳原子的垂直于层平面的 pz 轨道可以形成贯穿全层的多原子的大 π 键（与苯环类似），因而具有优良的导电和光学性能。

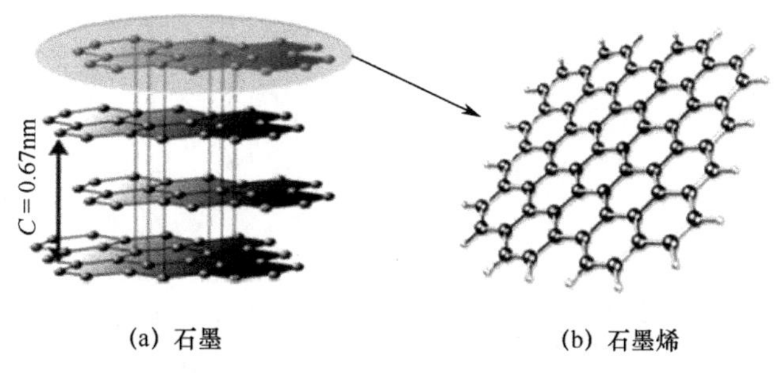

(a) 石墨　　(b) 石墨烯

图 2-19　石墨与石墨烯的比较

石墨烯在触控屏应用中具有明显的优势。石墨烯几乎完全透明，单层石墨烯薄膜从紫外线、可见光到红外线波段的透光率均高达 97.7%以上，因而不会偏色。如图 2-20 所示，电导率与透光率的矛盾在石墨烯透明电极中可得到很好的解决，石墨烯材料仅一个碳原子层厚，其载流子迁移率极高，是迄今为止发现的电导率最高的材料。石墨烯薄膜具有极高的力学强度，并且非常柔软，甚至可以在一定程度上折叠。石墨烯的化学性质稳定，性能受环境的影响较小。石墨烯是单原子层的碳材料，不存在毒性，对环境也无污染，符合绿色环保的要求。自然界碳元素含量非常丰富，因此采用石墨烯作为电极，原材料的限制较小。

石墨烯的制备方法包括微机械剥离法、取向附生法、溶剂剥离法等物理制备方法，以及化学气相沉积法、外延生长法、氧化石墨还原法等化学制备方法。微机械剥离法直接将石墨烯薄片从较大的晶体上剥离下来；取向附生法使用稀有金属钌作为生长基质，利用基质的原子结构“种”出石墨烯；溶剂剥离法本质上是液相和气相直接剥离法，是直接把石墨或膨胀石墨（一般通过快速升温到 1000℃以上，除去表面含氧基团制备）置于某种有机溶剂或水中，借助超声波、加热或气流作用制备一定浓度的单层或多层石墨烯溶液；化学气相沉积法则先在基底（Si/SiO_2）表面形成一层过渡金属薄膜作为催化剂，以 CH_4 等含碳化合物为碳源，经气相解离后在过渡金属表面形成石墨烯片层，最后通过酸液或氧化剂氧化腐蚀去除金属膜基底，得到石墨烯薄膜；外延生长法以单晶 6H-SiC 为原料，在超低真空（1×10^{-10}Torr）、高温（1200～1450℃）下热分解其中的 Si，最后得到连续的二维石墨烯片层膜；氧化石墨还原法是将石墨片分散在强氧化性混合酸（如浓硝酸和浓硫酸）中，加入高锰酸钾或氯酸钾等氧化剂得到氧化石墨水溶胶，再经过超声处理得到氧化石墨烯，最后通过还原得到石墨烯。六种石墨烯制备方法的优缺点比较见表 2-9。

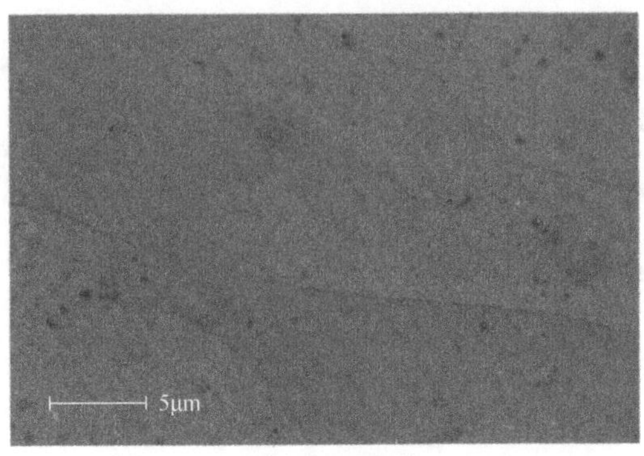

(a) 扫描电镜照片

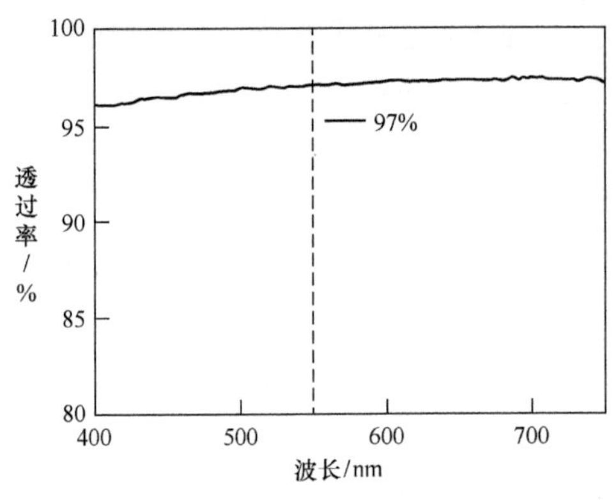

(b) 透光率

图 2-20　单层石墨烯薄膜

表 2-9　石墨烯制备方法比较

制备方法		具体流程	优　点	缺　点
物理法	微机械剥离法	石墨—石墨片—石墨烯	可制备高质量石墨烯	尺寸小、生产效率低、成本高
	取向附生法	钌基质—吸附第一层石墨烯—生长第二层石墨烯	方法简单，可制得单层石墨烯薄片	石墨烯厚度不均，石墨烯和基质黏合影响特性
	溶剂剥离法	石墨—分散液—石墨烯	可制备高质量石墨烯	生产效率很低
化学法	化学气相沉积法	铜箔基材—CVD 炉—通入含碳气体—石墨烯薄膜	可大面积制备、石墨烯薄膜较完整	连续生长和转移基体有难度
	外延生长法	SiC 基板—高温加热硅剥离—石墨烯	不需要转移，可得到单层或少数层较理想石墨烯	成本很高、生长条件苛刻，难以大面积制备
	氧化石墨还原法	天然石墨—氧化石墨—氧化石墨烯—石墨烯	方法简单、成本低、可制备稳定的石墨烯悬浮液	石墨烯有一定缺陷，层数不易控制，规模制备易带来废液污染

2. 石墨烯触控屏的关键技术取向

大面积石墨烯薄膜一般高温生长于铜箔等金属衬底表面。对石墨烯的应用而言，需要将石墨烯从生长衬底转移到所需基底表面。石墨烯电容式触控屏的工艺分为石墨烯的转移、改性、图形化及其电容屏模组制备四个过程。

石墨烯薄膜的转移方法很多，目前使用最多的有两种：基于聚甲基丙烯酸甲酯（PMMA）牺牲层的转移方法和热释胶带转移方法。前一种方法在石墨烯表面旋涂上聚甲基丙烯酸甲酯（PMMA），保护石墨烯薄膜的完整性，用酸液或氧化剂刻蚀基体铜，然后将石墨烯/PMMA 复合薄膜转移至目标基底上，最后用丙酮去除 PMMA，留下石墨烯薄膜。该方法操作简单，在实验室大量使用，典型的 PMMA 辅助转移石墨烯并图形化的石墨烯条带如图 2-21 所示。后一种方法将热释胶带与石墨烯/铜箔贴合，用酸液刻蚀铜，然后将石墨烯/热释胶带与目标基底贴合，最后热释胶带通过加热转移释放石墨烯。热释胶带转移方法方便大面积使用，同时通过胶带的裁剪也方便控制转移石墨烯的形状，因而对石墨烯触控屏而言，热释胶带转移石墨烯方法更为实用。

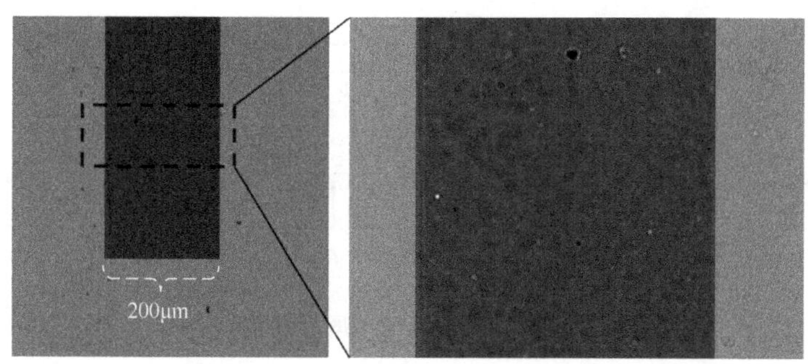

图 2-21　典型的 PMMA 辅助转移石墨烯并图形化的石墨烯条带

根据不同的应用需求，石墨烯薄膜还需要进行改性增强。对石墨烯触控屏而言，石墨烯薄膜需要在保持高透光率的条件下进一步增强薄膜的导电性。在载流子迁移率一定的情况下，通过掺杂改性提高石墨烯载流子浓度是增强石墨烯导电性的重要途径。本征石墨烯的价带和导带在布里渊区中心呈锥形接触，因此是零带隙的半导体或半金属；通过表面吸附、晶格空位、晶格替换掺杂等途径可改变其能带能级结构，形成与半导体类似的掺杂效应。目前，石墨烯掺杂改性剂种类很多，主要有硝酸、氯金酸、导电高分子等，采用的改性方式包括浸泡、熏蒸、原位复合及旋涂。

石墨烯是一种由碳原子组成的二维材料，具有很好的化学稳定性。一般采用酸和碱很难腐蚀石墨烯。石墨烯的刻蚀分为物理刻蚀和化学刻蚀两大类。由于石墨烯是一种很薄的材料，只有一个原子层厚度，因此可以采用高能量轰击的方式去掉不需要的石墨烯。石墨烯由碳原子构成，所以可以考虑在特殊条件下与氧气等物质发生化学反应，从而去除石墨烯。所以，石墨烯刻蚀方法有三种：激光刻蚀、氧等离子刻蚀、氧紫外线刻蚀。其中，石墨烯激光刻蚀法，处理方法较为简单，同时现有工业化设备可以实现 10μm 量级的石墨烯图形，满足在工厂规模化制备的需求。

如图 2-22 所示，石墨烯触控模组制程可分为前段感测电极工艺和后段贴合工艺，前段工艺的目的是实现电容式触控屏的感测电极，而后段工艺则将感测电极与触控芯片贴合组成石墨烯电容式触控屏成品。其中的主要工艺步骤包括：银浆的丝印与刻蚀、石墨烯感测电极与触控芯片的贴合、盖板贴合及除泡。其中，石墨烯感测电极与触控芯片通过柔性印刷电路版（FPC）进行电气连接，需要经过绑定机器通过一定的压力和高温（约 180℃）条件与 ACF 胶黏结绑定。

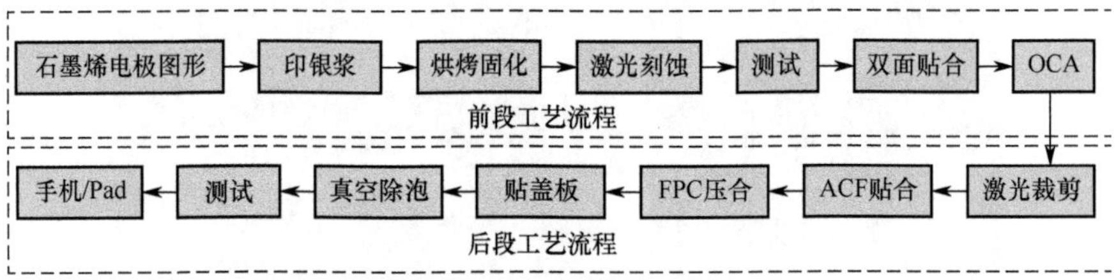

图 2-22 石墨烯触控屏工艺制程

2.2.5 碳纳米管技术

1991 年，日本 NEC 公司的饭岛澄男发现了碳纳米管。从 2007 年开始，清华大学范守善团队把碳纳米管陆续应用于触控屏。

1. 碳纳米管材料特性

碳纳米管是由单层或多层石墨层，卷曲成直径 1～50nm 的中空柱状体，主要分成多层/多壁碳纳米管（Multi-wall Nanotubes，MWNT）及单层/单壁碳纳米管（Single-wall Nanotubes，SWNT）两种形式。碳纳米管可以分为半导体性碳纳米管和金属性碳纳米管，这与管结构形成时的六元环螺旋度有

关。碳纳米管中六元环的边和卷的轴所形成的角度不一样，就可能是半导体，也可能是导体。SWNT 可依直径与旋度之差异区分为金属性与半导体性，其电阻率分别约为 $5.1\times10^{-6}\Omega\cdot m$（与金属铜相当）、$1\times10^{-4}\Omega\cdot m$（与锗相当）。在触控屏的应用上，以电阻率低且透光率高的金属性单层碳纳米管为主。

单壁管典型直径在 0.6～2nm，多壁管最内层直径可达 0.4nm，最粗可达数百纳米，但典型管径为 2～100nm。单壁碳纳米管（SWCNT）具有良好的导电性、高结构稳定性、高柔韧性、低折射率和低雾度等优异的光、电、力学性能，被认为是新型透明导电材料的理想候选。

在电特性方面，单层 CNT 的载流子迁移率在室温环境下理论上为 10 万～20 万 $cm^2/V\cdot s$，实测值也达到 3 万 $cm^2/V\cdot s$，是硅的 20～100 倍。对大电流的功率承受能力是铜的 1000 倍。碳纳米管的导热性高，特别是沿着轴向的导热性。碳纳米管的导热率是硅的 20～30 倍，约是铜和银的 10 倍。碳纳米管的抗拉强度很高，而且柔性也很好。在机械特性方面，破坏强度达到钢铁的 20 倍以上。比表面积为 1300～2600m^2/g，在相同表面的材料中最轻。碳纳米管与石墨烯的物理特性比较见表 2-10。其中，迁移率是在 300K 条件下的载流子迁移率的理论值，单层碳纳米管的比表面积是外部值。

表 2-10 碳纳米管与石墨烯的物理特性比较

物　质	迁移率/（$cm^2/V\cdot s$）	电导率/（S/cm）	电流密度/（A/cm^2）	导热率/（W/mk）	杨氏模量/GPa	比表面积/（m^2/g）
单层碳纳米管	>10 万	约 1000	4×10^9	3000～5500	>1000	1300
石墨烯	20 万	几百	$>1\times10^9$	5000	1100	2600

范守善团队在超顺排的碳纳米管边上起一个头，把直立的碳纳米管拉躺下，使 200μm 高的纳米管一根一根接上抽成一条线。只要起的头够宽，就抽成一张膜。在“超顺排碳纳米管阵列”中，直接干法抽取可以得到如图 2-23 所示的碳纳米管透明导电膜。在 8 英寸硅衬底上，碳纳米管大约生长到 200μm 高，质量是 400mg。把它拉成膜，可以拉 300m。

碳纳米管拉成的膜，导电是各向异性的。两个方向的导电性，目前可以做到相差 100 倍。碳纳米管触控屏就是利用了其各向异性的特性。这个膜也是透明的，它的透明是占空比上的透明。虽然碳纳米管是均匀的，但是管与管之间有空档，这个空档大概占到 90%，纳米管只占 10%左右，如图 2-24 所示。另外，这个膜可以贴合到任何衬底上。用于触控屏，除了透光率，它的机械特性也非常好，弯曲几百万次都没有任何问题。

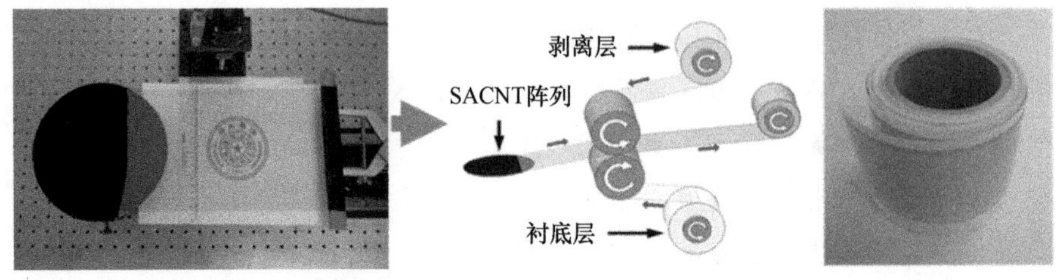

图 2-23　超阵列提拉法制备碳纳米管透明导电薄膜示意图

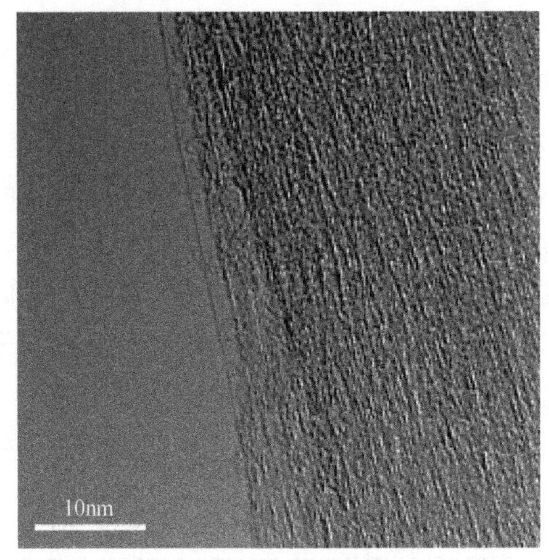

图 2-24　碳纳米管阵列 SEM 形貌及 TEM 微观结构图

2．碳纳米管薄膜在触控屏中的应用

在实际应用中，碳纳米管薄膜的方块电阻一般在 1～3kΩ/□，远高于单根 SWCNT 的方阻理论预测值，传统 ITO 薄膜的方块电阻在几十到几百欧姆。这主要是因为 SWCNT 间的接触电阻较大及 SWCNT 的聚集成束效应。通常制备得到的 SWCNT 样品中含有 1/3 的金属性碳管和 2/3 的半导体碳管。金属性和半导体碳管间的肖特基势垒大大抑制了载流子的传输，并增加了接触电阻。另外，直径仅为 1～2nm 的 SWCNTs 通常聚集成直径几十纳米的管束以降低表面能，管束内部的 SWCNT 对导电性几乎没有贡献，但却吸收光使得薄膜的透光率降低。所以，碳纳米管很难直接用作触控屏的感测电极，急需研制可与 ITO 媲美的改性高性能 SWCNT 透明导电薄膜。碳纳米管薄膜本身由碳元素构成，其电阻率基本上与石墨相当，很难大幅降低。

碳纳米管的导电性与纳米管的金属性成正比，与散射中心和石墨化成反比。在大直径、高纯度、低石墨化和更多的金属性纳米管条件下有较好的导电性。

碳纳米管应用在触控屏上时，先把碳纳米管膜铺在基材上，然后在两边印好电极即可，完全不用做光刻等昂贵的工艺。利用碳纳米管膜的横向和纵向导电性的差异，一层薄膜就可以同时判断触摸点的 *XY* 坐标。碳纳米管薄膜具有导电各向异性，垂直于拉膜方向的电阻比沿着拉膜方向的电阻大 100 倍，将电极放在拉膜方向的两端，不同电极之间就被天然的高阻分开。触控屏的寻址方式采用新算法：纵向坐标用相邻电极对的信号强度来计算，横向坐标用一对电极内部的相对信号强度来计算。

2.3　贴合胶材料技术

根据不同的形态、涂布或粘贴、后处理方式，可以将光学透明胶分为三类：OCA、OCR 和 OCF。光学透明胶带（Optical Clear Adhesive，OCA）大多应于智慧手机、平板电脑、智能穿戴、VR/AR 等中小尺寸产品。光学透明树脂（Optical Clear Resin，OCR）多应用于平板电脑等较大尺寸产品及车载、工业高可靠性产品，同时又叫水胶（Liquid Optical Clear Adhesive，LOCA）。光学透明膜（Optical Clear Film，OCF）应用于透明光学元件及各类型尺寸贴合，特别是电视等大尺寸产品全贴合。光学胶实际使用可根据产品尺寸、产品结构、终端应用、可靠性要求、生产设备、成本等综合考虑进行选择。OCA 胶带、OCR 胶水（LOCA）和 OCF 光学膜参数比较见表 2-11。

表 2-11　OCA 胶带、OCR 胶水（LOCA）和 OCF 光学膜参数比较

对 比 项	OCA	OCR（LOCA）	OCF
间隔控制	取决于 OCA 厚度精度	难以控制	可精确控制
溢胶	无	有	无
黏附力	较弱	较强	一般
修补段差	有气泡	点接触较难产生气泡	能力比 OCA 好
段差吸收性	一般	好	较好
效率	一般	一般	同设备可批次连续生产
贴合成品良率	一次性良率大于 90%，可返修	一次良率小于 90%，难于返修	一次性良率大于 95%，可返修

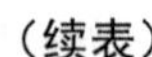
（续表）

对 比 项	OCA	OCR（LOCA）	OCF
设备投入	一般	较高	一般
材质要求	无特殊要求	硬对硬材质贴合	无特殊要求
应用范围	小尺寸产品贴合	中小尺寸产品贴合	各类型尺寸产品贴合

2.3.1 OCA 材料技术

OCA（Optical Clear Adhesive）通常指光学透明胶膜材，分为橡胶型、丙烯酸型、有机硅型。OCA 具有无色透明、光透光率在 90%以上、黏结强度良好，一般通过 UV 照射或加热方式固化，且有固化收缩小等特点。OCA 作为一种重要触控显示模组的原材料，可分为无基材和有基材，其区分点在于在胶黏剂中是否夹有 PET。无基体材料的 OCA 是将光学亚克力胶做成无基材形式，然后在上下底层再各贴合一层离型膜制成，如图 2-25 所示。

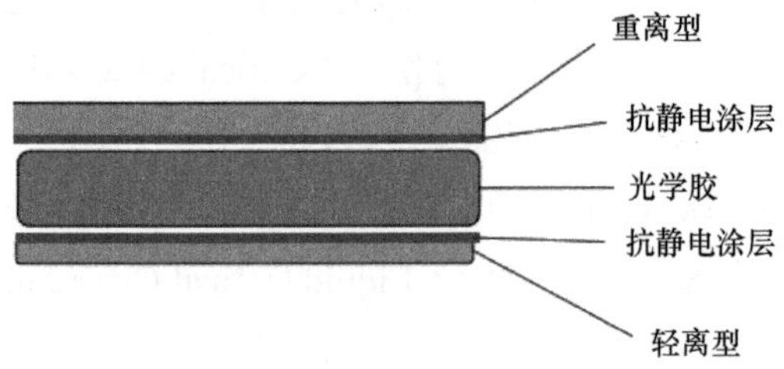

图 2-25　OCA 的结构

OCA 光学胶按产品分类：用于触控屏上下 Sensor 贴合，厚度有 25μm、50μm，一般是卷料贴合；用于触控屏盖板与 Sensor 贴合，厚度有 75μm、100μm、125μm，一般是片状贴合；用于触控屏或盖板与显示模组贴合，厚度有 100μm、150μm、175μm，一般是片状贴合。各种 OCA 胶带可生产的厚度见表 2-12。

表 2-12　各种 OCA 胶带可生产的厚度

OCA 种类	可生产厚度
弱酸 OCA	25～500μm
弱碱 OCA	25～50μm
热固化薄型 OCA	10～50μm

（续表）

OCA 种类	可生产厚度
UV 固化厚 OCA	50～500μm
有机硅 OCA	10～150μm
双面异性 OCA	50～200μm
UV 阻隔型 OCA	10～50μm

不同品牌的 OCA 光学胶，在性能上稍有差异，如硬度不同，偏软的胶裁切和贴合过程易产生溢胶和拉丝，返修比较困难，但黏结强度比较好；偏硬的胶裁切和贴合过程易管控，比较好返修，黏结强度稍差些。部分 OCA 光学胶能耐太阳辐射，对于有太阳辐射要求的产品，如车载产品或户外类产品，需要选择耐太阳辐射的 UV 型 OCA 光学胶或热固化型，普通 OCA 在太阳辐射后一段时间可能会产生气泡或分层。在选择 OCA 时，需要结合产品尺寸、结构、应用及质量要求等综合评估，选择适合的 OCA 光学胶，更好地满足产品性能、质量和成本等要求。

对于 OCA 填充性能及不同盖板对应 OCA 厚度的选择，目前的挑战在于使用更薄的 OCA 来填充贴附，尤其在一些超薄彩色面板全面屏手机应用上。如图 2-26（a）所示，黑色盖板的油墨一般为 2～3 层，油墨厚度可控制在 15μm 内，盖板与 Sensor 贴合，对应 OCA 厚度可选择 100μm 或 75μm。盖板与显示屏贴合，对应 OCA 厚度可选择 150μm、125μm、100μm。如图 2-26（b）所示，一般彩色盖板（如白色）油墨层数 3 层以上，油墨厚度可到 30μm，盖板与 Sensor 贴合，对应 OCA 厚度需选择 125μm 及以上；盖板与显示屏贴合，对应 OCA 厚度需选择 150μm 及以上。

触控屏与触控屏间 OCA 贴附，一般是大张贴合，OCA 贴附流程如图 2-27 所示。首先，将 OCA 与触控屏卷对卷贴合，然后进行触控屏间贴合，裁成

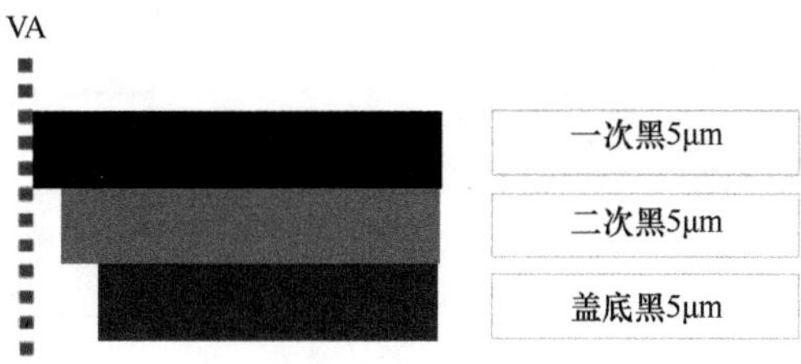

（a）黑色盖板油墨厚度设计

图 2-26　OCA 填充性能及不同盖板对应 OCA 厚度选择

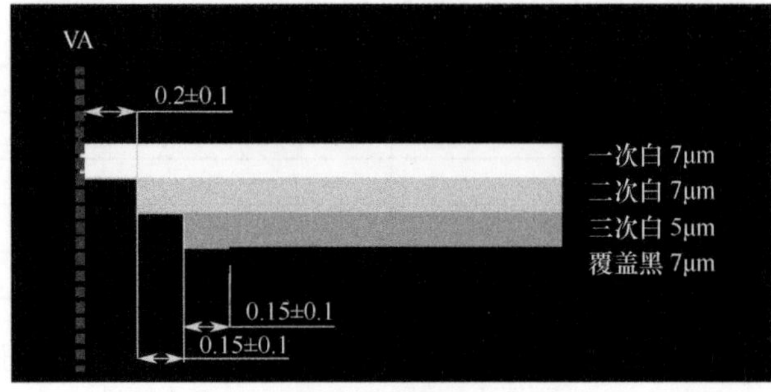

（b）白色盖板油墨厚度设计

图 2-26 OCA 填充性能及不同盖板对应 OCA 厚度选择（续）

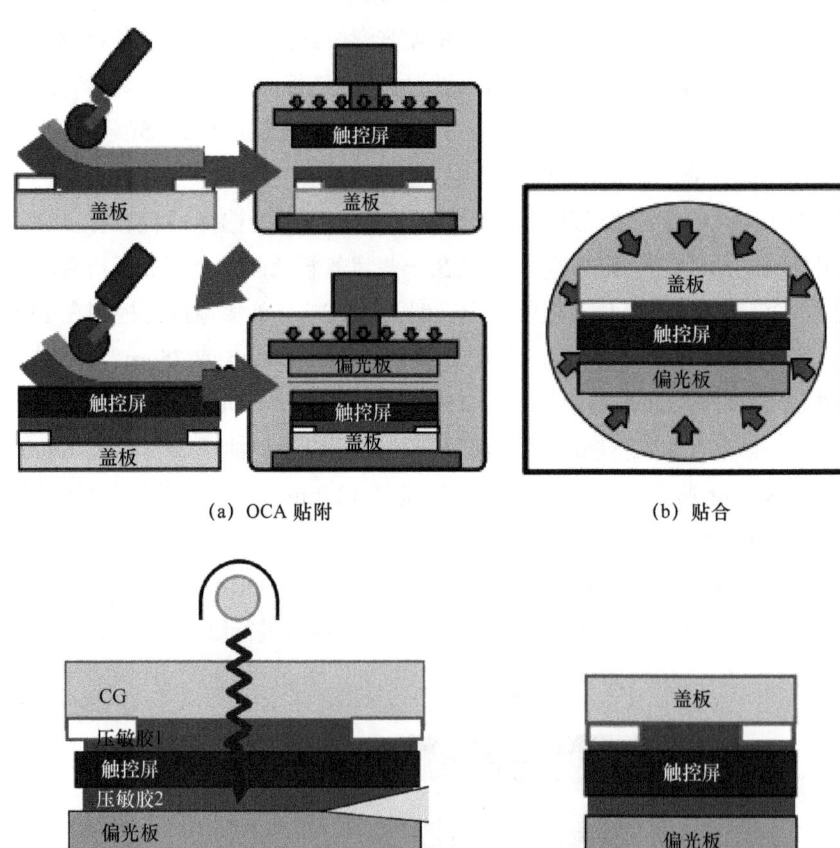

（a）OCA 贴附　　（b）贴合

（c）UV 固化　　（d）脱泡

图 2-27 OCA 贴附流程

小片，UV 固化和脱泡。盖板与触控屏及盖板与显示屏的贴合，一般需先将 OCA 裁成小片，再将 OCA 贴附在盖板上，然后进行盖板与触控屏和盖板与显示屏的贴合，UV 固化和脱泡。

传统固化方式主要用贡灯或卤素灯进行，此类灯波长范围较宽（如 340～800nm），固化效率较高，可适合不同类型的 OCA 固化，较多 OCA 主固化波长为 365nm，总能量为 2000～4000mJ/m^2。但此方式固化，需有较长隧道炉满足 OCA 总能量要求，设备占地面积较大，受灯自身发热影响，炉内温度高，可能会对 Sensor 产生影响，即显示屏出现黄化和 Mura 等。随着产品薄化和质量要求越来越高，目前有较多采用 LED 冷光源，其发光效率很高，固化过程没有太多的热量释放，温度能控制得较低，固化时间较短，自动贴合设备一般会选择 LED 冷光源。不过 LED 灯波长较单一，需要根据 OCA 的固化波长选择适合的 LED 冷光源。

OCA 贴合主要需考虑的是油墨段差填充性要好和贴合固化后无气泡，差异化模组如带盲孔的全面屏贴合及 3D 模组的全贴合无气泡不良。针对 TDDI 产品，OCA 需关注贴合产品可靠性后黄化、气泡反弹等问题。全贴合产品 OCA 返修一般有以下两种方法：①低温冷冻后拆开触控屏或盖板和 LCM 模组。如可以将产品存放在冰箱，在−70℃或适宜温度下，放置 8h 或适合时间，然后将触控屏或盖板和 LCM 模组分开，用胶带去除表面残留 OCA 胶膜。②线切割拆开触控屏或盖板和 LCM 模组。针对全面屏超薄模组，LCD 厚度薄冷冻后易破裂，可通过线切割的方式将触控屏或盖板和 LCM 模组分开，再用胶带去除表面残留 OCA 胶膜。使用胶带除胶的全贴合产品 OCA 返修手法如图 2-28 所示。

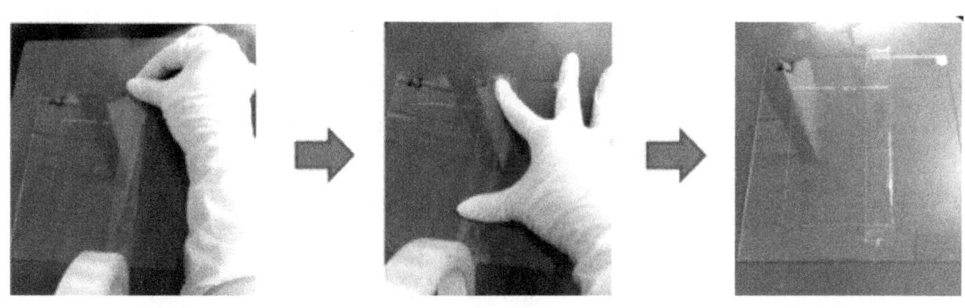

(a) 将胶带贴附在需要返修的产品上　　(b) 贴平不产生气泡　　(c) 贴附静置 10SEC

图 2-28　使用胶带除胶的全贴合产品 OCA 返修手法

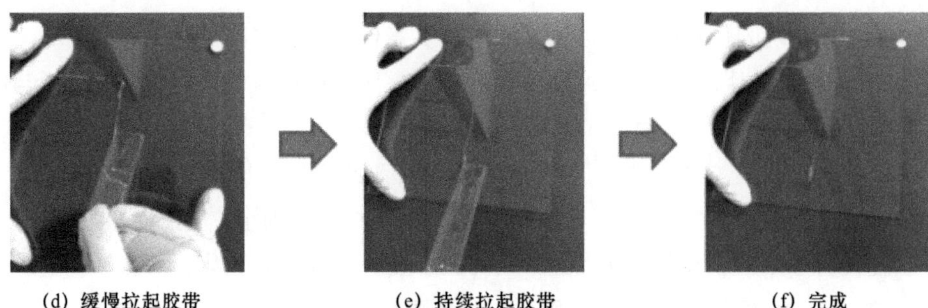

图 2-28 使用胶带除胶的全贴合产品 OCA 返修手法（续）

光学特性测试的项目包括：透光率、Haze（雾度）、*a*/*b* 值、折射率。测试方法：选专用的透光率/Haze/光学/折射率测试仪器，将测试片可以贴附在透明玻璃上，放在测试仪器上，撕去面保护膜，然后设备定测试参数，记录测试数据。

剥离强度测试的项目包括 OCA 与 PET、OCA 与 PSA、OCA 与 Glass 间剥离强度。测试方法：将 OCA 一面的离型膜去除后与 50μm 的 PET 贴合；将贴合后的试片以 1in×150mm 的大小裁断；试片的另一面离型膜去除后与被贴物贴合，用 2kg 滚轮以 300mm/min 的速度按压 2 回；贴合 30min 后，在 180°和 300mm/min 的条件下剥离；测量 3 个试片后记录平均值。

剪切强度测试的测试方法如图 2-29 所示：将 OCA 以 25mm×25mm 的大小裁断；将试片的一面离型膜去除后与 SUS 304 贴合，用 2kg 滚轮以 30mm/min 的速度按压 2 回；将试片的另一面离型膜去除后与 SUS 304 贴合，用 2kg 滚轮以 300mm/min 的速度按压 2 回；贴合 30min 后，在 180°和 300mm/min 的条件下剥离；测量 3 个试片后记录平均值。

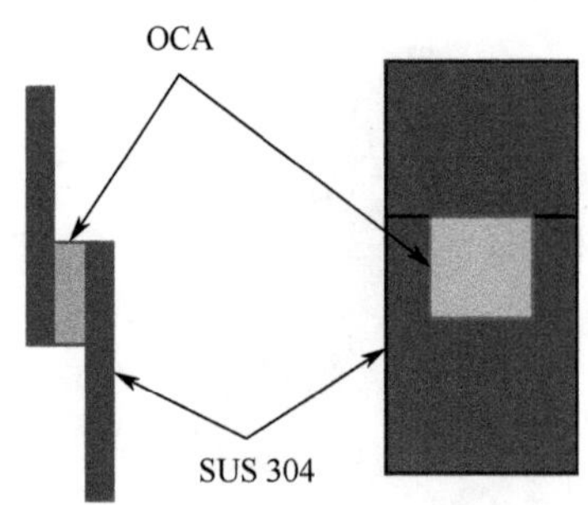

图 2-29 剪切强度测试的测试方法

介电常数测量的测试方法：将 OCA 的一面离型膜去除后与 15μm Al Foil

（电极）贴合，试片大小为 20mm×20mm；将 OCA 的另一面离型膜去除后与 1mm Cu Plate（电极）贴合；进行脱泡；将试片放入治具后施加 1～1000kHz 频率进行测量。

电阻率测量的测试方法如图 2-30 所示：ITO PET 上通过溅镀 Pt 形成电极；以 25mm 宽的 OCA 中心为准贴合；利用电阻测量设备在 85℃、85%RH、0～240h 条件下测量；电阻变化率（%）=（*X*days−0day）/0day×100（ITO PET 裸片上通过溅镀 Pt 形成电极，未贴合 OCA 的状态）。

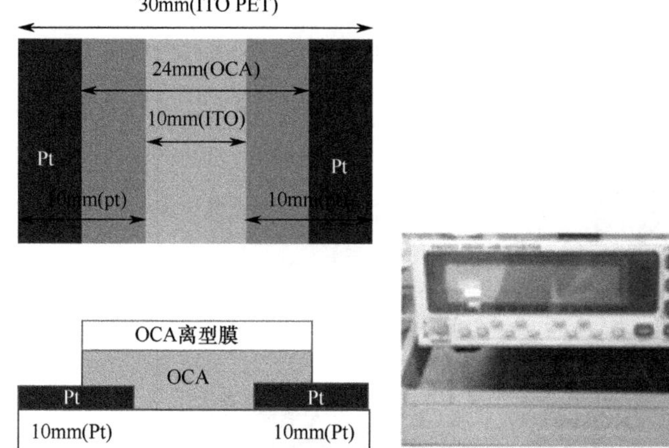

图 2-30　电阻率测量的测试方法

2.3.2　OCR 材料技术

OCR/LOCA 光学透明树脂又称液态光学透明胶，用于透明光学元件黏结的胶粘剂，无色透明、透光率极高。具有黏结强度良好、固化收缩率小、耐黄变、硬度偏软等化学特性。OCR 可通过可见光、UV、中高温、潮气等方式固化。LOCA 应用于盖板和触控屏之间的贴合以及触控屏与显示屏之间的贴合。OCR 特别适用于中大尺寸玻璃基板或其他硬板的贴合及高可靠性的车载产品贴合，同时在具有曲面及复杂型面的设计中，胶带难以胜任，而胶水可以满足这种特殊的应用场合，如不规则、油墨厚度较高的不平整表面（如 3D 触控显示产品）和较大高度差表面（如带 BL 的显示模组）贴合，胶水比胶带有更好的填充性能和可靠性，不易出现气泡反弹。对于玻璃结构电容屏 G-G 的贴合，LOCA 更易解决气泡问题。OCR 和 OCA 涂胶适应性比较如图 2-31 所示。盖板与显示屏贴合，特别是带 BL 显示模组与盖板贴合，LOCA

更易解决高度差填空问题。

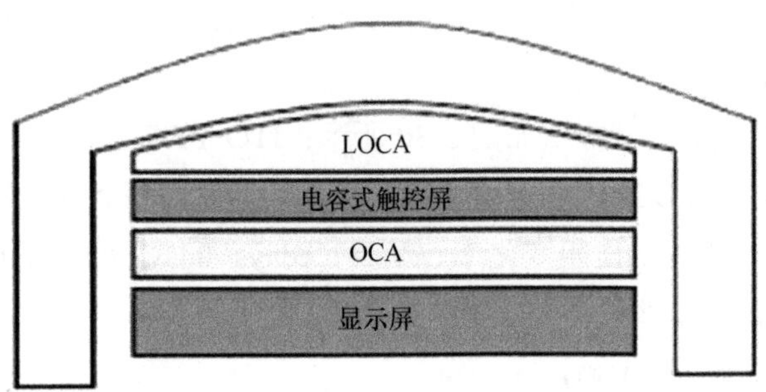

(a) LOCA 可以满足具有曲面及复杂型面的设计

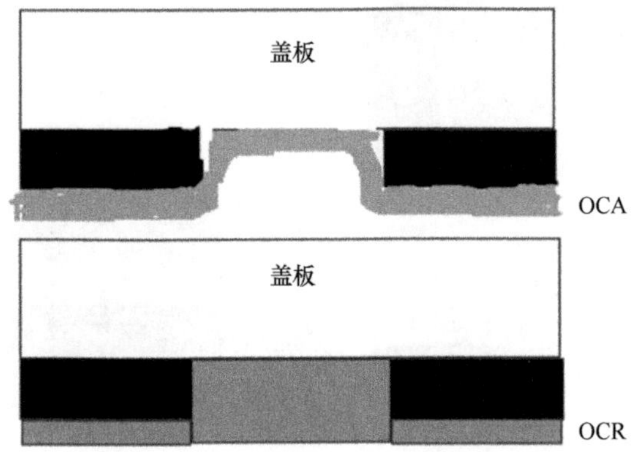

(b) 具有较高油墨或者不平整表面的贴合

图 2-31　OCR 和 OCA 涂胶适应性比较

1. 施胶工艺

OCR 以涂布的方式黏结各功能层和各模块，之后进行热固化或光固化，基于液体的流平性，其弥补段差的能力比 OCA 膜材强。用 OCR 填充触控屏与盖板及显示屏之间的空隙，可以提高整个显示模组的对比度，与传统采用空气间隙的方法相比，光学树脂可抑制外部光照与背光等导致的光散射情况。UV 照射迅速反应成型的光学透明树脂具有与玻璃相近的折射率和透光率、耐黄变、柔软可承受多种不同基材的膨胀收缩率，可解决贴合时高低温变化产生的问题。

如图 2-32 所示，OCR 有填充、防溢栏、涂布三种涂胶工艺。图案填充工艺有两种方案：自然固化和静电固化。自然固化方案先进行边固化，再进行本固化。静电固化通过正负电极的静电作用实现固化。Dam+Fill 防溢栏工艺先在真空腔室内用 ESC 静电或 ASC 吸附进行 OCR 的预处理，然后依次进行本处理、脱泡和贴合。ESC 静电预处理可以把胶水涂均匀，所以透光性强。ASC 吸附预处理在吸附过程中会残留空气，透光性弱。在涂布工艺中，OCR 从管道上的小孔流出喷洒到玻璃上，先进行边固化或全面固化的预处理，再用滚轮压平。图案填充工艺简单，可对应多种型号产品，但是涂布不够均匀，有气泡。Dam+Fill 工艺较为复杂，适用于手机产品，同样存在涂布不均匀和气泡残留问题。涂布工艺特别复杂，OCR 使用量最少，在喷洒 OCR 时更容易控制流量，涂布均匀，没有气泡。图案和防逸栏工艺涂布 OCR 时，不容易控制，涂布的量较多，也比较厚。为了控制溢胶，可使用边框胶围坝来限制 LOCA 的流动，一般需用高黏度 LOCA，黏度可选 10000～40000cps。

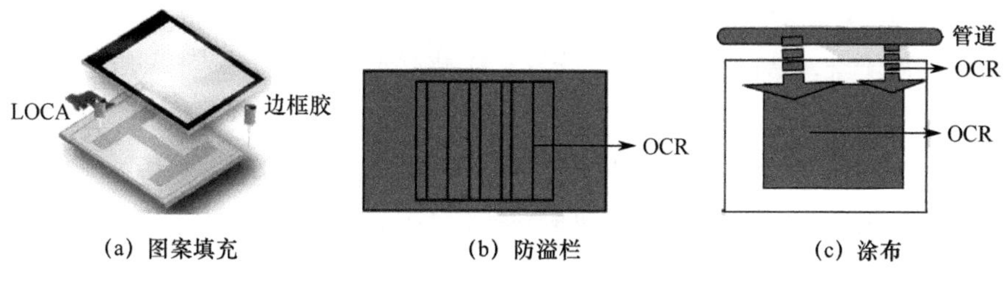

图 2-32　OCR 涂胶工艺

采用双 Y 形的图案填充是标准的点胶工艺。如图 2-33 所示，OCR 贴合流程依次为点胶、下压贴合、流平、预固化、检验及擦胶、固化。如图 2-33 所示，点胶后把载有 OCR 的基板翻转，将另一块处在其下方的基板慢慢往上顶直至接触 OCR，上下基板慢慢顶的过程就是 OCR 往四周流动的过程，也是上下基板之间空隙排气的过程，先到达基板边缘的 OCR 受到表面张力作用停止流动。点胶总量的计算公式如下：

$$点胶总量=贴合面积\times胶水厚度\div（1-收缩率）$$

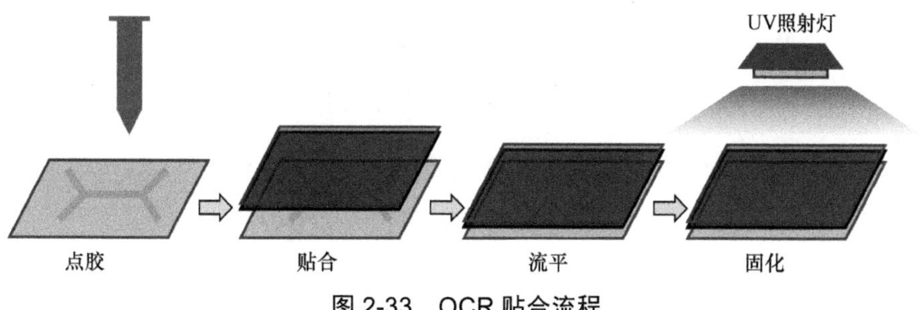

图 2-33　OCR 贴合流程

UV 系列的 LOCA 成分包括预聚物、单体、光引发剂、助剂等。预聚物是 UV 胶的骨架，主要提供胶的关键性能，是具有反应活性的低分子聚合物。单体用于调节产品黏度等性能参数。光引发剂对 UV 固化速度起到决定作用。助剂由稳定剂、附着力增强剂、颜色色素、触变剂等组成。OCR 根据其成分分为丙烯酸型 OCR 与有机硅型 OCR，丙烯酸型 OCR 的主化学键是-C-C-，有机硅型 OCR 的主化学键是-Si-O-Si-，由于-Si-O-Si-的化学键能比-C-C-高，因此有机硅型 OCR 的耐高温、高湿、耐低温、耐紫外线性能优于丙烯酸 OCR，更能满足严苛条件的场景应用要求。自由基固化体系（丙烯酸树脂）的固化方式为自由基断裂；阳离子固化体系（环氧树脂）的固化方式为阳离子断裂。

紫外线（UV）固化是利用波长 250～400nm 的紫外线照射 OCR 使其固化。固化原理如图 2-34 所示：在特殊配方的 OCR 中加入光引发剂（或光敏剂），经过吸收紫外线（UV）光固化设备中的高强度紫外光后，产生活性自由基或离子基，从而引发聚合、交联和接枝反应，使 OCR 在短时间内由液态转化为固态。光（包括 UV 光）是一种电磁辐射，波长越短，穿透力越差，因此在 UV 固化过程中，短波 UV 作用于表层，长波 UV 作用于深层。OCR 的透光率大于 98%，雾度极低，可应对多种 UV 固化设备。固化前后的 L（明度）、a（红绿）、b（黄蓝）值变化极小。

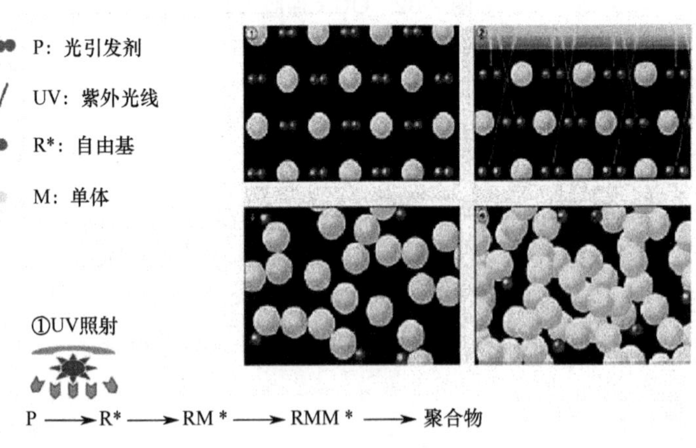

图 2-34　固化原理示意图

在贴合固化前，需要测试盖板玻璃或衬底玻璃的 UV 透过度。光线必须能透过基材，透过的光线能量必须能够引发光引发剂。OCR 需要密封在上下基板之间，如果暴露在空气中，空气中的氧气会阻碍胶水的固化。如图 2-35

所示，PC（<380nm）和 PMMA（<360nm）都对紫外光有比较强的吸收。玻璃的吸收最少，推荐光线从玻璃方向射进入来对 OCR 进行固化。

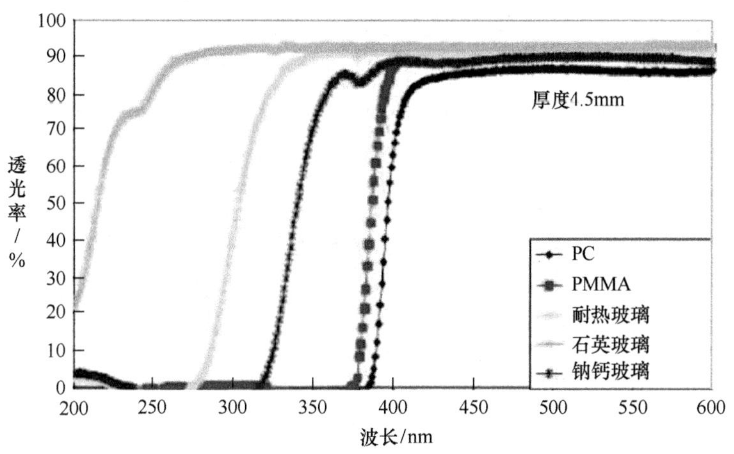

图 2-35 不同基材不同波长光的吸收情况

LOCA/OCR 胶水的返修分为固化和未固化两种情况。未固化 OCR 胶水的返修：利用无尘布擦拭未固化的胶水；用沾有乙酸乙酯的无尘布擦拭面板，直至完全干净；重新补胶，进行贴合；确认面板已经清洗干净，待溶剂挥发完后，再进行补胶。已固化 LOCA 胶水的返修方法如图 2-36 所示：TP 分离采用钼丝切割法或液氮冷冻法；除胶是将两块沾有溶剂的无尘纸覆在面板上，保持 30min 后，开始除胶；使用软质的刮刀，按照同一个方向进行除胶，然后用沾有溶剂的无尘纸擦拭，再用干净的无尘纸擦拭，等溶剂挥发完后，可重新点胶。

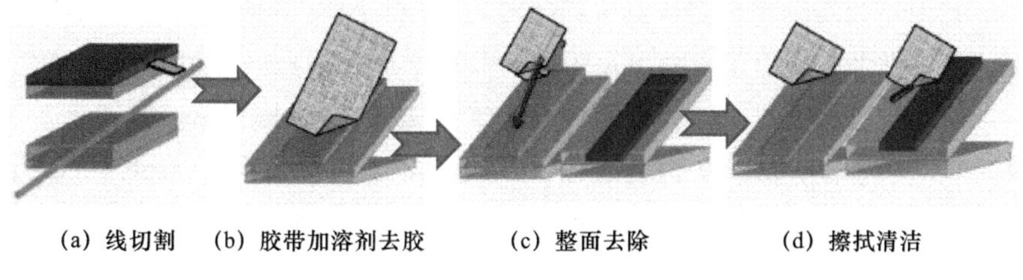

(a) 线切割　(b) 胶带加溶剂去胶　(c) 整面去除　(d) 擦拭清洁

图 2-36 已固化 LOCA 胶水的返修方法

2. 关键参数

影响 OCR 胶水特性的关键参数包括黏度、折射率、硬度、断裂伸长率、固化收缩率、介电常数、酸度、紫外线（UV）固化等。

黏度是物质流动时内摩擦力的量度，国际标准单位是 pa · s（帕·秒），常用度量单位还有 poise（泊）、cps（centipoise 厘泊）。单位换算：1pa · s=1000mpa · s=1000cps。水的黏度为 1cps。OCR 的黏度在不同温度下变化很大，在 TDS 中通常指的是常温下的数值（如 25℃）。OCR 黏附强度高，但收缩率极低，硬度较低，不易发生缩胶、断层、变色等现象。

折射率是光在空气中的速度与光在该材料中的速度之比率。空气的折射率≈1，玻璃的折射率≈1.5，而合格的 OCR 的折射率≈1.5。1.53～1.54 的折射率值与盖板材料的折射率基本相同，带来了高可视性。使用 OCR 后使得显示部分的整体折射率基本一致，减少了色散、散射引起的光线损失和干扰，可减少显示图像的色彩失真。

硬度是材料局部抵抗硬物压入其表面的能力，是材料弹性、塑性、强度和韧性等力学性能的综合指标。OCR 的硬度指数一般是指完全固化后的值，这个数值并非越高越好或越低越好，取得平衡并能在固化后提升产品整体的强度才是最关键的。

断裂伸长率是测试材料在拉断时的位移值与原长的比值，以百分比表示。OCR 的断裂伸长率是表示完全固化后的韧性（弹性）的指标。百分比指数越高，说明 OCR 的韧性（弹性）越好。

固化收缩率是材料的体积在被处理后与被处理前的变化比值，以百分比表示（%）。OCR 的固化（硬化）收缩率要求越小越好，收缩率越小越不容易发生缩胶、断层、变色等现象。OCR 的固化速度快，预固化时间小于 20s，节省了制造时间。

介电常数是指物质保持电荷的能力，又称电容率。其值越大导电性越好。空气在常温下的介电常数≈1，OCR 的介电常数通常为 1.5～3，因此使用 OCR 的电容式触控屏更灵敏。玻璃的介电常数为 4～11，酸度用 pH 值表示，当 pH = 7 时呈中性；pH < 7 时呈酸性，pH 值越小，酸性越大；当 pH > 7 时呈碱性，pH 值越大，碱性越大。尽量选用中性材料。OCR 的 pH 值为 6.5～7.2，呈中性，对 ITO 及材料基本无腐蚀。

3. LOCA/OCR 性能测试

LOCA 胶水黏结强度测试过程如图 2-37 所示。操作步骤：将 OCR 胶水涂布在玻璃片上，胶水厚度控制在 100μm，做成十字搭接测试样件；等胶水完全固化后，使用万能材料试验机或拉力计测试两片玻璃分离的力，记录数据，根据接触面积计算出胶水黏结强度。

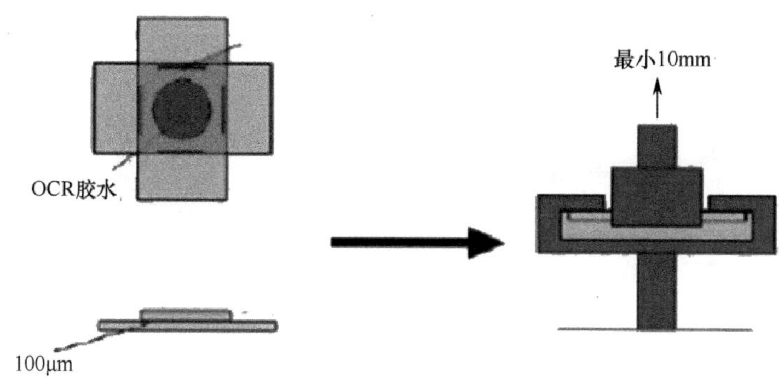

图 2-37　LOCA 胶水黏结强度测试

LOCA 胶水 ITO 相容性测试方法如图 2-38 所示：①在刻蚀有 ITO 线路的 ITO 玻璃上涂上 100μm LOCA，固化后，测试 ITO 电阻值；②将样品放入 60℃，90%RH 或 85℃，85%RH 高温高湿箱中 500h；③测试老化后电阻值；④电阻变化率=（老化前电阻值−老化后电阻值）/老化前电阻值。

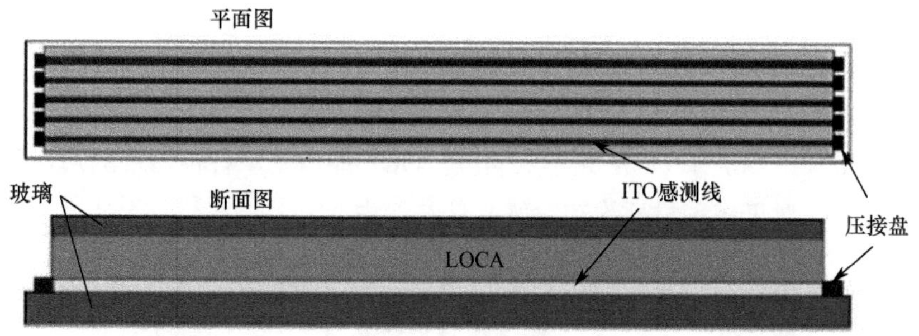

图 2-38　LOCA 胶水 ITO 相容性测试

LOCA 胶水黄化测试前，在两片 1mm 厚玻璃之间填充 100μm 厚度 LOCA 胶水，固化后测试光学性能。把制好的样品放到 UV 老化箱，在 60℃、0.89w/cm^2 条件下老化 500h。老化结束后，测试经 UV 老化测试后样品的光学性能。

2.3.3　OCF 材料技术

热可塑性光学透明膜（Optical Clear Film，OCF）是一种新型的光学透明胶黏剂，其贴合方式与 OCA 相似，但贴合后还需进行光或热处理以获得

更好的弥补段差和黏附能力。如图 2-39 所示，OCF 一般用于盖板与 ITO 玻璃全贴合或盖板与显示屏全贴合。OCF 的透光率在 96%以上，对 ITO 膜无腐蚀性。

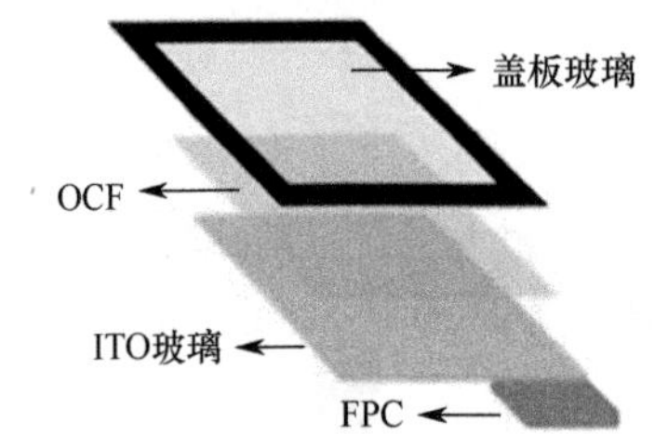

(a) 盖板与 ITO 玻璃全贴合 OCF-T

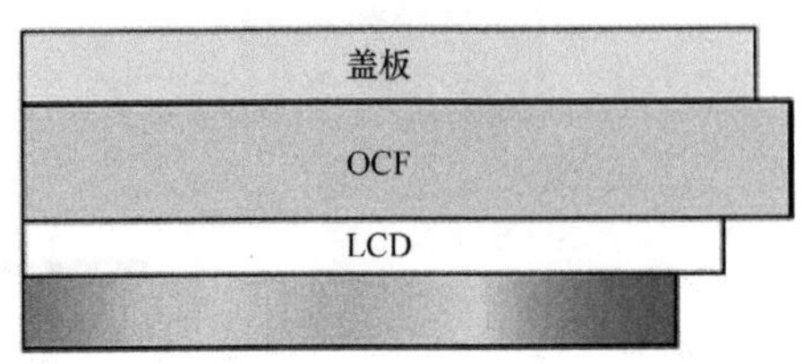

(b) 盖板与显示屏全贴合 OCF-M

图 2-39 OCF 的应用

OCF 综合了 OCA 与 OCR 的优势：不溢胶且弥补段差能力强，并可精确控制层间厚度，但其在黏附能力上稍显不足。OCF 是热可塑性弹性体，在受热状态下具备流动性能，对于油墨层有完全填充能力。再回到常温时形成稳定的填充形状，不会因为应力而发生反弹，如图 2-40 所示。OCF 的弥补段差能力强，易于调整，膜片厚度 100～200μm，膜片处理简单，易于模切。对于不平整的表面，以 OCF 优异的热可塑性，完全可以填平凹陷之处。所以，OCF 可以应用于透明光学元件及触控模组各类型尺寸全贴合，在全贴合工艺中多项指标优于 OCA 光学透明胶。OCF 能适用于各种材料的贴合，适用范围宽，对于多种材质均有很好的黏结能力。

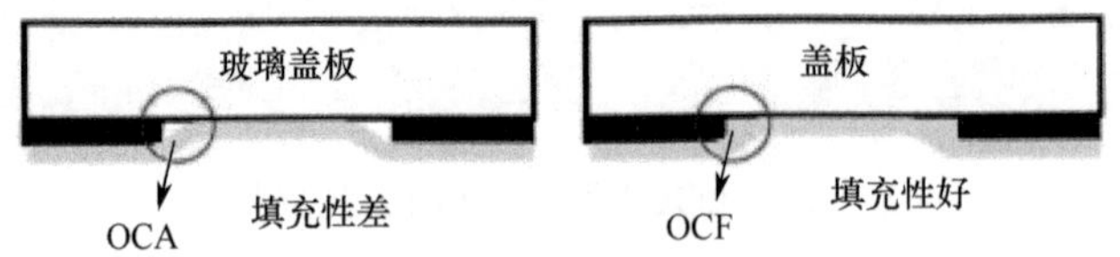

图 2-40 OCF 和 OCA 填充能力比较

OCF 有很好的填充性，适用于大尺寸触控屏/显示屏全贴合，UV 固化前的返修极为简单和易于操作，有较高的良率。UV 固化后的冷热冲击及耐候明显优于 OCA 和 LOCA，耐冲击强度远高于 OCA 和 LOCA，其可取代防爆膜的使用，抗张强度远胜于 OCA，贴合屏幕无须再贴防爆膜。

使用 OCF 膜的触屏全贴合工艺条件简单，相对 OCA 胶工艺路线短，操作简单方便，加工周期短，可大批量连续生产。使用 OCF 膜生产一次成品率大于 95%，不良品可在固化前现场返修，主材无损耗可大幅降低生产成本。OCF 完全可以取代 OCA 和 LOCA 应付复杂界面的贴合。

OCF 可有效解决较大尺寸的触控模组全贴合，对传统的制程在复杂型面较难以施工，需要多种产品搭配使用。使用 OCF 的产品，色彩和清晰度远超传统含空气层的口字胶产品。如图 2-41 所示，在触控屏和盖板之间或触控屏和显示屏之间贴合 OCF 固态光学胶，准确对位后，在 60～80℃、0.05～0.5atm 的环境下低压加热脱泡，实现真空平板贴合。高强度分子材料同时具备防爆膜的功能，抗张强度远胜于传统 OCA 和 LOCA。

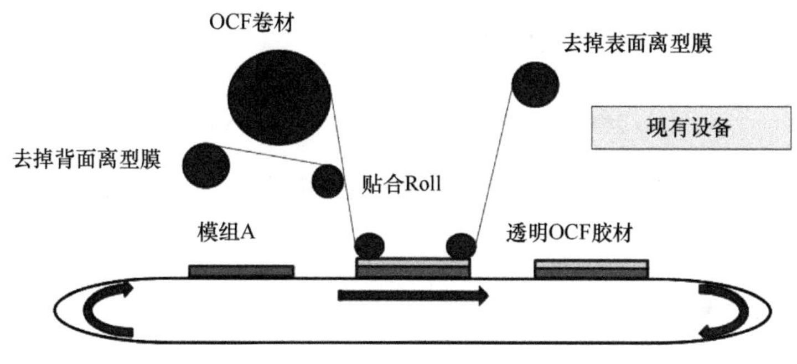

(a) 在模组上贴合透明 OCF

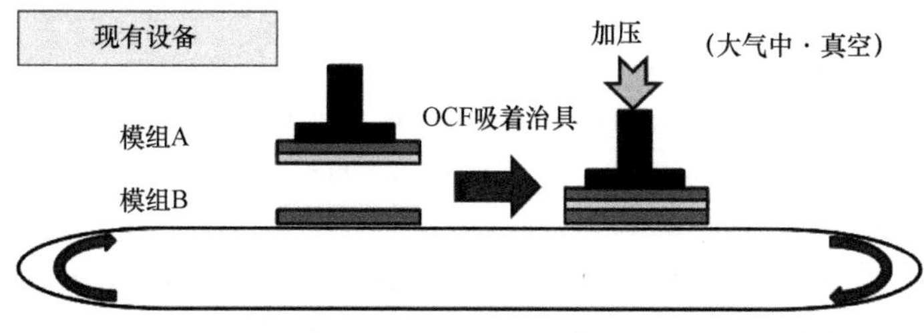

(b) 把模组 A 加压接合到模组 B

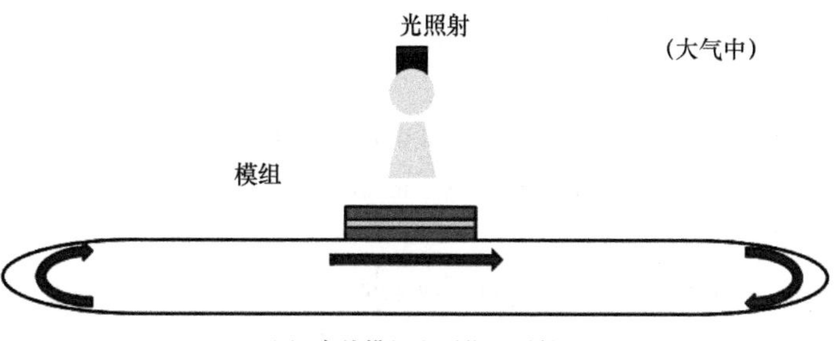

(c) 光从模组上面往下照射

图 2-41　OCF 操作流程

OCF 光学膜，经 OCF 真空贴合机热压脱泡后，如发现有杂质异物等可立即返修。如图 2-42 所示，OCF 光学膜未经 UV 之前都可返修，膜片可轻易整面撕开，不留残胶，不会损坏组件。

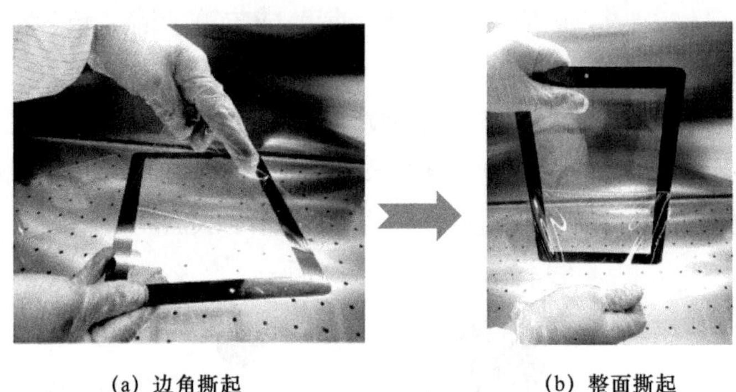

(a) 边角撕起　　(b) 整面撕起

图 2-42　OCF 返修撕膜

本章参考文献

[1] JIANG S, HOU P X, CHEN M L, et al. Ultrahigh-performance transparent conductive films of carbon-welded isolated single-wall carbon nanotubes[J]. Science Advances, 2018, 4(5):9264.

[2] KIM T, CANLIER A, KIM G H, et al. Electrostatic spray deposition of highly transparent silver nanowire electrode on flexible substrate[J]. ACS appl mater interfaces, 2012, 5(3): 788-794.

[3] WEI B M, JIN M L, WU H. Study on bar coating process for large-area photoresist coating[J]. Journal of South China Normal University: Natural science, 2015, 47(2): 84-89.

[4] 孟岩. 碳纳米管柔性透明导电薄膜的棒涂法制备及性能研究[D]. 天津: 天津工业大学, 2014.

[5] HE X, CHEN N, FANG J C, et al. Effect of dilute HNO3 on the photoelectric properties of silver nanowire films electrode[J]. Journal of synthetic crystals, 2013(8):1637-1642.

[6] HU L, KIM H S, LEE J Y, et al. Scalable coating and properties of transparent, flexible, silver nanowire electrodes[J]. ACS nano, 2010, 4(5): 2955-2963.

[7] TOKUNO T, NOGI M, KARAKAWA M, et al. Fabrication of silver nanowire transparent electrodes at room temperature[J]. Nano research, 2011, 4(12): 1215.

[8] WANG S L, ZHOU Y T, HOU L Z, et al. The relation between the melting point and the radius of small particles derived from Kelvin equation[J]. Journal of Hunan Institute of Science and Technology: Natural sciences, 2008, 21(3): 37-40.

[9] LEE P, LEE J, LEE H, et al. Flexible electronics: Highly stretchable and highly conductive metal electrode by very long metal nanowire percolation network[J]. Advanced materials, 2012, 24(25): 3326-3332.

[10] ZHU S, GAO Y, HU B, et al. Transferable self-welding silver nanowire network as high performance transparent flexible electrode[J]. Nanotechnology, 2013, 24(33): 335202.

[11] JIU J, SUGAHARA T, NOGI M, et al. High-intensity pulse light sintering of silver nanowire transparent films on polymer substrates: The effect of the thermal properties of substrates on the performance of silver films[J]. Nanoscale, 2013, 5(23): 11820.

[12] GARNETT E C, CAI W, CHA J J, et al. Self-limited plasmonic welding of silver nanowire junctions[J]. Nature materials, 2012, 11(3): 241.

[13] LEI D Y, AUBRY A, MAIER S A, et al. Broadband nano-focusing of light using kissing nanowires[J]. New journal of physics, 2010, 12(9): 3175-3182.

[14] LEE J, LEE P, LEE H, et al. Very long Ag nanowire synthesis and its application in a highly transparent, conductive and flexible metal electrode touch panel[J]. Nanoscale, 2012, 4(20): 6408.

[15] HU W, NIU X, LI L, et al. Intrinsically stretchable transparent electrodes based on silver-nanowire crosslinked-polyacrylate composites[J]. Nanotechnology, 2012, 23(34): 1995-1998.

[16] GAYNOR W, BURKHARD G F, MCGEHEE M D, et al. Smooth nanowire/polymer composite transparent electrodes[J]. Advanced materials, 2011, 23(26): 2905-2910.

[17] 吴法霖. PEDOT:PSS 柔性透明电极的研究以及应用[D]. 重庆：重庆大学， 2018.

[18] 赵彦钊，殷海荣. 玻璃工艺学[M]. 北京：化学工业出版社, 2006.

[19] MALFAIT W J, HALTER W E, MORIZET Y, et al. Structural control on bulk melt properties: Single and Double quantum 29Si NMR spectroscopy on alkali-silicate glasses[J]. Geochimica Et Cosmochimica Acta, 2007, 71(24):6002-6018.

[20] 田英良，李俊杰，杨宝瑛，等. 化学增强型超薄碱铝硅酸盐玻璃发展概况与展望[J]. 燕山大学学报, 2017, 41(4):283-292.

[21] 李俊杰，田英良，宫汝华，等. 超薄屏幕保护玻璃组成与性能关系[C]. 2018 年电子玻璃技术论文汇编, 2018.

[22] 胡伟，谈宝权，覃文城，等. 化学强化玻璃的发展现状及研究展望[J]. 玻璃与搪瓷, 2018, 46(3): 44-50.

[23] 陈福，刘心明，武丽华，等. 超薄高铝电子玻璃的成形方法[J]. 玻璃，2016, 43(10): 12-15.

[24] 杜彦召. 蓝宝石材质手机视窗盖板的制备和性能分析[J]. 中国科技信息，2017(16): 79-82.

[25] 周林, 杨鹏. 蓝宝石材料的性能和应用研究[J]. 硅谷, 2014, (21):139-140.

[26] 范志刚, 刘建军, 肖昊苏, 等. 蓝宝石单晶的生长技术及应用研究进展[J]. 硅酸盐学报, 2011(5): 148-159.

[27] 聂辉, 陆炳哲. 蓝宝石及其在军用光电设备上的应用[J]. 舰船电子工程，2005, 25(2): 131-133.

[28] 胡斌. 高介电常数透明微晶玻璃的研究[D]. 北京：中国科学院大学, 2019.

[29] KLEEBUSCH E, PATZIG C, HÖCHE T, et al. Effect of the concentrations of nucleating agents ZrO_2 and TiO_2 on the crystallization of Li_2O–Al_2O_3–SiO_2 glass: an X-ray diffraction and TEM investigation[J]. Journal of Materials ence, 2016, 51(22):1-12.

[30] 王乾晨, 王静, 韩建军, 等. Li_2O 对 Li_2O-Al_2O_3-SiO_2 系低热膨胀微晶玻璃析晶行为的影响[J]. 材料科学与工程学报, 2019，37(4):541-545.

[31] 郑涛, 狄健, 李正宇, 等. Li_2O-Al_2O_3-SiO_2 系统低膨胀微晶玻璃性能研究[J]. 长春理工大学学报(自然科学版), 2016, 39(6):67-70.

[32] 高昆. 触摸屏用高铝硅酸盐玻璃的生产及发展概况[J]. 中国玻璃, 2019(1):42-45.

[33] 李青, 严永海, 李龙刚, 等. 无碱高铝硼硅酸盐玻璃液搅拌过程中流动规律的研究[J]. 武汉理工大学学报, 2017，39(12):30-34.

[34] 葛齐. 移动智能终端用蓝宝石的表面抗反射与自清洁研究[D]. 哈尔滨：哈尔滨工业大学，2015.

[35] NOORDEN R V . Moving towards a graphene world[J]. Nature, 2006, 442(7100): 228-236.

[36] SUTTER P W, FLEGE J I, SUTTER E A . Epitaxial graphene on ruthenium[J]. Nature Materials, 2008, 7(5):406-411.

[37] HERNANDEZ Y, NICOLOSI V, LOTAY M, et al. High-yield production of graphene by liquid-phase exfoliation of graphite[J]. Nature Nanotechnology, 2008, 3(9):563-568.

[38] JANOWSKA I, CHIZARI K, ERESN O, et al. Microwave synthesis of large few-layer graphene sheets in aqueous solution of ammonia[J]. Nano Research, 2010, 3(2):126-137.

[39] SRIVASYACA S, SHUKLA A, VANKAR V, et al. Growth, structure and field emission characteristics of petal like carbon nano-structured thin films[J]. Thin Solid Films, 2005, 492(1-2):124-130.

[40] HONG B H . Large-scale pattern growth of graphene films for stretchable transparent electrodes[J]. Nature, 2009, 457 (7230):706-715.

[41] BERGER C, SONG Z, LI T, et al. Ultrathin Epitaxial Graphite: 2D Electron Gas Properties and a Route toward Graphene-based Nanoelectronics[J]. J.Phys.chem, 2004, 108(52):19912-19916.

[42] BERGER, C. Electronic Confinement and Coherence in Patterned Epitaxial Graphene[J]. Science, 2006, 312(5777):1191-1196.

[43] STAUDENMAIER L. Verfahren zur Darstellung der Graphitsure[J]. Berichte der deutschen chemischen Gesellschaft, 31(2):1481-1487.

[44] HUMMERS W S, OFFEMAN R E . Preparation of Graphitic Oxide[J]. Journal of the American Chemical Society, 1958, 80(6):1339.

[45] STANKOVICH S, PINER R D, NGUYEN S B T, et al. Synthesis and exfoliation of isocyanate-treated graphene oxide nanoplatelets[J]. Carbon, 2006, 44(15):3342-3347.

[46] STANKOVICH S, DIKIN D A, PINER R D, et al. Synthesis of graphene-based nanosheets via chemical reduction of exfoliated graphite oxide[J]. carbon, 2007, 45(7): 1558-1565.

[47] STANKOVICH S, DIKIN D A, Dommett G H B, et al. Graphene-based composite materials.[J]. Nature, 2006, 442(7100):282.

[48] CHAE K S, HONG Y K, KIM H J, et al. Design of Metal-mesh Electrode-based Touch Panel for Preventing Back-surface Touch Error[J]. Sensors and materials, 2019, 31, 2(3):587-593.

[49] MA H, LIU Z, HEO S, et al. On-Display Transparent Half-Diamond Pattern Capacitive Fingerprint Sensor Compatible With AMOLED Display[J]. IEEE Sensors Journal, 2016, 16(22):8124-8131.

[50] CUI Z, GAO Y. Late - News Paper: Hybrid Printing of High Resolution Metal Mesh as A Transparent Conductor for Touch Panels and OLED Displays[J]. Sid Symposium Digest of Technical Papers, 2015, 46(1):398-400.

[51] TOSHIMA G, TOMIYAMA T. A New Touch - Panel Structure Using Metal Mesh and Ag Nanowire[J]. Sid Symposium Digest of Technical Papers, 2016, 47(1):308-310.

[52] KWAK S H, KWAK M G, JU B K, et al. Enhancement of Characteristics of a Touch Sensor by Controlling the Multi-Layer Architecture of a Low-Cost Metal Mesh Pattern[J]. Journal of Nanoence and Nanotechnology, 2015, 15(10):7645-7651.

[53] XU J, ZHANG Q, LI H, et al. Simulation of Color Moiré Pattern in LCD - based Metal Mesh Touch Screen[J]. Sid Symposium Digest of Technical Papers, 2017, 48(1):2087-2090.

[54] ZHENG Q, GUO Z, XU Z, et al. P7: Research of Large：ize Metal Mesh Touch Panel Splicing Exposure Design and its Optical Performance[J]. Sid Symposium Digest of Technical Papers, 2019,50(1): 1739-1742.

[55] XIE X D, YANG H, SHAO X B, et al. Moire Research and Simulation of OGS Metal Mesh Touch Sensor[J]. SID Symposium Digest of Technical Papers, 2018, 49(1):1889-1892.

[56] OCHI M, SHIDA Y, OKUNO H, et al. Al-Based Metal Mesh Electrodes for Advanced Touch Screen Panels Using Aluminum Nitride System Optical Absorption Layer[J]. Ice Transactions on Electronics, 2015, E98.C(11):1000-1007.

[57] KIM Y, KIM J W . Silver nanowire networks embedded in urethane acrylate for flexible capacitive touch sensor[J]. Applied Surface ence, 2016, 363(2):1-6.

[58] MOON H, WON P, LEE J, et al. Low-haze, annealing-free, very long Ag nanowire synthesis and its application in a flexible transparent touch panel[J]. Nanotechnology, 2016, 27(29):295201.

[59] CHO S, KANG S, PANDYA A, et al. Large-Area Cross-Aligned Silver Nanowire Electrodes for Flexible, Transparent, and Force-Sensitive Mechanochromic Touch Screens[J]. Acs Nano, 2017, 11(4):4346-4357.

[60] SHIN Y B, JU Y H, SEO I S, et al. Modified Inverted Layer Processing of Ultrathin Touch Sensor Impregnating Ag Nanowires with Both Enlarged Surface Coverage of Conductive Pathways and Ultralow Roughness[J]. Electronic Materials Letters, 2020, 16(3):247-254.

[61] 吴永俊，吕岳敏，吴永俊. 电容式触控显示模组的抗反射结构及其性能研究[J]. 液晶与显示，2015, 30(4):621-627.

[62] KIM D G, KIM J, JUNG S B, et al. Electrically and mechanically enhanced Ag nanowires-colorless polyimide composite electrode for flexible capacitive sensor[J]. Applied Surface ence, 2016, 380(9):223-228.

[63] KIM B J, HAN S H, PARK J S . Sheet resistance, transmittance, and chromatic property of CNTs coated with PEDOT:PSS films for transparent electrodes of touch screen panels[J]. Thin Solid Films, 2014, 572(11):68-72.

[64] HECHT D S, HU L, IRVIN G . Emerging transparent electrodes based on thin films of carbon nanotubes, graphene, and metallic nanostructures.[J]. Advanced Materials, 2011, 23(13):1482-1513.

[65] KIM K, SHIN K, HAN J H, et al. Deformable single wall carbon nanotube electrode for transparent tactile touch screen[J]. Electronics Letters, 2011, 47(2):118-120.

[66] 施平康. LOCA 全贴合系统的构建与实施[D]. 南京：东南大学，2017.

[67] YUKSEL R, SARIOBA Z, CIRPAN A, et al. Transparent and flexible supercapacitors

with single walled carbon nanotube thin film electrodes.[J]. Acs Applied Materials & Interfaces, 2014, 6(17):15434.

[68] LIAO Y, JIANG H, WEI N, et al. Direct Synthesis of Colorful Single-Walled Carbon Nanotube Thin Films[J]. Journal of the American Chemical Society, 2018, 140(31):9797-9800.

[69] JU LEE S, YONG SO J, PARK C, et al. Transparent Conductive Multilayer Films with Optically Clear Adhesive Interlayer for Touch Panel Devices[J]. Journal of Applied ences, 2010, 10(12):1104-1109.

[70] 张逸出. 液晶屏 LOCA 全贴合工艺及改善[D]. 苏州：苏州大学，2013.

[71] WANG M, CHEN D, FENG W, et al. Synthesis and Characterization of Optically Clear Pressure-Sensitive Adhesive[J]. Materials Transactions, 2015, 56(6):895-898.

[72] NAOKI T, AKIHIRO Y, YUUKI M . A New Optical Clear Adhesive Material for Vehicle Display[J]. Sid Symposium Digest of Technical Papers, 2016, 47(1):768-769.

[73] HUANG P S, CHANG M C, CHEN Y C . Minimizing the Impact of Plastic-Cover-Lens Bonding-Induced Delay Bubble[J]. Sid Symposium Digest of Technical Papers, 2016, 47(1):1838-1840.

[74] 李超. 一种可用于电容式触控屏贴合用的液态光学胶水的制备与性能[D]. 广州：华南理工大学, 2014.

[75] 刘裕炽. 提升 LCD 与 TP/CG 贴合制程能力的研究[D]. 厦门：厦门大学，2017.

[76] 严乔, 弓欣, 刘子学, 等. 触摸屏绑定用光学胶特性研究[J]. 液晶与显示, 2017, 32(4)：275-280.

[77] JEON Y, JIN H B, JUNG S, et al. Highly Flexible Touch Screen Panel Fabricated with Silver Nanowire Crossing Electrodes and Transparent Bridges[J]. Journal of the Optical Society of Korea, 2015, 19(5):508-513.

[78] DAVID S. HECHT, David Thomas, Liangbing Hu, et al. Carbon-nanotube film on plastic as transparent electrode for resistive touch screens[J]. Journal of the Society for Information Display, 2009, 17(11):941-946.

[79] 陈强. 触控显示屏贴合工艺研究[D]. 厦门：厦门大学，2015.

[80] LIU S Y, LIAN L, PAN J, et al. Highly Sensitive and Optically Transparent Resistive Pressure Sensors Based on a Graphene/Polyaniline-Embedded PVB Film[J]. IEEE Transactions on Electron Devices, 2018, 65(5):1939-1945.

[81] SHIN D K, PARK J . Suppression of Moiré Phenomenon Induced by Metal Grids for Touch Screen Panels[J]. Journal of Display Technology, 2016, 12(6):632-638.

第3章

电阻式触控技术

电阻式触控屏基本上是薄膜和玻璃之间夹置间隙子的三明治结构，薄膜和玻璃靠近间隙子的一面都有一层 ITO 透明感测电极。当按压触控屏的薄膜时，薄膜下层的 ITO 会接触到玻璃触压层的 ITO，经由感应器传出相应的电信号，经过转换电路送到处理器，通过运算转化为屏幕上的（X、Y）坐标值，而完成点选的动作，并呈现在屏幕上。

3.1 电阻式触控技术概述

电阻式触控屏是个可接收触头（手指、手写笔等）输入信号的感应式平板显示装置，当接触屏幕上的图形按钮时，屏幕上的触控反馈系统根据预先编写的程序驱动各种连接装置，利用电压侦测判断触控位置，取代机械式的按钮面板，控制平板显示画面的影音效果。

3.1.1 电阻式触控屏的工作原理

电阻式触控屏的基本结构如图 3-1 所示：接触触头的是触压层涂覆 ITO 薄膜的 PET 膜片，接触显示屏的是下层涂覆 ITO 薄膜的玻璃基板，在 PET 膜片和玻璃基板之间散布着大量直径 0.03～0.05mm 的细小球状体。球状间隙子是上下层 ITO 薄膜之间的绝缘结构，作用相当于一个 On/Off 开关：平时 PET 膜片接触不到下层 ITO 玻璃，只有在被触压时上下层 ITO 薄膜电位才导通，并保证触压层 ITO 薄膜平稳下压到下层 ITO 薄膜上。

改变球状间隙子的尺寸和间距（改变间隙子的密度）可以调节触头触压触控屏所需的压力大小。触头触压最上面的防刮层 PET 膜片后会使触压层触点附近的 ITO 薄膜穿过球状间隙子与下层玻璃基板上的 ITO 层短接，形成电压差，并由 CPU 分析找出触压位置，显示屏驱动系统找出对应的触压位置，并显示相应的画面信息。

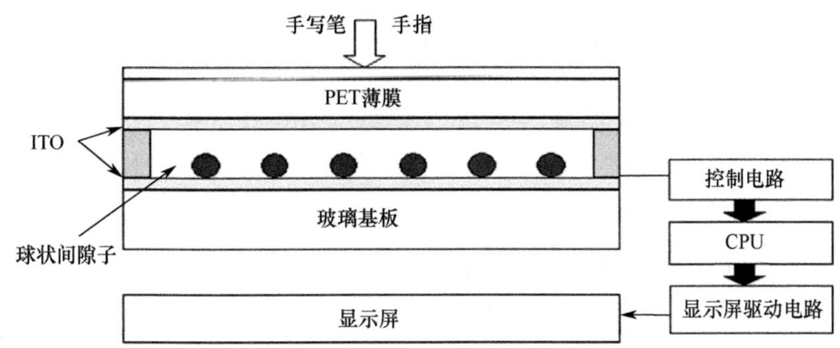

图 3-1　电阻式触控屏的基本结构

电阻式触控屏利用压力感应进行控制。PET 是一层弹性薄膜，当表面被触摸时它会向下弯曲，使得下面的两层 ITO 涂层能够相互接触并连通该点的电路，使电阻发生变化，在 X 和 Y 两个方向上产生信号，然后送到触控屏控制器。控制器侦测到这一接触并计算出（X，Y），判断接触点的坐标并进行相应的操作。电阻式触控屏用压力使屏幕各层发生接触实现触控的原理决定了产品的触摸敏感度高，可以使用手指、指甲、手套、触笔等进行操作。

因为电阻式触控屏上下 ITO 层之间隔着球状间隙子，增加了光线的折射界面，在强光下使用时会在这些界面处反射大量的光线，弱化可视效果。为提升显示效果，一般会在 PET 薄膜表面生长抗反射涂层以减少反射扩散。反眩光涂层变镜面反射为扩散反射。

电阻式触控屏的结构决定了它的顶部是柔软的（俗称“软屏”），便于按压，导致屏幕非常容易产生划痕。所以，触控屏的 PET 表面需要一层坚硬的涂层，以提高其耐用性。此外，防指印涂层可防止指印带来的油脂附着在屏幕表面；防污染（或“防腐蚀”）涂层可防止墨水附着；抗菌涂层可减少附着在医疗设备上的细菌。电阻式触控屏的外层使用塑料层，好处是使触控显示模组产品不容易摔坏。

电阻式触控屏的上下两层 ITO 只要一接触就能被检测出触摸位置，所以触控精度至少要达到单个显示像素，用触笔时能看出来。便于手写识别，有助于在使用小控制元素的界面下进行操作。电阻式触控屏可以用来写字、画画。

电阻式触控屏的结构对外界完全隔离，不怕灰尘、水汽和油污，可以在−15°C～45°C 的温度下正常工作，对湿度也没有要求。

3.1.2 电阻式触控技术分类

电阻式触控屏的结构除图 3-1 所示的触压层用 PEF 膜片，下层用玻璃基板的 Film/Glass（简称 F/G）组合外，还有 Film/Film（F/F）、Glass/Glass（G/G）、Film/Plastic（F/P）等组合。触压层 PEF 膜片是经过外表面硬化处理、光滑防擦的保护层。表 3-1 比较了电阻式触控屏上下层结构的各种组合方式。触压层用玻璃的 G/G 结构电阻式触控屏，透射率可以从 80%提高到 85%，温度及湿度的耐久性也得到了改善。由于 F/P 组合不使用玻璃，是将来柔性显示的重要支撑组件。

表 3-1 电阻式触控屏上下层结构的各种组合方式

	F/G	F/F	G/G	F/P	F/F+G	F/F+P	F/F+SA
触压层	薄膜	薄膜	玻璃	薄膜	薄膜	薄膜	薄膜
下层	玻璃	薄膜	玻璃	塑料	薄膜	薄膜	薄膜
透光率	82%以上	约 80%	约 85%	80%以上	约 80%	约 80%	约 80%
特性	主流结构 技术成熟	质量小	耐高低温 耐冲击	质量小 不易破损	结构性佳 耐冲击	质量小 不易破损 耐冲击	质量小 无空气 间隙
工作环境	−20～60℃	−20～60℃	−35～85℃	−20～60℃	−20～60℃	−20～60℃	−20～60℃

根据信号输出方式的不同，电阻式触控屏分为数字型和模拟型两大类。数字电阻式触控屏在设计时就确定好了触点的可选位置。通过比较触控感应区电极电压与非触控感应区电极电压计算触压位置坐标。如图 3-2 所示的数字电阻式触控屏，触压层的 4 行电极和下层的 6 列电极交错形成的矩阵称为触控感应区，相当于形成了 24 个触控开关。感应区被触压后，触控开关关上，输出 On 信号，而非触压时输出 Off 信号，类似于二进制中的“0”和“1”信号，所以称为数字型或矩阵型触控屏。数字电阻式触控屏的分辨率不高，不容易精确判定感应位置，但是电路简单，成本较低。

如果触控屏的应用产品需要在屏幕的任意区域进行触控，那就要根据所需尺寸和分辨率进行模拟电阻式触控屏的设计。模拟电阻式触控屏的上下层

ITO 感测电极不需要像数字电阻式触控屏那样进行行列电极的图案化处理，只要整面均匀的 ITO 层，并在屏幕周围设计引出电极。但是，模拟电阻式触控屏的电极引出后需要连接一个模数转换（ADC）功能块，通过使触压层电极与下层电极接触，根据导通点的电压检测出位置。模拟电阻式触控屏的精度只取决于 A/D 转换的精度，因此分辨率达到 4096 像素×4096 像素。

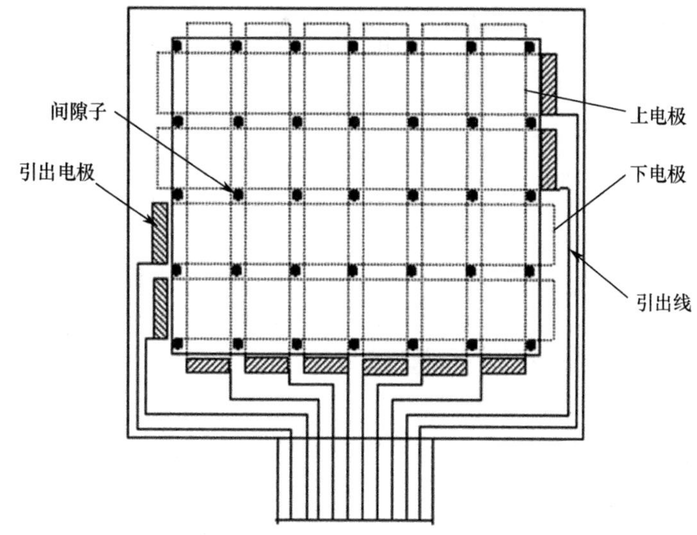

图 3-2　数字电阻式触控屏的基本结构

模拟电阻式触控屏按照电极配线的方式不同，分为 4 线、5 线、6 线、7 线、8 线等结构，具体的上下层结构如表 3-2 所示。4 线和 8 线触控屏的上下层 ITO 薄膜具有相同的表面电阻，5 线、6 线和 7 线触控屏的触压层 ITO 为导电层而下层 ITO 为感应层。当触控屏表面受到的压力（如通过笔尖或手指进行按压）足够大时，触压层 ITO 薄膜与下层 ITO 薄膜形成接触点，电阻发生变化，在 X 和 Y 两个方向上产生电压信号。所有的电阻式触控屏都采用正参考电压（V_{ref}）和接地 GND 之间的串联电阻分压原理来产生代表 X 坐标和 Y 坐标的电压。触控屏控制电路侦测到电压变化后计算出（X，Y），再根据模拟鼠标的方式控制显示屏画面信号的输出。

传统的 4/5/8 线电阻屏，无法实现多点触摸。因为多个触点造成的电阻分压情况很复杂，使得触点位置与输出电压之间无法形成统一的规律，所以无法判定。在 4/5 线电阻屏的基础上，结合数字电阻式触控原理，形成了多点电阻式触控技术。

表 3-2　4 线、5 线、6 线、7 线、8 线模拟电阻式触控屏的基本结构

	4 线式	5 线式	6 线式	7 线式	8 线式
上部电极	X_1 X_2				X_1 X_3 X_2 X_4
下部电极	Y_1 Y_2	Y_1 X_1 X_2 Y_2	Y_1 X_1 X_2 Y_2		Y_1 Y_2 Y_3 Y_4
特性	无专利权限制的基础配线方式；不耐刮、寿命短；价格低	ELO 和 3M 专利；改良 4 线式不耐刮的缺点	宇宙光电专利；耐刮、可防电磁波和噪声	富士通专利；耐刮、精度高	3M 专利；耐湿度和环境温度变化，适合工业用途

3.2　模拟电阻式触控技术

根据“导线”数量的不同，模拟电阻式触控技术分为常用的 4 线、5 线和 8 线电阻触控屏技术。为回避 5 线电阻触控技术的专利，又出现了 6 线和 7 线电阻式触控技术。

3.2.1　4 线电阻式触控屏技术

4 线电阻式触控屏的结构如图 3-3 所示，上下两层 ITO 导电层分别作为 X 感测电极和 Y 感测电极，X 感测电极和 Y 感测电极的正负端由导电电极分别从相对的两端引出，且 X 感测电极和 Y 感测电极的导电电极位置相互垂直。引出端 X−、X+、Y−、Y+一共 4 条线，所以称为 4 线电阻式触控屏。上下两层导电电极分别通过 FPC 连接驱动电路。为确保按压前上下两层 ITO 不接触，需要在上下两层 ITO 感测电极之间密布间隙子，并用框胶封闭。

1．触控位置测量

如图 3-4（a）所示，当触头触压触控屏表面时，触压层的 ITO 导电层发生形变与下层 ITO 发生接触，以触压点为中心可以建立相应的等效电路：X 感测电极靠 X−侧和 X+侧的电阻分别为 R_{X2} 和 R_{X1}，Y 感测电极靠 Y−侧和 Y+侧的电阻分别为 R_{Y2} 和 R_{Y1}。在 X 感测电极或 Y 感测电极的一侧交互施加

一定电压，经非通电一侧电极测得两层导电膜触压后产生的电压值，电压值的信号经 ADC 处理后传给微处理器（Microprocessor Unit，MPU）计算出触点的 *XY* 坐标。

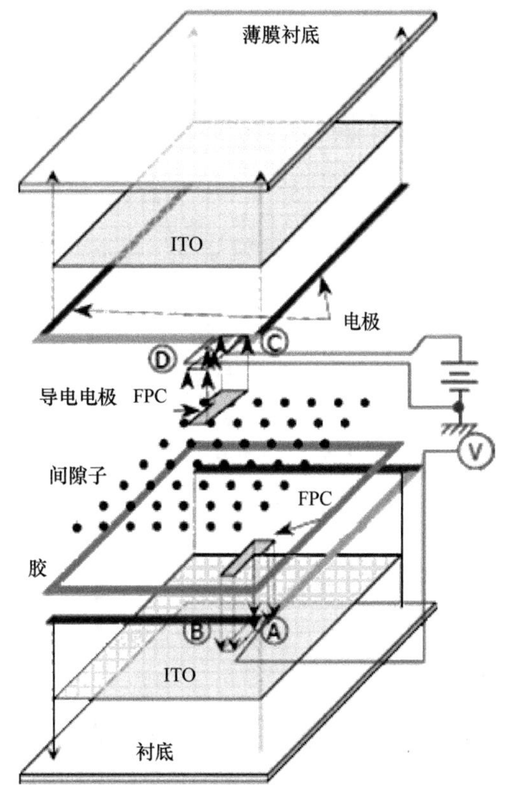

图 3-3　4 线电阻式触控屏的结构

如图 3-4（b）所示，为了在电阻式触控屏上的特定方向测量一个坐标，需要对 X 感测电极和 Y 感测电极施加偏置电压：*X* 感测电极的 X−侧和 Y 感测电极的 Y−侧接地，X 感测电极的 X+侧和 Y 感测电极的 Y+侧接 V_{ref}（一般为 5V）。同时，将未加偏置电压层连接到一个 ADC 的高阻抗输入端。对于 4 线触控屏，最理想的连接方法是将偏置为 V_{ref} 的总线接 ADC 的正参考输入端，并将设置为 0V 的总线接 ADC 的负参考输入端。当触控屏上的压力足够大使两层之间发生接触时，电阻性表面被分隔为两个电阻。它们的阻值与触摸点到偏置边缘的距离成正比。触摸点与接地边之间的电阻相当于分压器中下面的那个电阻。因此，在未偏置层上测得的电压与触摸点到接地边之间的距离成正比。

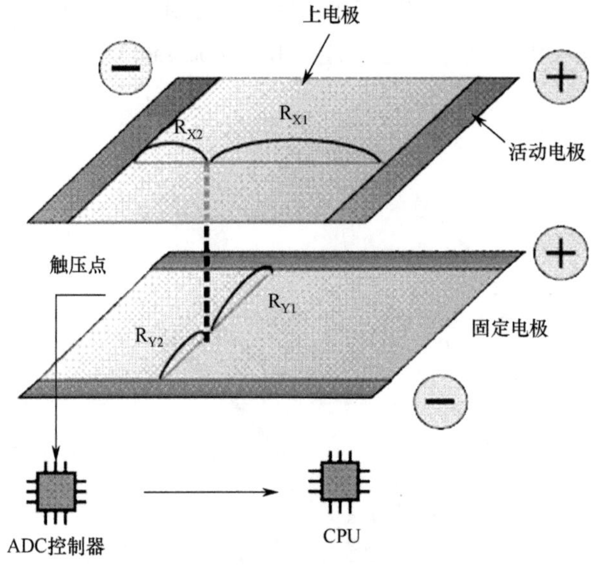

(a) 以触点为中心的等效电路

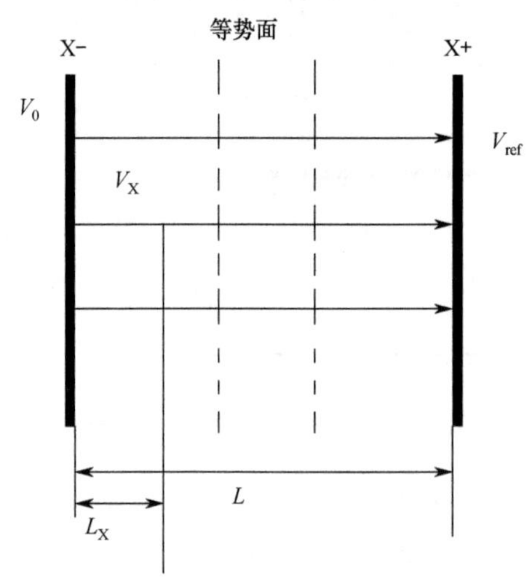

(b) 检测电压与触点位置的关系

图 3-4　4 线电阻触控屏的工作原理

图 3-5（a）给出了 4 线触控屏进行（X，Y）坐标测定的电路。在没有触压触控屏时，晶体管 Q_1、Q_2 和 Q_3 关闭，Q_4 打开，X−总线偏置为 0V。触压触控屏后，二极管 D_1 打开给 MPU 提供一个中断信号（INT）。Q_1 打开，X+ 总线偏置为 V_{cc}(V_{ref})。由于 Q_2 关闭，相当于在 Y+侧接了一个高阻抗的 ADC。

如图 3-5（b）所示，触压后两个导电层在触摸点接触，触点 X 层的电位被导至 Y 层所接的 ADC，得到触点电压 V_x。如图 3-4（b）所示，由于 ITO 层均匀导电，X+和 X−两电极间的电场呈均匀分布，方向从 X+到 X−。触点电压 V_x与 V_{ref}电压之比等于触点到 X−间距 L_x与两电极间距 L 之比，即 $L_x/L=V_x/V_{ref}$。通过式（3-1a）可得到 X 点的坐标。

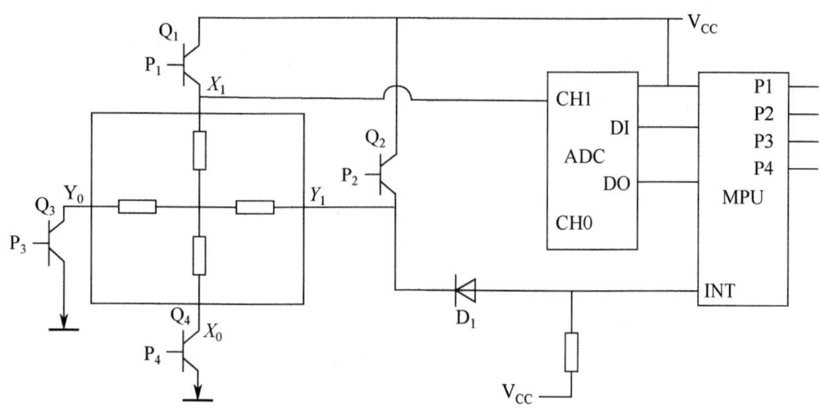

(a)（X，Y）坐标测定的电路

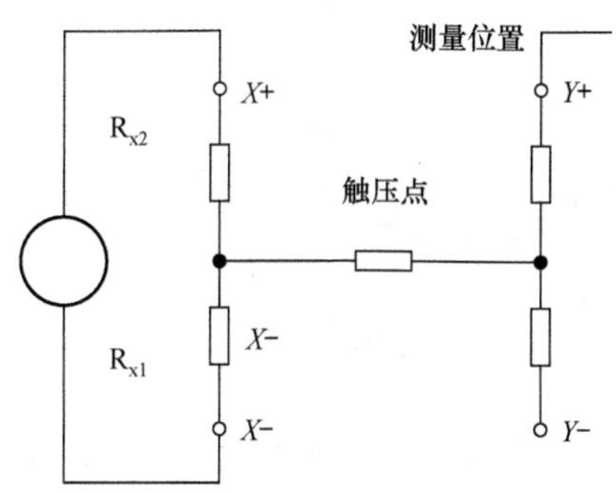

(b) X 坐标测量等效电路

图 3-5　（X，Y）坐标的测定

Y 轴的坐标可同理，将 Y+，Y−接上电压 V_{ref}，然后 X+电极接高阻抗 ADC 得到。对应图 3-5（a）就是关断 Q_1 和 Q_4，在 X+侧接一个高阻抗的 ADC。打开 Q_2 和 Q_3，Y−总线偏执为 0，Y+总线偏置为 V_{cc}（V_{ref}）。通过式（3-1b），可得到 Y 点的坐标。L 和 H 分别表示触控屏幕的宽度和高度。

$$L_x = \frac{V_x}{V_{ref}} \times L \quad (3\text{-}1a)$$

$$L_y = \frac{V_y}{V_{ref}} \times H \tag{3-1b}$$

2. 触控压力测量

4 线电阻式触控屏除了可以得到触点的 X/Y 平面坐标，还可以测得纵向 Z 坐标，即触点的压力大小。这是因为上电极 ITO 薄膜受到压力后，上下层 ITO 发生接触，在触点上实际有如图 3-6 所示的 R_{touch} 电阻存在。压力越大，接触越充分，电阻越小，通过测量这个电阻的大小即可量化压力大小。

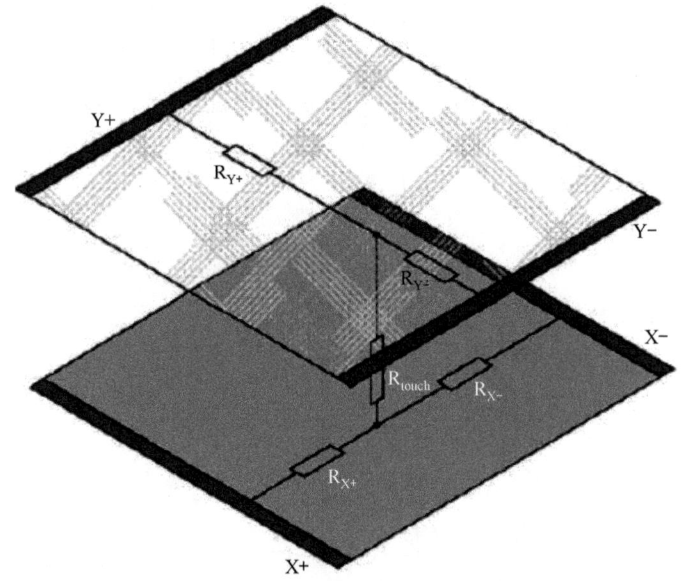

图 3-6　4 线电阻式触控屏触点的触摸压力的原理

测量电阻 R_{touch} 前，如图 3-5（b）所示，测得触点的 X 点电压。如图 3-7（a）所示，把 X−接地，Y+接电源，X+接 ADC 得到 Z_1 点的电压。如图 3-7（b）所示，把 X−接地，Y+接电源，X+接 ADC 得到 Z_2 点的电压。

流过 R_{x1} 的电流 I_{Rx1} 也是流过 R_{touch} 的电流，$I_{Rx1} = \frac{Z_1}{R_{x1}}$，代入 R_{touch} 公式 $R_{touch} = \frac{Z_2 - Z_1}{IR_{x1}}$，可得 $R_{touch} = R_{x1}\left(\frac{Z_2}{Z_1} - 1\right)$。$R_{x1}$ 可以由 ADC_x 和 $R_{x-Plate}$ 根据比例获得，假设 ADC 为 12 位精度，可得测量电阻 R_{touch} 的式（3-2）。

$$R_{touch} = R_{x-Plate}\frac{ADC_x}{4096}\left(\frac{Z_2}{Z_1}-1\right) \quad (3-2)$$

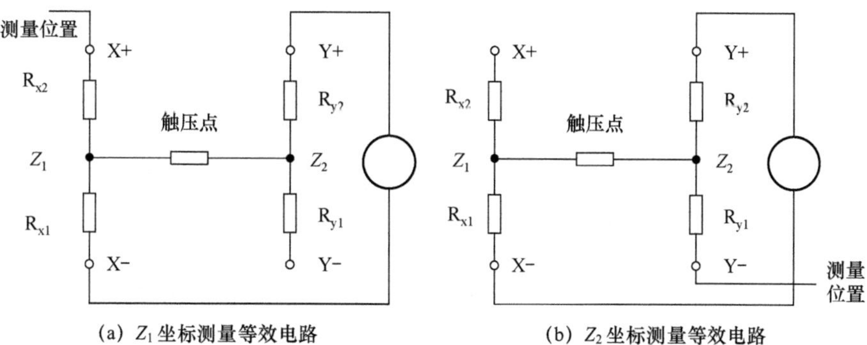

(a) Z_1 坐标测量等效电路　　(b) Z_2 坐标测量等效电路

图 3-7　电阻 R_{touch} 测量等效电路图

还有一种算法是把 X−接地，X+接电源，Y+接 ADC 得到触点的 X 坐标 ADC_x。把 Y−接地，Y+接电源，X+接 ADC 得到触点的 Y 坐标 ADC_y。把 X−接地，Y+接电源，X+接 ADC 得到 Z_1 点的位置 Z_1。同时测得 X−Plate、Y−Plate 的总电阻值。$R_{touch}=R_{total}-R_{X1}-R_{Y2}$，而 $R_{total}=R_{X1}(4096/Z_1)=R_{X-Plate}(ADC_x/4096)(4096/Z_1)$，$R_{Y2}=R_{Y-Plate}(ADC_y/4096)$，代入 R_{touch} 公式可得测量电阻 R_{touch} 的式（3-3）。

$$R_{touch} = R_{X-Plate}\times\frac{ADC_x}{4096}\times\left(\frac{4096}{Z_1}-1\right)-R_{Y-Plate}\frac{ADC_y}{4096} \quad (3-3)$$

3．产品性能

表 3-3 给出了 4 线电阻式触控屏的参数。4 线电阻式触控屏的解析度高、传输响应快、只需一次校正、产品不受电磁和环境干扰、稳定性极高，广泛应用于医疗、航空、军工等领域。

表 3-3　4 线电阻式触控屏的参数

参　数		最优规格	标准规格
电学参数	电压&电流	—	Max 7V
	线性误差	±1.0%↓	±1.5%↓
	绝缘电阻	20MΩ↑ @DC 25V	10MΩ↑ @DC 25V
	响应时间	10ms↓ @100kΩ 上拉电阻	15ms↓ @100kΩ 上拉电阻

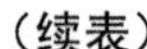
（续表）

参　数		最优规格	标准规格
温度范围	工作温度范围	−20～60℃（20～95%RH）	−10～50℃（20～95%RH）
	存储温度范围	−30～70℃（20～95%RH）	−20～60℃（20～95%RH）
光学参数	透光率（分光光度计）	Clear：85%↑ 反眩处理：83%↑	Clear：83%↑ 反眩处理：80%↑
	透光率（雾度计）	Clear：85%↑ 反眩处理：84%↑	Clear：83%↑ 反眩处理：83%↑
	Haze	反眩处理：8%↓	Clear：6%↓ 反眩处理：3%↓
机械参数	激活操作压力	30g · f↓	80g · f↓
	表面硬度	Clear：3H 反眩处理：3H	Clear：3H 反眩处理：3H
可靠性	高温	80℃，240h	70℃，240h
	低温	−30℃，240h	−20℃，240h
	温度&湿度	60℃，90%RH，240h	60℃，90%RH，240h
	热冲击	−40℃↔80℃，10 次/3min	−20℃↔80℃，10 次/3min
耐久性	用手写笔敲击（0.8R 聚缩醛笔，250g · f）	150 万次	100 万次
	用手写笔写（0.8R 聚缩醛笔，250g · f）	15 万次	10 万次

4 线电阻式触控屏的缺点是触摸体感不理想，触压力过大会使表面 ITO 薄膜受损导致 ITO 层断裂，破坏 ITO 层的均匀性。上面长时间触按施压会使器件损坏。因为每次触按，触压层的 PET 和 ITO 都会发生形变，而 ITO 材质较脆，在形变经常发生时容易损坏。一旦 ITO 层断裂，导电的均匀性也就被破坏，上面推导坐标时的比例等效性也就不再存在。行业一般用 R0.8mm POM 材质笔打点和 R0.8mm POM 材质笔划线进行寿命测试。

3.2.2　5 线电阻式触控屏技术

5 线电阻式触控屏的工作原理与 4 线电阻式触控屏不同的是：5 线式的 *X* 和 *Y* 方向上的驱动电压均由下线路的 ITO 层产生，而上线路层仅起侦测电压探针的作用。即便上线路薄膜层被刮伤或损坏，触控屏也能正常工作，所以 5 线电阻式触控屏的使用寿命远比 4 线式触控屏的长。

如图 3-8 所示，5 线电阻式触控屏把 XY 电极都制在下层玻璃基板的 ITO 阻性层上，从四个角引出 UL、UR、LL、LR。触压层的 ITO 导电层只作为活动电极，在触点位置上形成回路并借此侦测电压值来转换成位置参数。底层 ITO 的 4 条（银）电极，加上触压层的活动电极，一共 5 条线，这就是 5 线电阻式触控屏名称的由来。5 线电阻式触控屏的电极不能像 4 线电阻式触控屏那样，由导电条从四边引出，那样会造成短路。电极被分散为许多电阻图案分布在触控屏四周，然后从四角引出，这些图案的作用是使触控屏 *XY* 方向电压梯度呈线性，便于触点位置坐标的测量。

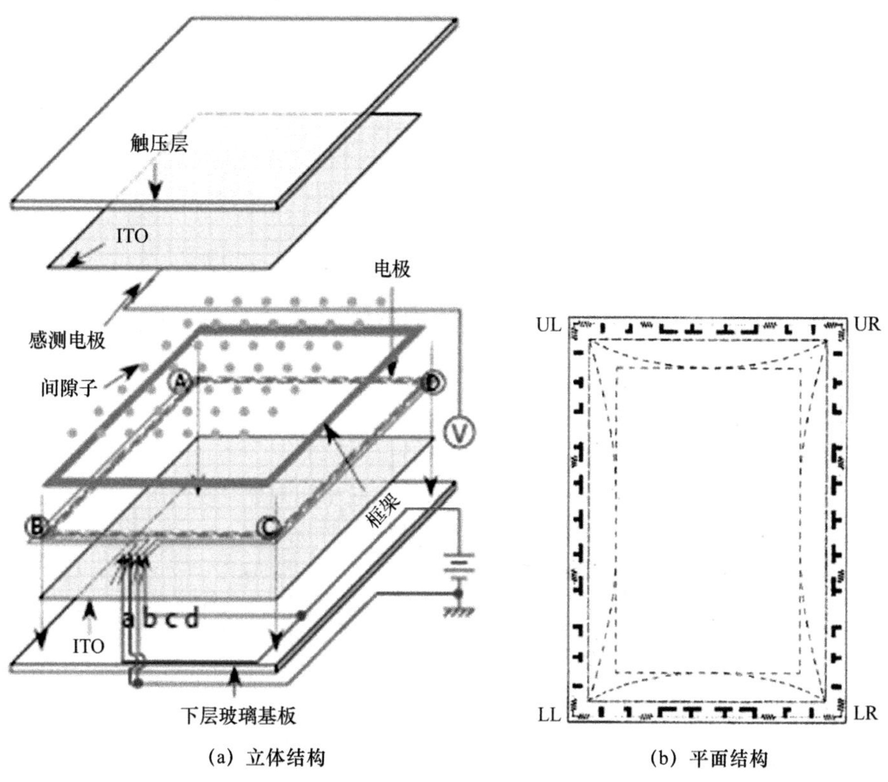

(a) 立体结构　　(b) 平面结构

图 3-8　5 线电阻式触控屏的结构

5 线电阻式触控屏工作时，UL 施加驱动电压 V_{drive}，LR 接地 GND，测量触点（X，Y）坐标分为如下两步：

为了在 X 轴方向进行测量，如图 3-9（a）所示，在 LL 电极施加驱动电压 V_{drive}，UR 电极接地，活动电极作为引出端测量得到接触点的电压。由于左、右角为同一电压，其效果与连接左右侧的总线差不多。此时，从左侧到右侧形成一个均匀的电压降，经由触点的导通效果在连接活动电极一侧侦

测到 X 方向的分压值 V_x。原理与 4 线电阻式触控屏的侦测原理类似，根据式（3-4a）可以获得触点的 X 坐标。

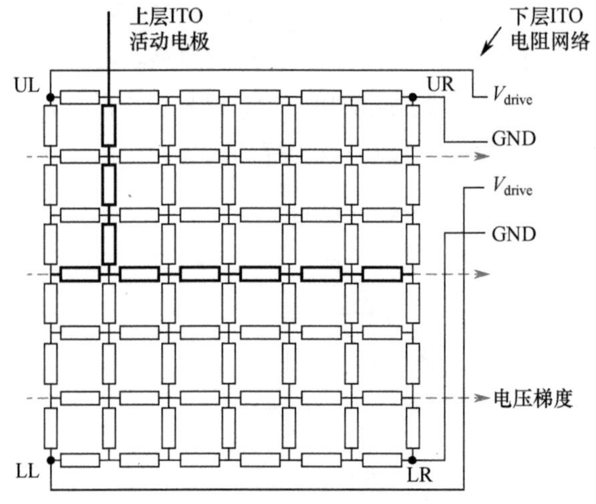

(a) X 坐标侦测等效电路图

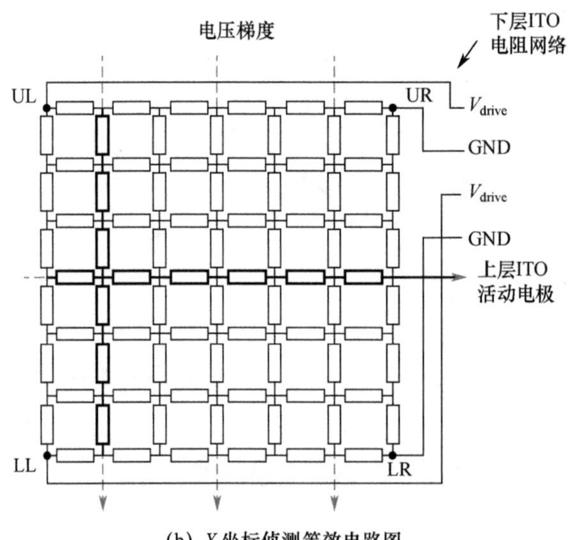

(b) Y 坐标侦测等效电路图

图 3-9　触点位置 XY 坐标侦测等效电路图

为了沿 Y 轴方向进行测量，如图 3-9（b）所示，在 UR 电极施加驱动电压 V_{drive}（V_{ref}），LL 电极接地，活动电极作为引出端测量得到接触点的电压。由于上、下角分别为同一电压，其效果与 4 线电阻式触控屏连接顶部和底部边缘的总线大致相同。此时，从上侧到下侧形成一个均匀的电压降，活动电极作为引出端经由触点的导通效果侦测到 Y 方向的分压值 V_Y。根据式（3-4b）可以获得触点的 X 坐标。

$$x=\frac{V_{\text{TEST}}}{V_{\text{drive}}}\times \text{width}_{\text{screen}} \tag{3-4a}$$

$$y=\frac{V_{\text{TEST}}}{V_{\text{drive}}}\times \text{height}_{\text{screen}} \tag{3-4b}$$

5 线电阻式触控屏这种测量算法的优点在于它使左上角 UL 和右下角 LR 的电压保持不变。但如果采用栅格坐标，X 轴和 Y 轴需要反向。对于 5 线电阻式触控屏，最佳的连接方法是将左上角 UL（偏置为 VREF）接 ADC 的正参考输入端，将左下角 LR（偏置为 0V）接 ADC 的负参考输入端。通过分别快速抓取 XY 的位置，获得触点位置的坐标。当触点发生移动时，连续的点可以形成一条线。

5 线电阻式触控屏的优点是玻璃基板比较牢固不易形变，而且可以使附着在上面的 ITO 充分氧化。玻璃材质不会吸水，并且它与 ITO 的膨胀系数很接近，产生的形变不会导致 ITO 损坏。而触压层的 ITO 只用来作为引出端电极，没有电流流过，因此没必要求均匀导电性，即使因为形变发生破损，也不会使电阻屏产生“漂移”。

5 线电阻式触控屏从四角加电压，容易产生如图 3-10（a）所示的枕形失真。如图 3-10（b）所示，传统 5 线触控屏由于补偿电极的设计，边框不可能做得很窄，因此目前一般只在中大尺寸上应用。

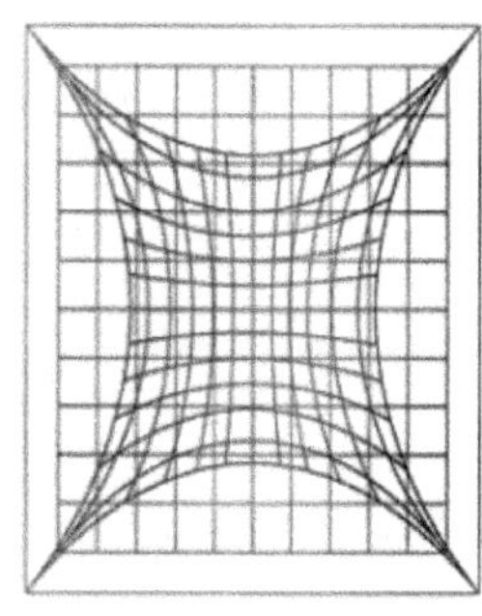

（a）枕形失真示意

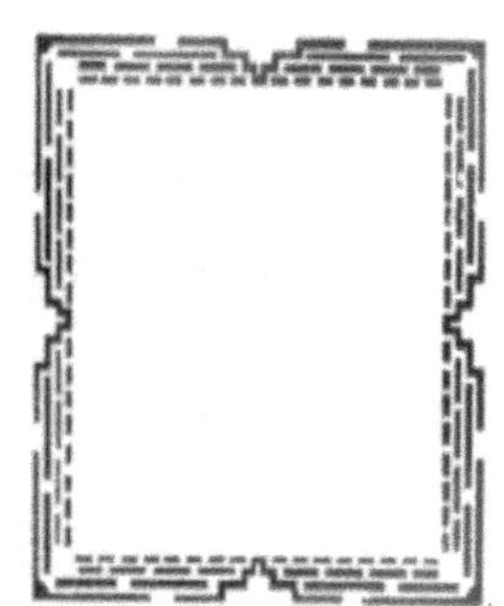

（b）典型 5 线触控屏电极分布

图 3-10　5 线电阻式触控屏的不足

表 3-4 给出了 5 线电阻式触控屏的参数。

表 3-4　5 线电阻式触控屏的参数

参　数		最优规格	标准规格
电学参数	电压&电流	—	Max 7V
	线性误差	±1.5%↓	±2.0%↓
	绝缘电阻	20MΩ↑ @DC 25V	10MΩ↑ @DC 25V
	响应时间	10ms↓ @100kΩ 上拉电阻	15ms↓ @100kΩ 上拉电阻
Rating	工作温度范围	−20～60℃（20～95%RH）	0～50℃（20～95%RH）
	存储温度范围	−30～70℃（20～95%RH）	−20～60℃（20～95%RH）
光学参数	透光率（分光光度计）	Clear：82%↑ 反眩处理：78%↑	Clear：80%↑ 反眩处理：76%↑
	透光率（雾度计）	Clear：82%↑ 反眩处理：82%↑	Clear：80%↑ 反眩处理：80%↑
	Haze	反眩处理：8%↓	Clear：2%↓ 反眩处理：5%↓
机械参数	激活操作压力	30g · f↓	80g · f↓
	表面硬度	Clear：3H 反眩处理：3H	Clear：2H 反眩处理：2H
可靠性	高温	80℃，240h	70℃，240h
	低温	−30℃，240h	−20℃，240h
	温度&湿度	60℃，90%RH，240h	60℃，90%RH，240h
	热冲击	−40℃↔80℃，10 次/3min	−20℃↔80℃，10 次/3min
耐久性	用手写笔敲击（0.8R 聚缩醛笔，250g · f）	1000 万次	1000 万次
	用手敲击（0.8R 硅橡胶，250g · f）	3500 万次	3500 万次
	用手写笔写（0.8R 聚缩醛笔，250g · f）	100 万次	100 万次

3.2.3　6/7 线电阻式触控屏技术

1．6 线电阻式触控屏

5 线电阻式触控技术从 1982 年起在触控屏市场获得广泛应用。为避开 5 线电阻式的专利制约，发展了 6 线电阻式触控技术。

5 线电阻式触控附加了一线外壳作为保护，主要是防静电和电磁干扰。6 线电阻式触控则又增加了一个 Guard，形成中间一个保护层。即一共增加了外壳和 Guard 两线，测量时（如用 3458A）分别接地和 Guard，但也有在被测端把地和 Guard 接到一起的。在 5 线电阻式触控屏的基础上，6 线电阻式触控屏是在玻璃基板的背面增加了一个接地的导电层，用来隔绝来自玻璃基板背面的信号串扰［电磁波（EMI）、噪声（Noise）等］，同时为扩充功能保留了余地。

2. 7 线电阻式触控屏

同 4 线电阻式触控屏一样，5 线电阻式触控屏也没有考虑电极抽头引线和驱动电极电路的寄生电阻，这部分电阻并不包含在 ITO 电阻之内，很可能影响计算的正确性。为消除寄生电阻的影响，7 线电阻式触控屏在 5 线电阻式触控屏的基础上，从左上角 UL 和右下角 LR 两端各引出一条线用来感应实际触控屏末端电压，分别记为 V_{max}，V_{min}，工作原理与 5 线电阻式触控屏相同。

执行屏幕测量时，将左上角的一根线连到 V_{ref}，另一根线接 SAR ADC 的正参考端。同时，右下角的一根线接 0V，另一根线连接 SAR ADC 的负参考端。导电层仍用来测量分压器的电压。触点位置坐标的计算方法如式（3-5）所示。

$$x=\left(\frac{V_{test}-V_{min}}{V_{max}-V_{min}}\right)\times \text{width}_{screen} \tag{3-5a}$$

$$y=\left(\frac{V_{test}-V_{min}}{V_{max}-V_{min}}\right)\times \text{height}_{screen} \tag{3-5b}$$

7 线电阻式触控屏的原理主要与 CMRR 抑制有关，因为接了保护后将会大大降低共模电压。Guard 一般完全悬浮，但测量时还是要接地，否则起不了作用。根据地与 Guard 这两条额外线的接法不同，共有 5 种不同的接法。

3.2.4　8 线电阻式触控屏技术

4 线电阻式触控屏计算坐标时没有考虑电极抽头引线和驱动电极电路的寄生电阻，这部分电阻并不包含在 ITO 电阻之内，而且受环境温度影响阻值波动，很可能影响计算的正确性，因此出现了 8 线电阻式触控屏的概念。

如图 3-11 所示，8 线电阻式触控屏的结构与 4 线类似，区别是除了引出 X−驱动（X−drive），X+驱动（X+ drive），Y−驱动（Y− drive），Y+驱动（Y+ drive）四个电极，还在每个导电条末端引出一条线：X−sense 传感器，X+ sense 传感器，Y−sense 传感器，Y+ sense 传感器，这样一共 8 条线。

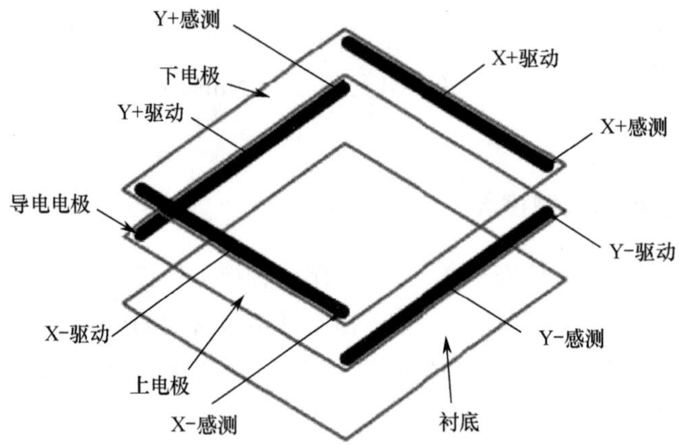

图 3-11　8 线电阻式触控屏的基本结构

除在每条总线上各增加一根线之外，8 线电阻式触控屏的实现方法与 4 线电阻式触控屏相同。对于 V_{ref} 总线，将一根线用来连接 V_{ref}，另一根线作为 SAR ADC 的数模转换器的正参考输入。对于 0V 总线，将一根线用来连接 0V，另一根线作为 SAR ADC 的数模转换器的负参考输入。未偏置层上的 4 根线中，任何一根都可用来测量分压器的电压。8 线电阻式触控屏的触点坐标计算方法如图 3-12 所示。在 Y+电极施加驱动电压 V_{drive}，Y−电极接地，分别测出 Y+ sense 和 Y−sense 的电压，分别记为 V_{Ymax} 和 V_{Ymin}。在 X+电极施加驱动电压 V_{drive}，X−电极接地，分别测出 X+ sense 和 X−sense 的电压，分别记为 V_{Xmax} 和 V_{Xmin}。根据测得的电压值，通过式（3-6a）和式（3-6b）可以精确得到触点的位置坐标（X，Y）。

$$L_x = \frac{V_{x+} - V_{Ymin}}{V_{Ymax} - V_{Ymin}} \times L \qquad x = \left(\frac{V_{Y+} - V_{Xmin}}{V_{Xmax} - V_{Xmin}}\right) \times \text{width}_{screen} \tag{3-6a}$$

$$L_y = \frac{V_{Y+} - V_{Xmin}}{V_{Xmax} - V_{Xmin}} \times H \qquad y = \left(\frac{V_{X+} - V_{Ymin}}{V_{Ymax} - V_{Ymin}}\right) \times \text{height}_{screen} \tag{3-6b}$$

8 线电阻式触控屏也可以通过测量接触电阻 R_{touch} 的大小来压力的大小。需要注意的是，在式（3-2）中，如果 Z_1 的测量值接近或等于 0，即触摸点靠近接地的 X 总线时，计算将出现一些问题。通过采用弱上拉方法可以有效改善这个问题，其方法是用一个弱上拉电阻将其中一层上拉，而用一个强下拉电阻来将另一层下拉。如果上拉层的测量电压大于某个逻辑阈值，就表明没有触摸，反之则有触摸。这种方法存在的问题在于触控屏是一个巨大的电容器，此外还可能需要增加触控屏引线的电容，以便滤除显示屏引入的噪声。

弱上拉电阻与大电容器相连会使上升时间变长，可能导致检测到虚假的触摸。

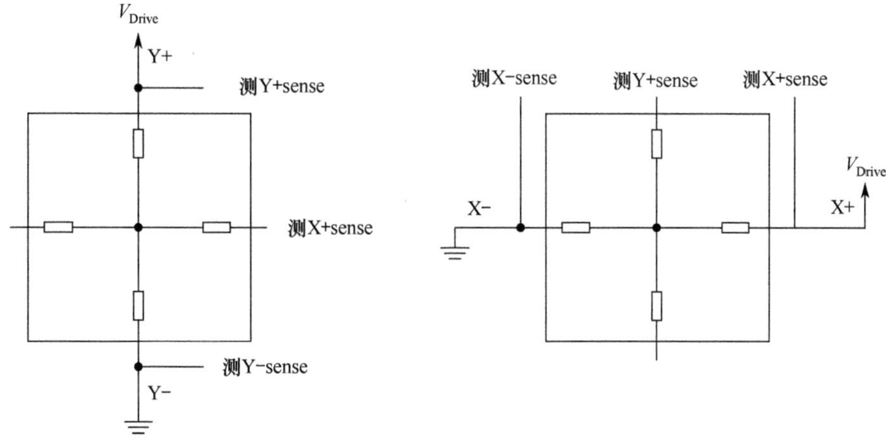

图 3-12　8 线电阻式触控屏的触点坐标计算原理

3.3　电阻式多点触控技术

电阻式多点触摸技术可大致分为模拟矩阵电阻（Analog Matrix Resistive，AMR）、数字矩阵电阻（Digital Matrix Resistive，DMR）及 5 线多点电阻式触控三类。AMR 又称为模数混合触控技术，DMR 又称为电压驱动式电阻触控技术，5 线多点电阻式触控技术又称为多指（Multi-Finger，MF）触控技术。DMR 和 AMR 都是矩阵电阻式触控屏，需要通过检查数据表来判断是模拟电阻式技术还是数字电阻式技术。判断方法之一是看传感器边缘的连接。如果在四边都有许多连接，就是模拟电阻式技术。如果只有两边上有连接，就是数字电阻式技术。成本低是它最大的优势，但精确度和可靠性有待进一步提高。

3.3.1　模拟矩阵电阻触控技术

模拟矩阵电阻 AMR 触控技术是交融数字电阻式和模拟电阻式的触控技术，也叫多点触控模拟电阻式传感器（Multi-Touch Analog Resistive Sensor，MARS）技术。传统的模拟电阻膜式触摸面板均采用在整个触控屏贴上电阻膜进行检测的方式，只能检测出一个点的输入信息。而用于多点电阻触摸的触控屏则通过检测纵向和横向的详细矩阵布线图的接点，使其能够感知多点输入。

如图 3-13 所示，在 AMR 触控屏中，上下导体表面沿 X 与 Y 两个方向呈横纵交错的条块状，这些均匀分布的条状电极相互重叠交叉处就形成了很多边长为 10～20mm 的小矩阵区块，每个小矩阵区块相当于一个小的模拟 4 线

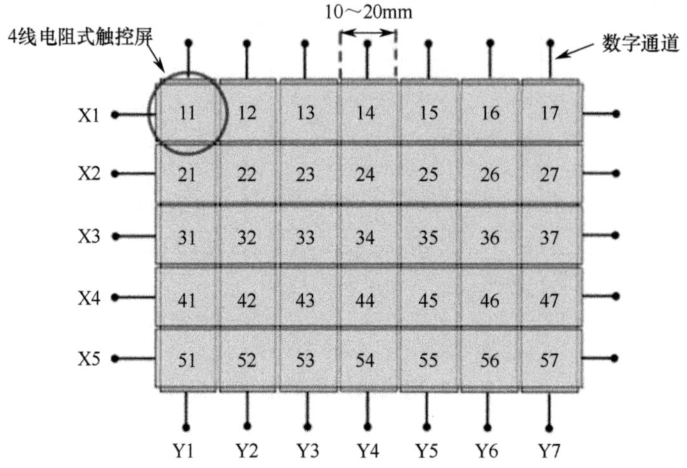

(a) AMR 触控屏电极结构示意图

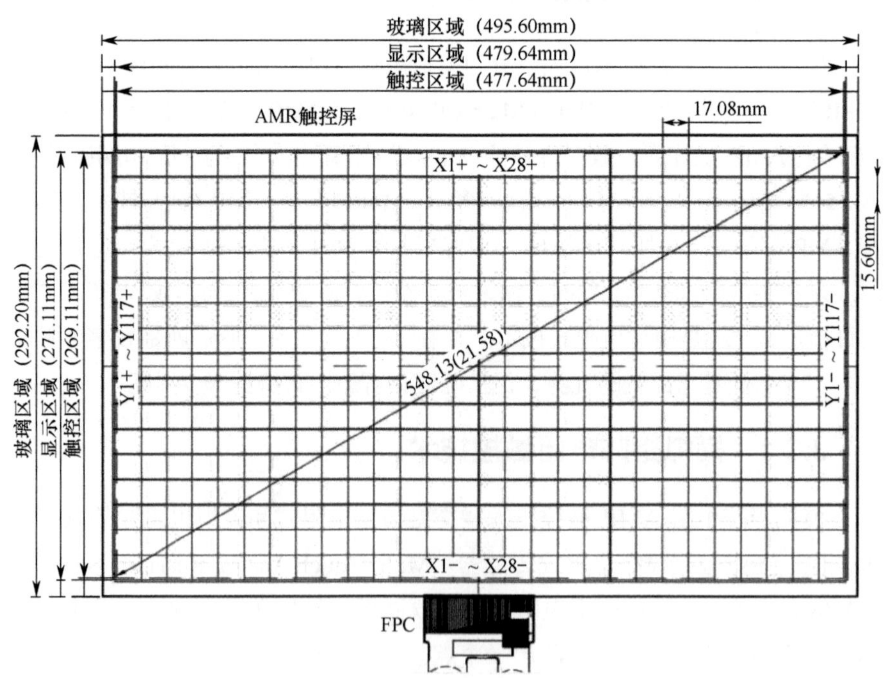

(b) 21.5 英寸 AMR 触控屏电极设计图

图 3-13　AMR 触控屏电极结构

电阻式触控屏，各个区块彼此独立。也就是说，在任意方形中，判定触击位置的方法与单点触控电阻式触控屏一样，都是通过模拟电阻分压器法。然而，当两个触击在同一个小矩阵中时，这两个触击动作就被均分，被当作一个单独触击动作处理，正如在一个 4 线电阻式触控屏上操作一样。

当触头按压到如图 3-13（a）所示的对应区块时，就会侦测到对应的比例电压，控制电路接收到电压后将其转换成坐标信息。利用 4 线电阻式触控屏实现多点触摸技术的方法：第一个时刻，在 X1 电极上加上电压，由 Y1，Y2，…，Y7 电极读取 11，12，…，17 触摸单元所探测到的 *X* 坐标；同理，在以后的各个时刻依次读取剩余触摸单元的 *X* 坐标。获得所有触摸单元的 *X* 坐标后，再依次给 Y 电极加上电压，以获得各个触摸单元的 *Y* 坐标。AMR 触控屏的触控点数目取决于触控电路，一般在 2～10 点。在同一个区域上，不能同时对应两个以上触头的触压。

AMR 触控屏触点坐标采集转换电路的基本结构如图 3-14 所示。AMR 是一个数字模拟混合系统，因此，在扫描电路、AD 转换电路、控制电路的基础上，还需添加各种辅助元件来减小外界噪声对模拟电路的干扰。特别是对于 AD 转换，为提高转换的精准度，有必要在硬件电路上添加下拉电阻，以避免无触摸发生时 AD 输入端浮接的现象。控制电路将控制扫描电路生成恰当的扫描信号，并使得 AD 转换电路在恰当的时候进行数据采样和转换。

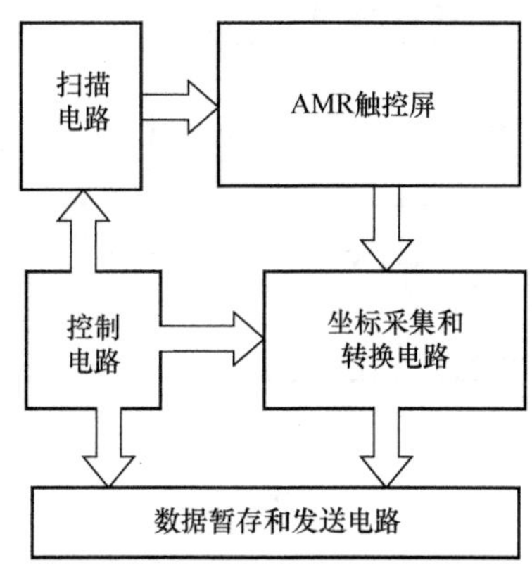

图 3-14　AMR 触控屏触点坐标采集转换电路的基本结构

AD 转换电路可以在串行转换和并行转换间取舍。串行转换结构简单，需要的 AD 模块数量少，但总的转换频率低。并行转换需要的 AD 模块数量稍多，但总的转换频率可以得到提高。AMR 触控屏电路结构如图 3-15 所示，

分为串行结构和并行结构两种。图 3-15 仅表现了坐标采集转换电路的基本原理和结构，并没有画出为减小各种电器噪声而添加的元件，如 AD 的下拉电阻、滤波电容等。

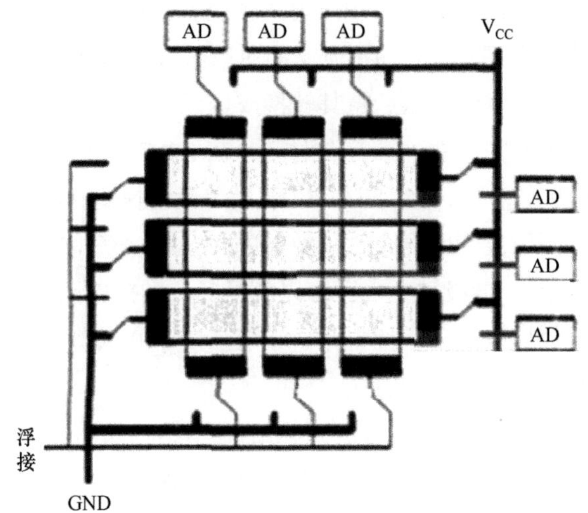

(a) 并行转换结构

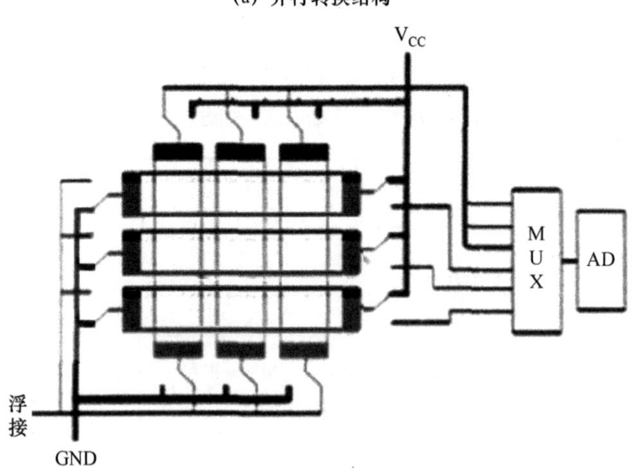

(b) 串行转换结构

图 3-15　AMR 触控屏电路结构

AMR 触控屏设计的初衷是为运行 Windows 7 系统等消费类一体化台式机以低成本解决多点触控需求。AMR 技术是所有多点触控技术中，成本最低、可靠度最高的，任何非尖锐物体都可以碰触控制，是简单成熟的电阻式触控技术。

AMR 触控屏的主要局限性是两根手指不能在同一个方形区触摸。为减少一体式触控屏上的传感器连接数量，降低成本，每个方形的宽度一般在 10～20mm。当用户将两根手指紧挨在一起并在屏幕上进行拖拽时，随着触摸位置的不同，触控屏输出会在一个或两个触击命令间随机切换。通常在这种情况下，消费者会认定触控屏有缺陷迹象。为了能分开两根手指，图 3-13（a）所示的方形小矩阵要小到两根手指不能触控同一个方形。

此外，AMR 触控屏容易被刮伤、耐用性差（容易损耗聚酯薄膜表面）、视觉质量差（20%的显示光由于反射层丢失）、触力小（但高于投射电容屏）、反应速度较慢等缺点，因此大多只能应用于中小尺寸面板。

3.3.2　数字矩阵电阻式触控技术

单点数字电阻式触控技术曾被广泛地用于商业性产品，但分辨率低，无法处理写字和画图。2007 年，Stantum 公司推出的数字矩阵电阻 DMR 触控技术是纯数字的多点电阻式触控技术，所有条状 ITO 电极之间仅距离 1.5mm，使控制器可以获得更高的分辨率，但也极大增加了控制器的连接数，如一个 10 英寸屏幕需要 400 个连接线。DMR 触控屏轻触即可实现触控，任何介质都可触动，支持笔写输入与手写输入，或者笔与手指同时触控，具有“防手掌误碰”功能，可忽略除笔尖之外的任何触碰。DMR 触控可实现多区域触控、手势多点触控、真实多点触控。DMR 触控屏的触摸激活作用力相对较轻，仅为 8～15g。

1. 数字矩阵电阻式触控技术的基本原理

如图 3-16 所示，DMR 触控屏在上下两层（基板和盖板）的 ITO 涂层，被刻蚀出许多横平竖直的线状的电阻膜图案，将其沿交叉方向上下相对划分成许多很小的区块。当触控屏的某一区块被按压时，ITO 涂层上的一个或多个十字交叉点形成电触点，而每一个十字交叉点都形成一个独立的开关，进而形成完整电路。所以，被按压区块就会被启动类似开/关的作用，线路会发出指示打开或关闭的数字信号传给控制器，控制器便能计算出碰触位置的坐标了。

DMR 触控屏上下层条块 ITO 电极的间距取决于所需的切换矩阵布局。这当中没有对称性的要求，因此矩阵的行数和列数都是任意的。因为线状电阻膜的间距很小（1.5mm 以下），所以 DMR 技术可以获得比 AMR 技术更多的接触点，可以实现 10 点的真实多点触控。

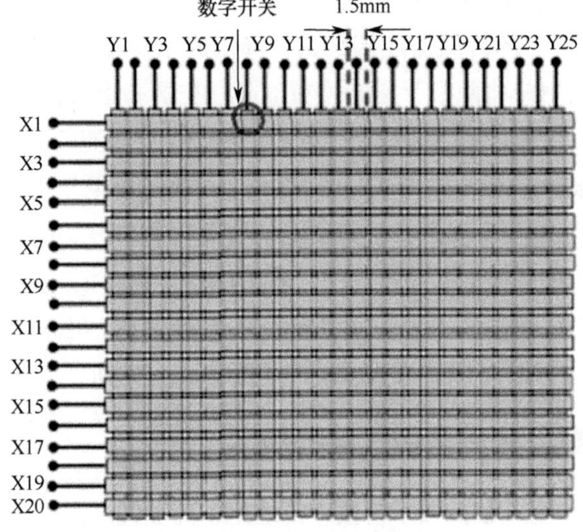

(a) 电极单侧单边引出结构

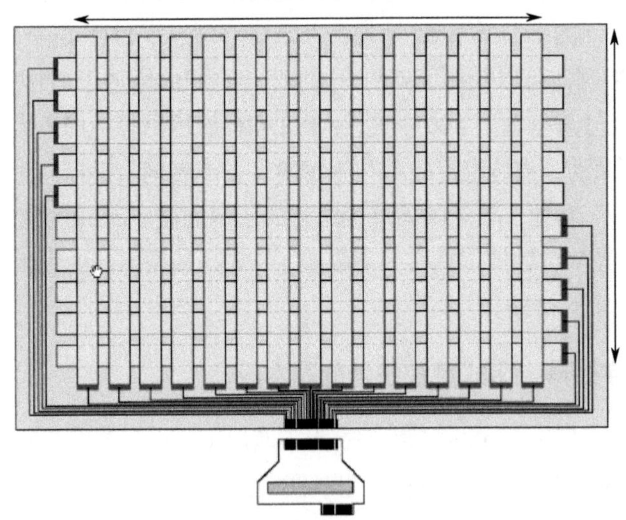

(b) 电极双侧单边引出结构

图 3-16 DMR 触控屏电极结构

DMR 的信号处理比 AMR 更为简单直接。DMR 触控屏其实就是一个开关网格，由于各个开关节点彼此独立识别，所以互不干扰，可以实现真正意义上任意多点的多点触摸。横向数据的并行写入及不需要 AD 转换，极大地提高了触控屏的工作速度。但是，DMR 触控屏需要众多的电极和端口，导致其成本远高于模拟矩阵电阻 AMR，故仅适用于对系统可靠性和工作速度有特别要求的应用场合。

DMR 触控技术主要涉及三个要素：矩阵型触控屏、一个专用多触点控制器和软件驱动程序。DMR 触控屏的驱动模式被称为数字开关方式，水平 ITO 电极为感测线，垂直 ITO 电极为驱动线，感测线与驱动线之间的触点就相当于一个开关。如图 3-17 所示，以 8×8 的 DMR 触控屏为例，采用两层 ITO

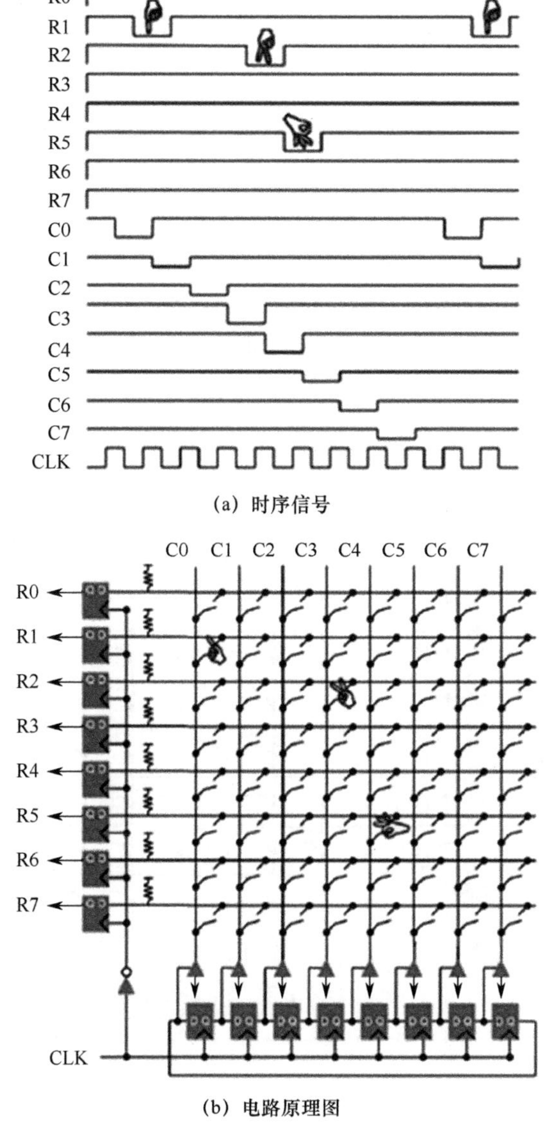

(a) 时序信号

(b) 电路原理图

图 3-17　DMR 触控屏触摸解码的工作模式（Altera 解决方案）

分别作为水平的触控感测线和垂直的加电驱动线，两者之间的触点就相当于一个开关，在未接触时，它们之间是绝缘的，而接触发生后，两者发生短路，相当于开关闭合。在驱动的时候，其中感测线通常由一个上拉电阻施加高电平，同时在驱动线上以一定频率依次在各列中施加负脉冲电压，这样当扫描到触点所在的那一列时，由于触点开关闭合，形成直流通路，使得触点所在行的电压被拉低，形成一个负脉冲，这样就检测到了触点的位置。由于驱动线是依次扫描，所以可以检测到多个触点的位置。

2．伪点的产生与改善

当多个触点同时存在时，在一些情况下会出现误判的情况，也被称作伪点（Aliase)。如图 3-18 所示，在三个触点中，触点 *A* 和触点 *B* 在同行，触点 *B* 和触点 *C* 在同列，当扫描 C0 时，由于触点 A 的存在，R1 的电压被拉低，但是由于触点 *B* 的开关也处于闭合状态，就造成了 C0 和 C5 的短路，使得 C5 的电压也被拉低，即使这时还没有扫描到 C5；同时，与触点所在同一列的触点 *C* 使得 R5 和 C5 短路，也使得 R5 电压被拉低，这样电路就在扫描 C0 的区间检测到两个触点，而其中 C0+R5 的触点实际是不存在的，即伪点。

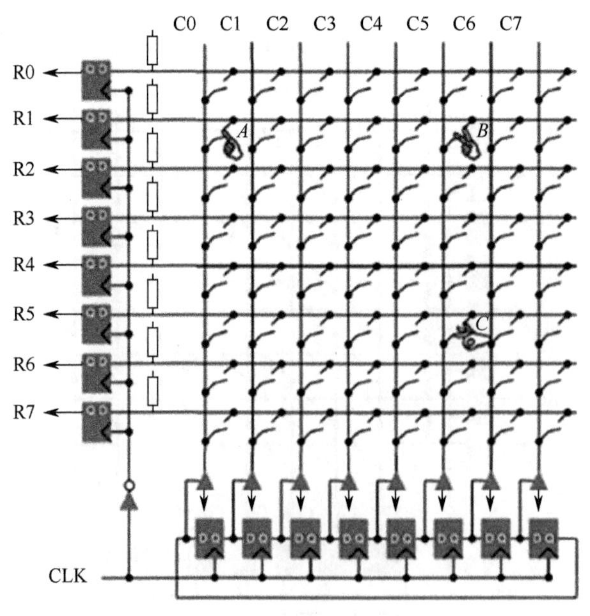

(a) 多个触点同时存在

图 3-18　伪点的产生机理

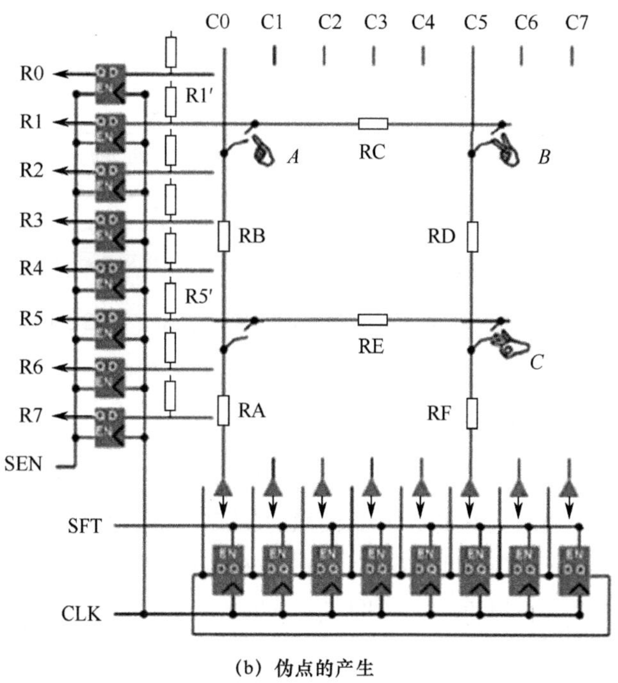

（b）伪点的产生

图 3-18　伪点的产生机理（续）

消除或减少伪点产生的方法主要是提高读取感测线电压的反应速度，由于各触点之间存在 ITO 电阻，信号的传输需要一定的时间，图 3-18 中的 R1 电压被拉低后，并不会立刻造成 C5 电压下降到 0，而要经过一定的 RC 延迟，同样，C5 到 R5 之间的作用也需要一些时间，这时如果能抢在 R5 开始下降之前就结束这一周期对感测线的采样，伪点就不会出现。因此，提高时钟频率可以降低伪点的发生概率。把频率提高 10～100 倍，即从 100kHz 提高到 5MHz，可基本消除伪点。

但是，频率太快也会造成在面板右上侧的触点感应不到，因为右上侧的触点到驱动线输入端和感测线输出端的电阻都最大，传输延迟也最大，这时扫描频率太快会造成“失点”，需要平衡。对策是增加分别控制驱动线和感测线的时序信号 SFT 和 SEN。如图 3-19（a）所示，当 SEN 和 SFT 的延迟减小时，可消除伪点。如图 3-19（b）所示，当 SEN SFT 延迟增大时，可避免失点。用软件设置的方法可以在扫描屏幕左侧的驱动线时，调整减小延迟，而在扫描到右侧时，增大延迟。

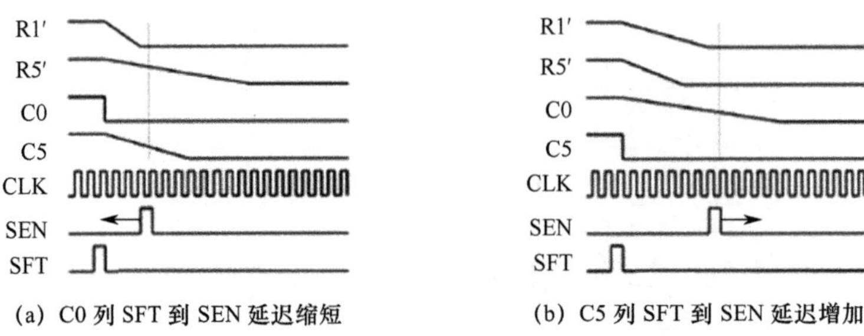

图 3-19 驱动线和感测线的时序信号 SFT 和 SEN

3. 数字矩阵的压感触控原理

数字矩阵电阻式触控技术的压感触控是通过把上下两层 ITO 切割得很细，当手指触控时，利用上下 ITO 接触面积的多寡实现压力大小的感测，即压力大则反应面积大，压力小则反应面积小。这样触控就可以作为一个笔来使用，力量比较大就是一个粗的毛笔。当扫描快的时候，就可以侦测出很多细节来。

这种压电式多点触控技术原理类似电容式触控技术。如图 3-20 所示，压电式多点触控技术采用电压源而非电流源，按压后上下感测基板接触导通，形成回路造成电压值改变。感测芯片行扫描发送信号，由每一列接收，判断触控位置。几百 Hz 的扫描频率可以实时快速获取触控位置信息，再通过专用 MCU、DSP 准确计算出多点坐标，给出信号。压电式多点触控 IC 透过接触面积的不同而改变导通电流量，IC 电路根据该电流变化量转化为压力值变化。

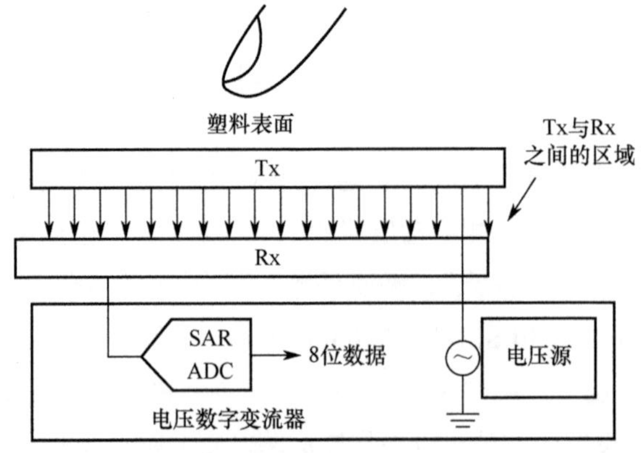

图 3-20 压电式多点触控技术的控制芯片感应原理

通过扫描系统侦测触控点信息，通过滤波器得到有效触控面积并计算出重心位置后，经过 DSP 作运算处理判断是否合并成为坐标，再由 MCU 将多点移动动作转换成手势指令，将该指令传给主机 CPU，可以控制面板显示内容并操作应用程序。电阻式多点触控技术如果触摸的两个点过于靠近，电阻感测器不能辨别是一个点还是两个点。而压电式多点触控技术可以精确追踪到每一个触摸轨迹。压电式触控技术经由比较器转化成数字信号，ITO 均匀性产生的阻抗变化不影响感应灵敏度。压电式触控技术可以根据触控面积的变化侦测出压力的变化量。

SAR ADC 除当作信号转换器外，也可作为比较器设定一个阈值来侦测触控动作，判断为 0 或 1 的数字信号。这样，IC 感应的灵敏度就不会受到 ITO 拉线远近造成的阻抗偏移量的影响。粘在表面的外界水汽和油污，如果质量没有大到使上下感测基板接触且该接触程度没有超过设定阈值，就不会被误判为触控动作。

3.3.3　4 线多点电阻式触控技术

ARM 与 DMR 基本上可以说是 4 线电阻的一种延伸设计，可以统称为矩阵电阻（Matrix Resistive，MR）式触控技术。MR 触控技术可看成由多个小单位的传统电阻式组合而成，因此同样具有 4 线电阻式触控屏即使没有触压仍持续耗电，只要触压层 ITO 导电薄膜被划伤，整个触控屏就无法正常使用等缺点。另外，触控屏上 X 方向每一条 ITO 都要左右拉线出来，Y 方向每一条 ITO 都需要上下拉线出来，因此需要 4 边出线，对边框宽度有很大的影响。

MR 触控屏的触压层 ITO 薄膜在大尺寸应用时，不容易掌握整个均匀度，每个感应单位的阻抗值很难达到一致；加上对角线两端两单位感应组件之间的电阻阻抗值会因为 ITO 拉线距离而差异很大，造成感测灵敏度有很大的落差，对控制电路的影响很大。MR 触控技术若要支持 3 个以上的触控点，需要提高扫描频率，因而会使操作上产生延迟现象。对此，AMT 公司推出了低成本的 MF 触控技术。

MF 触控技术采用 5 线电阻的结构。传统 5 线电阻屏，只有下导电层是电压分布层，上导电层只是电压检测层，所以对上导电层的电阻均匀性没有严格的要求，不存在真实坐标，耐受性较高。工作时在下导电层的四个角上加电压，这样就可以在下导电层 X 和 Y 两个方向产生均匀电压场分布。当有触摸时，通过上导电层检测接触点电压，然后传送给控制器转换为触摸点 X

和 Y 方向的坐标。传统 5 线电阻式触控屏的上导电层只做检测作用，损伤后只要导通即可使用，点击、划线寿命大大优于 4 线电阻式触控屏，并且只在下导电层完成 X、Y 坐标的检测，定位更加准确。

如图 3-21 所示，MF（5 线多点电阻）触控屏的触压层 ITO 导电薄膜只起回路导通作用，不存在真实坐标，耐受性较高。下层用切割区方式将 ITO 导电薄膜分割成 2～12 个不同尺寸等分的触控区域，每个区域都类似一个小的 5 线电阻，并且大小、形状都可以接受单点操作。与 MR 触控技术在设计时决定触控点数不同，MF 触控技术是否提供 12 个触控区域取决于控制器，最多能够支持 12 根手指同时多点触控的应用。MF 触控屏的每个触控小区域均可设定为开或关的触控功能，让使用者自行选择，不需要触控的区域就关闭触控功能，可以避免因误触而产生误动作。所以，MF 触控技术主要应用于避免误动作的工控安全确认等环境为主，分割的触控区域各自独立，不会相互干扰。一般在中大尺寸应用居多。

(a) 下导电层电极分布

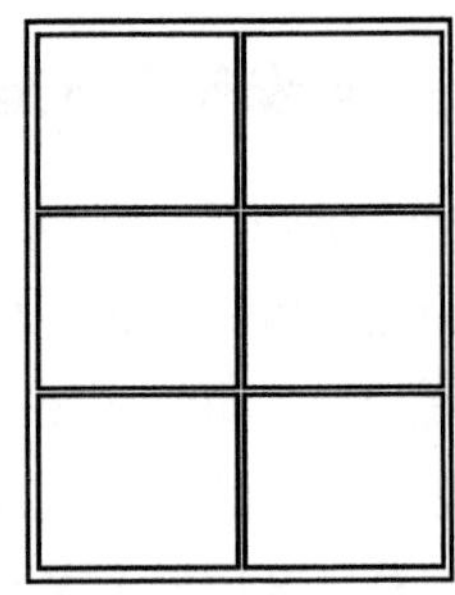
(b) 上导电层电极分块

图 3-21 MF 触控屏的电极结构

MF 触控技术除具有 5 线电阻式触控屏的所有优点之外，还有本身的一些特点。

（1）采用分段电极设计，取代原来的补偿电极设计，使用金属走线代替印刷银线，边框可以做得较窄，现阶段可以做到最内侧金属电极到屏边界 2.3mm，还可进一步窄化。

（2）触控区域自由选择开、关功能也可以使用在排除手掌力（Palm rejection）的功能设计上，此特点的主要应用是在签名的机制。MR 技术若要应用在手写方面，触控屏的本体需有 Palm Rejection 的设计，要针对这种需求重新设计面板。而使用 MF 技术的触控屏只要分别签名画面和其他触控区域，在要签名或手写的时候，仅开启笔写输入窗口区域的触控功能，其他手掌可能会按到的区域，关闭触控功能即可。

（3）有和 4 线电阻式触控屏同样优秀的线性。MF 技术和 MR 技术一样，一个区域对应一个触点，但是与 MR 技术最多同时处理 2 个触控不同，MF 技术最多可同时处理 12 个触控。在进行触控操作时，MF 技术具有和 4 线电阻式触控屏同样优秀的线性，线性度小于 1.5%。

（4）其上导电层分块之间的间隙会影响外观，目前已经可以将间隙做到 30μm 以下，只有特殊角度才可以看得到，并且该间隙对使用没有任何影响。

3.4　电阻式触控屏制造技术

上下板结构的电阻式触控屏，上板一般为带 ITO 层的塑料基板，下板依产品用途分为玻璃基板和塑料基板。电阻式触控屏的制造过程分为上板工艺、下板工艺、上下板贴合封装工艺等，制造过程中所涉及的材料与化学品因具体工艺的不同而特性不同。

3.4.1　电阻式触控屏的工艺技术

电阻式触控屏的制造过程是在上下板上形成 ITO 透明导电薄膜，经加工后制造出触控传感器面板，再将上下两片触控传感器面板贴合成一片，然后贴附一颗触控 IC 成为一片触控屏。其中，触控感测器面板制造技术是决定触控屏性能的主要因素，上下板所需制作的电路或电极相同。电阻式触控屏的制造流程如图 3-22 所示，下面分别从上板工艺、下板工艺和贴合封装三个方面进行说明。

1）上板制作的工艺

首先，需先将 ITO 导电薄膜裁切成适当大小，再经过热平坦化，并在背面涂上一层保护膜。之后上板的 ITO Film 需将非动作区域及非线路使用的 ITO 层去除，避免因线路连接或上下板贴合后产生误动作。先把要保留的 ITO 层以印刷方式将防蚀刻油墨印上，接着进行酸蚀刻，然后再将保护的防蚀刻油墨去除。然后，依电路设计在 ITO Film 的 Y 方向两侧印上银胶制成银电极，最后印上绝缘胶以避免与其他线路或 ITO 层接触，待硬化后再印刷贴合胶待上下板贴合使用。

2）下板制作的工艺

清洗玻璃基板，然后进行防蚀刻油墨印刷，再以酸蚀刻制作上板的 ITO

图案，之后剥离防蚀刻膜，接着进行球状间隙子制作工艺，完成后依电路设计在非可视区范围印上银胶电极，之后再以绝缘胶覆盖阻绝干扰，最后在电路接续处用带有 ACP 胶的 FPC 热压连接。

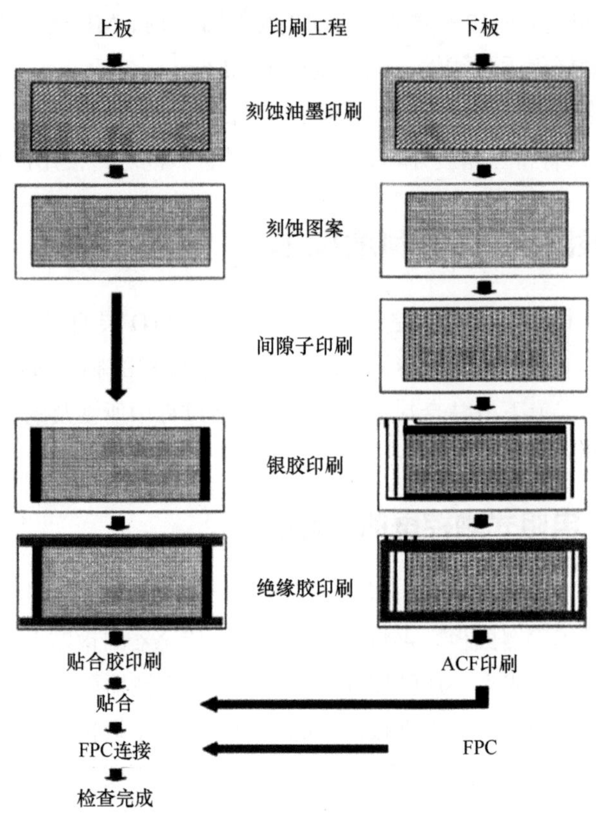

图 3-22　电阻式触控屏的制造流程

3）贴合封装

后段制程是将制作完成的上板及下板贴合后裂片。将电路引出的软性印刷电路板（FPC）一同热压并贴合，最后再经线性测试仪测试检查，即可完成触控屏感应区的制作。贴合、裁切工艺根据实际情况可以先切再贴，也可以先贴再切。前者基板损坏率低，制程良率较高；后者可以减少人力，缩短制程时间。

3.4.2　电阻式触控屏的材料技术

电阻式触控屏经过十多道工序制成的触控产品，可以分解为如图 3-23

所示的多层结构，每层结构都对应各自的功能材料。

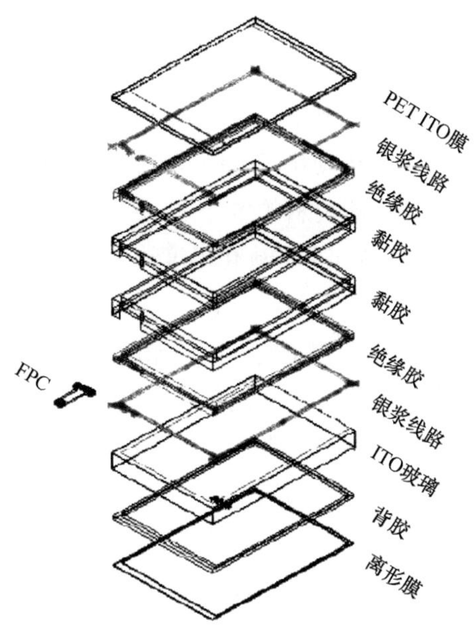

图 3-23 电阻式触控屏的结构与材料

电阻式触控屏在 ITO 电路蚀刻、银电极制作、绝缘层和球状间隙子制作等工程中，涉及的主要材料有 ITO 防蚀刻油墨、银胶、绝缘胶、球状间隙子油墨等。在这些材料中，ITO 玻璃的成本比例为 10%～20%，ITO Film 的比例约 40%，引出电极至控制器的软性电路板依面板尺寸及长度的不同占 10%～20%，其他化学品材料约占 20%。下面分别就电阻式触控屏中几项关键材料的特性做一简要说明。

触控屏用 ITO 导电玻璃除镀上 SiO_2 及 ITO 外，要求面电阻值在 300～500Ω/□，透光率在 88%以上（λ=550nm），膜厚在 200～400Å。ITO 导电玻璃的检查，主要针对有效膜面、光学性能、温度稳定性、耐碱性、耐溶性及膜质附着力等项目做测试。有效膜面要离开边缘 3mm 以内；光学特性测试为 632.8nm 的波长折射率 1.9；温度稳定性测试在 160℃环境下持续 24h，表面电阻变化不超过±10%且均匀性也不超过 10%；耐碱性在 10%NaOH、60℃环境下浸泡 5min，表面电阻不超过 10%；耐溶剂性 98%丙酮溶液中浸泡 5min 表面电阻变化不超过 10%。ITO 防蚀刻油墨有紫外线硬化型、热干燥型、显像型三种。紫外线硬化型生产性高，适合大量生产，硬化条件一般为 800～1000mJ/cm^2。热干燥型具有密着强度高之优点。显像型则拥有高精度的优势，硬化条件一般为 50～150mJ/cm^2。

用于制作电极的银胶，以印刷方式印制在 ITO 玻璃或 ITO Film 上，之后再进行硬化工艺。所以，除要求银胶的高导电性外，还要求与 ITO 膜接触较稳定不易剥离且有良好的接触电阻，确保与 ITO 膜的高密着性。银胶的硬化有热硬化与热干燥两种。热硬化工艺的硬化温度为 90～170℃，硬化条件为 120℃，30min。为应对基板材料的多样化，将朝低硬化温度（70～120℃）的热硬化型银胶发展。热干燥工艺的硬化温度约为 120℃，硬化条件为 120℃，30min。

球状间隙子可以用丝网印刷工艺形成，印刷用油墨分热硬化型与 UV 硬化型两种。热硬化型印刷性较好，硬化条件为 140℃，30min。UV 硬化型生产性最高，形成的球状间隙子特性虽然比热硬化型稍差，但可以短时间硬化。丝网印刷工艺的设备成本低，节约用水，产生的化学废料较少（所以也称为干制程）。但是，丝网印刷形成的球状间隙子，大小和高度不容控制，真圆度不佳，密度提高也有限制，并且网版的耐用性和清洗性不佳而容易造成网点阻塞。所以，也有用黄光工艺制作球状间隙子，主要工艺为 PR 涂布、曝光、显影等。黄光工艺可精确控制球状间隙子的形状，真圆度佳，高度可控制在 8μm 以下，圆形球状间隙子的直径可控制在 30μm 以下。但是，黄光工艺的设备成本高，用水量大，产生的化学废料多。目前大多数使用钢板网丝印并用 UV 硬化。

绝缘胶由于必须与银胶、ITO 导电膜有良好的密着性，因此，三种材料组合的挑选非常重要。绝缘胶依硬化条件分为热硬化型与紫外线硬化型。热硬化型具有印刷性、耐折性良好之优点，硬化条件为 140℃，30min。紫外线硬化也具有密着性良好的优点，硬化条件为 1000mJ/cm^2。

ACF 为连接银电极与 FPC 的黏胶，按硬化方式分有热硬化型与热可塑型两种，由于触控屏的制程中多数使用热压的方式将上板、下板及软板压合，因此，制作触控屏时常使用加热时间较短的热可塑型 ACF 以利工艺进行。

本章参考文献

[1] WALKER G . A review of technologies for sensing contact location on the surface of a display[J]. Journal of the Society for Information Display, 2012, 20(8):413-440.

[2] 阿钦蒂亚・K. 鲍米克.实感交互：人工智能下的人机交互技术[M]. 温秀颖，董

冀卿，胡冰，等译. 北京：机械工业出版社, 2018.

[3] WENDY F X, WANG I Y J . 5-wire resistive touch screen pressure measurement circuit and method[P]. US20130044079 A1，2013-02-21.

[4] KEARNEY P . Resistive Touchscreen Controller ADCs—Theory of Operation & Application Challenges[J]. Ecn Electronic Component News, 2001, 45(7):65.

[5] PRASADA P . Resistive Touch Sensor based Graphics Plotter on an Embedded Display[J]. International Journal of Computer Applications, 2014, ICICT(1):37-41.

[6] LIN G S, LEE J F, LIN S . Resistive touch panel with multi-touch recognition ability[P]. US20100001977 A1, 2010-01-07.

[7] STETSON J W. Analog Resistive Touch Panels and Sunlight Readability[J]. Information Display, 2006, 22(12):26-30.

[8] WANG W C, CHANG T Y, SU K C, et al. The Structure and Driving Method of Multi-Touch Resistive Touch Panel[J]. Sid Symposium Digest of Technical Papers, 2010, 41(1):541-543.

[9] COSKUN T, WIESNER C, ARTINGER E, et al. Gestyboard 2.0: A Gesture-Based Text Entry Concept for High Performance Ten-Finger Touch-Typing and Blind Typing on Touchscreens[C]//International Conference on Human Factors in Computing and Informatics. Springer, Berlin, Heidelberg, 2013.

[10] MORRIS J . Five-wire touch screens make inroads[J]. Information Display, 2002, 18(8):24.

[11] KAO G . Converter capable of making a five-wire or six-wire resistive touch screen compatible with a four-wire controller[P]. US6727893 B2, 2004-04-27.

[12] WANG X M, ZHANG H, NIE L M, et al. Five-wire resistive touchscreen. (Special Report: Keypads, Keyboards, Input Devices)[J]. Stem Cell Research & Therapy, 2014, 5(4):1-11.

[13] 梅杓春, 万韬. 四线电阻式触摸屏坐标采集与抖动处理技术研究[J]. 电子测量与仪器学报, 2008, 22(2):51-55.

[14] 陈康才，李春茂. 电阻式触摸屏两点触摸原理[J]. 科学技术与工程，2012, 12(18):4525-4529.

[15] AHN M H, CHO E S, KWON S J . Characteristics of ITO-resistive touch film deposited on a PET substrate by in-line DC magnetron sputtering[J]. Vacuum, 2014, 101(3):221-227.

[16] LIU S Y, JIN P, LU J G, et al. A Pressure-Sensitive Impedance-Type Touch Panel with High Sensitivity and Water-Resistance[J]. IEEE Electron Device Letters, 2018, 39(7):1061-1064.

[17] DEVISSER B. Conductive-Polymer Developments in Resistive-Touch-Panel

Technology[J]. Information Display, 2006, 22(12):32-35.

[18] HECHT D S, THOMAS D, HU L, et al. Carbon-nanotube film on plastic as transparent electrode for resistive touch screens[J]. Journal of the Society for Information Display, 2009, 17(11):941-946.

[19] CHANG W Y, LIN H J . Real Multitouch Panel Without Ghost Points Based on Resistive Patterning[J]. Journal of Display Technology, 2011, 7(11):601-606.

[20] CHANG W Y, LIN H J, CHANG J S . Optical panel with full multitouch using patterned indium tin oxide[J]. Optics Letters, 2011, 36(6):894.

[21] 崔如春, 谭海燕. 电阻式触摸屏的坐标定位与笔画处理技术[J]. 仪表技术与传感器, 2004(8):49-50.

[22] 宋学瑞, 蔡子裕, 段青青. 触摸屏数据处理算法[J]. 计算机工程, 2008, 34(23): 255-257.

[23] 朱莉. 高可靠电阻式触摸屏的研究与实现[D]. 南京：东南大学, 2015.

[24] 毛君绒. 四线电阻式触摸屏线性度仿真分析与实验研究[D]. 哈尔滨: 哈尔滨工业大学，2013.

[25] 林喜君. 四线电阻式触摸屏控制芯片的研究与设计[D]. 南京: 南开大学, 2010.

[26] 刘忠安, 徐卫东, 权蕾, 等. 高可靠电阻式触摸屏的研制[J]. 光电子技术, 2009, 29(4): 226-230.

[27] 江秀红, 段富海, 曹阳, 等. 电阻式触摸屏多点校准及触摸压力研究[J]. 计算机测量与控制, 2012, 20(8): 2278-2280.

[28] 蔡浩. 两触点电阻触摸屏控制器设计[D]. 南京：东南大学，2013.

[29] 颜烨. 在力感应触摸屏上手写签名系统的设计[D]. 北京：北京邮电大学，2011.

[30] JEONG H, PARK S, LEE J, et al. Fabrication of Transparent Conductive Film with Flexible Silver Nanowires Using Roll-to-Roll Slot-Die Coating and Calendering and Its Application to Resistive Touch Panel[J].Advanced Electronic Materials,2018, 4(11): 1800243-1800253.

[31] TAKEO M, TAKIGIMI Y, KONDO T, et al. Fabrication of flexible transparent electrodes using PEDOT:PSS and application to resistive touch screen panels[J].Journal of Applied Polymer Science,2018,135(10):45972.

[32] SU K C, LAI C C, CHANG T Y, et al. The Structure and Driving Method of Multi-Touch Resistive Touch Panel[J].SID International Symposium: Digest of Technology Papers,2010,41(1):541-543.

[33] LEE S M, LEE J M, KWON S J, et al. Effects of Post Annealing Temperatures on Sputtered Indium Tin Oxide Films for the Application to Resistive Touch Panel[J].Molecular Crystals and Liquid Crystals,2013,586(1):138-146.

[34] VISSER B D. Conductive-Polymer Developments in Resistive-Touch-Panel

Technology[J]. Information display,2006,22(12):32-35.

[35] WU C W, HU C C, JHUO L C. A Resistive Multi-Touch Screen Integrated into LCD[J].SID International Symposium: Digest of Technology Papers,2009,15(3): 1187-1188.

[36] HECHT D S, THOMAS D, HU L B, et al. Carbon Nanotube Film on Plastic as the Touch Electrode in a Resistive Touch Screen[J].SID Symposium Digest of Technical Papers,2009,40(1):1445-1448.

[37] JHUO L C, WU C W, HU C C. A Resistive Multi-Touch Screen Integrated into LCD[J].SID Symposium Digest of Technical Papers, 2009, 40(1):1187-1188.

[38] NODA K, TANIMURA K. Production of transparent conductive films with inserted SiO2 anchor layer, and application to a resistive touch panel[J].Electronics and Communications in Japan (Part II: Electronics),2001,84(7):39-45.

第4章

电容式触控技术

采用电容式触控技术的触控屏简称电容屏。当手指触摸电容屏表面时，由于人体的电场作用，手指和电容屏内部的导电层之间形成一个耦合电容。如果对电容屏内部的导电层进行交流或高频电流供电，电容变成直接导体，手指可以从接触点吸走一个很小的电流。通过检测电路感测到这个流走的小电流变化可以确定手指的位置。电容式触控技术就是利用手指等带电体的触摸引起静电电容变化，通过检测电路计算发生电容变化地方的 X 轴和 Y 轴坐标来确定触摸的位置。根据形成静电电容结构原理的不同，电容式触控分为表面电容式触控（Surface Capacitive Touch，SCT）和投射电容式触控（Projected Capacitive Touch，PCT）两种。根据感测电容变化量原理的不同，技术又可以分成交流信号分压、电荷移转、充放电、差动式输出等触控感测技术。电容式触控技术实现了多点触控，让人机交互操作变得更加丰富和人性化，加速了其在消费性电子产品中的应用，奠定了该技术在触控领域的行业地位。

4.1　表面电容式触控技术

表面电容式触控（SCT）技术类似于 5 线阻抗膜方式的触控技术，其中第 5 线就是人体。表面型电容分为既有的表面电容与内部电容。相比电阻屏，表面电容式触控技术在操作中，结构紧凑、不发生机械变形，因此寿命长、光学显示效果好，得到了比较多的应用，广泛应用于公共信息平台及公共服务平台等大尺寸户外产品上。但表面电容式触控技术容易受到外界因素的干扰，会发生误操作，因此需要表面电容式触控屏和控制电路的高度兼容才能稳定工作。此外投射电容式触控技术的多点触控优势，也使得表面电容式触控的应用范围受限。

4.1.1　表面电容式触控原理

表面电容式触控屏（SCT 屏）的结构与功能如图 4-1 所示，在透明基板上面均匀镀制一层透明导电膜（一般为 ITO 膜），在 ITO 层上面再涂布一层绝缘保护膜，在基板的四个角落各有一条电极通过引出线与 SCT 屏的控制器相连接。ITO 层厚度为 10^{-5}mm 量级，方块电阻为 1～2kΩ/□。绝缘保护膜一般是厚度在 1μm 左右的 SiO_2 层。控制器在 SCT 屏的四个角上通过电极向 ITO 层输入微小电压，从而在 ITO 层表面建立起一个均匀的电场（电界）。ITO 层上全部都是同相位时，SCT 屏上的电容不会放电，此时没有电流。SCT 屏对触控的感应通过四个角上的电极电流的大小变化计算而得，因此，不需要复杂的 ITO 图案。

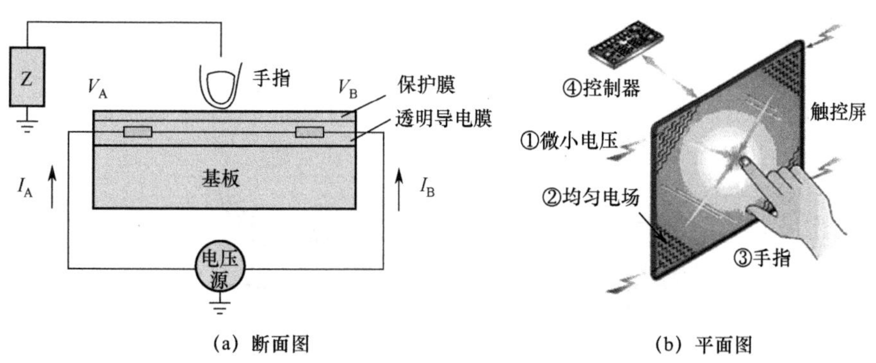

图 4-1　SCT 屏的结构与功能

SCT 屏的外围电极，既可以设置在触控屏的四个角上，也可以设置在触控屏的四条边上。SCT 屏的电流输入方式分为四角输入方式和四边输入方式，如图 4-2 所示。当人与触控屏没有接触时，各电极是同电位的，触控屏上没有电流通过。当手指与触控屏接触时，人体内的静电流入地面而产生微弱电流。通过检测电极电流值的变化，可以算出手接触屏幕的位置。

如图 4-3（a）所示，当手指等导电体触及 SCT 屏时，由于人体电场、用户和触控屏表面形成一个耦合电容 C_f，电极和地之间的电容值由原来的 C_p 增大为 C_p+2C_f。对高频电流来说，电容是直接导体，手指将从接触点吸走一个很小的电流。为了弥补这些流走电荷的损失，电荷从 SCT 屏的四个电极补充进来，然后向手指流动。流经这四个电极的电流与手指到四角的距离成正比，控制器通过对这四个电流比率的精确计算，可以得出触摸点的位置。

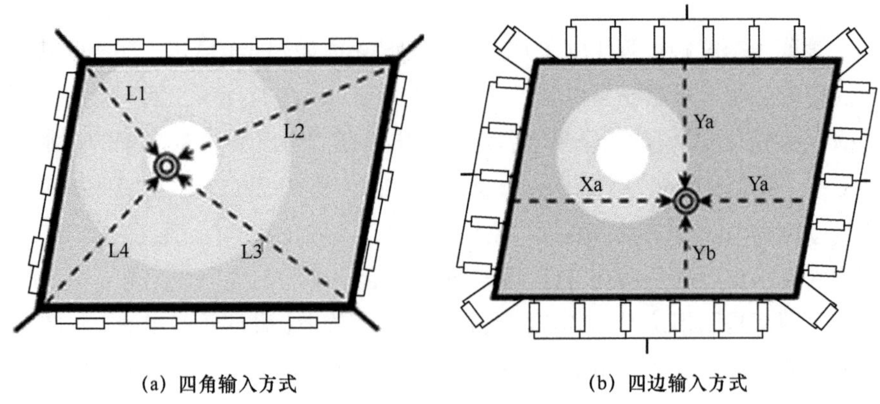

(a) 四角输入方式　　(b) 四边输入方式

图 4-2　SCT 面板的电流输入方式

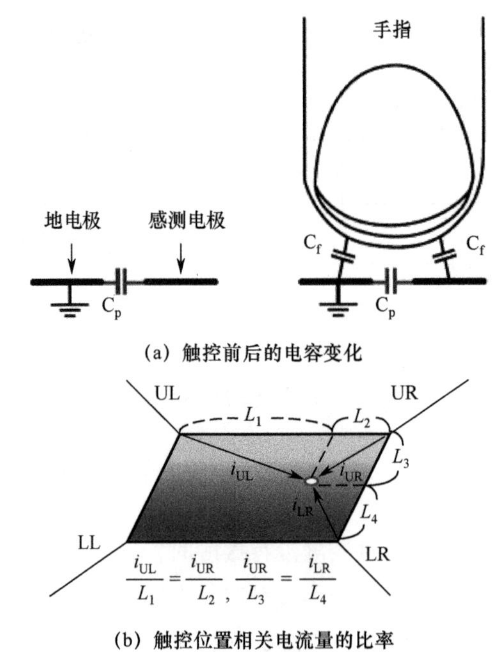

(a) 触控前后的电容变化

(b) 触控位置相关电流量的比率

图 4-3　SCT 屏的触控点检出原理

如图 4-3（b）所示，在触控点会产生压降，越靠近触控部位的电极电流值越大，但是各方向补充的电荷量和触摸点到四角的距离成比。所以只要量测来自四个角落（UR，UL，LR，LL）的电流量的比率，根据式（4-1）就

可以计算出 L_1、L_2、L_3和 L_4，从而确定触碰点的坐标（X，Y）。其中，SCT 屏的长度（$a=L_1+L_2$）和宽度（$b=L_3+L_4$）都是已知的定值。SCT 屏必须解决指标物因带有静电产生噪声的问题，所以在电路与结构设计上较为困难。为了克服静电带来的噪声干扰，可以利用硬件滤波器或软件滤波器对推算出的坐标值进行处理。

$$\frac{i_{\mathrm{UL}}}{L_1}=\frac{i_{\mathrm{UR}}}{L_2}，\ \frac{i_{\mathrm{LR}}}{L_4}=\frac{i_{\mathrm{UR}}}{L_3} \tag{4-1}$$

SCT 屏是把手指等外界导电体当作电容器组件的一个电极，当有除手指外的其他导体靠近 SCT 屏时，其也会与 SCT 屏之间耦合形成新电容，引起电流的变化，从而改变原来仅手指触摸时的电流变化，导致识别的位置不是手指触摸的位置，造成误动作，简称漂移。此外环境温度、湿度的改变，或者环境电场发生改变，也会引起电阻的变化，导致电流变化，也会造成漂移。在过去使用 SCT 屏的设备中，经常发生因为身体靠近、不同体重人员操作、手握产品的边沿、气候的变化都会发生漂移现象，导致发生误触动作，这极大地限制了表面电容式触控技术的应用。

4.1.2　内部电容式触控原理

表面电容式触控屏（SCT 屏）最外面的 SiO_2 保护层防刮擦性能很好，但是当受到指甲或硬物体的敲击时，保护层会发生破裂，使下面的 ITO 层裸露或直接被破坏，导致 SCT 屏不能正常工作。为克服 SCT 屏存在的这个缺点，同时利用 SCT 屏的优点，研究人员开发了内部电容式触控（Inner Capacitive Touch，ICT）技术。内部电容式触控屏（ICT 屏）的基本结构如图 4-4 所示，内部电容式触控技术是在表面电容式触控技术的基础上，在表面增加一层更厚的保护膜，其基材可以是塑料或玻璃。一个典型的规格是保护膜使用厚度 0.125mm 的防眩光（Anti-Glare，AG）/抗反射（Anti-Reflection，AR）、表面硬化（Hard Coating，HC）塑料膜片，下基板采用厚度 1.1mm 的 ITO 玻璃，ITO 的方块电阻为 500Ω/□。

ICT 屏因为有一层表面塑料或玻璃作为保护层，因此在操作时不会发生 ITO 裸露和破损问题，因此耐久性非常高，远远优于 SCT 屏的点击耐久性（≥5000 万次）。ICT 屏的耐擦伤性大于 3H、可负载 1 千克力（kg/f）的铁丝球，反复 1 万次以上。此外，操作温度范围为−30～85℃，保存温度范围则为−40～95℃。

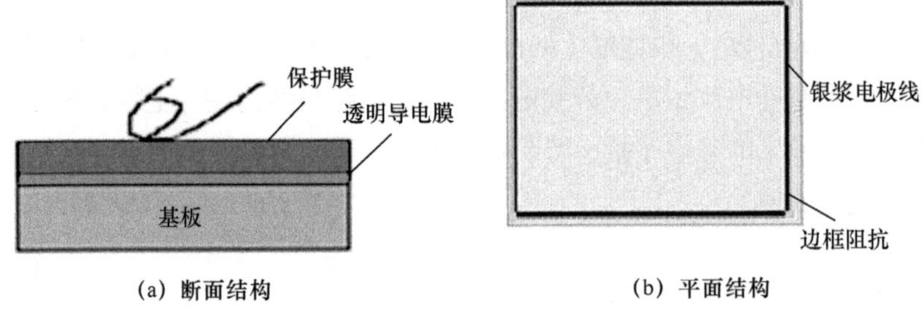

(a) 断面结构　　　(b) 平面结构

图 4-4　ICT 屏的基本结构

与表面电容式触控技术相比，即使增加了保护层的厚度，内部电容式触控技术也可以识别是否存在触摸，而且 ICT 屏在使用过程中不需要校正，相对稳定。图 4-5 是内部电容式触控屏的驱动电路方块图。当使用者佩戴手术用或无尘室用乳胶手套及防晒棉质手套后触摸 ICT 屏，也可稳定无误地输入触控信息。

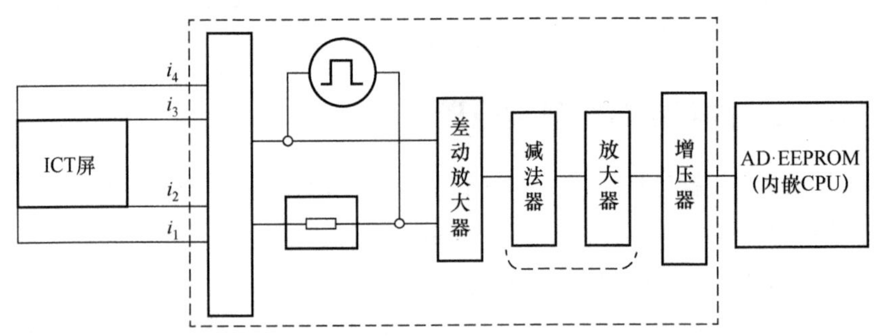

图 4-5　内部电容式触控屏的驱动电路方块图

一般，电容屏的透光率和清晰度高于 4 线电阻式触控屏和 5 线电阻式触控屏。特别是 ICT 屏可以做到几乎无内部反射，透光率极高(>92%，550nm)，也接近无色。如果在电容屏表面选用低反射材料，加上界面的低反射处理，透光率可以达到 98%以上。对于电容屏的防眩光和超低反射等的光学设计是十分容易的，而且电容屏的自身结构，不会存在电阻屏的牛顿环现象，因此，电容屏的光学特性大大优于电阻屏。

4.2　投射电容式触控原理

与表面电容式触控屏的单层 ITO 的设计相比。投射电容式触控屏（PCT

屏）采用多层图案化的 ITO 层，其中，每层图案化的 ITO 是在水平方向（X 轴）或垂直方向（Y 轴）的感测电极形成矩阵式分布。当手指触碰 PCT 屏时，手指与水平方向或垂直方向的感测电极耦合形成电容，可通过检测到触碰位置电容的变化，进而计算出手指的位置。PCT 屏也可以做到多点触控操作。根据 ITO 层基材的不同分为玻璃基材结构和塑料基材结构两种。根据 ITO 层分布和 ITO 设计图案的不同分为单层 ITO 结构、双层 ITO 结构、单面 ITO 层结构、双面 ITO 层结构等。根据检出电容的对象不同分为自电容触控（Self Capacitive Touch）式和互电容触控（Mutual Capacitive Touch）两种。

4.2.1　基本结构与分类

投射电容式触控屏（PCT 屏）的基本结构包括盖板玻璃、触摸感应结构、控制芯片和柔性线路板，如图 4-6 所示。盖板玻璃是由钠钙玻璃或铝硅酸盐玻璃通过化学或物理强化后获得，其具有抗冲击作用，可以保护其下面的触摸感应结构，而且在玻璃的四周有装饰涂层，用于遮挡触摸感应结构中四周的连接线路。触摸感应结构是在透明基材表面制备特定图案的透明导电感应单元，通电后，通过电容原理识别手指触摸位置。控制芯片是电连接触摸感应结构，计算 PCT 表面的触摸位置，并将位置报告给手机、平板电脑、笔记本电脑等终端。柔性线路板将触摸感应结构、控制芯片和终端电连接起来。

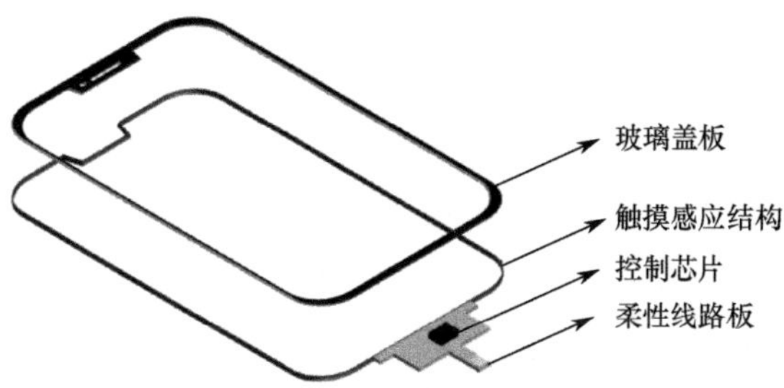

图 4-6　PCT 屏的基本结构

触摸感应结构是包括透明基材和基材表面的透明导电感应单元。透明基材是绝缘材料，可以是玻璃，也可以是塑料。其中，塑料的厚度为微米级别，如 50μm、75μm 等。透明导电感应单元主要材料是 ITO 透明导电薄膜，其厚度为纳米级别，其通电后与手指形成新的电容，从而识别触摸。根据控制芯片中的计算方式，透明导电感应单元的图案是不一样的，而且在基材的表面也是不一样的。

基于玻璃材质的触摸感应结构，具有如图 4-7 所示的三种结构：透明导电感应单元单面单层 ITO 结构、单面双层 ITO 结构、双面单层 ITO 结构。

单面单层 ITO 结构由单层的 ITO 构成，通过边沿的导电线路连接到控制芯片，如图 4-7（a）所示。这种结构的 ITO，比较多的是三角形图案和毛毛虫图案，其结构简单、制程工序较少、良率较高，多应用于低成本的小尺寸产品中。

单面双层 ITO 结构由两组 ITO 结构形成，分别代表 *X* 方向感测电极和 *Y* 方向感测电极。这两组 ITO 结构分为上下两层制作而成，中间需要一个绝缘层。为了节约 ITO 及提高两组 ITO 感测电极之间的对位精度，通常将两组 ITO 合并为一层 ITO 结构，在交叉位置采用金属架桥的方式实现电学连接，如图 4-7（b）所示。金属架桥与 ITO 感测电极之间存在绝缘 SiO_2 材料，以避免发生短路。这种结构在行业中简称单层工艺（Single-side ITO，SITO）。在这种结构中，ITO 的图案都是菱形结构或是菱形稍加改动的图案。采用菱形结构，*X* 方向和 *Y* 方向的 ITO 在交接处面积最小，尽管 *X* 方向和 *Y* 方向的距离很近，但整体的内在寄生电容很小。

双面单层 ITO 结构是在玻璃的上下表面分别存在 ITO 结构，分别代表 *X* 方向感测电极和 *Y* 方向感测电极，如图 4-7（c）所示。这种结构在行业中简称双层工艺（Double-sides ITO，DITO）。在这种结构中，ITO 的图案主要是条形的设计或稍加改动的条形设计，而且下表面 ITO 与上表面 ITO 之间的间距是非常小的，要求是越小越好，如 50μm，其可以充当屏蔽层，屏蔽来自显示屏的杂信干扰。DITO 结构的两组感测电极之间相隔一层玻璃，间距大、层间电容小、检测灵敏度高。这种技术主要是苹果公司的专利技术，在其手机和平板产品上大量使用。

双面单层 ITO（DITO）工艺复杂，因为需要保证上下两层电极的光刻对位精度极高，生产过程中需要对玻璃两面做高度保护，避免操作导致 ITO 的破坏。DITO 结构的两组电极相隔一层玻璃，间距大、层间电容小、检测灵敏度高，对检测 IC 的精度要求也高。DITO 结构的透光率比较高，性能稳定性好。单面双层 ITO（SITO）工艺较 DITO 简单，因为 ITO 只在玻璃基板的同一侧，生产作业方便，但是架桥设计在架桥位置的附着强度低，因此产品可靠性相对比 DITO 低。SITO 结构的两组电极之间仅相隔很薄的一层绝缘层，层间电容大，检测精度较 DITO 低。单面单层 ITO 结构和单面双层

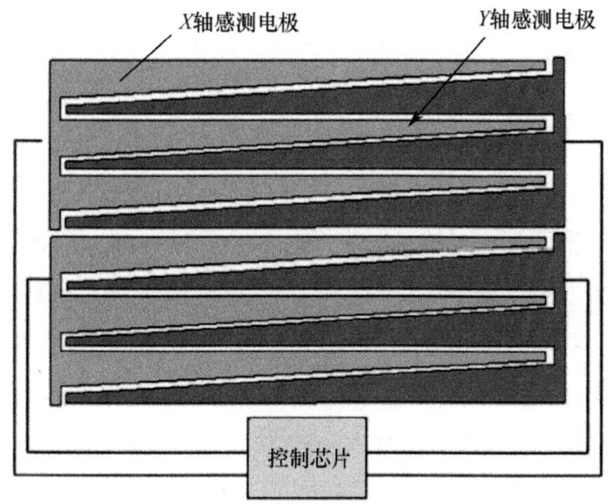

(a) 单面单层 ITO 结构

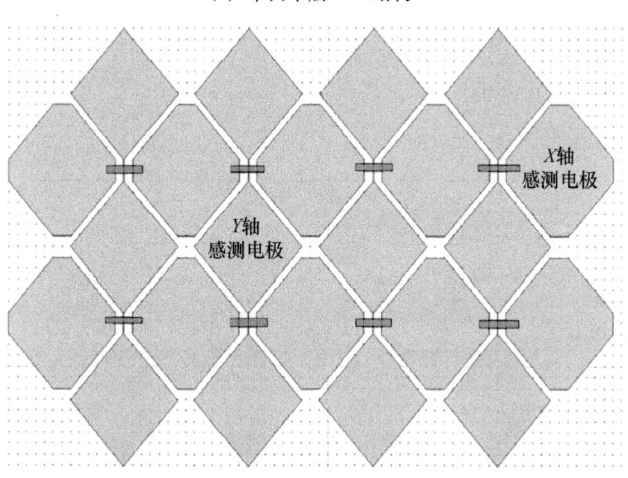

(b) 单面双层 ITO 结构

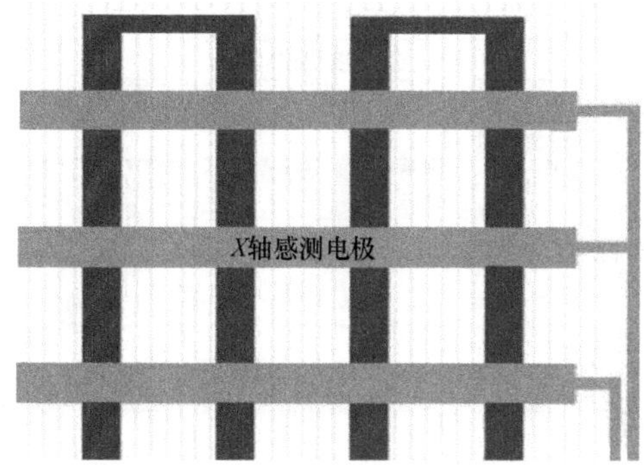

(c) 双面单层 ITO 结构

图 4-7　基于玻璃基材的 PCT 屏感测电极结构

ITO 结构会受到 PCT 屏下面的显示屏的杂信干扰，导致触控屏误触。为解决这个问题，需要在玻璃的下表面增加一个整面的 ITO 层，作为屏蔽层。

基于塑料材质的触摸感应结构，其感测电极理论上也可以分为单面单层 ITO 结构、双层 ITO 结构、双面 ITO 结构。与玻璃对比，塑料薄膜的稳定性差，要在其表面形成多层透明导电 ITO 薄膜并制备成所需要的感应电路图案非常困难，一般采用单层结构。因此，单面单层 ITO 结构与玻璃基材的设计一样，双层 ITO 结构用两层独立的塑料基材分别在表面形成 *X* 方向感测电极和 *Y* 方向感测电极，如图 4-8 所示。为了屏蔽来自显示屏方向的杂信干扰，在触控屏底部增加一个涂布整面 ITO 的屏蔽层。多层塑料薄膜使用光学透明胶贴合在一起。塑料基材一般采用聚酯薄膜（PET）或环烯烃聚合物（Cyclo Olefin Polymer，COP）材料。

玻璃基材产品环境稳定性好，在汽车、航空、工控等恶劣条件下使用比较多。塑料基材产品轻便，便于产业化实现，在手机、平板、笔记本电脑、AOI 等产品中大量使用。

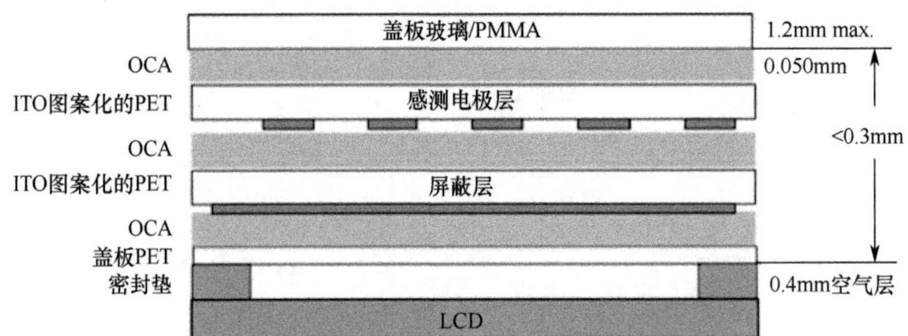

(a) 单点触控的单面单层感测电极（二层塑料薄膜）

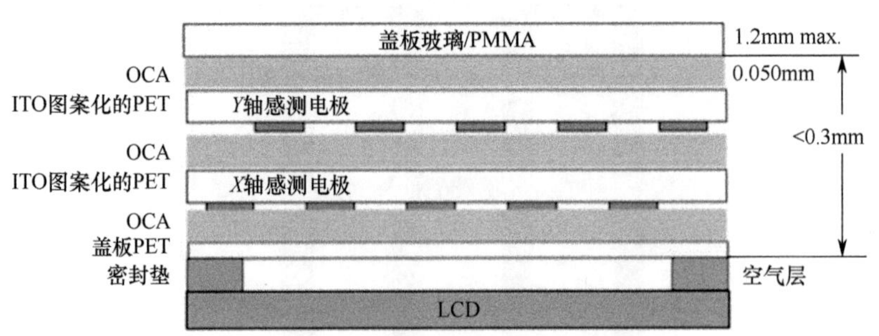

(b) 多点触控的双层感测电极（二层塑料薄膜）

图 4-8 基于 PET 基材的 PCT 屏感测电极结构

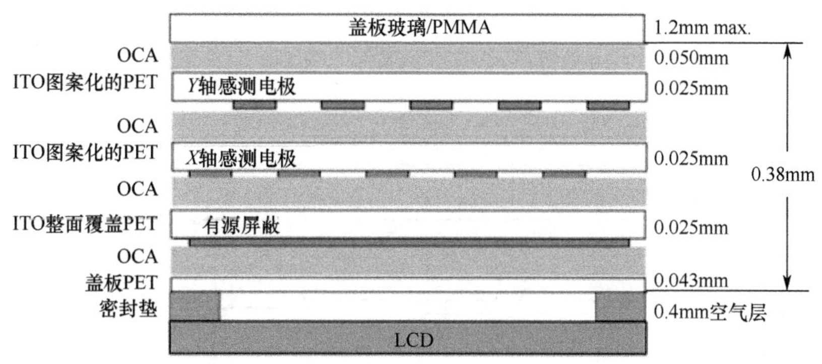

（c）多点触控的双层感测电极（三层塑料薄膜）

图 4-8　基于 PET 基材的 PCT 屏感测电极结构（续）

PCT 屏的 *X* 方向和 *Y* 方向的两组感测电极，可以采用多种电极图案。典型感测电极图案化分布如图 4-9 所示，水平 *X* 轴方向的感测电极有 *m* 根（X1…X*m*），垂直 Y 轴方向的感测电极有 *n* 根（Y1…Y*n*），控制器会依次驱动这些电极线来侦测是否有因为触碰而增加的电容量变化。感测图案化的目的是提高各触碰点的信噪比（Signal-to-Noise Ratio，SNR 或 S/N），增强识别的精确度。除常见的菱形感测电极图案外，还可以是条状、三角形状等感测电极图案。Zytronic 公司开发了如图 4-10 所示的线式感测电极图案化分布的 PCT 屏：在薄膜衬底上设计线式感测电极，在触摸一侧覆盖窗口玻璃，使用者可直接于显示接口的另一面操作。适用尺寸涵盖 7～82 英寸。

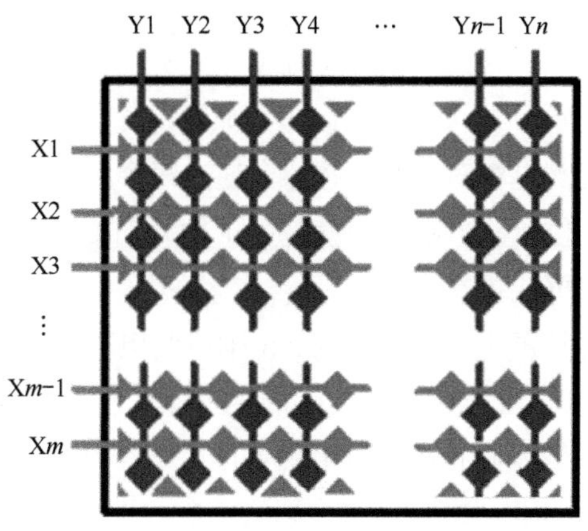

图 4-9　典型的感测电极图案化分布

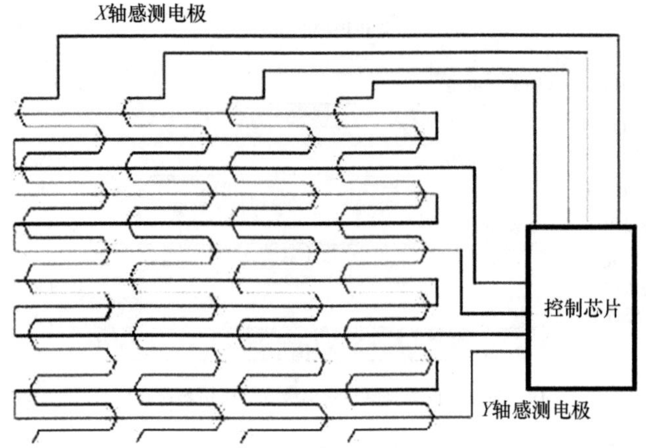

图 4-10　线式感测电极图案化分布

4.2.2　自电容与单点触控

自电容式触控屏的 X 轴感测电极与 Y 轴感测电极的一端接地，另一端连接激励电路或采样电路。如图 4-11（a）所示，自电容本身包含一个单独的对地电容 C_s，用一个手指触摸触控屏时，由于身体接地电位，ITO 感测电极并联了一个手指电容 C_f，使感测电极上的总电容增大。当控制芯片对感测电极通电时，因为手指的触摸，会在触摸的位置因为电容的增加导致高层电极中电流的增大。然后，控制芯片通过检测电流的变化，识别感测电极上是否存在触摸。当触控屏上有 N 个 X 轴感测电极和 M 个 Y 轴感测电极组成时，控制芯片通过扫描的方式，分别对 X 轴和 Y 轴先后有序检测，从而可以得出触摸的位置坐标（X，Y）。如图 4-11（b）所示，当手指触摸时覆盖了 X 轴方向的 2 个或 3 个感测电极时，控制芯片会通过每个感测电极上电流变化的比例计算触摸的中心位置。当手指触摸覆盖 Y 轴方向的多个感测电极时，以同样的方式计算触控屏位置。

在自电容式触控屏上单点触控时，X 轴感测电极和 Y 轴感测电极具有唯一性，轴交错式检测方式能得到确切的触控位置。但如图 4-12 所示，在双指触摸时，2 个触控点分别在 X 轴与 Y 轴各产生 2 个波峰，4 根线被激活，交会起来产生 4 个触控点，其中（X_2，Y_2）、（X_6，Y_7）是两个真实的触摸点，而（X_2，Y_7）、（X_6，Y_2）是假性触控点（行业称为“鬼点”）。鬼点的存在模糊了真实的触控点，造成系统无法进行正确判读，从而无法进行多点检测。

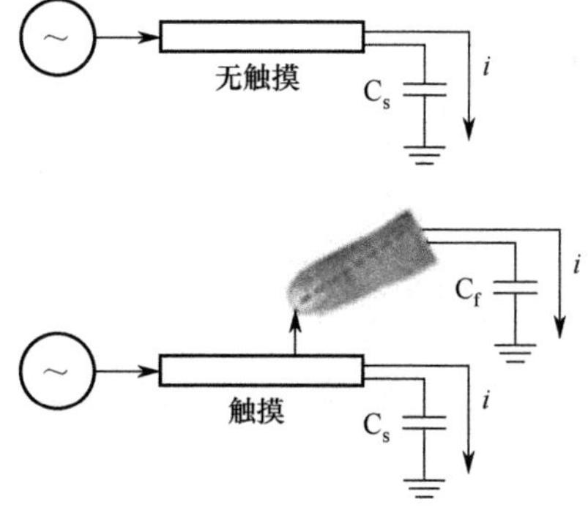

(a) 触控前后的电流通道变化

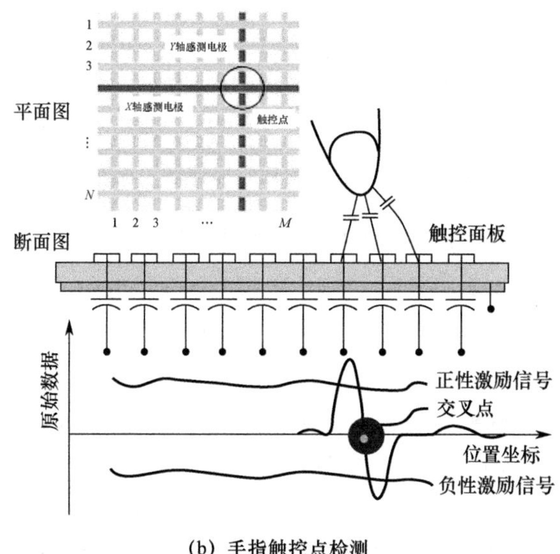

(b) 手指触控点检测

图 4-11　自电容式触控屏的工作原理

严格地讲，自电容式触控技术也可以实现真正的两点触控，只是在时间处理和空间处理上更加复杂。在图 4-12 所示的 2 轴式触控屏中，让第一个手指先触控（X_2，Y_2）点，让第二个手指后触控（X_6，Y_7）点。在控制系统中引入时序，加快扫描速度，在第一个扫描周期先辨别出第一个触控点（X_2，Y_2），第二个扫描周期再辨别出第二个触控点（X_6，Y_7）。通过时间处理方法，要辨别 n 点，扫描频率需要增加 n 倍，并且 n 个手指还不能同时触控。如果用空间处理方法，每增加 1 个轴向，可多辨识 1 个触控点。如 3 轴可辨识 2 点、4 轴为 3 点。但每增加 1 个轴向，就要多 1 层导电层，触控屏厚度、质量与成本都随之增加。

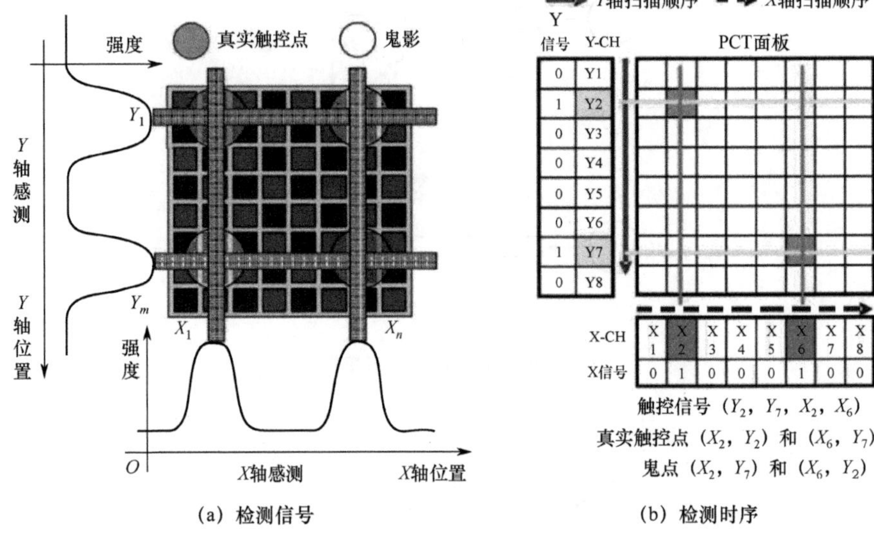

（a）检测信号　　（b）检测时序

图 4-12　自电容的假性多点触控原理

自电容式触控屏可以在 X、Y 轴探测到第 2 个触控点，虽然无法确定其确切位置而不能实现多点触控手指位置（Multi-Touch All-Point）功能，但是可以用来辨别多点触控手势方向（Multi-Touch Gesture），即两个手指触摸时，可以识别到这两个手指的运动方向，从而可以进行缩放、平移、旋转等操作。感应到触摸和探测到触摸的具体位置是两个概念，感应到触摸不需要绝对真实的多点坐标。图 4-13 给出了采用轴交错式检测技术实现鼠标滚动条往上或往下滑动、图片向右或向左移动、图片放大或缩小等功能的原理。

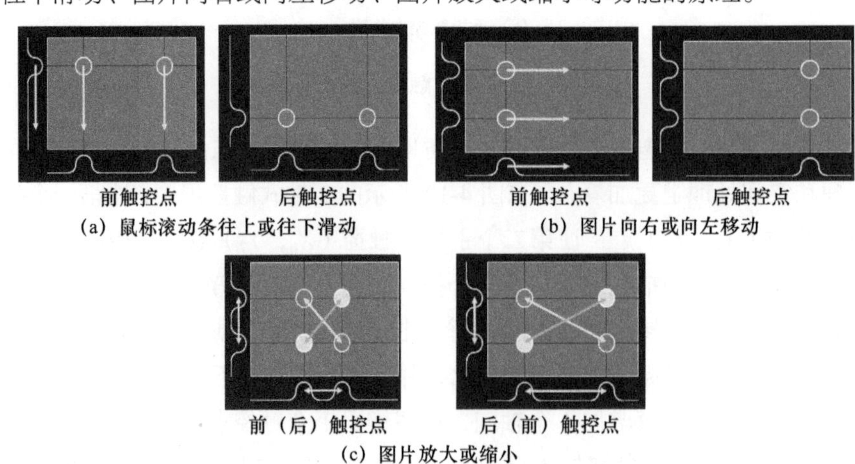

（a）鼠标滚动条往上或往下滑动　　（b）图片向右或向左移动

（c）图片放大或缩小

图 4-13　多点触控手势方向

一般，自电容式触控拥有更强大的信号强度，可以检测更远的手指感应，检测距离范围可达 20mm。当有手指停留在屏幕上或屏幕上方时，距离手指最近的感测线就会被激活。检测自电容时，高频交流电压分别从 *X* 轴感测电极和 *Y* 轴感测电极的第一根扫描到最后一根。所以，只需要分别对 *X*/*Y* 轴感测电极依次进行扫描，扫描次数少，且扫描速度快，故功耗较低。

4.2.3　互电容与多点触控

自电容式触控屏的控制芯片是对 *X* 轴或 *Y* 轴上的单一感测电极进行检测。互电容式触控屏是对 *X* 轴和 *Y* 轴上的感测电极一起进行检测，是检测它们交叉位置点电容的变化。

如图 4-14 所示，在互电容式触控屏中，*X* 轴感测电极与相邻的 *Y* 轴感测电极垂直交叉，形成互电容 C_m 的两个极板。互电容 C_m 包括：*X* 轴感测电极与相邻的 *Y* 轴感测电极之间的边缘电容，以及 *X* 轴感测电极连接线与相邻 *Y* 轴感测电极连接线交叉重叠处产生的耦合电容。

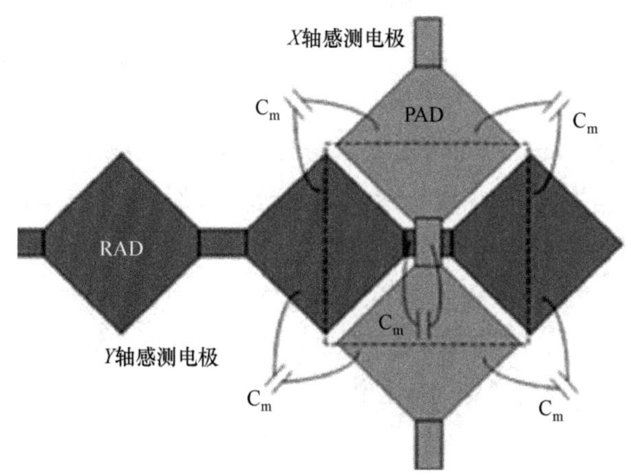

图 4-14　互电容的结构

为检出垂直交叉位置互电容 C_m 的大小变化，首先把 *X* 方向的感测电极或 *Y* 方向的感测电极定义为驱动层，然后将 *Y* 方向的感测电极或 *X* 方向的感测电极定义为接收层。为方便说明，把 *Y* 方向感测电极定义为驱动层，*X* 方向感测电极定义为接收层。控制芯片会给 *Y* 方向的每一个感测电极（驱动电极）依次提供交流信号，当给其中任意一个感测电极驱动时，控制芯片检测 *X* 方向感测电极（接收层）的每一个电极电流信号的变化。当没有触摸时，

触控屏的电容 C_m 不会变化；当存在触摸时，如图 4-15 所示，手指会与驱动层及接收层都形成新的电容，引起接收层中电流信号的变化，从而得出触摸位置（*x*，*y*）。

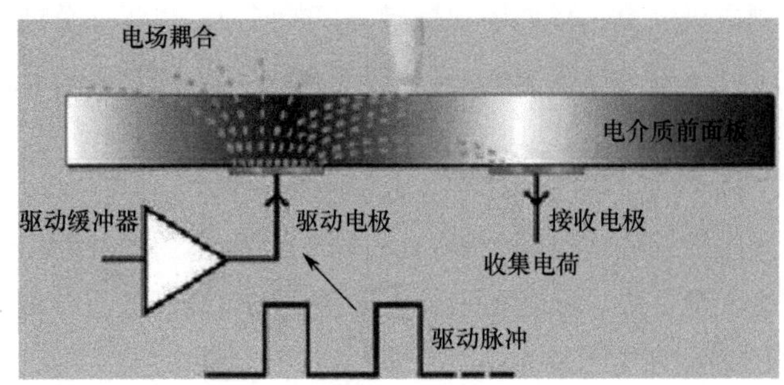

图 4-15　互电容的工作原理

根据上面检测原理，如果 *Y* 方向电极有 *M* 个，*X* 方向电极有 *N* 个，它们具有 $M×N$ 个交叉位置，控制芯片为了完成整个面板的检测，需要进行 $M×N$ 次扫描检测。这种方式不但对触控屏上一个点触摸（即单点触控）可以准确识别，对多个点触摸（即多点触控）也可以准确识别，不会存在鬼点现象，因此也叫真实多点触控。图 4-16 给出了两点触控时的多点触控手指位置（Multi-Touch All-Point）扫描方式，8 根 *Y* 轴感测电极线作为驱动电极，依次通过一个脉冲信号进行扫描，在每根驱动电极施加脉冲信号的时间段内，依次扫描 8 根用作接收电极的 *X* 轴感测电极，从而实现对每行和每列交叉点都进行单独扫描检测。当行列信号交叉通过时，行列之间会产生互电容，如果感测到的交叉处互电容下降，就可以准确辨别出手指的触控位置，确定真实的多点触摸。所以这种扫描检出技术又称为触点可定位式（All point addressable，APA）技术。APA 技术即可以辨别多点触控手势方向，也可以辨别多点触控手指位置。

在图 4-16 中，整个面板检测一次需要扫描 64（=8×8）次，而自电容只需要 16（=8+8）次。所以实现 APA 技术，无论是导电层规划、布线或 CPU 运算，难度都提高了许多，需要采用更加强大的处理器。由于互电容 C_m 两极板的交叉点面积很小，使得传感器的电场也很小，信号强度很低，无法感应到那些非常弱小的信号。除不能感测悬停于面板上的手指外，在复杂的 APA 技术处理时还面临一些设计上的挑战，如需要供应高电压才能得到较好的信噪比表现，不适合在大尺寸面板使用等。

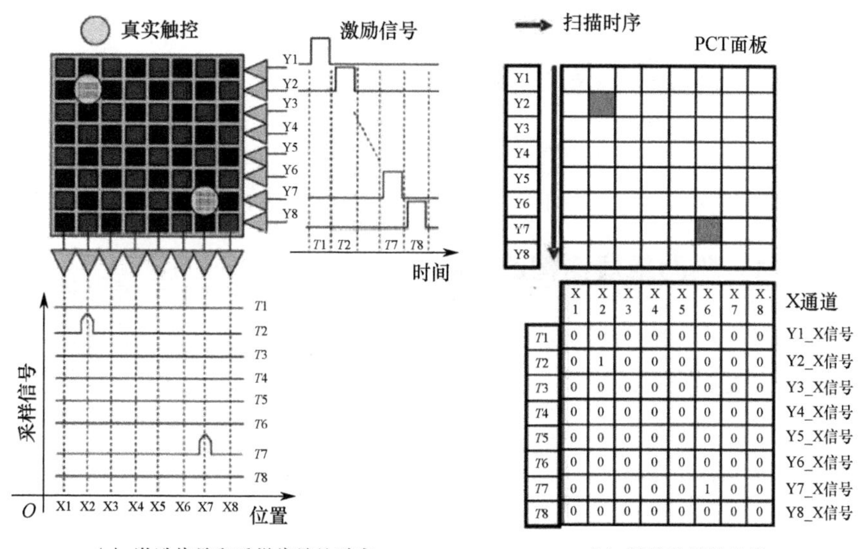

(a) 激励信号和采样信号的时序　　(b) 触控位置的信号

图 4-16　互电容的检测方式

由于自电容和互电容的检测原理方式不一样，因此，触控屏表现的特点也是不一样，两者的比较如表 4-1 所示。因为自电容的电场强，可以感测面板上的悬停触控；互电容的定位精确，可以实现真实的多点触控。所以，在投射电容式触控屏上结合自电容和互电容，可以实现快速反应的多点悬浮触控。自电容与互电容结合的投射电容式触控(Self-Mutual Projective Capacitive Touch，SMPCT) 技术，自电容与互电容侦测在应用中随时切换，互电容用于完成正常的触碰感应，包括多点触控，而自电容用于检测悬停在上方的手指。由于悬浮触控技术依赖于自电容，所以进行悬浮操作时，屏幕不支持多点触控。SMPCT 技术可以同时获得两种电容的优点——互电容的明确多点触控辨识及自电容的高强度信号，所以可以支持更小面积的多点触控。

表 4-1　互电容与自电容的比较

指　　标	互电容式	自电容式
多点触控	真实多点	模拟 2 点，有鬼点现象
控制电路	相对复杂	相对简单
数据获取速度	并行处理，速度快	串行处理，速度慢
运算数据量	很大，$M \times N$ 规模	较小，$M+N$ 规模
功耗	较高	较低
触控屏 SNR	高，电容变化率可达 20%	较低，电容变化率<5%
抗环境影响	较高	易受 GND 变化的影响
方案灵活性	TX 和 RX 电路不能混淆	通道可以灵活配置

4.3 投射电容式触控屏设计

投射电容式触控屏（PCT 屏）的结构类型很多，但关键结构为透明导电材料 ITO 的图案设计。ITO 感测电极的图案设计影响了 PCT 屏的特性。

4.3.1 单面单层结构的感测线设计

图 4-17 所示的单面单层 ITO 结构，是左右两边三角形交叉设计，这种结构匹配的是自电容式触控屏，只能实现单点触控，在 X 方向无法分辨两个以上的手指同时触控。为了实现多点触控，技术人员开发了基于单层结构的 ITO 感测图案，如图 4-17 所示，其通过在 X 方向增加多组菱形设计，分别感应 X_1、X_2、X_3 范围内的坐标位置，就可以实现多点触控。$C_{a(n)}$、$C_{b(n)}$、$C'_{b(n)}$、$C'_{a(n)}$相邻两个电极形成一组感应电极，其中 $C_{a(n)}$表示第 n 组电极 a 的边缘场电容 C_p。触点坐标的 X 值是左侧两通道感应值加和与右侧两通道感应值加和的比例，Y 值是同一行的左右 4 通道感应值加和与上下行感应值加和的比例。触点坐标 X 的计算如式（4-2）所示。

$$X = \frac{\sum_{n=1,\cdots,k} x'P_{a(n)} + x'P_{b(n)}}{\sum_{n=1,\cdots,k} xp_{a(n)} + \sum_{n=1,\cdots,k} x'p_{a(n)} + \sum_{n=1,\cdots,k} xp_{b(n)} + \sum_{n=1,\cdots,k} x'P_{b(n)}} \cdot L$$

$$Y = \frac{\sum_{n=1,\cdots,k} yp_{(n)} \cdot n}{\sum_{n=1,\cdots,k} yp_{(n)}} \cdot D$$

$$zp_{(n)} = xp_{a(n)} + xp_{b(n)} + x'p_{a(n)} + x'p_{b(n)} \tag{4-2}$$

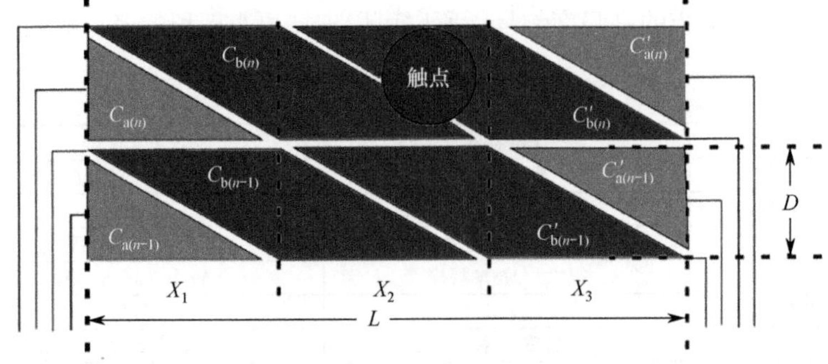

图 4-17　单层多点触控屏感测原理

式中，$x'p_{a(n)}$、$x'p_{b(n)}$表示右侧电极 a、b 的手指电容 C_{f1}，$xp_{a(n)}$、$xp_{b(n)}$表示左侧电极 a、b 的手指电容 C_{f2}。手指与感应电极的接触面积，可以用式（4-3）所示的 Z 坐标表示。Z 值超过两个手指操作时，Z 的阈值 Z_{th}，就可判断为双触点操作。

$$Z=\sum_{n=1,\cdots,k}xP_{a(n)}+\sum_{n=1,\cdots,k}xP_{b(n)}+\sum_{n=1,\cdots,k}x'P_{a(n)}+\sum_{n=1,\cdots,k}x'P_{b(n)} \quad (4-3)$$

单层多点触控屏的感测线设计如图 4-18 所示：Y 为感应通道，X 为驱动通道，驱动通道虽然被打散但同一行的分散块还属于同一个驱动通道。Y 感应通道和 X 驱动通道左右交叉形成均匀的耦合电场。Y 是竖直的连续 ITO 通道，被打散的 X 感测带通过透明的 ITO 引出线将通道引出显示区（Active Area，AA）至绑定 PaD。单层互电容式触控感测电极的走线空间位于 AA 区域内，理论上不提供触摸信息，所以也称作“盲区”。盲区宽度一般在 2.2mm 左右，并尽量保持一致，盲区越小则触控屏性能越接近传统互电容式触控。为防止光栅效应，盲区走线需走成斜线（如与 X 轴\Y 轴成 15°夹角）。此外，感测电极一般超出显示区 0.8mm 左右，以改善边缘触控效果。感应电极和驱动电极之间的间距为 0.3mm 左右。

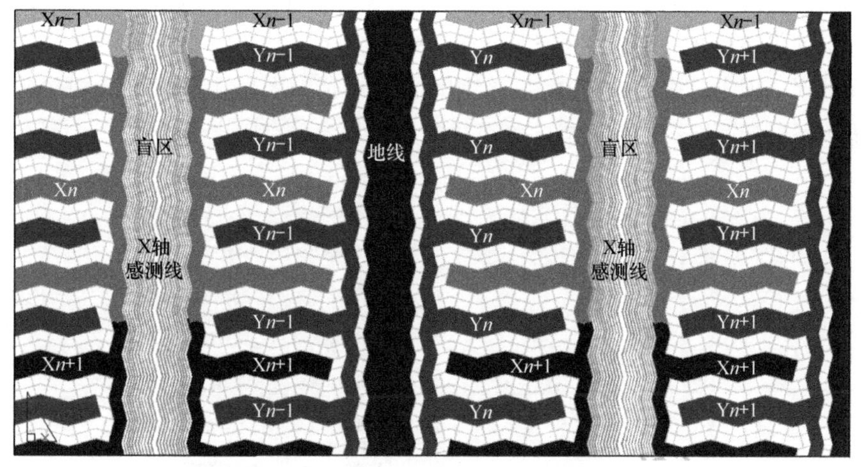

图 4-18　单层多点触控屏的感测线设计

单层多点触控屏的通道数设计要综合考虑绑定工艺、ITO 精度、膜材方阻等因素。在保证生产良率的情况下绑定引脚节距越小，能放置的引脚个数越多，从而提高触控屏的性能。由于单层多点图案是用 ITO 做引出线，所以 ITO 的精度越高、方阻越小，引出线越细。在盲区宽度一定的情况下可以增加通道数，在通道数一定的情况下可以减小盲区宽度，提高触控屏性能。但是为满足通道阻抗不超过极限值，部分通道需要增加引出线宽度，即走线越长，宽度越宽。

单层多点触控屏的感测线图形设计，优先选用背靠背图形。一般情况下，小于 4.3 英寸的高清屏和小于 5.3 英寸的非高清屏采用感应背靠背图形，长边的边缘是驱动电极，如图 4-19（a）所示。感应背靠背图形由于是对称走线，所以感应通道需为偶数。通道节距在 5～7mm，盲区宽度在 2.2mm 左右。驱动通道和感应通道的各个爪子状感测电极的宽度一致，即用这些相互咬合的通道平分整个感应区，每个驱动通道包含的爪子个数随驱动电极节距的不同而不同，周长为单个驱动电极和感应电极咬合的长度。感应背靠背图形对称走线使得感测电极图案较屏体对称串扰最小，但盲区范围内所需的通道数较多。感应背靠背图形可以减轻蚀刻痕，起消影作用，适合 OGS、全贴合或对外观有较高要求的 G+G 结构的触控屏。对于无边框触控屏，采用如图 4-19（b）所示的感应面对面图形，长边的边缘是感应电极。

如图 4-20 所示，采用不对称走线的闪电单边图形设计，感应通道可以任意选取。盲区宽度建议在 2.5mm 以内，每条驱动包含 2 个爪子，驱动和感应之间的隔离地线 GND 宽度需保证在 0.3mm 以上，并在倒数第 3 行左右做分叉处理。闪电单边型的盲区为一组驱动通道，适合大尺寸等驱动线多的触控屏，但最后两行有串扰。5.3～8 英寸的触控屏多采用闪电单边图形，盲区范

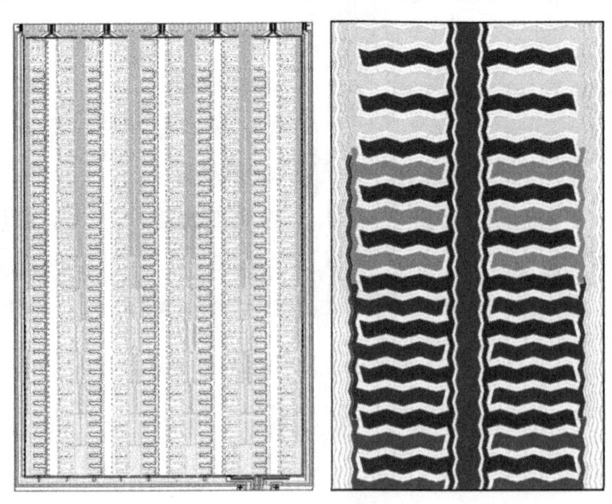

(a) 感应背靠背

图 4-19　单层多点触控的背靠背和面对面图形

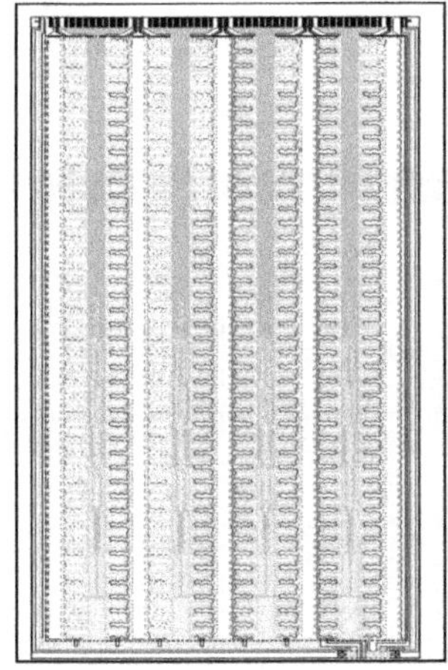
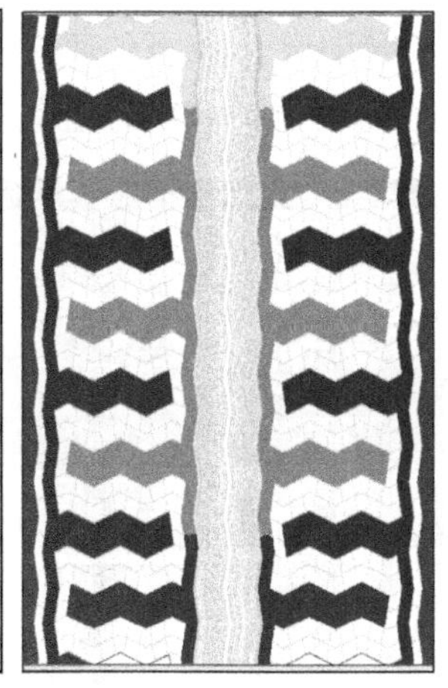

(b) 感应面对面

图 4-19　单层多点触控的背靠背和面对面图形（续）

图 4-20　单层多点触控的闪电单边图形

围内为一组驱动走线，可使通道数增加，但感测电极图案不对称，影响边缘的一致性，底部有串扰。

如图 4-21 所示，单边横开图形设计由于通道多，FPC 引脚需放置在触控屏横向的位置。驱动为连续通道，感应通道被打散分布到 AA 区域，即感应和驱动的走线反过来（感应线阻抗建议在 20kΩ 以内）。盲区宽度建议在 2.5mm 以内，特殊情况可做到 2.8mm。横开背靠背型的感应和驱动对调，保证有足够的通道平分整个屏幕。8 英寸以上的触控屏一般采用单边横开图形

（优先选用背靠背图形），横开的薄膜长度可以放置更多的引脚，从而增加通道数，但感应通道阻抗对膜材方阻有较高要求。

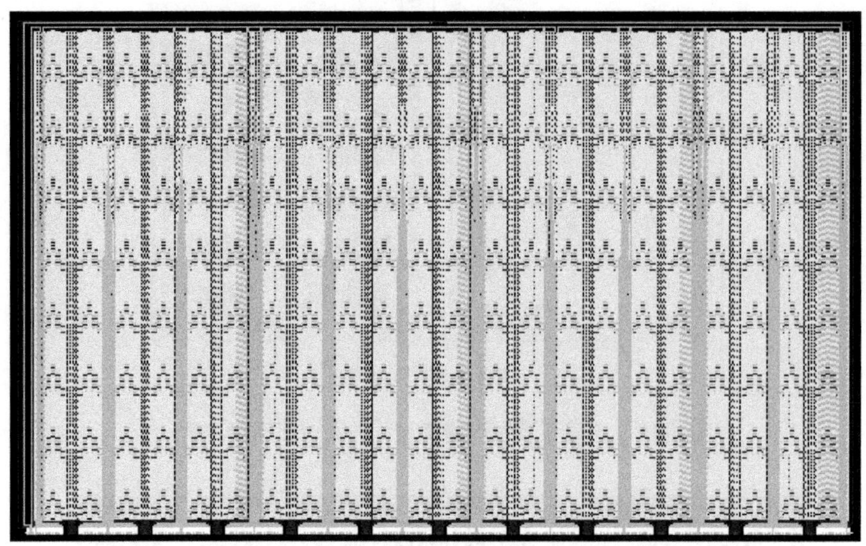

图 4-21　单层多点触控的横开背靠背图形

不同厂家的驱动 IC 对感测线的阻抗要求不同，但都希望感测线阻抗越小越好。一般情况下，驱动线阻抗建议在 80kΩ 以内，感应线阻抗建议在 40kΩ 以内。提高盲区的下限值，使驱动走线可以加宽，阻抗可以降低，配置频率可以更高。相当于牺牲部分线性度，换取频率适应性。走线最长的通道阻抗要求为走线次长通道的 1/2～2/3，因为走线最长的通道一根走线需要连接两个节点，即有两个电容 C。所以，RC 衰减会翻倍，阻抗要求更低。

单层多点触控的适应工艺偏差要求：①外围驱动走线阻抗小于 10kΩ，同一根驱动的阻抗最大偏差小于 3kΩ；外围感应走线的阻抗小于 3kΩ，越小越好。②对同一图案制作出来的两块触控屏而言，方阻偏差在±30%内，包含±20%的方阻偏差和±10%的蚀刻偏差；③同一块屏中，相同驱动不同节点的最大阻抗与最小阻抗需保证在±3.5kΩ 内，所有感应的最大阻抗与最小阻抗需保证在±3.5kΩ 内。

4.3.2　单面双层结构的感测线设计

投射电容式触控屏（PCT 屏）单面双层结构一般应用于玻璃衬底上，ITO 电极感测线需要设计成一定的图形，ITO 电极感测线一般呈块状而不是条状，菱形是最常见的块状设计。下面以菱形为例，介绍单面双层采用桥接绝缘形式的感测线图案设计，主要包括 ITO 图案、绝缘和金属图案的设计。

采用 Cypress 驱动方案的菱形感测图案设计如图 4-22 所示。其采用桥接绝缘形式的感测线图案设计，主要包括 ITO 图案、OC 图案和金属图案的设计。每行/列感应阵列由多个菱形连接而成，两端为半个菱形（三角形）。根据 VA 横向尺寸 L，算出横向感测电极块（PaD）个数 $M=L/5$（取整），以及横向 PaD 间距 $a=L/M$。根据 VA 纵向尺寸 H，算出纵向通道数 $N = H/5$（取整），以及纵向 PaD 间距 $b = H/N$。a 和 b 的取值在 4.5～5.5mm。菱形对角线长度取 5mm 左右是为了提高 PaD 的灵敏度。单个菱形图案确定后，以 b 为行距，a 为列距，布局 ITO 阵列，充满 VA 区。一般情况下，ITO 菱形间的间隙为 0.03mm。横向感测线之间通过 0.1mm 线宽的 ITO 导通，纵向感测线之间悬空。

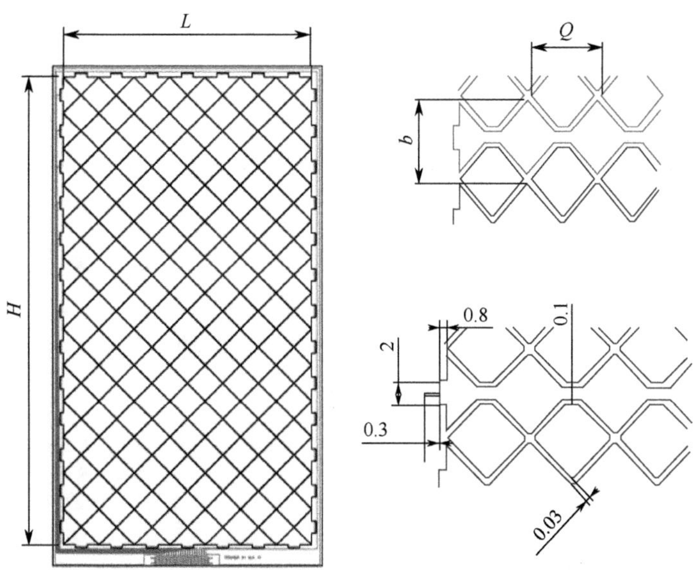

图 4-22　采用 Cypress 驱动方案的菱形感测图案设计

采用 Synaptics 驱动方案的菱形感测图案设计，在保证走线距离视窗区域大于 0.35mm 的前提下，在 VA 区的基础上面单边外扩 0.65mm 作为触控屏的功能区域。计算完单个 ITO 菱形的大小，以 b 为行距，a 为列距，进行阵列设计，充满 VA 区，ITO 菱形图案间的间隙为 0.03mm。横向菱形图案间通过 0.12mm 线宽的 ITO 导通，纵向菱形图案之间悬空。

感测线的边缘处理是 PCT 屏设计的一个难点。ITO 行/列可以进行拉伸或缩小，以使得行/列长度符合区域要求。如图 4-23（a）所示，每行/列的菱形应该是完整的菱形，两端总是半个菱形（三角形），以保证电容的匹配性。如图 4-23（b）所示，如果空间允许，行/列结束处的边缘位置可以向外扩展一些，增加触控屏边缘感应灵敏度。如果边缘处理不好会出现边缘的坐标不准、游标跳动等现象。

(a) 完整的行/列感测电极　　(b) 边缘图案向外扩展

图 4-23　感测线的边缘处理

为保证 ITO 行列感应阵列的位置精度，使 PCT 屏具有良好的线性度，两层 ITO 图形一般通过一次曝光刻蚀形成。如果行阵列的 PaD 通过曝光直接由 ITO 连接，则列阵列的 PaD 纵向悬空，后续需要通过金属线连接导通。如图 4-24 所示，金属线与下方横向 ITO 通道之间使用 55μm 宽度的绝缘层 OC 进行隔离。OC 可以在上下两个 PaD 之间，也可以搭接在上下两个 PaD 之上，与 PaD 的接触长度为 20μm。电镀于 OC 图案上方的金属，连接纵向悬空的上下两个 ITO PaD。金属桥的宽度为 12μm/15μm，需保证与 PaD 接触部分的长度为 30μm。小于 5 英寸的触控屏感测线，在驱动线通道上搭桥；大于 5 英寸的触控屏感测线，在长边搭桥。

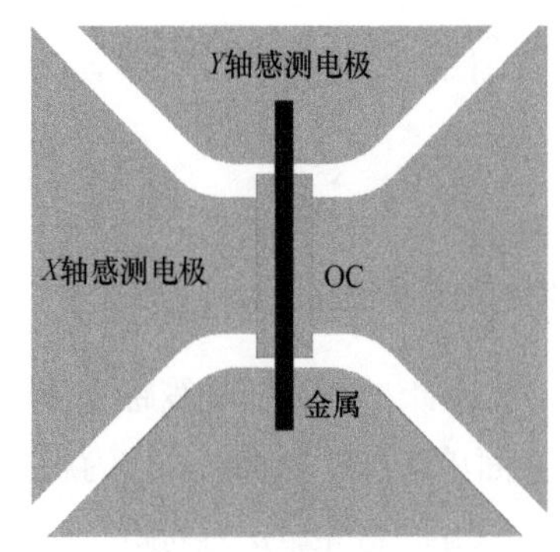

(a) ITO PaD 间设计 OC 图案

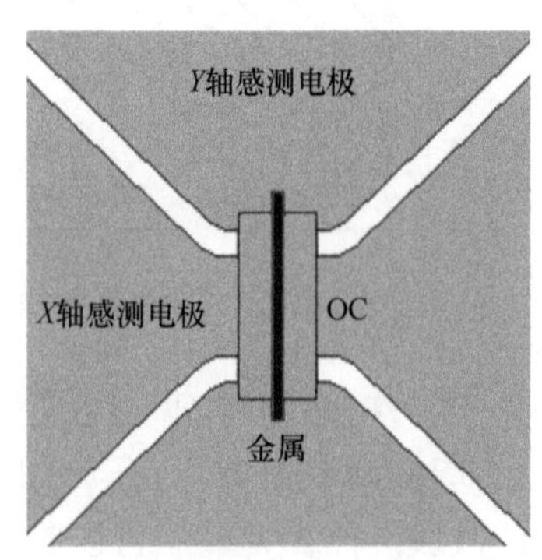

(b) ITO PaD 上搭接 OC 图案

图 4-24　OC 图案和搭桥处金属图案的设计

菱形图案主要是针对自电容应用设计的，理论上并不是最适合互电容应用的图案，但因为节距比较小的感测线，线性度、精准度等特性本身都比较好，不同图案之间差异也较小，所以也可以支持部分菱形感测电极图案。但当节距大于 5.5mm 时，线性度会有所下降。具体的感测线 PaD 与桥接设计如图 4-25 所示，架桥连接处 ITO 宽度 *A* 为 0.2mm，ITO 连通宽度 *B* 大于 0.1mm，ITO 连通变宽后的宽度 *C* 为 0.15mm，悬浮块宽度 *D* 为 0.04mm，悬浮块到 PaD 的间隙 *E* 依工艺精度而定，感应线与驱动线的距离 *F*= 0.04mm+2。

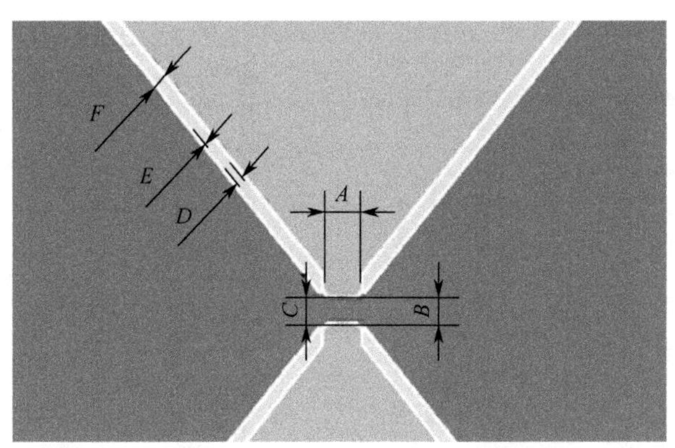

图 4-25 具体的感测线 PaD 与桥接设计

6 英寸以上 PCT 屏的感测电极，一般采用 SITO 双条搭桥设计。如图 4-26 所示，感应线节距 *A* 为 AA 区宽度（*X* 或 *Y*）与感应通道数之比，驱动线节距 *B* 为 AA 区宽度（*X* 或 *Y*）与驱动通道数之比，感应线间隙 *C* 和驱动线间隙 *D* 依工艺而定，首尾感应搭桥宽度 *E* 为 0.3mm，驱动通道和感应通道的间距 *F* 为 0.3mm，拆分后感应通道间距 $G = B/2$，拆分后感应通道宽 *H* 为 0.45mm。从感测性能上考虑，优先在驱动通道上搭桥，如图 4-26（c）所示的左右尖端进行搭桥设计。对于 6 英寸以上的触控屏，考虑到长边 ITO 走线的阻抗压力大，建议在长边搭桥。

行/列感应矩阵的每一条感测线都要引出一根连线，布在四周的连线通常统一引到触控屏的某个固定位置，最后通过压接 FPC 与控制芯片连接。这些又长又细的周边连线一般为金属线。如果金属线是通过丝网印刷形成图案的，金属线宽度和间距的典型值都为 250μm。采用玻璃衬底的触控屏可以用光刻镀铝形成金属线图案，线宽可以小于 50μm。如图 4-27（a）所示，金属线从ITO感测线上引出时，金属要覆盖整个半菱形的连接边。因为，PCT技术采用电容变化量△C作为有效判断信息，因此在边缘要增加虚设线（Dummy line）线来尽量保证线间电容的匹配性。在保证金属线与VA区域保持约0.5mm距离的基础上，通过0.3mm×2mm左右的金属PaD与ITO PaD压合，并引至FPC绑定区。如图4-27（b）所示，在压合区域，端子PaD的宽度*a*和间距*b*不小于0.2mm，考虑到掩模版的公差，一般要求PaD的长度（有效压合长度）不小于1.2mm，并在两边制作FPC热压对位标记。金属线除FPC绑定以外，需覆盖SiO_2保护。

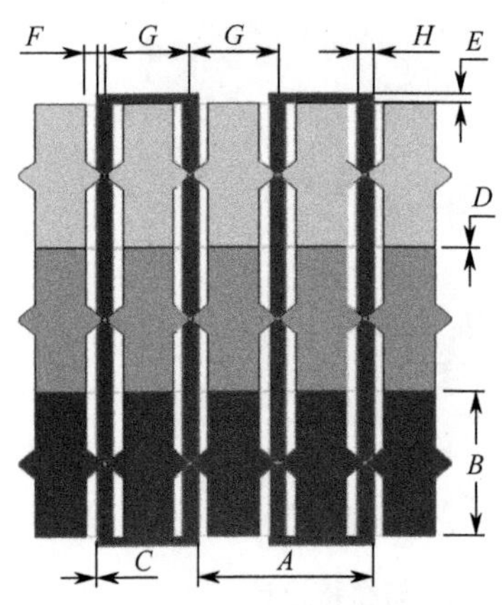

(a) SITO 双条尺寸定义

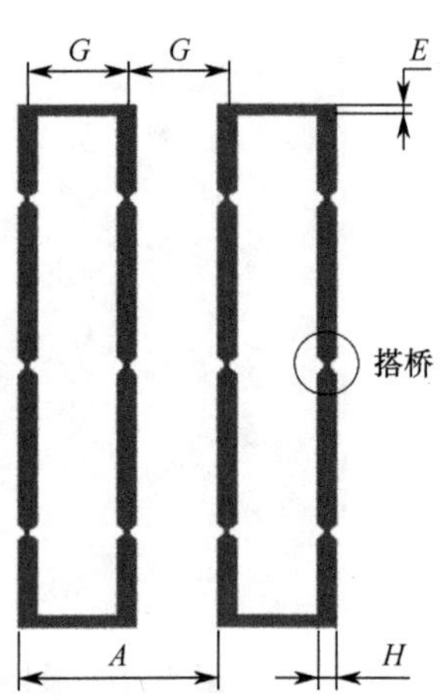

(b) 拆分后感应通道尺寸定义

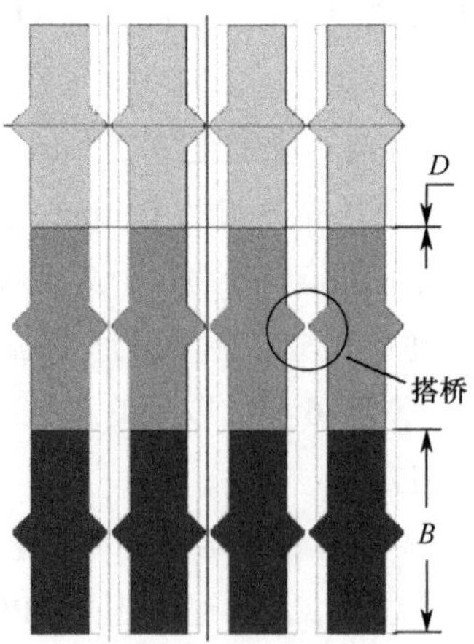

(c) 拆分后驱动通道尺寸定义

图4-26　SITO双条设计

(a) 金属线与半菱形的连接　　(b) 压合区域的金属图案设计

图 4-27　边缘走线和压合区域的金属图案设计

4.3.3　双面单层结构的感测线设计

双面单层感测线结构结合不同的衬底，形成了普通玻璃衬底 DITO 堆叠结构、G1F（1 层电极图案在玻璃衬底 Glass 上，另外 1 层在薄膜衬底 Film 上）DITO 堆叠结构、常规厚度薄膜衬底 DITO 堆叠结构、超薄薄膜 DITO 堆叠结构。

对于普通玻璃衬底 DITO 堆叠结构和常规厚度薄膜衬底 DITO 堆叠结构，使用如图 4-28 所示的感应通道 DITO 双条图案。拆分后感应通道宽度 A 为 0.45mm，ITO 图案间隙 B 小于 0.4mm，感应通道节距 P_x（C）是 AA 区 X 轴方向宽度与感应通道数之比，驱动通道节距 P_y（E）是 AA 区 Y 轴方向宽度与感应通道数之比，驱动通道宽度 $D = P_y - B$，下层图案间隙 F 小于 0.4mm。

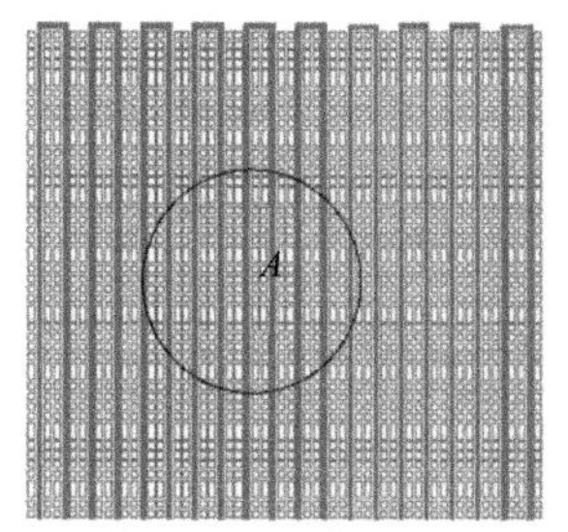

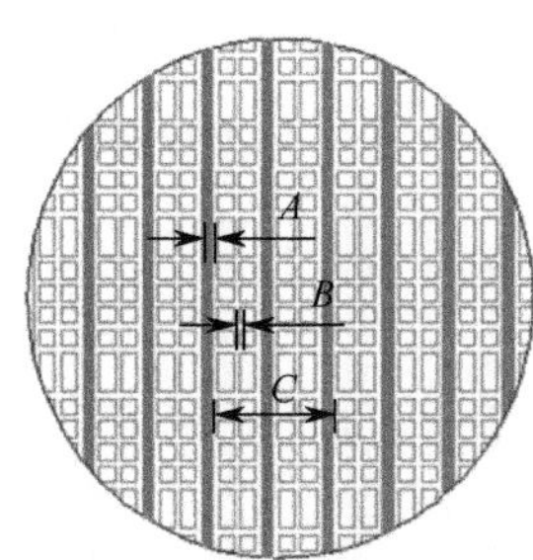

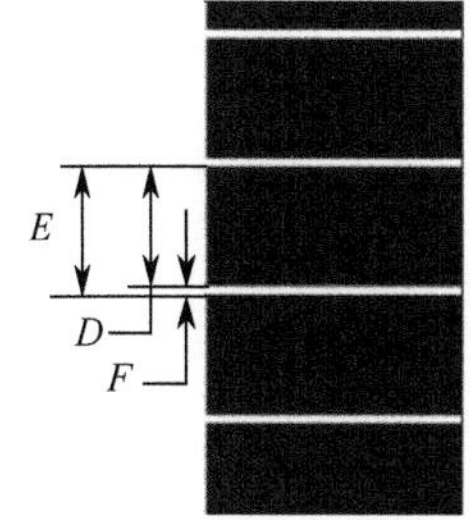

(a) DITO 堆叠整体结构　　(b) 拆分后感应通道尺寸定义　　(c) 拆分后驱动通道尺寸定义

图 4-28　感应通道 DITO 双条图案

G1F DITO 堆叠结构的上 ITO 制在盖板玻璃朝下一侧，下 ITO 制在薄膜朝上一侧。对于 6.5 英寸以下的触控屏，如果上下 ITO 层距为 0.1～0.3mm，感测线用 DITO 双条；如果上下 ITO 层距为 0.04～0.1mm，感测线用超薄双条。对于 6.5～14.1 英寸的触控屏，如果上下 ITO 层距为 0.15～0.3mm，感测线用 DITO 双条；如果上下 ITO 层距为 0.04～0.5mm，感测线用超薄双条。

超薄薄膜 DITO 堆叠结构也采用超薄双条图案设计。

超薄双条图案设计如图 4-29 所示。*A* 为驱动线节距，*B* 为感应线节距，*C* 为驱动线间隙，*D* 为感应线节距，*E* 为首尾感应搭桥宽（0.3mm），*F* 为拆分后感应通道宽（0.45mm），*G* 为拆分后感应通道间距（=*B*/2），*H* 为驱动壁宽（1mm）。双层悬浮块都要求对称，4 根红线为其对称中心线；悬浮块大小需≤1mm×1mm。若为丝印工艺，直接去除悬浮块即可，驱动线间隙依生产工艺而定。

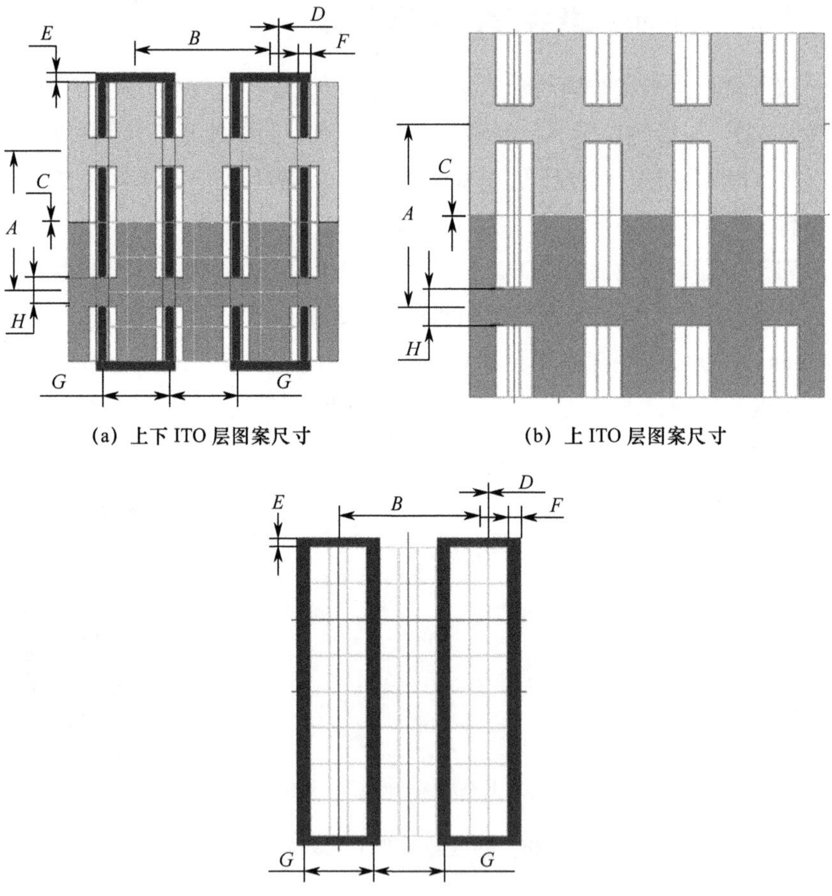

(a) 上下 ITO 层图案尺寸

(b) 上 ITO 层图案尺寸

(c) 下 ITO 层图案尺寸

图 4-29　超薄双条图案设计

苹果公司采用的 DITO 结构是常用的 ITO 玻璃结构。如图 4-30 所示，DITO 结构的下 ITO 层可以不用 SiO_2 层保护，使用的 SiO_2 膜厚为 500～600Å。

ITO 层的方块电阻一般为 90～120Ω/□，对应的膜厚为 250Å。保护层（Over Coat，OC）为环氧树脂，厚度为 2μm。金属层一般为钼铝钼镀层，面电阻为 0.3Ω/□。

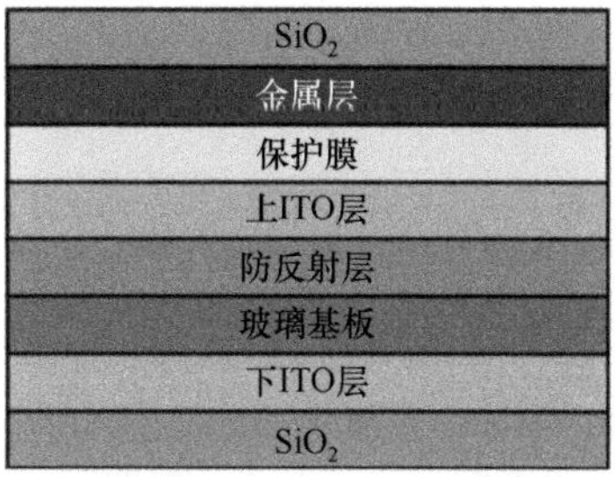

SiO_2
金属层
保护膜
上ITO层
防反射层
玻璃基板
下ITO层
SiO_2

图 4-30　DITO 玻璃结构

基于 Atmel 方案的 ITO 图形设计如图 4-31 所示。ITO 为条形，横向图形较宽的为发射极，纵向图形较窄的为接收电极。根据 VA 横向尺寸 L 算出横向 PaD 个数 $M = L/4.76$（取整）及横向 PaD 间距 a（$=L/M$）；根据 VA 纵向尺寸 H 算出纵向通道数 $N = H/4.76$（取整）及纵向 PaD 间距 b（$= H/N$）。ITO 条的间距取 4.76mm，中间间隙 a,b 的取值范围为 4.5～5.5mm。以 b 为行距，a 为列距，进行阵列，充满 VA 区。边缘部分做 0.8×1mm PaD（与 AG 压合 0.3×1mm，银浆线距离视窗区域 0.5mm）；使用 0.1mm 的线宽线间距进行评估边缘和引出位置的尺寸。导电银胶的面电阻较 ITO 低，一般用于触控屏边框引线。导电银胶经与 ITO 图案压合后引至 FPC 热压处。导电银胶的走线需满足丝印的最小工艺能力，如线宽和线距的最小工艺能力为 0.1mm。

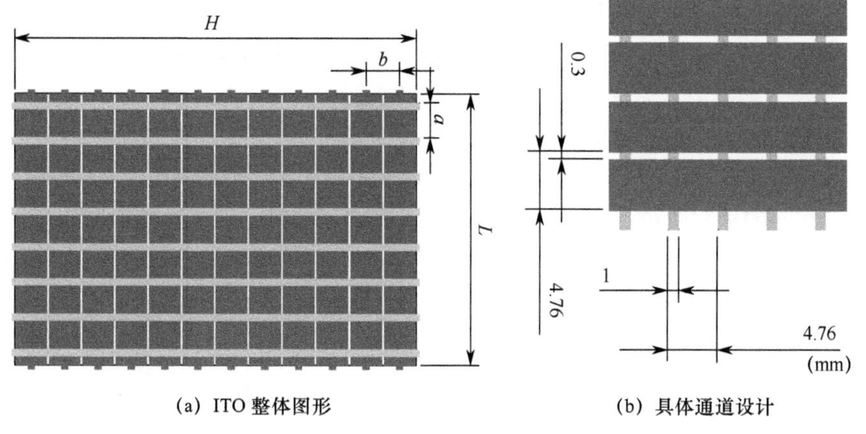

(a) ITO 整体图形　　(b) 具体通道设计

图 4-31　基于 Atmel 方案的 ITO 图形设计

4.3.4 PCT 触控屏的共通设计技术

投射电容式触控屏（PCT 屏）的共通设计包括感测线整体设计、盖板玻璃设计、保护蓝胶设计和 FPC 走线设计等。其中，感测线整体设计和 FPC 走线设计是两项关键设计。

1. 感测线整体设计

X 轴感测线与 *Y* 轴感测线的单点交叠电容小于 1pF。如图 4-32 所示，感测电极的节距在 5mm 左右时，可以和相邻电极产生足够的感应电容，解析度高。如果感测电极的节距大于 6mm，用手触摸时和相邻的电极没有产生足够的感应电容，影响其定位的准确性和解析度。所以，要保证每个感测电极的节距不超过 6mm，理想值为 5mm 左右。

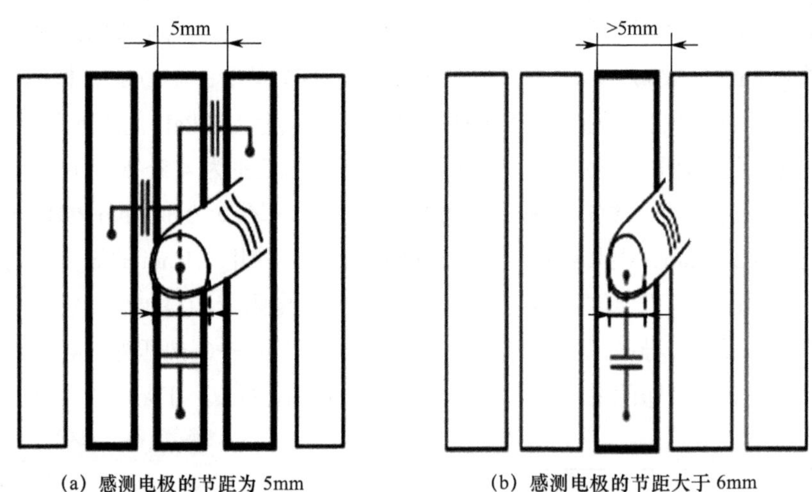

(a) 感测电极的节距为 5mm　　(b) 感测电极的节距大于 6mm

图 4-32　感测电极的设计

保持走线和 ITO 的距离，以避免寄生电容。在支持多指检测时，注意 *X* 和 *Y* 方向的走线隔离。可以在 *X* 和 *Y* 走线间加屏蔽线。感测线的所有引出线需要进行等电阻设计，线宽不宜太大，整条引线的线宽保持一致。如图 4-33 所示，在 *X* 轴感测线与 *Y* 轴感测线之间需要增加虚设线进行隔离。保证感测电极图案（间距和宽度）之间的一致性。

如图 4-34（a）所示，如果 ITO 是双面走线，要保持与显示屏 TFT 阵列在最大限度上的匹配，屏蔽掉 TFT 阵列上的噪声和干扰。ITO 线最好能从一边走线，这种单边走线能够更好地解决扫描线之间的匹配性问题，如图 4-34（b）所示。

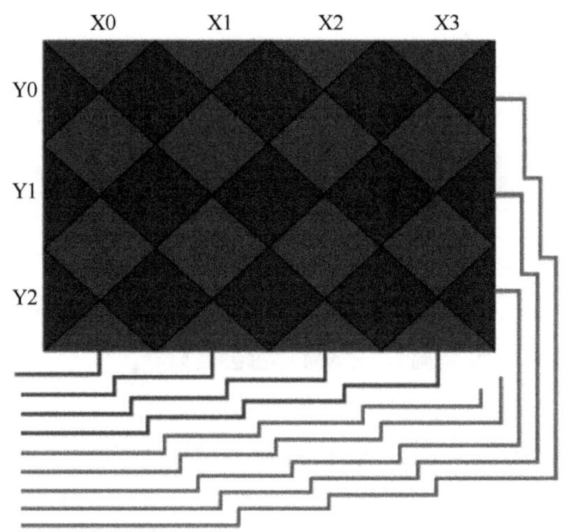

图 4-33　X 轴感测线与 Y 轴感测线之间用 Dummy 线隔离

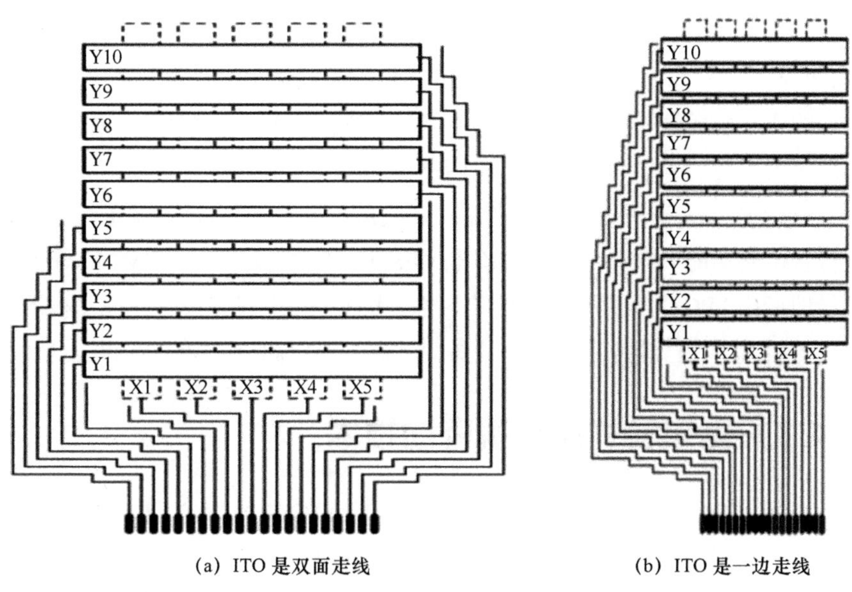

图 4-34　ITO 走线

2. FPC 走线设计

自电容的感测线与地间产生寄生电容，通过判断其变化量来确定是否有触摸；而对走线来说，要尽可能地减少外部对走线的干扰。互电容原理的感测线包括 Tx 和 Rx，通过 Tx 与 Rx 间的耦合电容变化来确定是否有触摸，对于走线，Tx 和 Rx 尽可能地减少交叉，交叉越多，在走线上引起电容变化越大，影响效果。在 Tx 与 Rx 间用地线 GND 将其隔开，减小走线间的影响。

在 FPC 上，每个电极走线的相对地线网格的位置应该相同，以保证相邻电极走线的对称，避免引入对地电容的误差。FPC 具有可挠性，但可折性较差，如果要折必须是具有双面 PI 的，铜箔材料采用压延铜，不允许在加贴 PI 的分界线上折，材料的厚度尽量选用薄的。表面处理没有特殊要求的都采用镀金。在 FPC 上有放置零件的，在选用材料时要用 PI 料而不能用 PET 料。因为 PET 材料不可以耐高温，在 SMT 后会变形。

FPC 需要与 PCB 热压连接时，在 PCB 板上的金手指两端需各留出 4mm 的范围，绿油需要避空，以免 ACF 堆积造成短路，PCB 板上金手指的背面上下各 2mm 范围内尽量不要放置元器件，以免造成压接时需要掏空而影响连接性能。FPC 需要压焊在 PCB 板上，该处手指设计为单面且厚度最大为 0.06mm，最好厚度在 0.05mm 以下，否则压焊会出现大批不良。

外形图上要把关键尺寸、控制尺寸标注出来，按总图要求去严格控制公差，外形公差一般控制在（±0.15～±0.30）mm，关键尺寸公差（如定位标记、FPC 焊盘、接插件、别的特殊元器件等）控制在±0.1mm。接插件、特殊元件的焊盘大小及公差参考元件规格说明书。

确定 FPC 外形时尽可能考虑元件区域是否合适，要有足够的走线空间而且符合电路功能要求，特别是防静电（ESD）和抗电磁干扰（EMI）。还要尽可能地考虑 FPC 上器件与走线的均匀性，否则容易造成走线不合理及板翘和 SMT 困难等问题。注意选用元件的高度，以免元件与其他部件结构发生抵触。

4.4 投射电容式触控屏驱动技术

投射电容式触控屏（PCT 屏）结合不同的电容感测技术，形成了多种触控驱动方案。除正常的位置和手势识别外，把自电容与互电容触控技术相结合，可以实现悬浮触控应用。

4.4.1 投射电容式触控屏的感测技术

触控 IC 是影响 PCT 屏性能的关键因素，因为触控 IC 决定了电容变化量的侦测算法。电容侦测方法有数百种之多，较常用的方法包括容抗（RC）时间常数测量电路，如张弛振荡器、直流电流测量组件，以及电荷转移组件。电荷转移组件又分为单端模式（Single-ended）和横向模式（Transverse-mode），选择上述任何一种方法，利用在两层或更多迭层上的电极行列数组，都可以实现触控。

1. 充放电技术

充放电技术常用一个不断充电和放电的张弛振荡器，典型的做法是测量电容器（C_p 或 C_m）的容量变化。如图 4-35 所示，把感测线简化成一个由 n 个 R_p 与 n 个 C_p 组成的 RC 电路，其中的 R_p 与 C_p 分别代表感测线分段内阻与各节点（X 和 Y 轴交会处）的固有电容值。利用电阻与定电流电源使电容器充电，触控前张弛振荡器有一个固定的充电放电周期，周期数可以测量。发生手指触控后，图中的感测线上增加一个电容（C_f），整条线的 RC 时间常数增大，充电放电周期变长，频率相应减少。侦测触控点的具体测量对象可以是频率，也可以是周期。计算固定时间内张弛振荡器的周期数，如果周期数较原先校准的少，则此开关便被视作被按压。在固定次数的张弛周期间计算系统时钟周期的总数，如果在相同周期测量到更多的系统时钟周期，则开关被按压。除了确定触控位置，甚至还能分辨手指与屏的距离（即提供 Z 轴信息）。

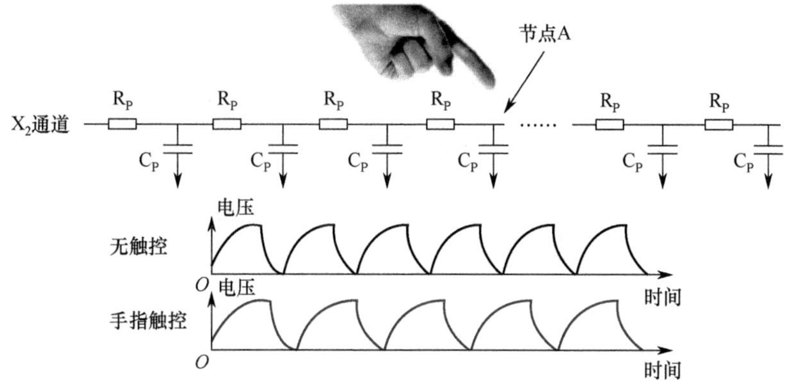

图 4-35　感测线等效 RC 电路与手指触碰前后的线上侦测波形

图 4-36 是利用上述特性构成的 RC 振荡电路，包括迟滞振荡电路及张弛振荡电路。这种实时 RC 定数计算存在如下问题：与手指之间的容量很小，

定数大到某种程度时必须增加 R，其结果造成触控部位的阻抗增加，容易受噪声（干扰信号）影响。

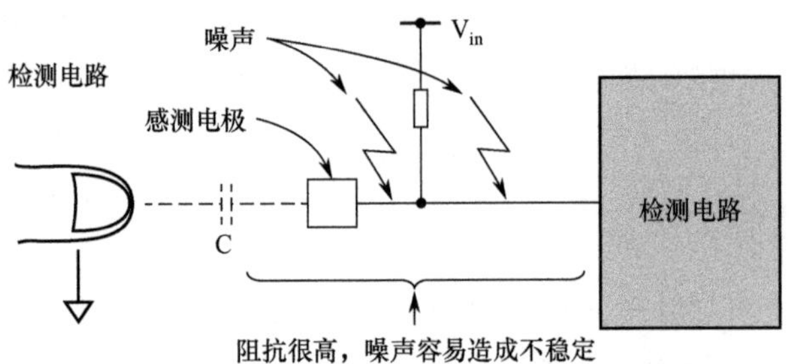

图 4-36　利用 RC 时定数检测方式易受噪声影响

2. 电荷转移技术

电荷转移技术是由 Quantum 公司开发的检测技术，该检测技术在感测容量变化的同时，可以降低触控部位的阻抗以使其免受到噪声影响。典型例子为如图 4-37 所示的充电转换电路，主要由 Reset 切换器（SW3）与电荷储存用电容器构成。相应的工作原理如图 4-38 所示：首先，SW1 闭合而 SW2 断开，电源 V_{DD} 向 C_p 充电；接着，SW1 断开而 SW2 闭合，储存在 C_p 的电荷移动到 C_{sum}。以上过程不断重复，C_{sum} 的电压有规律地逐步上升，上升的快慢与 C_p/C_{sum} 成正比。设定没有触控时 C_{sum} 电压超过参考电压 V_{th} 的时间为 t_0，则发生触控后，由于 C_p 增大，C_{sum} 电压超过 V_{th} 所需时间 $t_1<t_0$，可以辨别触控的发生。量测结束后，闭合 Reset 切换器（SW3）使 C_p 放电回到初期状态。

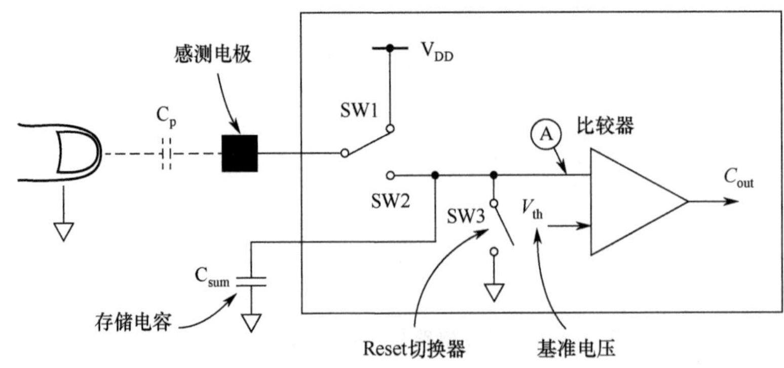

图 4-37　充电转换电路

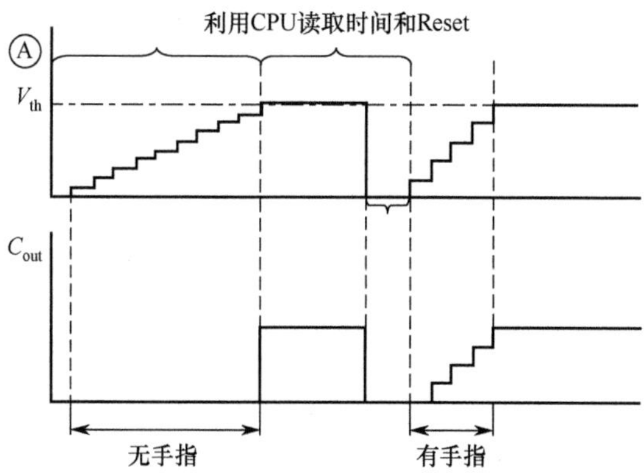

图 4-38　充电转换电路的工作原理

C_p 充电阶段端子与电源连接，因此阻抗维持低强度状态，此时 C_p 端子部位的阻抗可能变高，不过，C_p 的容量比 C_{sum} 大，而且电荷的转送瞬间就结束，容易受噪声影响的端子部位呈电气性连接的时间非常短，因此可以将影响抑制在最小范围内。

3. 电容感应技术

逐次逼近电容感应（CapSense Successive Approximation，CSA）触控技术是由 Cypress 公司开发的检测技术，其适用于模拟/数字混合信号处理器的 PSoC。图 4-39 是 CSA 方式的基本结构，与图 4-37 所示的充电转换电路间最大的差异是切换器的连接，LPF 的作用是使切换输出平顺。当 SW1 和 SW2 高速切换时，感测线上的电容具有类似电阻器的特性，感测线上的电容值变化相当于电阻值的变化。如图 4-40 所示，感测线上发生触控后，电容 C_p 的

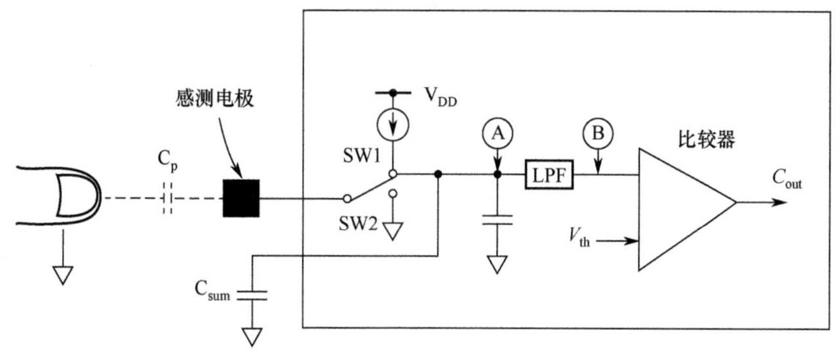

图 4-39　CSA 方式的基本结构

值变大，A 点的电压 V_A 变小，达到临界电压 V_{th} 的时间变长，通过与没有触控时的时间相比可以辨别出触控的发生。触控结束后，感测线上的电容恢复正常，A 点电压也会逐渐恢复正常。

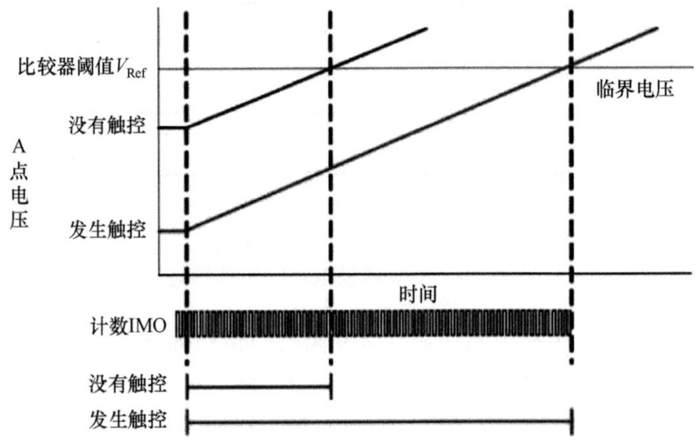

图 4-40　感测线电容 Cx 上有无触控时电压比较

4．串联容量分压比较电路技术

串联容量分压比较电路技术是由 Omron 公司开发的测试技术，如图 4-41 所示，其主要由电阻与基准用电容器 C_{ref} 构成，C_{ref} 与感测线电容 C_p 呈串联状态，利用该串联电容的切换使充电用电容器放电，接着测量电压降至一定位置的时间，通过比较触控前后的两个不同时间长短可以辨别触控的发生。在图 4-41 中，步骤 1 对充电用电容器 C_c 充电；步骤 2 使 C_{ref} 和 C_p 放电，电容值很小的 C_{ref} 完全放电；步骤 3 电荷从 C_c 移动，此时通过 C_c 被放电，随着 C_c 放电，感测电极上的电压比 A 点电压还低。因此，SW2 与 SW3 的 ON 时间非常短。串联容量分压比较方式与充电转换方式相同，都是利用电荷的移动特性。

5．分流技术

分流（Shunt）方式主要使用模拟组件电容式触控感测 IC，分流方式的工作原理如图 4-42 所示，它与无线通信的动作原理非常类似，两个图案的其中一个当作信号发射天线以高频驱动，另外一个当作信号接收天线用于接收信号。如图 4-42（a）所示，没有触控时上方天线彼此呈电界结合状。一旦手指靠近就变成如图 4-41（b）所示的状态，因为人体本身就是接地物体，

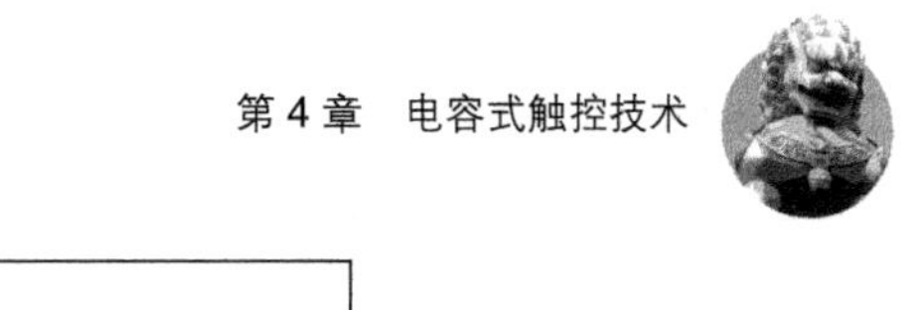

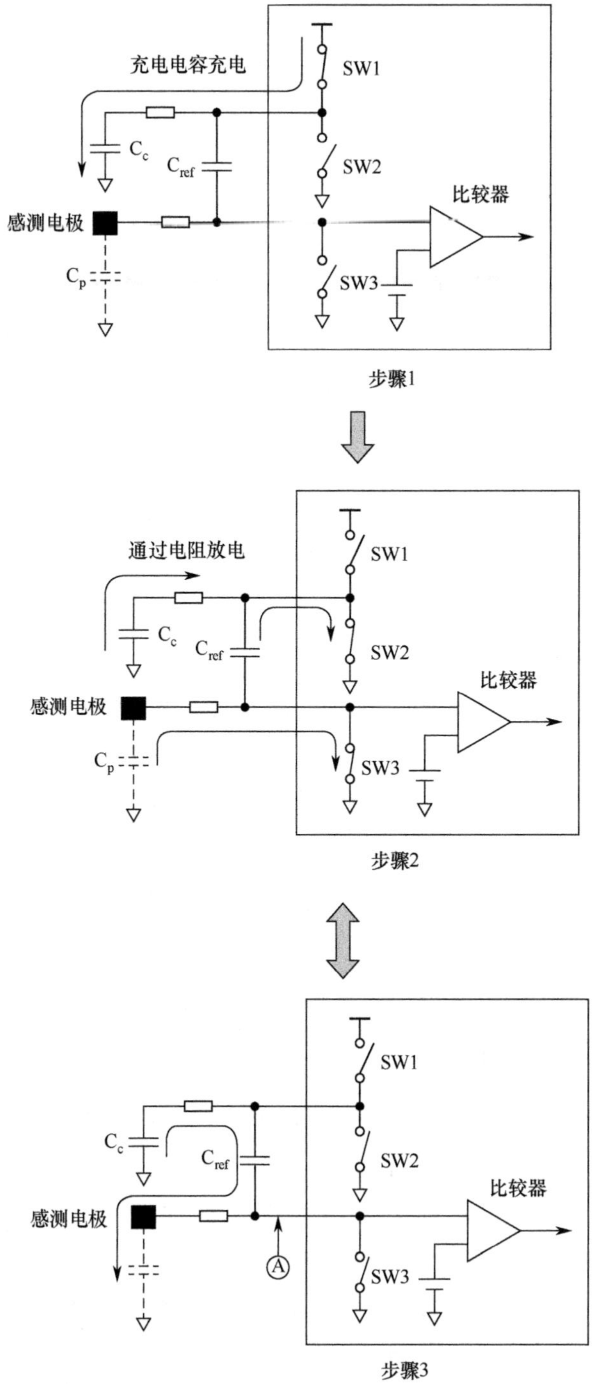

充电电容充电
SW1
C_c
C_{ref}
SW2
比较器
感测电极
C_p
SW3

步骤1

通过电阻放电
SW1
C_c
C_{ref}
SW2
比较器
感测电极
C_p
SW3

步骤2

SW1
C_c
C_{ref}
SW2
比较器
感测电极
A
SW3

步骤3

图 4-41　串联容量分压比较方式的工作原理

相当于一块矗立的遮蔽板，因此信号接收强度会降低。通过比较可以辨别触控的发生。值得一提的是，触控感测芯片会对周围的环境变化进行补偿，它会依照触控手指大小造成变化量的增减，自动调整开关临界强度与感度。

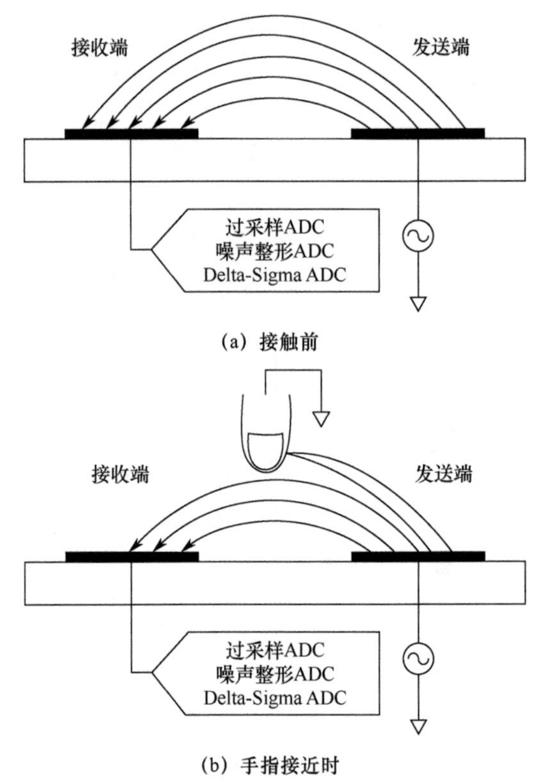

图 4-42　分流方式的工作原理

6. 切换容量技术

切换容量方式的工作原理如图 4-43 所示，首先将电容器与切换器连接，利用频率交互进行开关。电压 V 的电源一旦被接通，会将 $Q=CV$ 的电荷 Q(C)储存在容量 C 的电容器。反复使电容器充电、放电时，CV 的电荷会移动，1s 反复切换 N 次，呈现 $Q = NCV$ 的电荷移动状态。接着将电阻与电源连接进行比较，$R(\Omega)$电阻器的两端如果施加 V(V)，流动电流 $I(A)=V/R$。I(A)是指 1s I(C)的电荷移动，1s 的 $Q(C)=V/R$。两式比较可以发现从 $CV=V/R$ 变成 $NC=1/R$，换句话说，以 N(Hz)切换相当于连接 $1/NC(\Omega)$电阻器进行电荷移动。输出电压利用切换动作反复上下移动，此时若以低通滤波器平滑化，就可以获得与使用电阻器相同的效果。

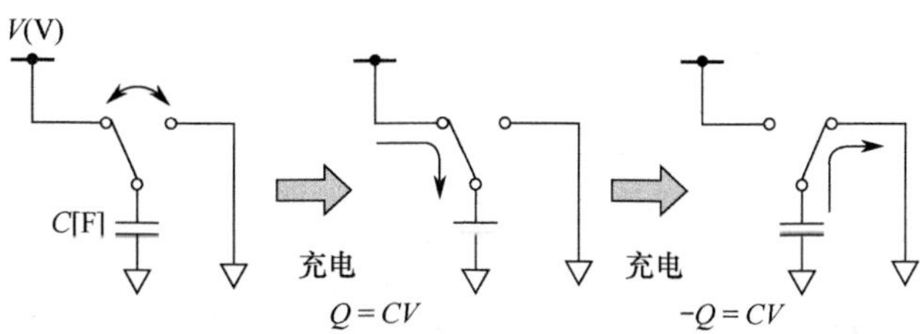

图 4-43　切换容量方式的工作原理

4.4.2　电容式悬浮触控技术

电容式悬浮触控技术是基于电场感应的手势控制技术，是通过感测手指对触控屏上方电场的扰动，判断触控屏上方的“悬停事件”。在产品的应用上，一般采用自电容与互电容结合的触控技术，利用自电容的强电场效应进行“悬停事件”的判断，利用互电容感应技术进行位置判定。

在人手或手指进入电场时，电场会失真。由于人体本身的导电性，因此电场线会沿着手部分流到地面。本地的三维电场会减小。使用多个接收器（Rx）电极，检测不同位置的电场变化，可以测出电场失真（偏离所接收到的不断变化的信号）的根源。该信息用于计算位置、跟踪移动和分类移动模式。图 4-44 显示了接地的人体对电场的影响。人体的接近会导致等电位线的压缩，并将 Rx 电极信号电平转为较低的测量值。

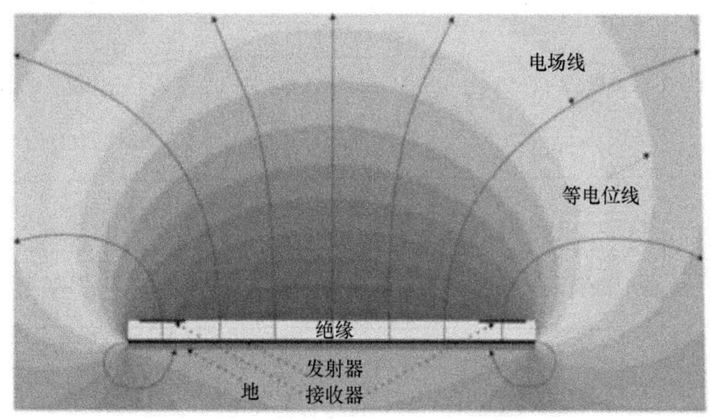

（a）未失真电场的等电位线

图 4-44　接地的人体对电场的影响

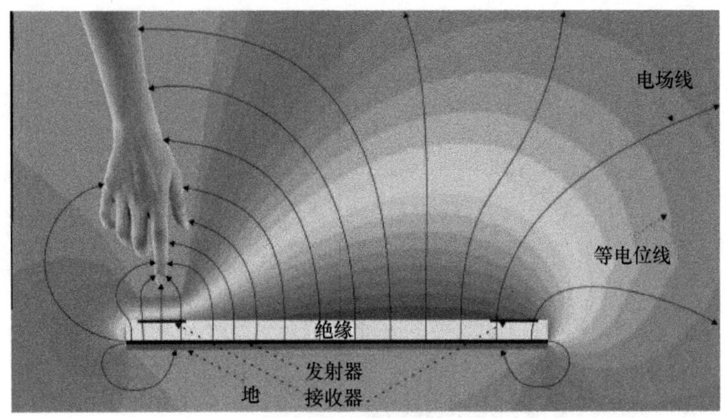

(b) 失真电场的等电位线

图 4-44 接地的人体对电场的影响（续）

自电容的电场较强可以感测面板上的悬停触控；互电容的定位精确，可以实现真实的多点触控。由于悬浮触控技术依赖于自电容，所以进行悬浮操作时，屏幕不支持多点触控。如图 4-45 所示，自电容与互电容量测数据可被视为差动信号来使用，能提供其他先进功能。运用差动信号分析技术，大多数先进触控屏控制芯片能在多种量测模式之间做切换，了解是否有水汽存在，并正常追踪手指位置，从而实现防水功能。此外，还能侦测触控屏上方停留且尚未实际触碰的物体，追踪使用者的手指。这项功能搭配 3D 显示，能在 3D 显示模式下和显示屏进行互动。

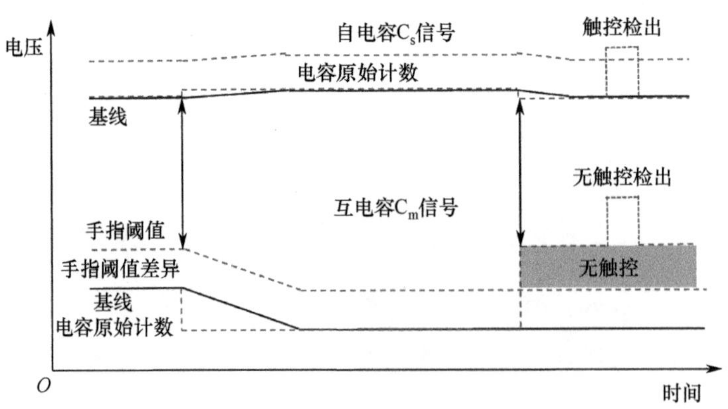

图 4-45 结合自电容与互电容

进行基于自电容与互电容相结合实现悬浮触控的厂家有 Cypress、Synaptics 等。索尼与 Cypress 合作开发的解决方案，对于普通的 Android 应

用程序均能不受悬浮触控判定的干扰而正常工作，只有专门监听悬浮触控判定的应用程序才会做出反应。用“触碰事件”来引发点击、滑动、拖动等操作，而“悬停事件”则可用来引发很多新的操作。

为了达到最佳防水效果，触摸控制器最好能够同时具有自电容和互电容感应能力，从而可以进行差分信号分析，实现 IP-67 级别的防水产品。Cypress 独创地将自电容和互电容结合在一起，可以为触控屏控制器提供更多信息，供它做出判断，从而实现更好的抗噪声能力、信噪比和防水等功能。

一般，充电器和显示屏的噪声值比较高。触控屏控制器的抗噪声性能是基于信噪比（SNR）的；信噪比越高，器件在噪声环境中的性能越好。可以采用以下两种方式中的任意一种来改善信噪比：增强信号；降低噪声。拥有高电压发射端（Tx）的触控屏控制器可以大大增强信号，从而将噪声的影响最小化。Cypress 的充电器噪声抑制技术采用适应性跳频和非线性滤波技术，主动抑制噪声，达到最佳的抗充电器噪声能力。

Microchip 推出基于电场感应的手势控制技术，可以通过检测、跟踪和分类用户在自由空间中的手势来实现新用户界面应用，可提供精确、快速又稳健的低功耗手位置跟踪与自由空间手势识别。该技术还提供了 100%的表面覆盖范围，检测范围可达 15cm，消除了其他技术的“视角”盲区。

本章参考文献

[1] TAKAHASHI S, LEE B J, KOH J H, et al. Embedded Liquid Crystal Capacitive Touch Screen Technology for Large Size LCD Applications[J]. Sid Symposium Digest of Technical Papers, 2012, 40(1):563-566.

[2] LIN C L, LI C S, CHANG Y M, et al. Pressure Sensitive Stylus and Algorithm for Touchscreen Panel[J]. IEEE/OSA Journal of Display Technology, 2013, 9(1):17-23.

[3] JIANG C, QUAN Y, LIN X. Defect detection of capacitive touch panel using a nonnegative matrix factorization and tolerance model[J]. Applied Optics, 2016, 55(9):2331.

[4] 丁君军，徐国祥，陈玉华，等. 电容式触摸屏专利技术概况[J]. 中国科技信息，2014(10): 197-200.

[5] 谢江容. 投射式电容触摸屏的灵敏度探究[D]. 南京：南京航空航天大学, 2017.

[6] HWANG T H, CUI W H, YANG I S, et al. A highly area-efficient controller for capacitive touch screen panel systems[J]. IEEE Transactions on Consumer Electronics, 2010, 56(2):1115-1122.

[7] LEE J, COLE M T, LAI J C S, et al. An Analysis of Electrode Patterns in Capacitive Touch Screen Panels[J]. Journal of Display Technology, 2014, 10(5):362-366.

[8] KIM C C, LEE H H, OH K H, et al. Highly stretchable, transparent ionic touch panel[J]. Science, 2016, 353(6300):682-687.

[9] KREIN P T, MEADOWS R D. The electroquasistatics of the capacitive touch panel[J]. IEEE Transactions on Industry Applications, 1990, 26(3):529-534.

[10] XING H, DENG L, KE J, et al. High Sensitive Readout Circuit for Capacitance Touch Panel With Large Size[J]. IEEE sensors journal, 2019, 19(4):1412-1415.

[11] LU J, CAO Z, HUANG C, et al. Failure analysis of projected capacitance touch panel liquid crystal displays – Two case studies[J]. Microelectronics Reliability, 2017, 76-77(9):571-574.

[12] JIANG C C, QUAN Y M, LIN X G. Defect detection of capacitive touch panel using a nonnegative matrix factorization and tolerance model[J]. Applied Optics, 2016, 55(9): 2331-2338.

[13] 孙杨，张永栋，朱燕林. 单层 ITO 多点电容触摸屏的设计[J]. 液晶与显示, 2010,25(4): 551-553.

[14] 黄翀, 李成, 杨玮枫, 等. 电容触摸屏 ITO 消影膜的设计与制备[J]. 光电子技术, 2014, 34(4): 269-272,277.

[15] SEOL K H, PARKI S, SONG S J, et al. Finger and stylus discrimination scheme based on capacitive touch screen panel and support vector machine classifier[J]. Japanese Journal of Applied Physics, 2019, 58(7):074501.1-074501.9.

[16] WU C C. Highly flexible touch screen panel fabricated with silver-inserted transparent ITO triple-layer structures[J]. RSC Advances, 2018, 8(22):11862-11870.

[17] GAO S, LAI J, Nathan A . Fast Readout and Low Power Consumption in Capacitive Touch Screen Panel by Downsampling[J]. Journal of Display Technology, 2016, 12(11):1417-1422.

[18] 王淑晖. 电容触摸屏的镀膜工艺研究[D]. 广州：华南师范大学，2012.

[19] 谢江容, 潘风明, 吴政南, 等. 投射式电容触摸屏的电极设计分析[J]. 光电子技术, 2016, 36(3): 200-204.

[20] MA H, HEO S, KIM J J, et al. Algorithm for improving SNR using high voltage and differential Manchester code for capacitive touch screen panel[J]. Electronics Letters, 2014, 50(24):1813-1815.

[21] JUN J H, KIM B J, SHIN S K, et al. In-Cell Self-Capacitive-Type Mobile Touch System and Embedded Readout Circuit in Display Driver IC[J]. Journal of Display Technology, 2017, 12(12):1613-1622.

[22] KIM S M, CHO H, NAM M, et al. Low-Power Touch-Sensing Circuit With Reduced

Scanning Algorithm for Touch Screen Panels on Mobile Devices[J]. Journal of Display Technology, 2015, 11(1):36-43.

[23] YEO D H, KIM S H, NOH H K, et al. A SNR-Enhanced Mutual-Capacitive Touch-Sensor ROIC Using an Averaging with Three Specific TX Frequencies, a Noise Memory, and a Compact Delay Compensation Circuit[J]. IEEE Sensors Journal, 2016, 16(18):6931-6938.

[24] 赵祥桂. 单层多点投射式电容触摸屏的实现方案研究[D]. 上海：复旦大学，2013.

[25] 陈坤. 基于电容式触摸技术的研究与应用[D]. 西安：西安电子科技大学，2012.

[26] LUTTGEN A, SHARMA S K, ZHOU D, et al. A Fast Simulation Methodology for Touch Sensor Panels: Formulation and Experimental Validation[J]. IEEE Sensors Journal, 2019, 19(3):996-1007.

[27] LEE J, COLE M T, LAI J C S, et al. An Analysis of Electrode Patterns in Capacitive Touch Screen Panels[J]. Journal of Display Technology, 2014, 10(5):362-366.

[28] LEE S H, AN J S, HONG S K, et al. A Highly Linear and Accurate Fork-Shaped Electrode Pattern for Large-Sized Capacitive Touch Screen Panels[J]. IEEE Sensors Journal, 2018, 18(99):6345-6351.

[29] LIANG B J, LIU D G, CHEN H C, et al. A Quick Field-Based Calculation for the Capacitances of Symmetrical Patterns in Touch Panels[J]. Journal of Display Technology, 2016, 12(12):1629-1637.

[30] TAKADA N, YAMGUCHI H, YAMAMOTO K, et al. In-Cell Capacitive Hover Touch Development for Non - Contact Application[J].SID Symposium Digest of Technical Papers,2019,50(1):612-615.

[31] OMRON. Renesas Technology Explore Touch Sensor Solutions[J]. Asia electronics industry, 2009, 14(5): 10-12.

[32] 丛秋波. 新型触摸感应控制器具备集成的LED控制和GPIO功能[J]. 电子设计技术, 2008,8(9):12.

[33] SCHUYLER D L. Touch activated controller for generating X-Y output information[P]. US06417540, 1982-09-13.

[34] EVANS J W. Capacitance-variation-sensitive touch sensing array system[P]. US06853428, 1986-04-18.

[35] MATHEWS M V. Three dimensional baton and gesture sensor[P]. US07487660, 1990-03-02.

[36] TAREEV A A. Touchpad with interleaved traces[P]. US08868983, 1997-06-03.

[37] SEELY J, MALAK R L, ALLEN T P, et al. Two-layer capacitive touchpad and method of making same[P]. US09112097, 1998-07-09.

[38] MACKEY B L. Sensor patterns for a capacitive sensing apparatus[P]. US10453223,

2003-06-02.

[39] KENT J, RAVID A. Projective capacitive touchscreen[P]. US09324346, 1999-06-02.

[40] REDMAYNE D V. Capacitive touch sensor[P]. US08375592, 1995-01-20.

[41] MULLIGAN R C, BADAYE M, LIM B G W. System and method for locating a touch on a capacitive touch screen[P]. US09998614, 2001-11-30.

[42] MULLIGAN R C, MASSOUD B, LIM B G, et.al. Capacitive touch sensor architecture with unique sensor bar addressing[P]. US10176564, 2002-06-21.

[43] SCHEDIWY R R, PRITCHARD J O, KAO T, et al. Object position detector[P]. US08680127, 1996-07-15.

第5章 整合型触控技术

传统的触控显示模组在保护玻璃和显示屏中间增加了一个外挂式触控屏。整合型触控显示模组是指触控屏和保护玻璃整合或触控屏和显示屏整合，使触控显示模组的结构更加简单、轻薄。整合型触控技术包括把触控感测器集成在保护玻璃上的单片玻璃方案（One Glass Solution，OGS）触控技术、把触控感测器集成在显示屏上的 On-Cell 触控技术和把触控感测器集成在显示屏内阵列基板上的 In-Cell 触控技术等。主流的整合型触控技术为电容式触控技术。

5.1 整合型触控技术概述

在外挂式触控屏技术中，以多点触控应用为诉求的投射电容式触控屏主要分为薄膜式和玻璃式两种。主流的薄膜式结构 G/F/F（Glass/Film/Film）是将感测电极通过光刻工艺或印刷工艺制作在 PET 薄膜上，外层为保护玻璃的结构。而主流的玻璃式结构 G/G（Glass/Glass）是将感测电极做在玻璃上，外层加上一片保护玻璃的结构。前者的 ITO 薄膜材料成本较高，后者的 GG 贴合良率偏低，导致投射电容式触控屏成本较高。

触控屏的技术发展首先是以节约成本、超薄、超轻为发展目标的 OGS—On-Cell—In-Cell 技术路线，其次是以低成本、高触控精度为发展目标的碳纳米管导电膜和石墨烯导电膜的技术路线。如图 5-1 所示，整合型触控显示模组随着感测线衬底层的减少及贴合层的减少，减少了光的反射界面，增加了光的透光率，提高了显示对比度。On-Cell 和 In-Cell 技术路线只有显示屏制

造商和彩膜制造商才有机会接触，专业从事触控屏制造的企业无法进入该领域。因此 OGS 加碳纳米管导电膜或石墨烯导电膜的技术路线是专业触控屏制造商需要攻克的技术路线。

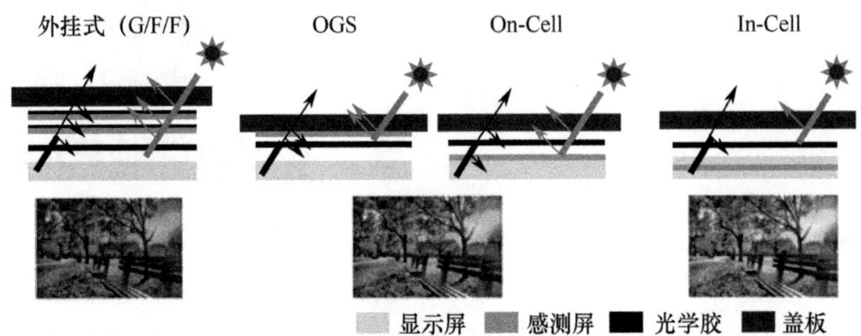

图 5-1　整合型触控显示模组与外挂式触控显示模组的比较

将触控感测线制作在盖板玻璃上的 OGS 技术，可以节约一块玻璃，减小了质量，降低了成本。OGS 技术减少一块玻璃就是节省一道贴合制程，较两片玻璃结构的 G/G 产品减薄约 0.4mm，可节省约 50%的触控屏成本，能够较好地满足智能终端超薄化需求，提升显示效果。显示屏制造商发展 On-Cell 和 In-Cell 等内嵌式触控技术，直接将感测线制作在显示屏内，可节省一块玻璃及一道贴合制程。

在显示屏上配触感测线的 On-Cell 触控技术，将触控屏嵌入 LCD 显示屏的彩色滤光片基板或 OLED 显示屏的封装玻璃和偏光片之间。On-Cell 触控技术多应用于三星的 OLED 产品上，技术上需要克服薄型化、触控时产生的颜色不均等问题，总体技术难度比 In-Cell 触控技术的要低。因为只需在彩色滤光片基板或封装玻璃和偏光板之间形成简单的透明电极图案，很容易确保成品率。另外，像素内的有效显示区域面积不会减小，几乎不会因此出现画质劣化现象。

In-Cell 触控技术是将触控感测线内置在阵列基板上，显示屏制造商利用阵列基板上原有的结构，如公共电极层（V_{com}层）被复用为触控感测线矩阵，通过边缘走线（Trace）连接到外接电路。边缘走线由阵列基板上的金属层（Metal 1、Metal 2 或 Metal 3）制作而成。如果用 Metal 3 作为边缘走线，对开口率影响不会很大，却可以降低成本，减小质量。技术难点在于显示屏和触控屏同时利用共同的驱动层需要进行分时处理，会降低

显示每帧画面的扫描时间。另外，由于使用图案化的 V_{com} 层作为触控感测线的发射电极 Tx，显示屏电路的噪声会沿着 Tx 影响到触控感测线的接收电极 Rx 的信号。所以，In-Cell 触控技术需要同时优化显示屏驱动设计和触控屏控制电路设计，实现显示屏和触控屏驱动电路的集成设计。在阵列基板上制作触控感测线，增加了 1～2 道光刻工艺，在增加制造成本的同时带来了阵列基板良率下降的风险。如果采用不增加掩模版的方法，则会降低像素开口率。

In-Cell 触控技术不仅具有 On-Cell 触控技术的全部优点，而且完全由显示屏制造商主导，从设计到工艺可以统筹考虑。目前，主流的 Full In-Cell 技术采取 LCD 驱动电路和触控屏控制电路相结合的集成芯片（Touch & Display Driver Intergration，TDDI），实现了触控与显示的分时驱动，避免了早期 In-Cell 触控技术出现的信号干扰问题。

In-Cell 结构还有一些其他方面的优点。由于不需要在盖板上做触控感测线，所以盖板材质和工艺的选择相对较多，主要是在盖板的颜色和厚度及强度等方面有较多的选择。为了追求便携式显示产品的轻薄化，显示屏一般会在模组工艺前进行玻璃的化学薄化处理。如果是 On-Cell 结构，就不能进行薄化处理，因为在玻璃外侧有 ITO 感测线层阻挡，或者需要先去做薄化处理，再回到显示屏生产线上制作触控感测线，流程变得复杂，成本大幅增加。因此，相比 On-Cell 结构，In-Cell 结构要薄 0.2～0.4mm。相较于其他触控技术，In-Cell 触控技术还省略了触控 IC 和对应的 FPC。

电容式触控技术自面市以来已经历大幅演进，不仅能实现多指触控、解读各种复杂的手势动作，更能应付充斥各种干扰源的环境，以及支持大尺寸屏幕。目前，触控技术的发展进入了一个瓶颈区，需要不断探索如何将电容式触控感测线放在可以更节省结构空间或更节省成本的地方。目前，在 LCD 显示屏上，In-Cell 触控技术基本发展到了极致；在 OLED 显示屏上，暂时只做到 On-Cell 结构，没有真正的 In-Cell 结构。在现阶段，各种技术的应用范围大致固定，具体可以参考如图 5-2 所示的触控技术应用模型进行技术选型。

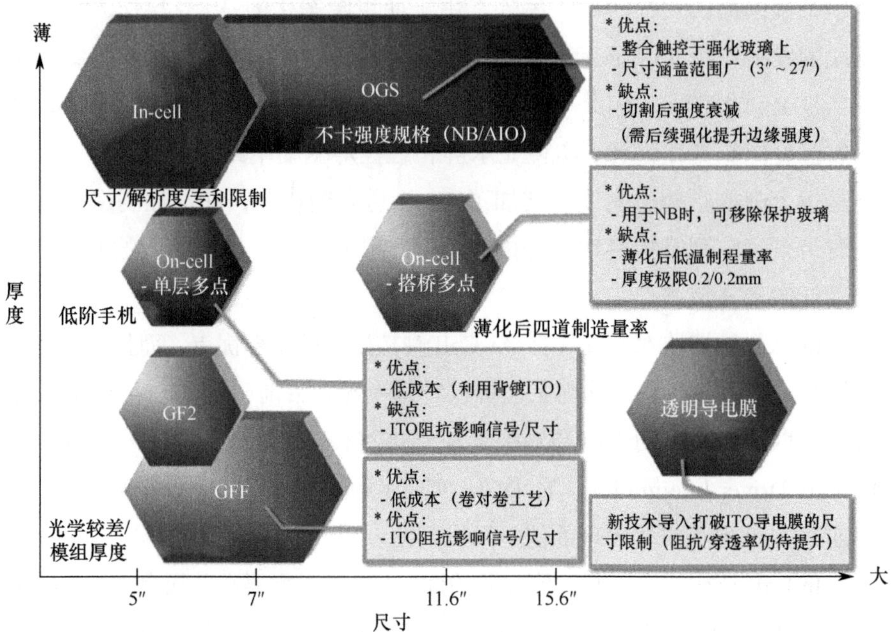

图 5-2　触控技术应用模型

5.2　OGS 触控技术

单片玻璃方案（OGS）也叫覆盖层触控（Touch on Lens，TOL）技术，因薄型、轻量化且减去一面玻璃的感测阻抗，大幅提升了触控显示模组的透光度及触控灵敏度，使该单片玻璃不仅具备保护玻璃的强度、安全性，同时兼具触控功能。在保护玻璃内层镀上含 *X* 轴感测电极和 *Y* 轴感测电极，减少玻璃材料成本，并减少一次贴合程序来提高良率，减小其与薄膜式触控屏的价差。如果用薄膜代替玻璃，OGS 技术就改称为单片式薄膜触控技术（One Film Solution，OFS）。OFS 技术，尤其 OFS 若配合卷对卷（Roll to Roll，R2R）制程，可不受限于基板切割尺寸。而 OFS 触控薄膜在制造良率提高后，也比单片式触控玻璃更轻、更薄，适用于柔性显示。依照投射电容的不同工作原理，OGS 触控技术分为自电容式和互电容式两种。

5.2.1　OGS 自电容式设计技术

自电容式 OGS 触控技术可以分为单点触控+手势（手势解锁功能等）和

多点触控两类。

1．单层单点触控+手势的 OGS 触控技术

单层单点触控+手势的 OGS 触控技术，在保护玻璃（OGS 背板）上先后形成 ITO 层和印刷金属等图案。其功能性的层叠结构在 *X* 轴方向的截面如图 5-3（a）所示，外围银（Ag）胶走线与 *X* 轴方向的 ITO 感测线进行电连接。其功能性的层叠结构在 *Y* 轴方向的截面如图 5-3（b）所示，在该方向绑定 FPC，连接触控电路。图 5-3 中的 AA 范围表示触控显示模组的有效显示区域。

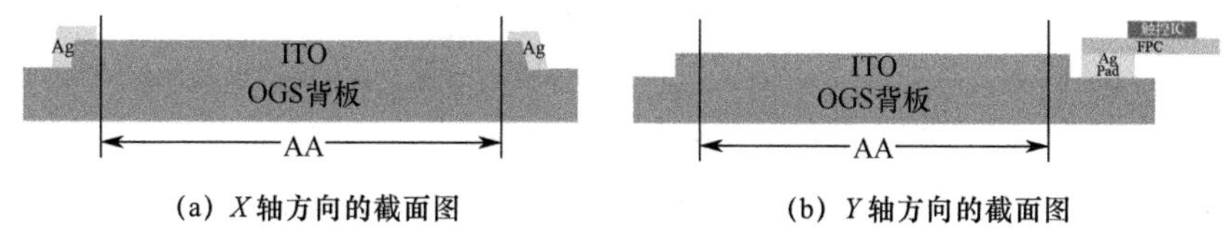

(a) *X* 轴方向的截面图　　(b) *Y* 轴方向的截面图

图 5-3　单点触控+手势的 OGS 触控屏层叠结构

单点触控+手势的 OGS 触控屏常用的图案设计如图 5-4（a）所示，感测线用 ITO 层由图中三角形导电层构成，每个三角形感测线通过银（Ag）胶走线连接至 FPC 绑定区域，然后通过 FPC 与触控芯片相连。如图 5-4（b）所示，由于感测线设计时大小已知，感测线 S5 和 S6 在面内 *Y* 轴方向的坐标范围可以计算出来。同时，感测线三角形的角度等信息也可以算出来。当手指接触到图中黑色圆形区域 1 时，S5 所在的感测线与 S6 所在的感测线电容会发生变化，变化量与其接触的三角形面积成正比。通过此变化量比值可以计算出手指在触控屏上触控坐标（*X*，*Y*）。例如，手指接触到图中黑色区域 2 时，此时获取的变化量比值为 1:1，则说明此时接触的为 *X* 轴方向的正中心，*X* 坐标值可以得出；同时 *Y* 轴方向为 S5 和 S6 在 *Y* 轴方向坐标范围的中心，也可以得出 *Y* 坐标值。

单点触控+手势的 OGS 触控方案只能实现单点识别，设计时对感测线面阻的要求较低，通常在 150Ω/□左右。这种方案成本低廉，常见于低端市场，主要原因是此种结构有裸露在视窗的金属走线，影响视觉体验。这种方案采用了比较廉价的丝网印刷模具，可以通过高精度的掩模版来解决此问题，但会导致成本上升。

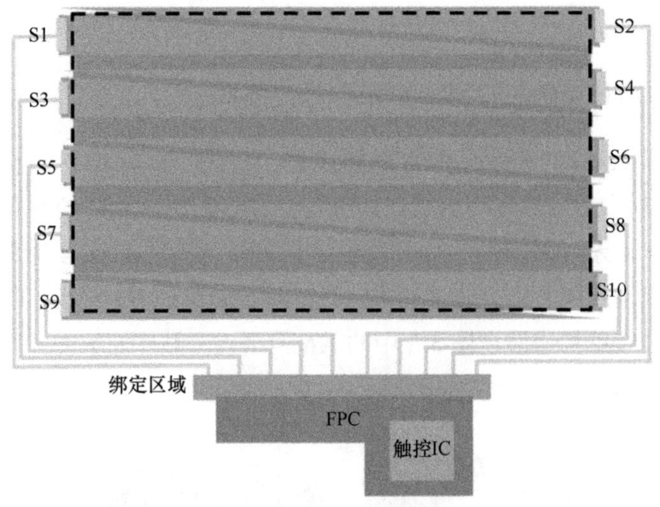

(a) 自电容三角形图案设计

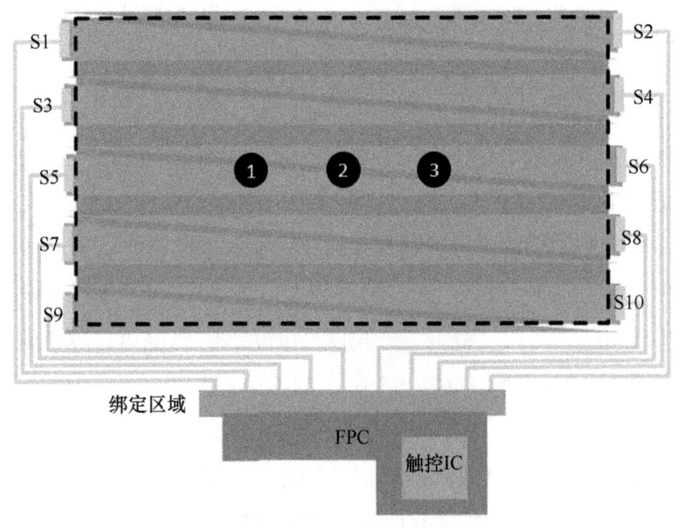

(b) 自电容三角形图案坐标读取

图 5-4 单点触控+手势的 OGS 触控屏图案设计

单点触控+手势的 OGS 触控技术会出现在有效显示区（AA 区）AA 区以外的触控感应，导致触控屏有效显示区域内有反应。这是由于此种技术基于自电容式原理，而 AA 区以外部分触摸的位置有金属走线的存在，这部分触摸产生的电容变化比例和 AA 区某个位置的比例接近。这种现象通常采取的改善对策是，通过 IC 的 FW（Firmware 芯片固件，对触控芯片的寄存器参数进行设定）进行调整。若 FW 无法调整，则需要在感测线图案设计上做一些对应的变更，如减小外围的金属走线宽度，降低走线和手指形成的电容，同时在这根走线的周边增加 GND 走线来对信号进行一定的屏蔽。

2. 自电容单层多点触控 OGS 技术

自电容单层多点触控 OGS 技术在保护玻璃上形成 ITO 感测层等图案。这种方案的面板成本较低，但由于每个感测线都是单独的通道，通常在一个触控屏上有几百个触控通道，通常需要使用 COF 封装的 IC，触控芯片成本高。

自电容单层多点触控 OGS 设计常用的图案如图 5-5（a）所示，图中块状 ITO 为感测线，感测线呈一种矩阵式排列，感测线通过 ITO 走线连接至 FPC 绑定区域，再同样通过 COF 连接至触控芯片。为了提高这种图案的触控精度，在设计时对感测线 PaD 进行齿合设计。如图 5-5（b）所示，将图中 S1 和 S2 两个感测线往外延伸，延伸齿合的部分由 S1 的延伸和 S2 的延伸构成，这样可以把它看成类似于 3 个感测线，分别为 S1、S1+S2、S3。相应地，感测线 PaD 变小，可以获取变化电容数据越多，可以测算的精度也就越高。这种图案的截面如图 5-5（c）所示。

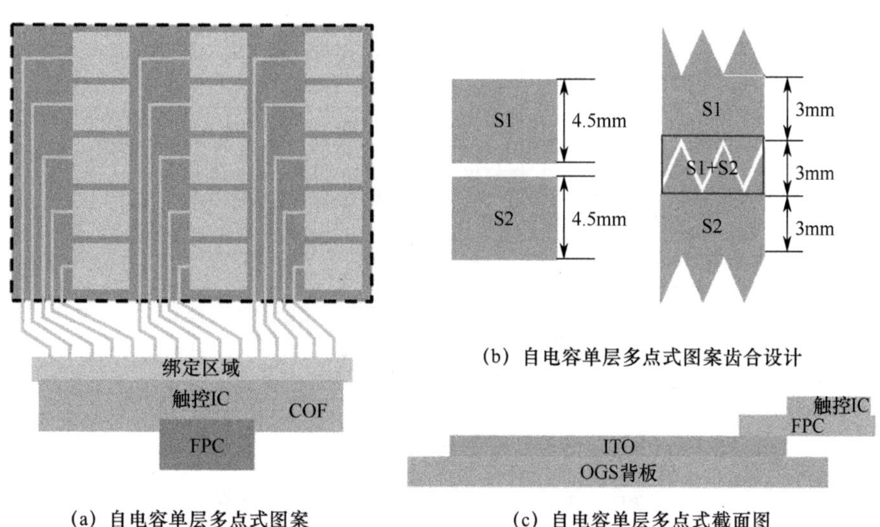

(a) 自电容单层多点式图案

(b) 自电容单层多点式图案齿合设计

(c) 自电容单层多点式截面图

图 5-5　自电容单层多点触控 OGS 图案设计

自电容单层多点触控 OGS 方案的设计规则为面阻在 40Ω/□左右。此部分面阻要求较高，主要是由于此种方案的外围走线均由 ITO 实现，若面阻太大，在触控面板的周边会出现误触控现象。并且，由于对 ITO 阻抗要求高，ITO 的膜层厚度相对较厚，ITO 感测线图案在某些角度上可见。需要通过一些工艺调整来改善此问题，这主要涉及触控屏厂的制造工艺问题。

自电容单层多点触控的坐标计算方式相对来说会复杂一些，主要是通过九宫格里几个感测线的感应量大小进行加权平均值计算，最终确定（X，Y）坐标：

$$X=(c_1\times x_1+c_2\times x_2+\cdots+c_9\times x_9)/(c_1+c_2+\cdots+c_9) \quad (5\text{-}1\text{a})$$

$$Y=(c_1\times y_1+c_2\times y_2+\cdots+c_9\times y_9)/(c_1+c_2+\cdots+c_9) \quad (5\text{-}1\text{b})$$

如图 5-6 所示，图中（x，y）代表各个 Sensor 对应的中心点的坐标，c 为对应的 Sensor 手指接触前后的电容差值，如当手指的触摸中心靠近（x_1，y_1）时，手指与 Sensor1 重叠面积会较多，Sensor1 在手指接触前后的电容差值也会更大，即产生出的 c_1 也会相对较大，相对 c_1 在九宫格里几个 Sensor 电容差值占的权重也会较高，可以通过 IC 读取 c 的大小，通过设计图可以推算出各个 sensor 的中心点坐标（x，y），这样通过加权平均值的计算方式可以得出较为准确接触点位的具体坐标公式如（5-1），当然各家 IC 厂在细微的部分会增加自己独特的处理方式。

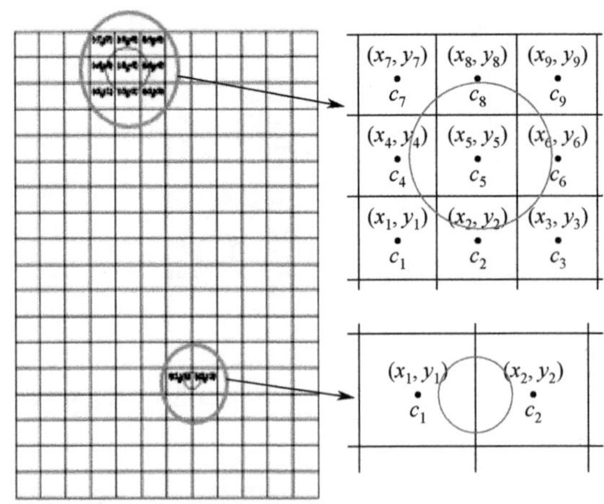

图 5-6　自电容单层多点触控 OGS 坐标计算

5.2.2　OGS 互电容式设计技术

互电容式 OGS 触控技术可以分为单层多点和传统互电容（架桥方

案）两类。

1. 互电容单层多点 OGS 技术

互电容单层多点 OGS 技术是在保护玻璃上形成 ITO 感测层等图案。这种设计的工作原理如图 5-7（a）所示，Y 为感应通道 Rx，X 为驱动通道 Tx，两个通道左右交叉形成均匀的耦合电场；Y 是竖直的连续 ITO 通道，X 通过引出线将通道引出 AA 区域至 FPC 绑定区域，引出线连接 X 通道，X 被打散，分布到 AA 的各个区域，需使用透明的 ITO 线将其引出连接。单层互电容的走线空间位于 AA 区域内，理论上不提供触摸信息，所以也称为"死区"。死区宽度建议小于 2.2mm（极限 2.5mm），并尽量保持一致。死区越小，性能越接近传统互电容。制程能力越好，方阻可以做得越小，引出线可以更细，死区宽度越小。但是，为满足通道阻抗不超过极限值，部分通道需要增加引出线宽度，即走线越长，宽度越宽。

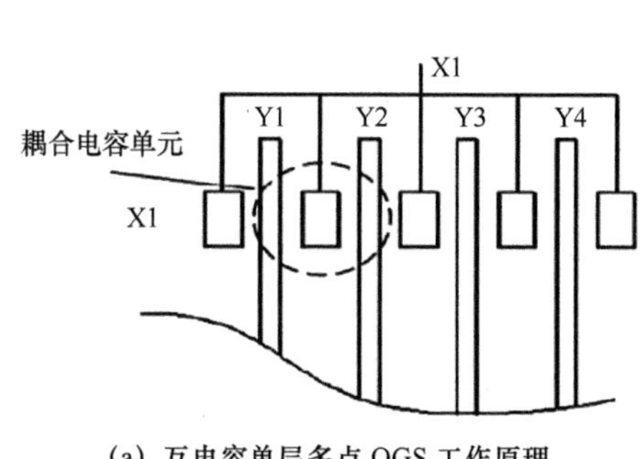

(a) 互电容单层多点 OGS 工作原理

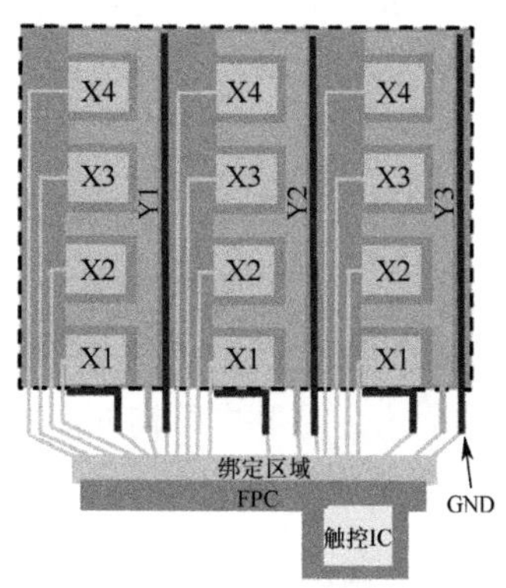

(b) 互电容单层多点 OGS 图案设计

图 5-7　互电容单层多点 OGS 设计

互电容单层多点 OGS 设计常用的图案如图 5-7（b）所示，图中标示 X 和 Y 的不同图案均为同一层 ITO 形成的感测线图案，X 方向感测线通过绑定区域连接到 FPC，并在 FPC 上全部连接在一起，然后再连接至触控芯片。图中 GND 走线 Y1、Y2、Y3 用于屏蔽两侧感测线之间的电容耦合。

为提升正常感测线的信号量，通常会增加其电容耦合，进行一种毛毛虫结构的图案设计。如图 5-8 所示，将图中驱动电极 X4 变成一个 E 字形结构，将接收电极 Y3 增加一些伸出来的触角，和 X4 电极进行耦合，提升手指触摸上去的电容改变量，从而增加信号量。

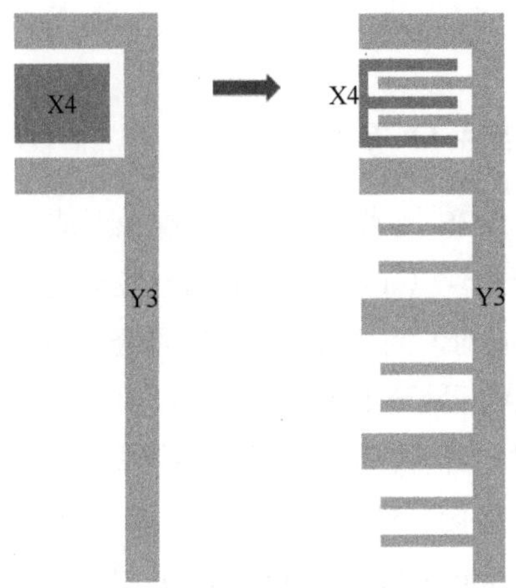

图 5-8　毛毛虫结构的图案设计

毛毛虫结构的图案设计总体成本较低，只是 FPC 的面积较大，会略微增加一些成本。但是，这种方案在触控感测线上只需要一道掩模版，结构和自电容单层多点类似，对产能影响小，并且可以支持 5 点触控。采用毛毛虫结构的图案设计，触控性能没有传统互电容的触控性能表现那么优秀，如传统互电容的线性度在 1.0mm/1.5mm，而此项技术的线性度会略差，在 1.5mm/2.0mm 左右。而且由于对 ITO 阻抗要求高，ITO 的膜层厚度相对较厚，ITO 感测线图案在某些角度上可见。当然，可以通过一些工艺调整来改善此问题。总体而言，毛毛虫结构的图案设计性价比较高，品牌终端厂商的低端机上出现较多。

2. 传统互电容 OGS 技术

采用架桥方案的传统互电容 OGS 技术，在保护玻璃（OGS 背板）上先后形成金属层、OC1 绝缘层、ITO 感测层、OC2 绝缘层等图案，其截面如图 5-9（a）所示，其中 ITO1 与 ITO2 为同一道 ITO 制程形成，只是由于两种 ITO 分属于驱动电极和接收电极，故区分开。其中，金属层起到外围走线和架桥作用。由于此种设计较为常见，此处不再介绍其工作原理。此种设计常用菱形感测线图案，也有很多其他图案设计，但基本都是菱形结构延伸出的一些方案，原理基本是一致的。如图 5-9（a）所示的金属桥接方案由于在面内有金属存在，会出现很多细小的金属格点问题，需要触控屏厂通过特殊工艺进行处理。可以采用如图 5-9（b）所示的 ITO 架桥方案，即使用两层 ITO，同层的 ITO1 和 ITO2 分别设计成驱动电极和接收电极，ITO3 层只用作架桥导线。

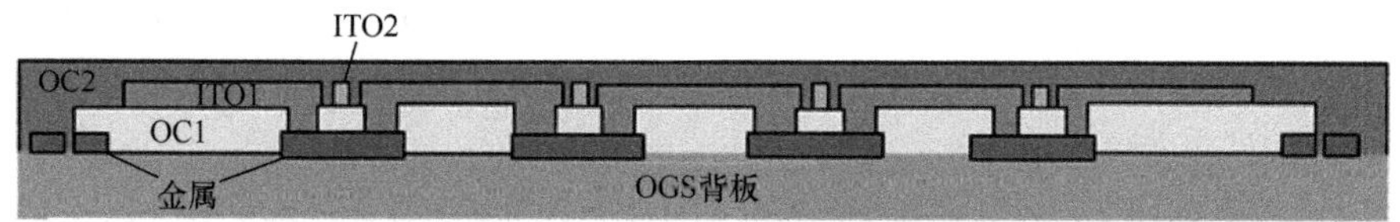

（a）互电容架桥（金属架桥）单层 ITO 菱形截面图

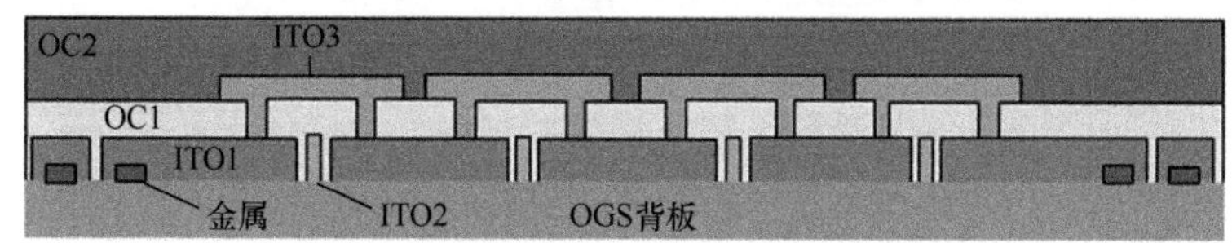

（b）互电容架桥（ITO 架桥）双层 ITO 菱形截面图

图 5-9　互电容架桥 OGS 触控屏设计

架桥方案是 OGS 触控技术方案里成本最高的一种，也是性能最好的一种。采用架桥方案的传统互电容 OGS 技术可以支持到中尺寸（≤15.6 英寸），而自电容单层多点触控 OGS 技术只能支持 7 英寸以下的尺寸。

5.2.3　OGS 触控屏制造技术

1. OGS 触控屏的工艺路线概述

OGS 触控屏的工艺路线主要有大片制程和小片制程两种。

大片制程（Sheet 路线）以整片玻璃基板进行感测线的蚀刻工艺，适用于高世代的触控屏生产线，生产效率高、ITO 感应线路良率也比较高。OGS 触控屏大片工艺（Sheet 路线）流程如图 5-10 所示，先将整片玻璃基板进行第一次强化处理，通过黄光制程在整片基板上蚀刻出 ITO 图案，再切成对应触控屏尺寸的 Piece 小片。由于第一次强化后的玻璃经过切割，玻璃表面会产生许多细微的损伤，造成玻璃边缘强度弱化而容易破裂，所以在切成 Piece 小片后要再做一次边缘二次强化处理。

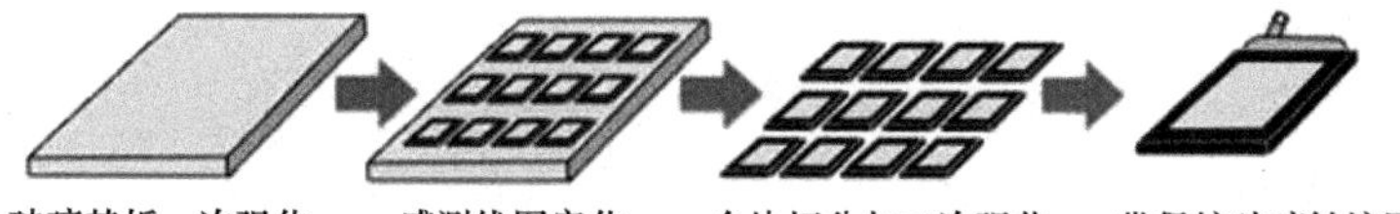

图 5-10　OGS 触控屏大片工艺（Sheet 路线）流程图

以康宁的 Gorilla 玻璃为例，Sheet 路线的 OGS 触控屏强度在切割后的弯曲强度为 350MPa，二次强化后的强度为 450MPa，勉强满足 2011 年业界确定的 450MPa 这个强度标准，其测试方式主要是通过 3 点弯折实验来测试荷载。如果采用硬度介于 Gorilla 和普通玻璃，加工难度相对较小，方便二次强化。也有玻璃厂商使用新型强化剂做二次强化，使得强度恢复到 700MPa。大片工艺生产效率高，但制程烦琐，达 16 道工序，同时强度不足、难以钻孔、难以实现彩色化，外形设计因而受限。

OGS 触控屏小片工艺（Piece 路线）流程如图 5-11 所示，首先对应触控屏尺寸切割出 Piece 小片玻璃，放入化学溶剂中，通过化学置换反应实现强化处理，然后对每个小片单独进行黄光制程处理形成所需的 ITO 等图案。使用小片工艺，可以维持一般独立表面玻璃（不兼做感测器）的强度，但对工艺的要求较高，成本相应上升。

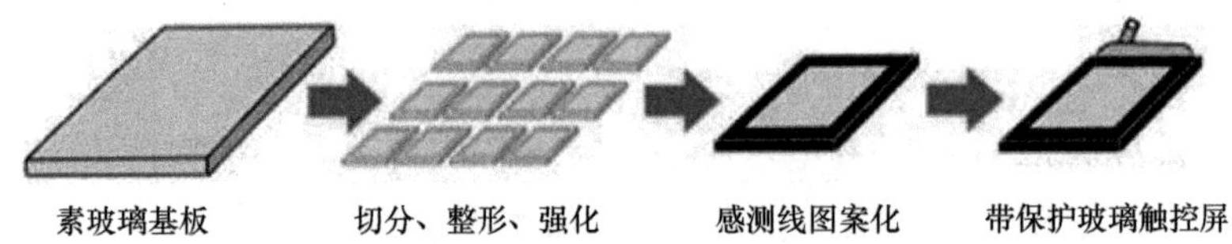

图 5-11　OGS 触控屏小片工艺（Piece 路线）流程图

使用 Gorilla 玻璃生产独立表面玻璃时，可以达到 60～700MPa 的强度（厚度≥0.55mm）。小片工艺相对简化，仅 11 道过程，且强度佳、允许钻孔、可以轻松实现彩色多样化，生产与设计都更为灵活。小片工艺比大片工艺更为环保节能，良率也有所提升。同时，由于不同厚度强化的难度不同，在早期业界仅能提供 1.0mm 的触控屏，随着技术发展，现在较为成熟的主要是 0.7mm 和 0.55mm。

2．感测线图案化工艺

OGS 触控屏的工艺路线中关于感测线图案化的部分，主要是通过镀膜和蚀刻实现。根据不同的 OGS 分类和触控屏厂家制造诀窍，形成不同的感测线图案化流程。

自电容/互电容单层多点感测线图案化流程如图 5-12 所示，在 OGS 背板上镀 ITO，并对其进行图案化处理，然后对触控屏进行外观和功能检测。

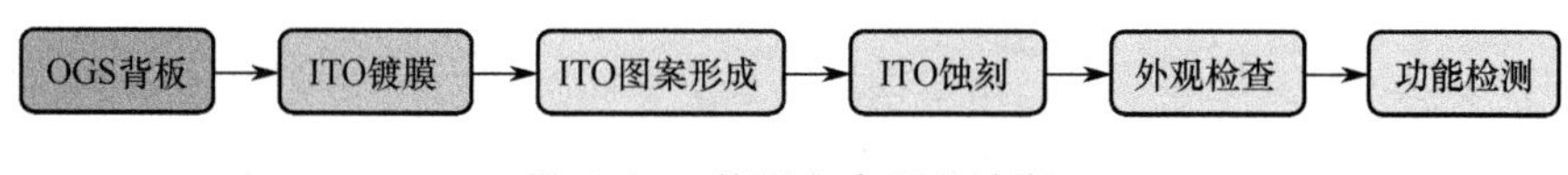

图 5-12　单层多点工艺流程

采用金属架桥的互电容 OGS 触控屏工艺流程如图 5-13 所示，在 OGS 背板上先镀上金属膜层，对金属膜层进行图案化后镀一层 OC 绝缘层，再镀上 ITO 膜层并对其进行图案化处理，最后再镀上一层 OC 绝缘层。此时的 OGS 触控屏截面结构如图 5-9（a）所示。这个流程也可以将 ITO 层和金属层的顺序进行互换。

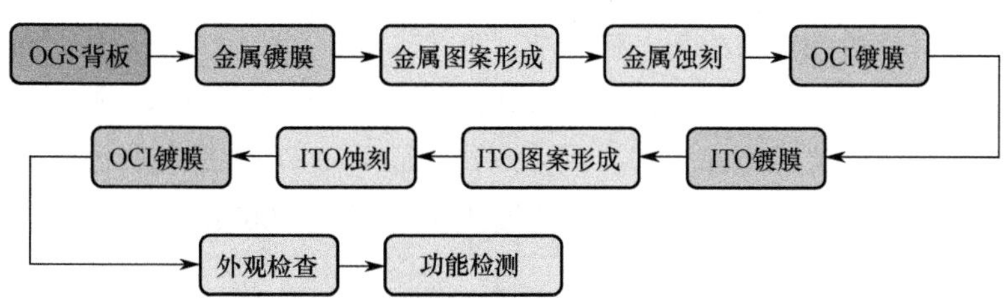

图 5-13　采用金属架桥的互电容 OGS 触控屏工艺流程

采用 ITO 架桥的互电容 OGS 触控屏工艺流程如图 5-14 所示，在 OGS 背板上先镀上金属膜层，起到金属走线作用，对金属膜层进行图案化后再镀上 ITO1 膜层，并对其进行图案化处理，此层 ITO 起感测线功能层作用，然后镀上一层 OC 绝缘层，再镀一层 ITO2 并图案化处理，此层 ITO 起架桥作用。最后再镀上一层 OC 绝缘层。此时的 OGS 触控屏截面结构如图 5-9（b）所示。

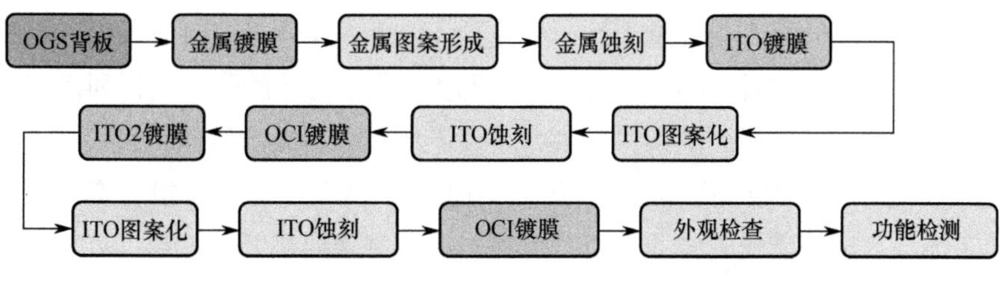

图 5-14　采用 ITO 架桥的互电容 OGS 触控屏工艺流程

3．工艺路线比较

在设计弹性上，小片式 OGS 触控屏在强化前采用一般性玻璃，可完成钻孔、倒角、凸台（2.5D）或曲面（3D）设计，同时印油墨精度高且工艺灵活，可以轻松实现彩色化。由于油墨需要多层印刷，当丝印精度不高时，部分边缘区域丝印次数会存在差异。当用黑色以外的颜色时，丝印次数差异会造成颜色存在一定差异，即彩色化会受油墨丝印精度影响。而大片式 OGS 触控屏采用强化玻璃，较难倒角设计、无法完成钻孔且只能做平面设计，印油墨精度不高，工艺灵活性受限。

大片工艺虽然采用强化玻璃，并不意味其强固性较佳。由于需要再进行切割才能运用于中小尺寸电子产品上，切割后将对玻璃边缘的强化层造成破坏，而因此须再进行一次强化制程。在此过程中，要兼顾保护已制成的感测线路，将导致可能强度不足。相对地，小片工艺在外观设计成型后进行深度强化，再完成感测线路制程的方式。大片式 OGS 触控屏暂未能满足部分对整机强度要求较高的产品需求。具体测试验证是在 OGS 触控屏上实施 3 点静压测试的结果，小片式 OGS 触控屏最低可承受到 500MPa，但大片式 OGS 触控屏一般仅能承受至 300MPa。

大片工艺可以使用更高世代的基板，量产后更具规模效应优势。小片工艺的技术门槛高，面临触控灵敏度、触控屏硬度、透光度等产业链的连锁反应。目前大片工艺或小片工艺并不是仅有强硬度的技术门槛。在触控灵敏度上，还有控制芯片厂解决 LCD 及电源的物理噪声问题，也是小片工艺的关键。

为提高 OGS 触控屏的玻璃强度，避免摔落时易碎，开发了物理和化学方式的强度加工方式。对物理方式而言，玻璃切割后，断面的裂痕修整系利用研磨方式进行二次强化，优点是良率高、机构抗压能力可明显提升数倍。缺点是产能很低，不具备量产性，且需要大量人力操作与机台设备，以及制程相当费时，至少需 30min 才可产出一批货。化学方式的强化制程利用氢氟酸 HF 微蚀刻玻璃断面的切割裂痕，不仅产能较大、量产性佳，且仅需 7～8min 即可产出一批产品，机构抗压力可提升 4～8 倍。只要将机台安全性设计完善，且规划流畅的作业动线，可将作业危害降到最低。

4．OGS 触控屏制造中的问题

在 OGS 触控屏经过数控机床（Computer Numerical Control，CNC）精密机械加工（主要是研磨）后，显微镜下常见的缺陷与问题有细微裂痕（Chipping）、放射裂痕（Radial Crack）、侧向裂缝（Lateral Crack）、扭梳纹（Twist Hackle）及振纹（Chatter Mark）等，如图 5-15 所示。这些问题若不改善，即使经过二次强化也无法有效提升产品的机构抗压力，因此客户皆会针对不同产品等级设定不同的制程规范。

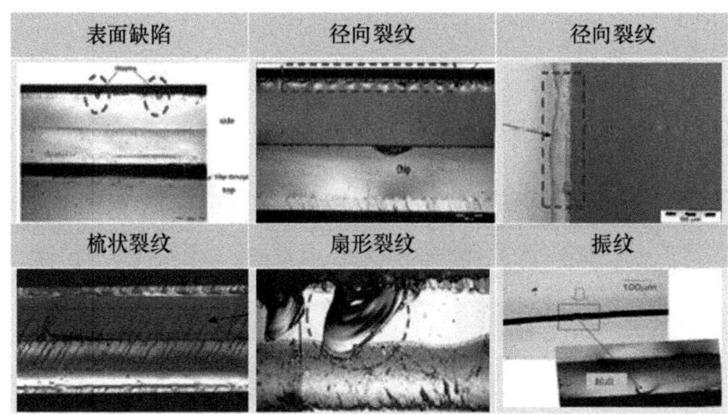

图 5-15　OGS 产品在 CNC 后常见的缺陷与问题

在沉浸式湿制程设备进行化学二次强化时，常见的问题有凸点（Pimple）、渗酸造成的 BM 色阻缺色、边缘破损及刮伤等。这些问题的起因，有部分是制程造成，有部分是玻璃原料在前段制程导致，如抗酸油墨或抗酸膜与玻璃贴附性不佳，造成蚀刻过程中发生漏酸侵蚀玻璃表面，使 BM 色阻缺色。一般是重工再将 BM 色阻补上，防范措施为选择黏着度较佳的抗酸膜或黏附性较佳的抗酸油墨。另外，部分可能与玻璃承载治具有关，如玻璃边缘的破损或裂痕，可能是蚀刻制程中气泡量过大产生严重振荡，造成玻璃边缘破裂，调整适当的制程参数，即可改善此问题。当然玻璃表面的脏污问题，可在贴上抗酸膜或抗酸油墨之前，将玻璃放进清洗机台进行清洗，防止脏污沾黏在玻璃表面造成外观不佳。

没有一种 OGS 触控屏工艺方案能同时解决硬度、触控灵敏度、透光度等问题。值得注意的是，OGS 虽然相对减少了单片玻璃，最后仍会包上一层防爆膜，但防爆膜容易有黄化、凹凸不平等良率问题。

5.3　On-Cell 触控技术

On-Cell 触控技术也叫 TOC（Touch On Cell）技术，是将触控感测层与显示屏玻璃（Cell）结合，以显示屏玻璃为基板，在显示屏玻璃上镀上含 X 轴及 Y 轴感测电极，减少玻璃材料成本，并减少一次贴合程序来提高良率，提升集成度。如图 5-16 所示，在 On-Cell 触控结构中，触控感测线路夹在

LCD 彩膜基板或 OLED 封装玻璃与偏光板之间，显示屏玻璃同时起到显示和触控感测器的双重作用，同时还能因轻薄化而大幅提升面板透光度及触控灵敏度。

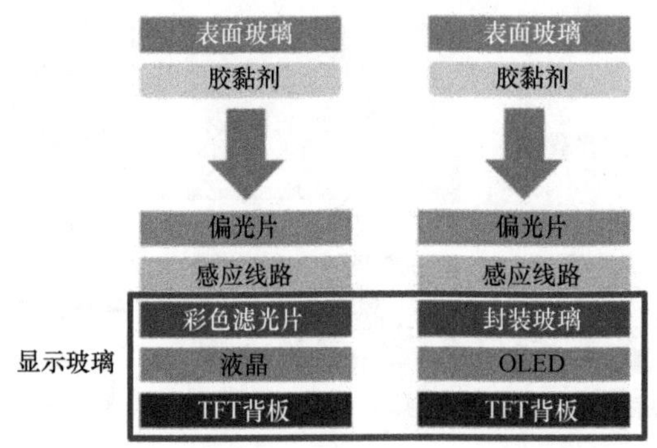

图 5-16　LCD 和 OLED 的 On-Cell 触控结构

5.3.1　On-Cell 触控技术分类

On-Cell 触控技术可分为电阻式和电容式两大类。两者都是在 CF 基板或封装玻璃的外侧和偏光板之间集成了触控感测器，工作原理与外挂式触控屏相同。

1．电阻式 On-Cell 触控屏

电阻式 On-Cell 触控屏原理是将屏幕上触摸点的物理位置转换成横向和纵向的电压。它可以产生屏幕偏置电压，同时读回触摸点的电压。电阻式触控屏基本上是 PET 薄膜加上玻璃的结构，薄膜和玻璃相邻的一面会涂上 ITO 薄膜，ITO 具有很好的导电性和透明性。当触摸操作时，PET 薄膜下层的 ITO 会接触到玻璃上层的 ITO，经由感应电路输出相应的电信号，经过转换电路传送至处理器，再计算并生成屏幕上的横向和纵向坐标值，从而完成点选的动作。

电阻式 On-Cell 结构如图 5-17 所示，在偏光板和 CF 彩膜基板之间分布两层 ITO 感测电极，上层 ITO 感测电极做在 PET 软性基材上，下层 ITO 电极做在 CF 彩膜基板玻璃的外表面，两层 ITO 感测电极之间隔着间隙子。

电阻式触控屏是一种在密闭空间环境中工作的触控屏，它具有不怕水汽、灰尘及油污的优点，甚至可以用所有的物体来接触触控。但比较明显的

缺点是复合 PET 薄膜的外层采用塑胶材料只能容忍有限的受力，触摸时按压力量太大或使用锐器可能划伤屏幕。

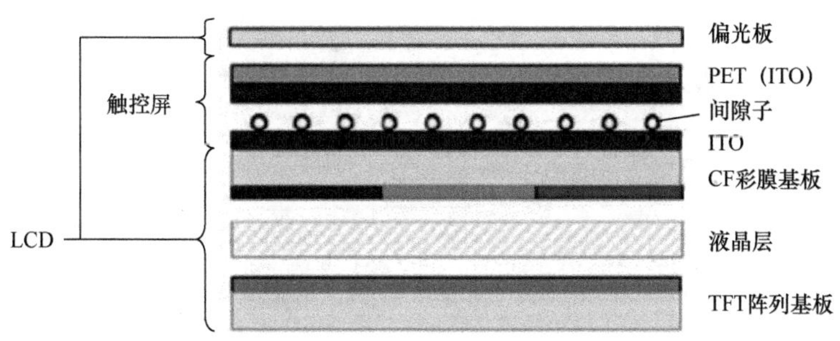

图 5-17　电阻式 On-Cell 结构

2．电容式 On-Cell 触控屏

与电阻式 On-Cell 结构类似，电容式 On-Cell 结构也是在上偏光板与 LCD Cell 的 CF 基板之间制作感测电极，如图 5-18 和图 5-19 所示。Sensor 工艺一般制在已经完成对组的大板上（业界称 ODF 大板），ODF 大板是指完成了 Cell 段工艺，即完成了 TFT 基板和 CF 基板的贴合的玻璃基板，还没有进行切割工艺。具体制造工艺会在 5.3.3 节详细介绍。

电容式 On-Cell 结构可以细分为表面电容式和投射电容式两种。如图 5-18 所示，表面电容式 On-Cell 触控屏采用的是单层的 ITO 电极，电极工作时会形成一个低电压交流电场。当手指触控屏表面时，手指与导体层间会形成一个耦合电容，通过电容的作用使一定量的电荷转移到人体。而屏幕表面由于损失了电荷产生了电压差就会使电荷从屏幕的四角补充进来，补充电荷量的大小是由离触摸点的距离决定的。

投射电容式 On-Cell 触控屏与表面电容式 On-Cell 触控屏相比，可以穿透较厚的盖板，如图 5-19 所示。投射式电容又可以划分成自电容式和互电容式两类。在玻璃表面用 ITO 制作成横纵相对的电极阵列，这些横向和纵向的电极分别与地之间构成电容，这个就是通常所说的自电容。工作状态下当手指触摸到电容屏时，手指的电容将会叠加到触控屏电容上，使屏上电容量瞬间增加，并能够被检测到。在检测时，自电容屏会分别检测横向与纵向电极阵列，根据触摸前后电容的变化，分别计算并确定横向坐标和纵向坐标，然后再处理合并成触摸点坐标。

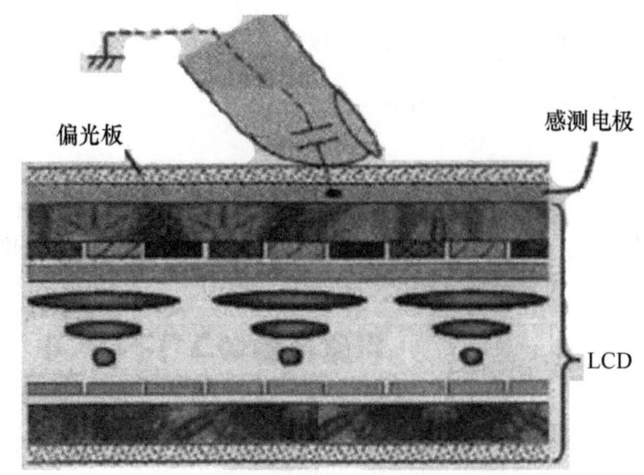

图 5-18　表面电容式 On-Cell 结构

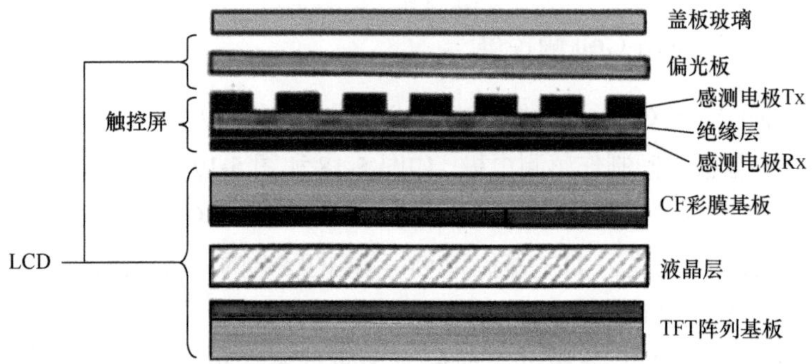

图 5-19　投射电容式 On-Cell 结构

互电容也是用 ITO 制作横向和纵向电极，与自电容的区别在于互电容检测的是横纵两级之间构成的电容。当手指触摸到电容屏时，影响的是触摸点位置两个电极之间的耦合，从而改变这两个电极之间的电容量。检测互电容大小时，横向的电极发出电流信号，纵向的电极接收信号，这样可以得到所有横向和纵向电极相交点的电容值大小。根据触控屏电容触摸后的变化量，可以计算出对应触摸点所在的坐标。因此，屏上即使有多个触摸点也不受限制，都能准确地计算出每个触摸点的坐标。

与电阻式 On-Cell 技术相比，电容式 On-Cell 具有优势，如透光率高（不需要 PET-ITO 膜）、触控精度高，需要时可以加盖板玻璃保护（电阻式不能加硬质保护玻璃，因为 touch 时需要形变）。目前在消费类电子产品中几乎没有电阻式和表面电容式技术在应用，主流的 On-Cell 触控技术是投射电容式 On-Cell 结构。下面的 On-Cell 设计相关内容主要介绍投射电容式 On-Cell 触控屏的设计。

5.3.2　On-Cell 触控屏设计技术

投射电容式 On-Cell 触控技术是成熟的 On-Cell 触控技术，主要分为多层外嵌式（Multi-Layer On Cell，MLOC）和单层多点外嵌式（Single Layer On Cell，SLOC）两大类。结构与图案分别和前面介绍的 OGS 单层多点及架桥式多层多点类似。

1. MLOC 触控技术

MLOC 触控技术能达到的触控精度高于 SLOC 触控技术，“消影”效果根据实际测试实验也明显好于 SLOC 触控技术，可实现的功能比 SLOC 触控技术更精细、更丰富，因此 MLOC 触控技术的应用范围更广。

MLOC 触控屏中的感测电极图案的典型结构是菱形结构，和 OGS 架桥菱形结构一样。MLOC 触控屏感测电极图案的典型结构如图 5-20 所示，感测电极图案（一般采用 ITO 材料制作）包括多个发射电极 Tx 与多个接收电极 Rx，在接收电极 Rx 与发射电极 Tx 交叉的区域需要采用导电连接结构（比如金属桥）进行横向或竖向的桥接。

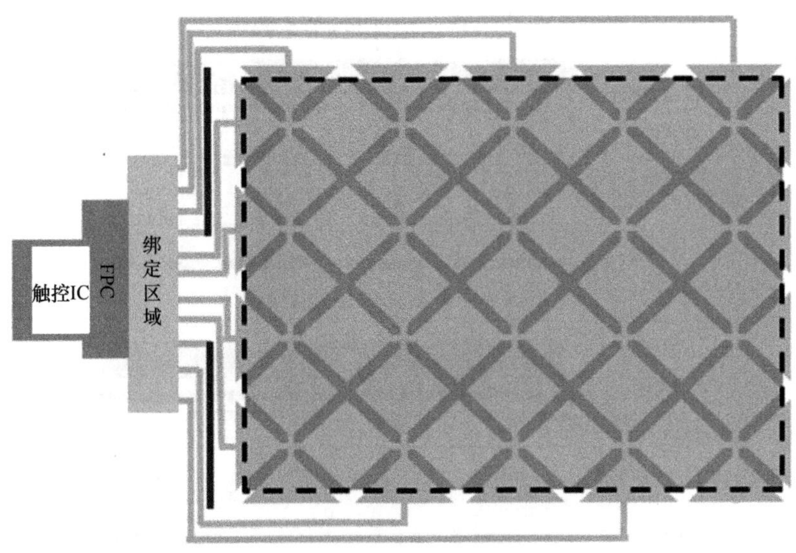

图 5-20　MLOC 触控屏感测电极图案的典型结构

随着触控显示技术的发展，长条形触控屏、大尺寸触控屏及折叠式触控屏在移动设备上得到了大量的应用和发展。随着触控屏尺寸增大、长度增加和可折叠化的演化应用，触控屏出现了纵向通道阻抗不断增加的问题，导致触控芯片驱动无法将整个通道完全充满；触控屏上下两端的电容值差异增大；折叠线位置由于折叠导致触控通道失效等问题；影响了触控屏的触控灵敏度和触控精度。为实现触控功能，通常用导电能力更强的金属网格结构代替 ITO 薄膜。

2. SLOC 触控技术

SLOC 触控屏感测电极图案的典型结构就是单层多点结构，分自电容式和互电容式两种。SLOC 技术的原理、结构及电极图案与 OGS 单层多点方案是相同的，SLOC 触控屏的自电容单层多点图案具体如图 5-5(a)所示，SLOC 触控屏的互电容单层多点图案具体如图 5-7（b）所示。

开发 SLOC 触控技术是为了降低生产和材料的成本，因为其产品可以省多道工艺，感测电极形成只需要一道光刻工艺，使其产品良率高于 MLOC 触控技术。毛毛虫形状的图案成了 On-Cell 触控技术的主流图案。毛毛虫结构只需要镀一次膜，并不用做绝缘的架桥设计，不同的触控驱动芯片公司，对应的毛毛虫图案不同。SLOC 触控屏的产品结构如图 5-21 所示，图 5-21（a）是 TN 型的 SLOC 结构，相较于图 5-21（b）IPS 的结构在 CF 上一层公共电

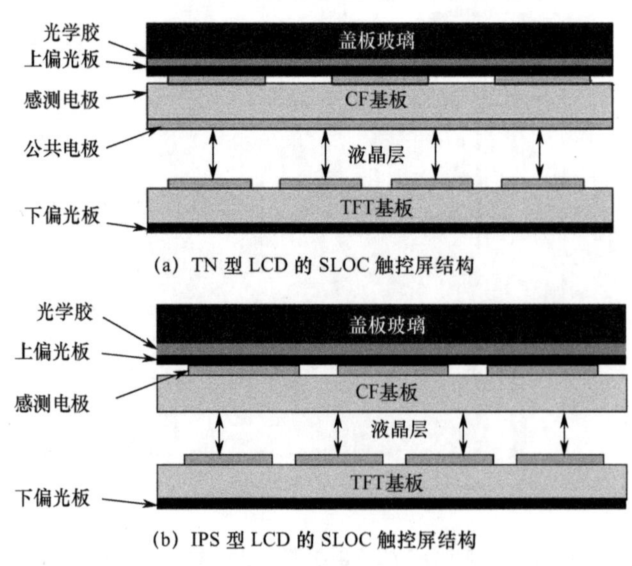

(a) TN 型 LCD 的 SLOC 触控屏结构

(b) IPS 型 LCD 的 SLOC 触控屏结构

图 5-21 SLOC 触控屏的产品结构

极，此层公共电极可以起到屏蔽显示器相关器件对在 CF 背面感测电极的干扰的作用，TN 型结构信噪比相对会更高一些。

SLOC 触控屏的感测线只有一层，在设计上有一些局限。首先，每一个触控单元都要单独拉线出来，导致需要压接绑定的引脚数量较多，FPC 尺寸较大。其次，SLOC 触控技术存在 ITO 感测线图案可见问题。但是，为降低信号延迟，需要增加厚度去降低 ITO 电阻，从而导致 ITO 透光率降低、反射率增加，感测线图案更容易被人眼识别，在设计上需要做平衡和取舍。受触控芯片驱动能力的限制，并考虑感测线图案可见问题，一般应用于 7 英寸以下的触控屏产品。

3. On-Cell 总体设计

On-Cell 触控屏总体设计方法基本上与外挂式触控屏的设计一样，主要的参考选型要点也基本类似，如表 5-1 所示。

表 5-1　On-Cell 触控屏选型通用标准

ITO 图案	单层多点	架　桥
尺寸	≤7 英寸	≤15.6 英寸
ITO 方块电阻	40±10Ω	40±20Ω
LCD 的 CF 厚度要求	0.2～0.4mm	
盖板厚度要求	0.5～0.7mm；油墨绝缘阻抗大于 500MΩ/cm	
POL 阻抗	片材 PSA 中选用无加 AS 抗静电材料，阻抗大于 10^{13}Ω	
POL 厚度	0.1～0.2mm	
VDD 供电电压	3.3V 最佳	
节点电容	0.5～5pf	
TX/RX 对地电容	小于 170pf	
触控性能提升方式	增大 differ 感应量（减薄介质、降低方阻、提高介电常数）	
	降低噪声（增加 CF 厚度）	
	软件修改增益及 base 修改	
工艺设计要求	POL 偏贴只能选用水洗研磨方式	
	绑定使用低温 ACF	

On-Cell 触控屏的独特设计主要在于感测线图案上的细微差异，下面以 SLOC 触控屏为例进行说明。由于 On-Cell 触控屏的感测线与显示屏的 CF 基板挨得很近，且两者的图案都是周期性排列，会出现摩尔纹现象。减轻摩尔纹现象需要采取的措施如下。

（1）On-Cell 触控屏感测线的走线均需要形成一定的倾角：如图 5-22（a）

所示，感测线的走线均存在一定倾角的折线，倾角的度数各厂家会有一定差异基本都在 15° 左右，而外挂式触控屏的相同图案的感测线走线均为直线。

（2）On-Cell 触控屏感测线的 PaD 需要挖出对应的空隙，形成狭缝设计：如图 5-22（b）所示，放大框部分的感测线 PaD 部分内部都有狭缝挖空。

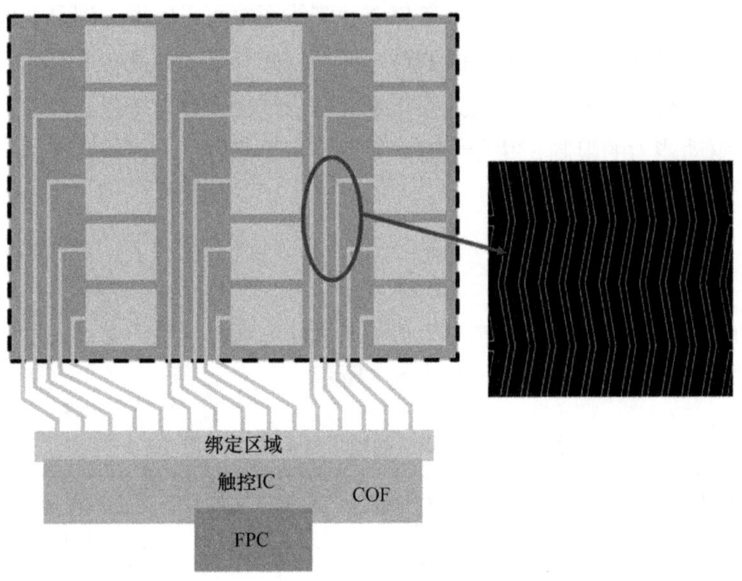

(a) On-Cell 折线设计

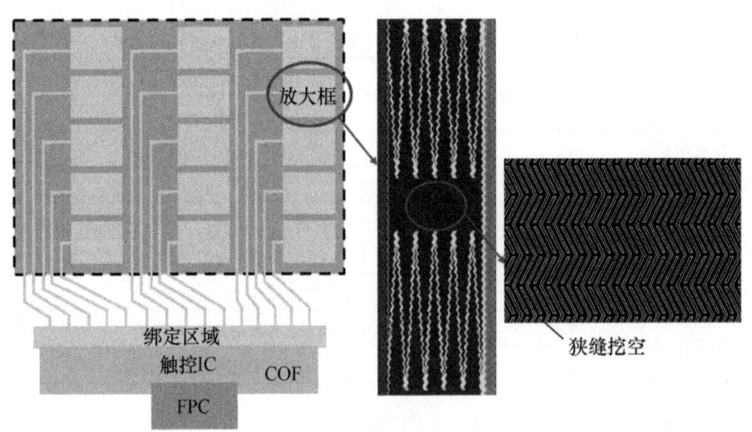

(b) On-Cell Slit 设计

图 5-22　On-Cell 减轻摩尔条纹的设计

On-Cell 触控屏设计与其他外挂式触控方案对比，有更佳的透光率、较薄，采用窄边框设计，ID 设计简洁。ITO 感测线位于 LCD 玻璃表面，跌落后即使盖板破裂也不影响触控功能。On-Cell 触控技术可以实现 5 点触控。对显示屏厂家而言。供应链更简单，触控显示模组（显示屏+触控屏）生产，全部由显示屏厂家独立完成。

On-Cell 触控技术难点包括：①触控芯片需要与显示屏驱动芯片做深度适配，触控屏加工厂商需要协调触 控芯片、显示屏厂、方案提供商三方之间进行程序适配调试。②集成面板材料成本虽有优势，但其他材料成本一样，加工成本高，直通折损成本高，售后人工成本高。③在光学方面仍有干扰，如在透光率、消影方面，仍不如 In-Cell 触控技术。

5.3.3　On-Cell 触控屏制造技术

On-Cell 触控屏的制造和 OGS 触控屏的制造类似，主要差异点就是把 OGS 背板变成显示屏玻璃背板，同时在进行 On-Cell 触控感测线制作前需要对显示屏的玻璃基板进行减薄。通常采取的措施是对 G4.5（玻璃基板尺寸为 750mm×925mm）的显示屏 Cell 进行化学减薄，一般由 0.8mm 或 1.0mm 减薄至 0.4～0.6mm。减薄后需进行玻璃表面的抛光研磨，减少凹凸点等。其次，由于 Cell 不能承受高温，进行 ITO 镀膜和金属镀膜时都要采用低温镀膜工艺。

不同类型的 On-Cell 触控屏对应的工艺流程及关键工艺难点不同。

采用金属架桥工艺的 MLOC 触控屏的工艺流程如图 5-23 所示，和 OGS 触控屏金属架桥的感测线工艺流程类似。但是，在进行 MAM（Mo-Al-Mo）镀膜时，因为是低温镀膜，入料腔体适当加温至 80℃，后续腔体均不加热，玻璃表面温度不超过 100℃。一般，ITO1 和 ITO2 的镀膜膜厚在 1350±200Å 左右，ITO 方块电阻为 30Ω。在进行 ITO 感测线图案形成的过程中，主流工艺可以做到线宽/线距比（Line/Space，L/S）为 30/30μm。目前，MAM 的镀膜膜厚为 3500±200Å，MAM 方块电阻为 0.3Ω。在 MAM 图案形成过程中，主流工艺可以做到 L/S=15/15μm。ITO 和 MAM 的图案形成均在成膜后使用湿蚀刻的方式进行蚀刻，主要是蚀刻液的成分和配比会存在一些差异，蚀刻制程的温度不超过 50℃。

关于图 5-23 所示的 OC 绝缘层镀膜部分，由于 OC 镀膜的温度不能超过 120℃（显示屏 Cell 能耐受的温度在 120℃），OC 的硬度较低，在 2B 左右，通常 OC 的厚度为 1.5～2.0mm，其中 1.5mm 时 OC 的阻抗约为 10+E16Ω，可以起到绝缘的作用。最后，和 OGS 工艺一样进行外观检测和功能检测。外观检测主要是在卤素灯下人员目视查看膜层是否存在刮伤等缺陷，功能检测是利用探针进行开短路检测，确定感测线的功能无缺陷。与 OGS 金属架桥方案类似，同样可以将金属镀膜和 ITO 镀膜的顺序进行对换。

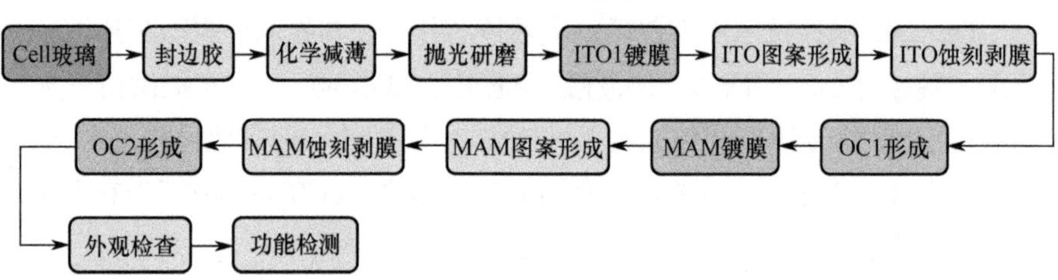

图 5-23　采用金属架桥工艺的 MLOC 触控屏的工艺流程

采用 ITO 架桥工艺的 MLOC 触控屏的工艺流程如图 5-24 所示，和 OGS 触控屏 ITO 架桥的感测线工艺流程类似，结合 On-Cell 触控屏工艺与 OGS 触控屏工艺的差异点，同样进行减薄和抛光，并进行低温 ITO 镀膜工艺，工艺条件也和金属架桥各层的工艺条件类似。

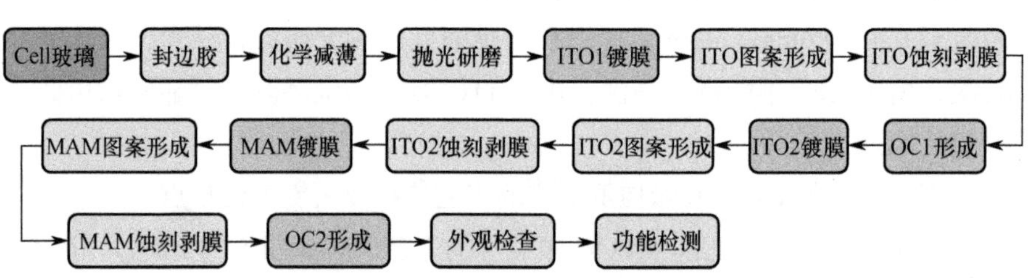

图 5-24　采用 ITO 架桥工艺的 MLOC 触控屏的工艺流程

SLOC 触控屏的工艺流程如图 5-25 所示，和 OGS 触控屏自电容/互电容单层多点的感测线工艺流程类似，同样需结合 On-Cell 触控屏与 OGS 触控屏的工艺差异点，需增加显示屏 Cell 的减薄和抛光工艺，进行低温 ITO 镀膜工艺，工艺条件和金属架桥的各层工艺类似。

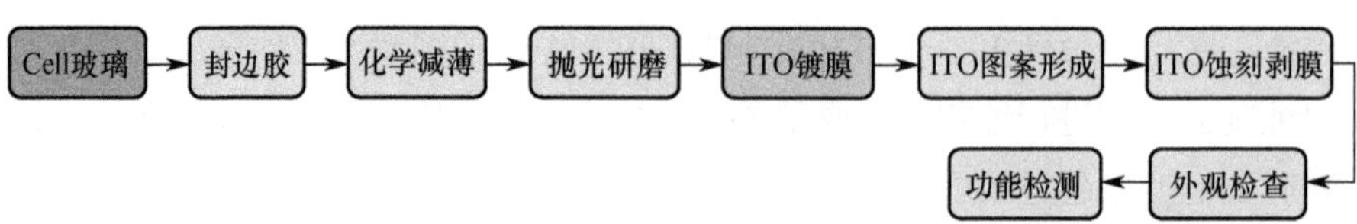

图 5-25　SLOC 触控屏工艺流程

5.4 In-Cell 触控技术

如图 5-26 所示，相比外嵌式（On-Cell）触控技术，内嵌式（In-Cell）触控技术，可以进一步有效降低触控面板厚度与生产成本，提高透光率，实现便携式触控显示模组轻薄化的极致体验。

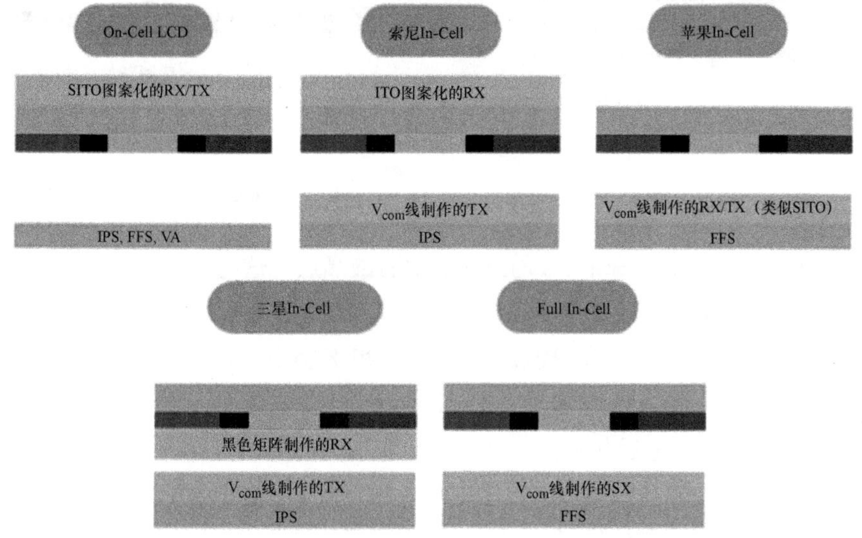

图 5-26　不同结构的 In-Cell 技术触控屏

5.4.1 In-Cell 触控技术分类

In-Cell 结构是将触控屏的感知功能组件直接布置在 LCD 显示屏内部。根据触控检出方法不同，可以把 In-Cell 触控技术分为电阻式和电容式两种。电容式作为 In-Cell 触控的主流方案，出现了各种各样的方案，且很多方案都有量产实绩，目前最为主流的是 Full In-Cell 触控技术。

1. 电阻式 In-Cell 触控技术

电阻式 In-Cell 触控屏的工作原理如图 5-27 所示，在蓝色 B 子像素中，有两个感测器（微开关），一个连接纵向的 *X* 感测线，另一个连接横向的 *Y* 感测线。感测器是裸露在液晶层中的导电 PaD，正上方是表面覆盖导电薄膜（一般为接 COM 电位的 ITO 层）的柱状间隙子（Photo Spacer，PS）。

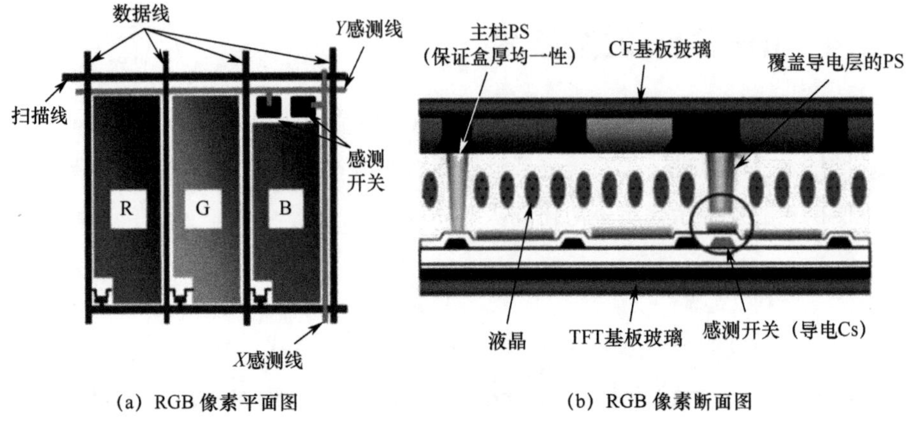

(a) RGB 像素平面图　　(b) RGB 像素断面图

图 5-27　电阻式 In-Cell 触控面板的工作原理

在没有触控时，导电 PS 与感测器隔着液晶层，这时 *X* 感测线和 *Y* 感测线断开。当手指按压上玻璃基后，上玻璃基板发生形变，CF 基板一侧的导电 PS 同时与对应的感测器接触，*X* 感测线和 *Y* 感测线导通。通过比较 *X* 感测线和 *Y* 感测线的断开与导通信息可以判断触控发生与否。通过分析 *X* 感测线和 *Y* 感测线导通后从触控点到信号接收端的电阻值可以确定触控点的位置。具体触点检出原理类似于数字电阻式触控技术，触控屏的大小受到 *X* 感测线和 *Y* 感测线的 RC 限制。

因为电阻式 In-Cell 触控屏在触控后需要上方玻璃基板发生形变，不适合在表面安装盖板玻璃。形变还影响上方导电 PS 的使用寿命，并且对 TN 和 VA 等垂直配向的液晶显示模式，在触控时还会出现显示画面异常问题。

2. 电容式 In-Cell 触控技术

索尼、苹果、三星等公司都推出了自己的电容式 In-Cell 触控技术。

索尼的 Pixel Eyes 技术，实际是由 JDI 公司进行生产的。图 5-28（a）所示的是索尼用于 IPS 型 LCD 的 In-Cell 触控技术。接收线（Rx）采用在 CF 基板外侧形成的 ITO 膜，驱动线（Tx）采用在 TFT 基板上的公共 ITO 电极（V_{com}）来实现。在接触面板表面时，在两层之间可检测出所发生的电容变化，从而达到触控输入的目的。因为其中一层感测电极位于显示屏外，这种方式也被称为 Hybird In-Cell 触控技术。该技术与现有 LCD 工艺的兼容性强。TFT 基板上的触控感测电极可以与 LCD 的显示 V_{com} 电极共享，而

CF 基板外侧的 ITO 触控感测线与 IPS 显示屏 CF 基板背面用于静电消散的 ITO 膜层共享。

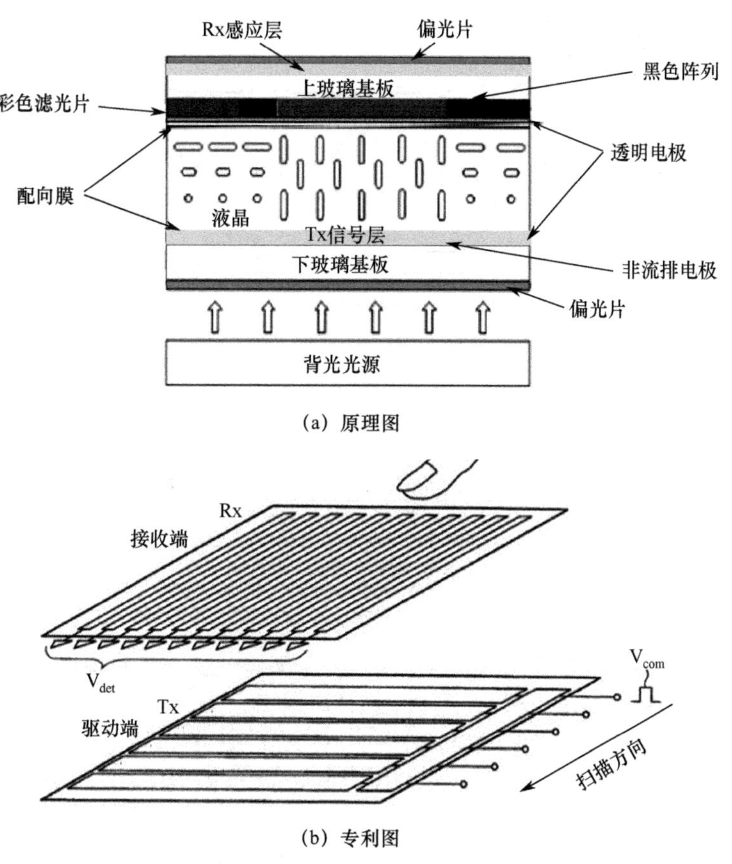

(a) 原理图

(b) 专利图

图 5-28　索尼用于 IPS 型 LCD 的 In-Cell 触控技术

用于 IPS 型 LCD 时有液晶电容所产生的噪声，与数据线，驱动线所产生的干扰信号难处理。这种 In Cell 触控技术的 Rx 在上玻璃的上方与 On Cell 相同，Tx 在两片玻璃之间与 In Cell 相同，所以可称为 In Cell 与 On Cell 的混合设计。在上玻璃上方只做 Rx 层的 ITO 在良率上会比 On Cell 结构好许多。Tx 与 Rx 相隔一片玻璃，在触控芯片的设计上相对简单。索尼内嵌式触控屏的 In-Cell 最接近干扰源，最远离信号源，因此，信讯最强、信号最差，触控反应最为迟钝。经常面临温度一高，In-Cell 在内部就会导致触控宕机的问题。

苹果用于 IPS 型 LCD 的 In-Cell 触控技术如图 5-29 所示，将公共电极层切碎，再用 X_{com} 跟 Y_{com} 导线重新排列，切碎再重组，是一个三层的立体结构，且必须考量到分时的问题：触控驱动时间占多少和画面显示时间占多少。技术相当复杂，考验 LCD 厂的生产能力。当显示屏的分辨率越高时，相对良率就越低，需耗费庞大的资源才能成功。这种 In-Cell 触控技术使用 X_{com} 与 Y_{com} 导线，将 V_{com} 电极细分后排列组合连接成感测线的形状。驱动线的组合电极面积大，感应线的组合电极面积小。触控与 LCD 驱动的线路分离不共享，与 LCD 驱动芯片分时工作，通常 LCD 在 60Hz 的频率下驱动需要 12ms，触控屏驱动需要 4ms。

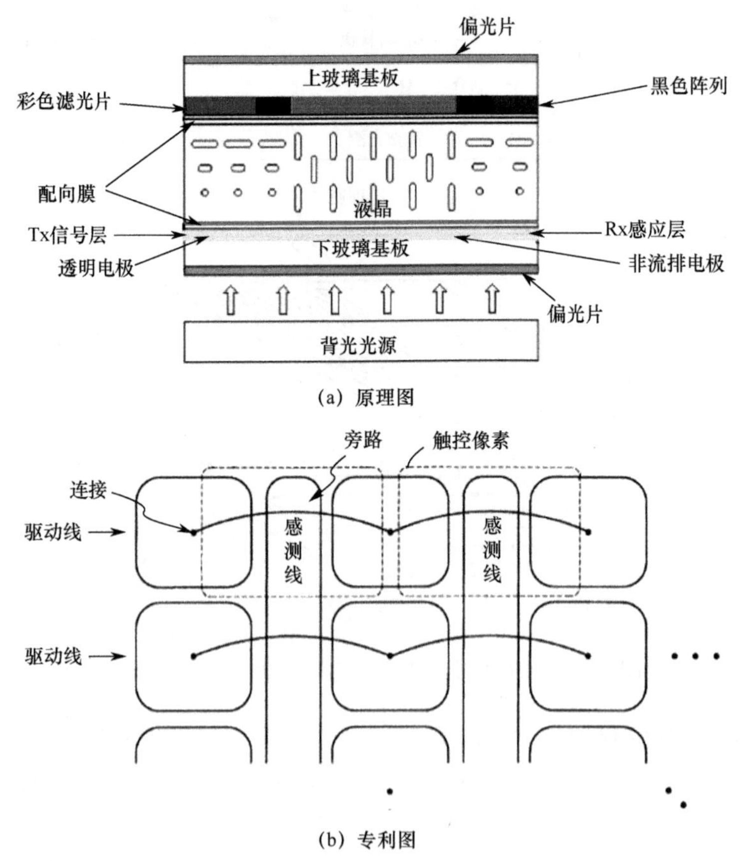

图 5-29　苹果公司用于 IPS 型 LCD 的 In-Cell 触控技术

三星用于 IPS 型 LCD 的 In Cell 触控技术如图 5-30 所示。使用 CF 基板上的 BM（需要使用黑色金属作为 BM），图案化后当作 Rx 使用，使用公共电极 V_{com} 层分为条状作为 Tx。LCD 显示屏设计变动少，量产容易。由于 Tx 与 Rx 距离太近，约 3μm，造成 Tx 与 Rx 两个电极之间的原始电容过大，但手指 Touch 后的电容变化量很小，所以信号量过小，侦测的灵敏度面临严苛的挑战，几乎找不到可用的触控芯片供货商，需要投入很多资源来研发新一代的触控芯片。

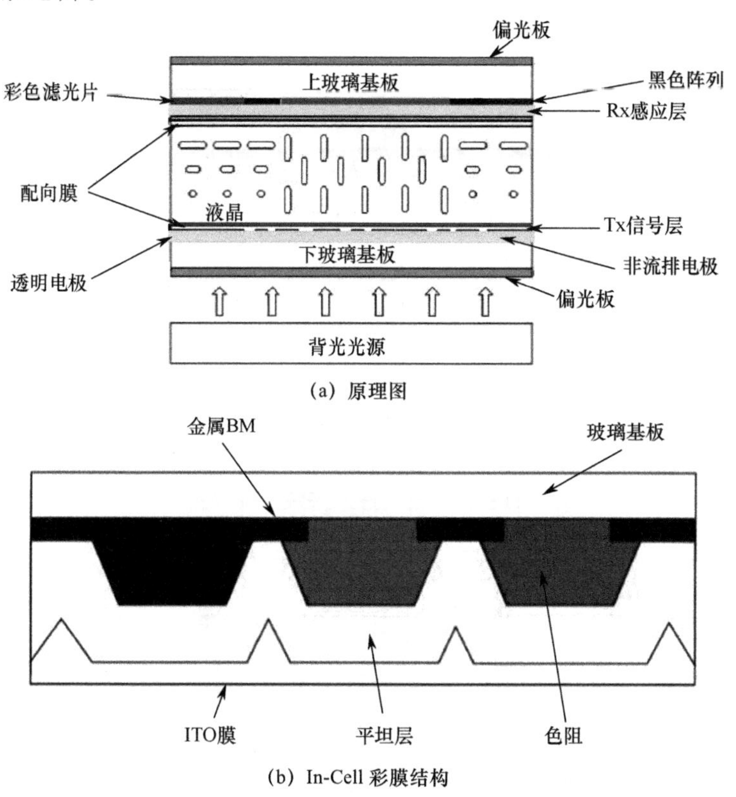

图 5-30　三星用于 IPS 型 LCD 的 In-Cell 触控技术

SuperC_Touch 公司用于所有 LCD 的 In-Cell 触控技术如图 5-31 所示，使用单层结构的图案套版在 BM 层上，将导电图案层制在 BM 上，触控芯片与 LCD 驱动芯片分别独立，不需要与 LCD 驱动分时工作，不需要增加光罩，不会影响良率，不会降低开口率，是最容易量产的 In-Cell 触控技术。但是，这种方案需要 LCD 进行 CF 基板与 TFT 基板都绑定 FPC 连接至芯片的工艺。这种方案及三星的方案都会对模组的结构提出较高的要求，要求显示屏的上下边缘进行绑定 FPC 以连接驱动芯片，这与高屏占比的趋势相悖。

电容式 In-Cell 触控的极致是 Nothing-Add In-Cell 触控技术，就是使用 LCD 显示屏内部结构作为感测线。目前量产的手机触控显示模组基本都采用这种技术，称为 Full In-Cell 触控技术，如图 5-32 所示。Full In-Cell 触控技术主要采用显示屏内部的 V_{com} 电极进行切割，作为触控感测电极，利用显示屏的显示频率大于人眼的识别频率，在每一帧显示当中分出部分时间作为触控的时间，实现显示与触控集成或其他。Full In-Cell 触控技术与现有触控技术的驱动原理比较如图 5-33 所示。

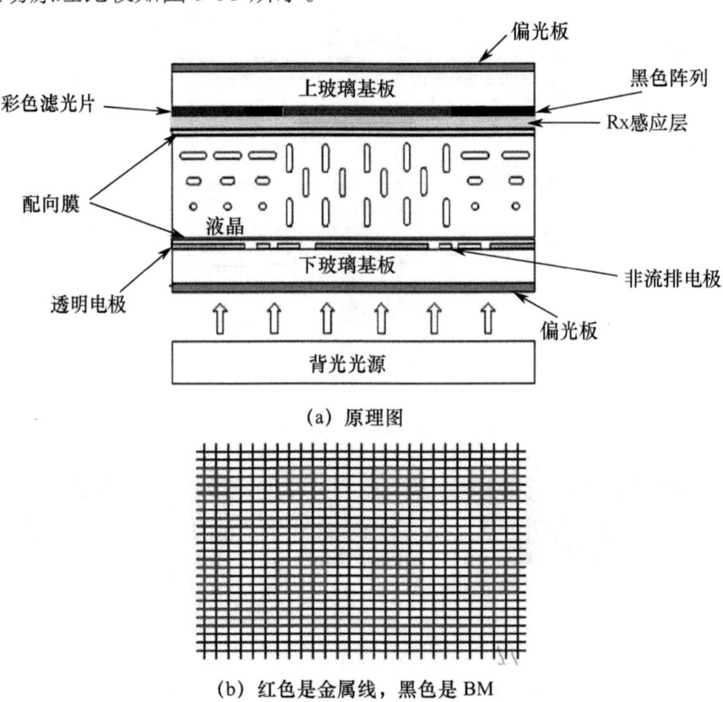

(a) 原理图

(b) 红色是金属线，黑色是 BM

图 5-31　SuperC_Touch 公司用于所有 LCD 的 In-Cell 触控技术

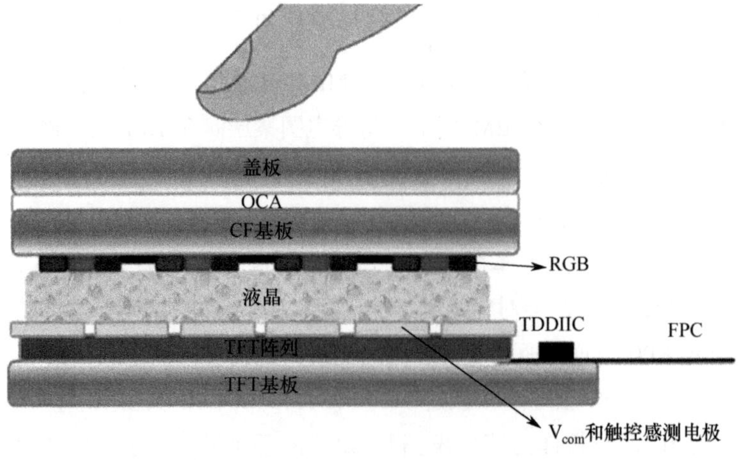

图 5-32　Full In-Cell 触控屏的结构

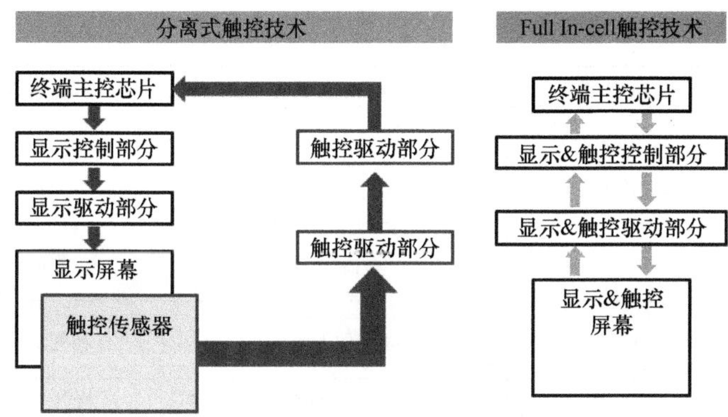

图 5-33　Full In-Cell 技术与现有触控技术的驱动原理比较

5.4.2　In-Cell 触控屏设计技术

主流 In-Cell 触控技术的电容式 In-Cell 触控技术，分为苹果公司的互电容 In-Cell 触控技术、索尼公司 pixel eyes 互电容的 Hybrid In-Cell 触控技术，以及 Full In-Cell 触控技术。其实，苹果公司的 In-Cell 触控技术也属于 Full In-Cell 触控技术，二者的区别是苹果公司的 In-Cell 触控技术是互电容模式，主流 Full In-Cell 触控技术是自电容模式。表 5-2 比较了 Hybird In-Cell、Apple In-Cell、Full In-Cell 触控技术，可以发现，Full In-Cell 技术较其他两种触控技术，在工艺与触控的时序上都有一定优势。

表 5-2　Hybird In-Cell、Apple In-Cell、Full In-Cell 触控技术对比

	Hybrid In-Cell	Apple In-Cell	Full In-Cell
结构图	Rx电极 彩膜基板 Tx电极 阵列基板	彩膜基板 Tx*Rx电极 阵列基板	彩膜基板 Rx电极 阵列基板
触控屏 FPC	CF 上 1 个 FPC	阵列终端两侧各 1 个 FPC	没有
LCD 显示模式	IPS/FFS	IPS/FFS	IPS/FFS
Tx 感测线	V_{com} 层上的共通图案	V_{com} 层上的共通图案	V_{com} 层上的共通图案

（续）

	Hybrid In-Cell	Apple In-Cell	Full In-Cell
Rx 感测线	CF 上的独立 ITO 层（触控一侧）	—	—
双侧工艺	需要	不需要	不需要
触控周期	行消隐时间	列消隐时间	行和列消隐时间
开关	嵌入 TFT 阵列	嵌入 TSP IC	嵌入 TSP IC

1. Hybird In-Cell 和 Apple In-Cell 触控屏设计

Hybird In-Cell 触控屏和 Apple In-Cell 触控屏均采用互电容技术，与外挂式互电容触控屏方案相似，最大的差别在于 Tx/Rx 走线的实现方式。

Hybird In-Cell 触控屏和 Apple In-Cell、Full In-Cell 触控屏在结构上的主要差异是需要在 CF 基板的背面镀上一层 ITO 作为接收电极 Rx，即如图 5-34（a）所示的 X 电极；而感测线驱动电极 Tx 则是将显示屏 TFT 基板上的一整面 V_{com} 进行切割，具体如图 5-34（b）所示，其中 Tx 驱动电极最终会由触控芯片上的通道进行供电。为保证 Tx 和触控芯片的连接，需要在 CF 基板的玻璃上增加一个 FPC，这不利于窄边框设计，相比于其他方案对材料成本和生产制造都有不利的影响。

而 Apple In-Cell 触控屏是将显示屏 TFT 基板上一整面的 V_{com} 层切割为小块的 Tx 和纵向的 Rx，将 Tx 用金属走线 M1（和显示屏 TFT 基板上的扫描线属同层金属）连接在一起实现，具体如图 5-35 所示。因为所有触控电路和显示屏驱动电路都被压接在 TFT 基板玻璃上，理论上可以实现显示和触控芯片和 FPC 共用。

2. Full In-Cell 触控屏设计

Full In-Cell 触控屏采用自电容技术，与 Apple In-Cell 触控技术一样，是应用显示屏内 V_{com} 电极作为触控感测线层，对 V_{com} 进行分割，然后通过金属走线连接至触控的控制芯片。但所有电极功能一致，不区分 Tx/Rx，所以这种设计方案对 V_{com} 电极可以切割成基本等大小的，尺寸约为 4mm×4mm 的小块 ITO 图案，如图 5-36 所示。

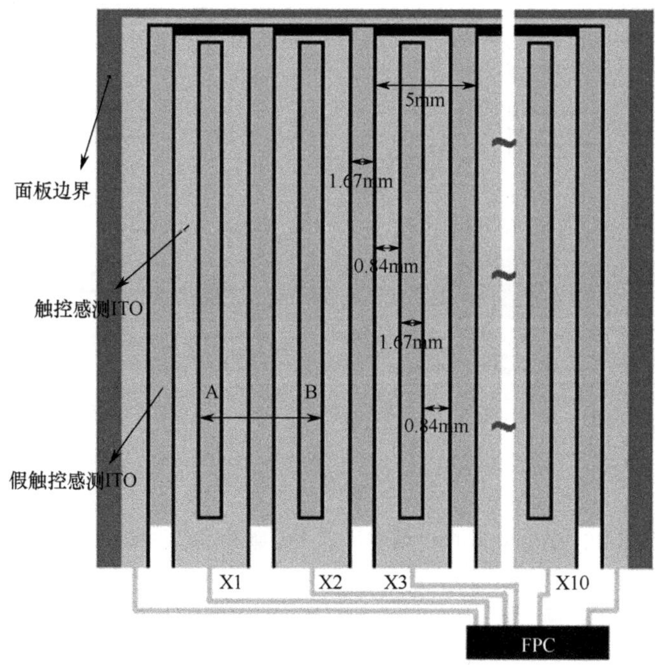

（a）感测线接收电极

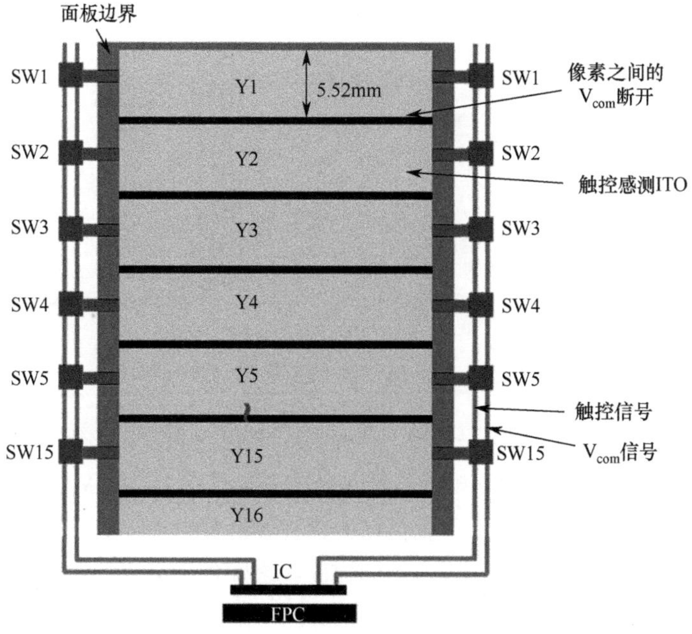

（b）感测线驱动电极

图 5-34　Hybird In-Cell 触控屏感测线的接收电极和驱动电极

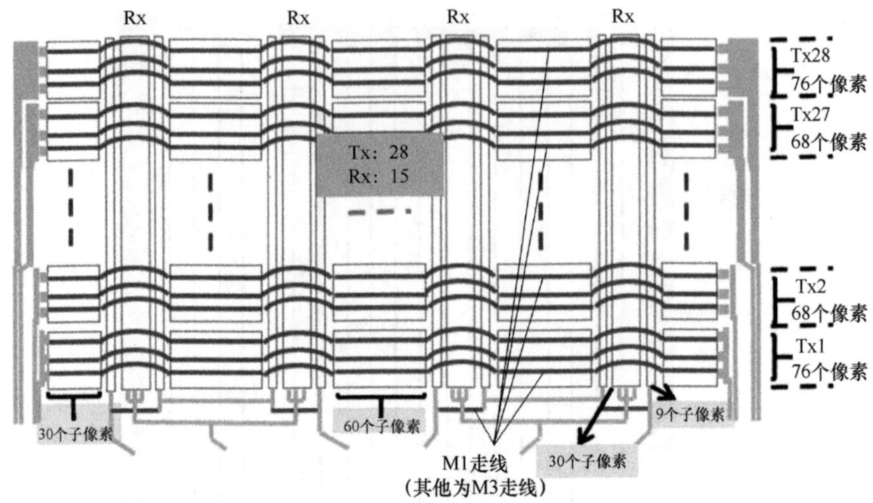

图 5-35　Apple In-Cell 触控屏感测线驱动电极与接收电极设计

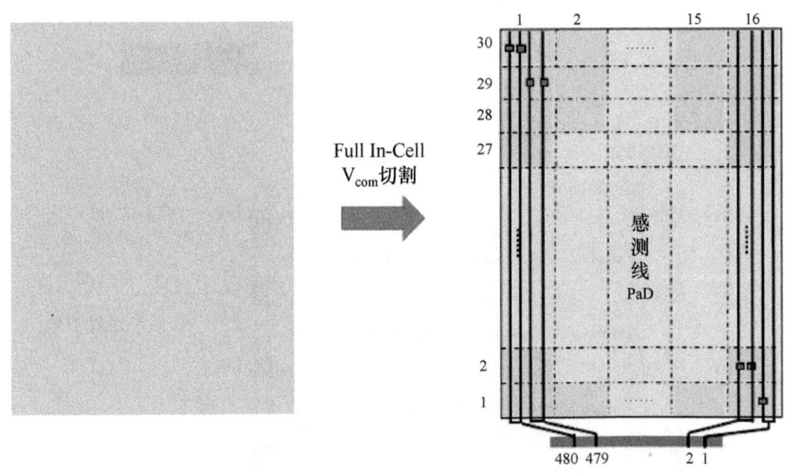

图 5-36　Full In-Cell 触控屏感测线分布

对 V_{com} 切割的位置需要关注对扫描线和数据线负载的影响，对应到显示屏上，需要注意显示屏面内相邻走线负载的变化情况。如果 V_{com} 切割处的扫描线线与常规处的扫描线线负载存在差异，容易发生 Mura 现象，所以需要选择合适的 V_{com} 切割位置，避免不同扫描线之间负载突变的发生。如图 5-37 所示，V_{com} 切割处设计于走线附近且对开口区的影响最小化。

以一个分辨率 1080 像素×1920 像素 5.46 英寸的显示屏为例，介绍 Full In-Cell 触控感测线的设计规则。最好是将感测线 PaD 设计成正方形，若不能为正方形也要遵循一个基本原则，即感测线 PaD 的 X 方向和 Y 方向的差值不能太大，基本原则是 $X-Y<0.3$mm。基于此，面板是 9:16 的长宽比，且感测线 PaD 的尺寸最好在 4mm×4mm 左右，可以选取的触控通道数量为 18×32。这样，一个感测线 PaD 所需要包含的像素数量为 1080/18=60，1920/32=60，即 60×60 个。再根据实际的显示屏尺寸算出单个像素的尺寸，可以算出感测线 PaD 的尺寸。由于并不是所有的计算都能被整除，所以通常采取的方式是让四周的感测线 PaD 略小于中间的感测线 PaD，原则是不能相差太大，做好适当的调整。

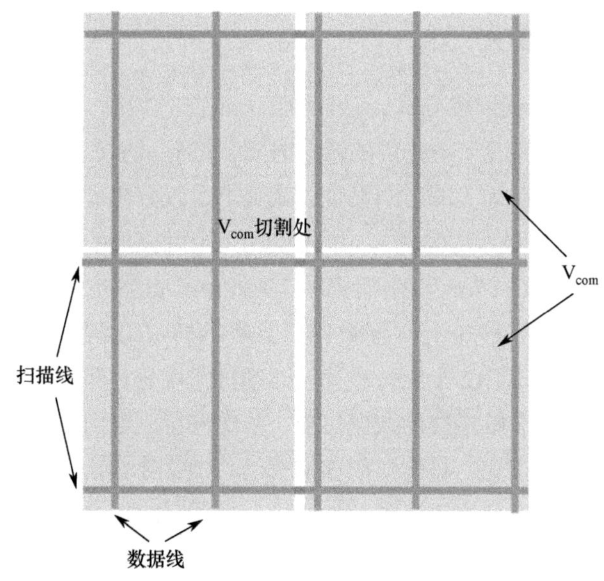

图 5-37　V_{com} 切割处设计

触控的金属走线设计需要遵循一定的原则，一般设计在像素的固定位置。对于触控走线的固定位置，可以选择放置在 R 像素和 G 像素之间、G 像素和 B 像素之间或 B 像素和 R 像素之间。其中，触控金属走线放置在 RG 像素之间和 BR 像素之间的设计较为常见。与此同时，像素 PS 的排布也要做相应的搭配设计，避免显示屏出现条纹 Mura、亮暗点等不良。一般，小尺寸显示屏触控走线放置在 RG 像素之间的设计可以显著降低显示屏大视角偏黄的风险。由于 G 像素对显示亮度的贡献最高，所以像素 PS 一般会固定放置在 RB 像素之间，从而避免 G 像素的开口损失，提升 LCD 的显示亮度。

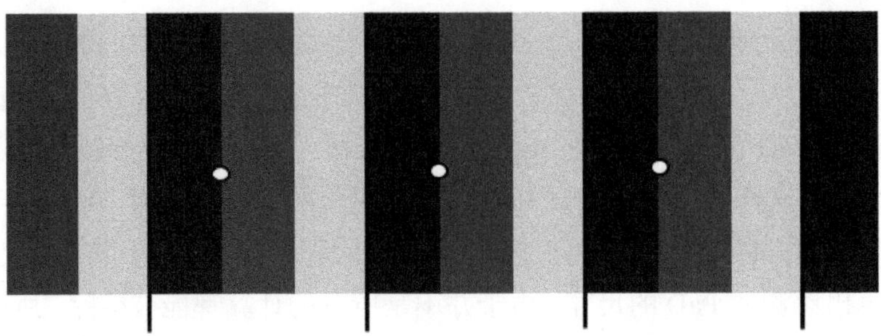

图 5-38　触控屏边缘金属走线与 PS 位置设置示意图

3．驱动设计部分

In-Cell 触控屏的读取方式，以分段插入的方式为例，在 LCD 一帧图像的显示时间里，插入几个触控屏的读取时间，将显示屏和触控屏进行分时处理。由于触控屏驱动插入的时间很短，人眼不足以分辨此种分时情况。以一个 1920 行的 LCD 显示屏为例，中间插入 12 个触控屏的扫描时间，平均分配下来，在一帧（16.67ms）的时间里，在非 In-Cell 触控屏的 LCD 显示中，16.67ms 需要扫描完 1920 行显示数据，但是在 In-Cell 触控检测时，采取的方式是对 1920 行按照 12 个触控屏读取时间进行均分，即每读取完 160 行显示数据，就进行部分触控屏的数据扫描，依次进行，直到将画面显示和触控检测的数据全部扫描完，具体如图 5-39 所示。触控扫描压缩了显示的时间，对画面显示的读取时间提出了更高的要求，当显示的扫描线对应的数据通道越多时，对像素的写入能力要求也就越高。

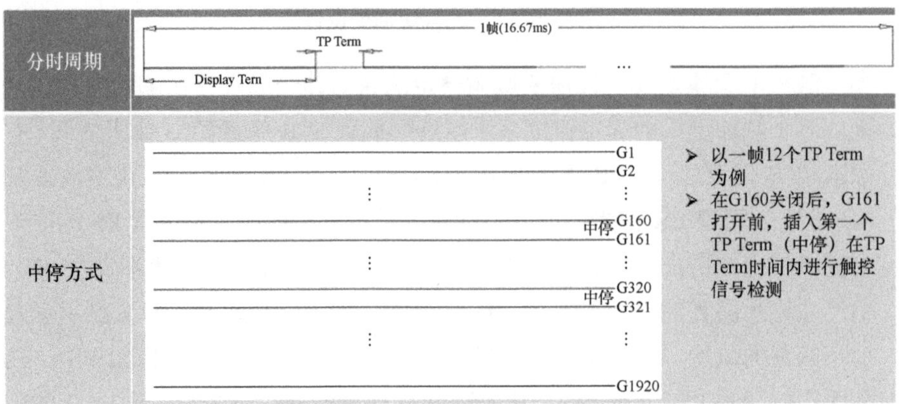

图 5-39　显示屏与触控屏分时驱动示意图

通过图 5-39 可以看出触控屏读取时间（TP Term）的长短，会直接影响到显示屏画面写入的时间。画面写入的时间又直接与显示品质相关，TP Term 在设计上与感测线的负载强相关，有效地降低感测线的负载可以降低 TP Term 的时间。如何萃取感测线的 RC 延时，主要是萃取感测线周围所有导体对其的耦合电容并分析与感测线相关的电容值和电阻值，具体电容如图 5-40 所示：①C1 为 sensor 2 电极对 gate 走线的电容；②C2 为 Sensor 2 电极对 Data 信号线的电容；③C3 为 Sensor 2 的 PaD 连接线 L2 对 Gate 走线的电容；④C4 为 Sensor 2 的 PaD 连接线 L2 对 Data 走线的电容；⑤C5 为 Sensor 2 对 Sensor 3 的电容；⑥C6 为 Sensor 2 对 Sensor 2′的电容；⑦C7 为 S2 对跨过 Sensor2 所有的金属走线 L1～Ln 的电容之和；⑧C8 为 Sensor 2 的 PaD 连接线 L_2 与其跨过所有的 Sensor 电极的电容之和；⑨C9 为 Gate 走线与 Data 走线的电容；⑩R1 为 Sensor 2 的 PaD 连接线 L2 的阻抗；⑪R2 为 Data 走线的阻抗；⑫R3 为 Gate 走线的阻抗。

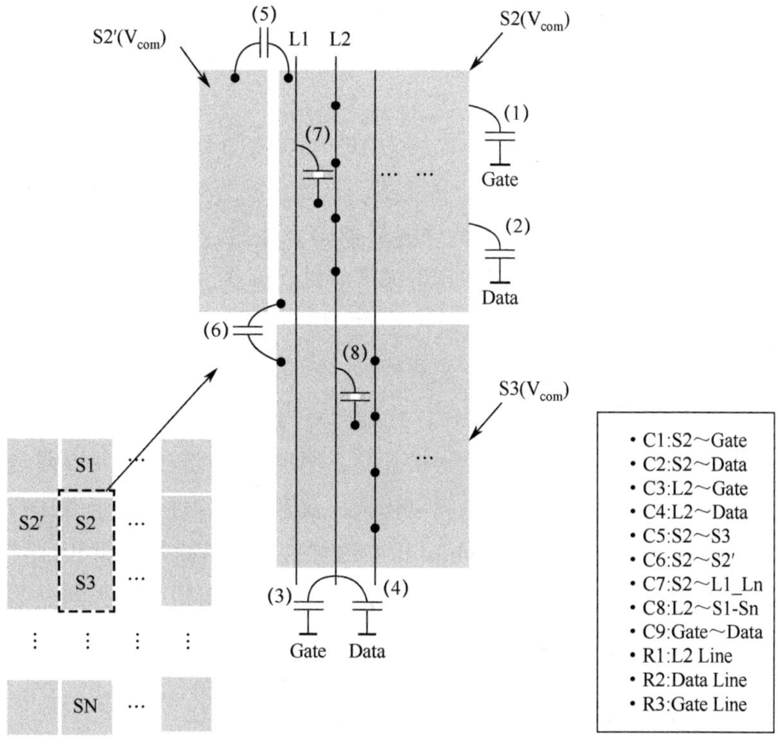

图 5-40　感测线的 RC 提取

5.4.3 In-Cell 触控屏制造技术

In-Cell 触控技术是把感测线集成在 LCD 显示屏内，In-Cell 触控屏的相关制造技术与 LCD 的制造技术基本是融合在一起的。下面主要介绍与 LCD 制造技术不同的工艺。

1. CF 基板背面静电消散膜工艺

由于要消除静电对屏内液晶层的干扰，要在传统的 IPS 型 LCD 的 CF 基板背面镀上一整面的 ITO 层。此层 ITO 的面阻大约为 1000Ω/□。但是，如果在 In-Cell 触控屏上镀这样的 ITO 膜，手指等触摸信号将被屏蔽，手指触摸后，无法与下面的感测线形成电容，也就无法实现触控功能。但表面静电的消散功能不能少，所以这层导电层又不能移除。ITO 面阻越低，对触控信号的屏蔽越严重，但静电消散能力越好。当没有这层导电层时相当于面阻无穷大，触控信号不会被屏蔽，但静电消散能力几乎没有。所以，需要找到一个合适的阻抗范围来确保这层导电层屏蔽触控信号的能力在足够弱的同时还能实现静电消散。

经过实验发现，ITO 的面阻大约为 10^6～10^9Ω/□时，触控信号不会被屏蔽的同时也不会出现静电 Mura。目前实现这种功能的方案有两种，一种是用导电偏光片来实现，通过添加特殊材料把偏光片的阻抗调整到所需要的范围；另一种是用高阻膜来实现，高阻膜是业界为解决这个问题专门开发的一种材料。高阻膜位于 CF 的背面取代原 CF 基板上背镀的 ITO 层，在薄化完成后进行高阻膜镀膜。镀膜的方式有两种：涂布和真空溅射；其中采用涂布方式的材料为 PEDOT。相对而言，此种材料为有机材料，较亲水，在空气中暴露会吸收空气中水分，造成阻抗升高，稳定性相对较差；业界通常采用真空溅射的方式镀膜，材料为金属氧化物，其阻抗稳定性要优于 PEDOT。

当然，Pixel Eyes 技术的 hybird In-Cell 触控屏因其接收电极 Rx 就在 CF 基板背面，相应的触控信号不会被屏蔽，同时这层电极也可以起到静电消散的作用，所以 Pixel Eyes 技术不需要使用高阻静电屏蔽层。

2. 显示屏内感测线制造（TP Trace）工艺

Full In-Cell 触控屏需要在单纯显示的 LCD 的工艺流程上做一些变动，主要是由于将 V_{com} 电极层作为触控感测线时，需要增加引线将触控感测线的

PaD 与触控芯片的触控通道相连接。增加触控感测引线的方式不同，在原有的显示制程上的变动也存在差异。有两种方式来设置触控感测线，第一种方式需要增加两道光刻工艺和一道金属刻蚀工艺及介电层（PV）沉积工艺。第二种方式和现有显示工艺兼容，不增加制程工艺，成本低，但是会有开口率损失。如果采用第一种方式，如图 5-41（a）所示，增加一道触控用的第三层金属（M3）走线制程，使之与画面显示用的数据线重叠，可以保证 LCD 显示的高开口率。而第二种方式是直接使用数据线这道制程来制作触控用的金属走线，使之与显示用的数据线并排，如图 5-41（b）所示，这样显示的开口率会略微受影响，但这种方案由于没有增加额外的制程，成本会相对低一些。

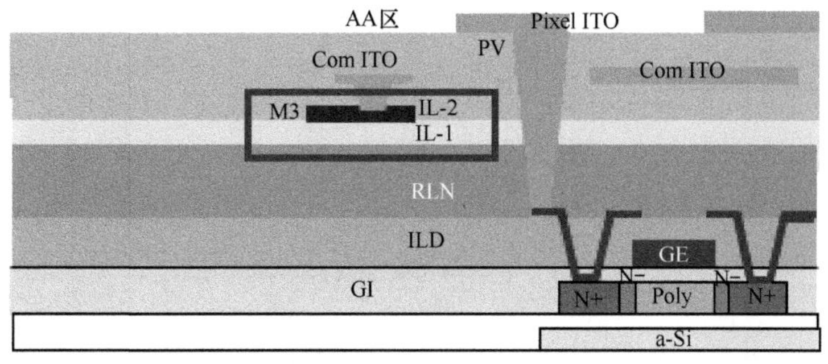

(a) TP Trace 单独设置（增加 M3）

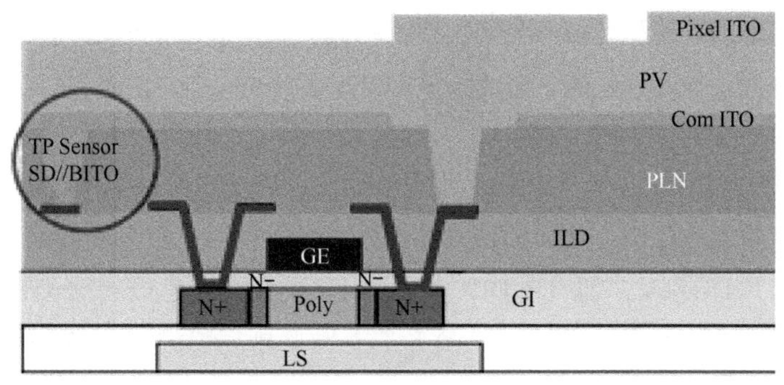

(b) TP Trace 共用 M2

图 5-41　TP Trace 的不同制程方案对比

3. 显示屏内感测线检测（TP Test）工艺

由于增加了触控功能，在 In-Cell 触控屏制造过程中，要确保 Cell

的触控功能正常，除显示部分的点灯测试外，还需要增加触控感测线功能测试。

增加触控感测线结构产生的主要问题可能是触控感测线的开/短路问题。所以，需要应用显示屏 Cell 点灯确定触控感测线 PaD 是否有开/短路问题。早期可能会将每一行、每一列的感测线 PaD 通过 TFT 开关依次做个串接的动作，以 18×32 触控通道为例，需要进行 18+32 次测试才能确定所有的触控通道是否存在开路或短路，如图 5-42 所示。

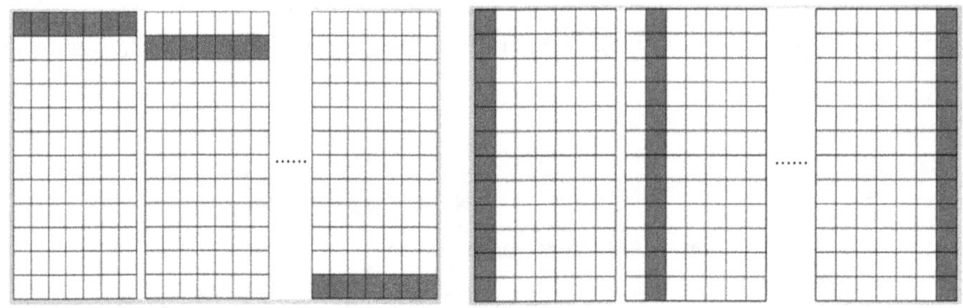

(a) 触控感测线逐行扫描　　(b) 触控感测线逐列扫描

图 5-42　早期触控感测线的检测方法

在实际生产过程中，只需要判断是否有开路或短路即可。但是上述这种操作，点灯画面过多，效率太低。通常采取的对策是，对临近的两个 PaD 施加不同的电压，让呈现出一个黑白棋盘格画面，当画面中出现非棋盘格画面时即是出现了开路或短路，感测线 PaD 的电位异常，从而导致显示异常。先按照图 5-43 所示的感测线 PaD 1 与感测线 PaD 2 分别通过图中的 TP-DO 和 TP-DE 两根信号线，给予两个不同的电位，目的是使得每个 PaD 与相邻的 PaD 具有不同的电位，从而实现液晶不同的偏转，形成棋盘格画面。

如 TP_DO=5V，则 TP_DE=−5V，以实现一个棋盘格画面，如图 5-44 所示。当其中某个触控感测线 PaD 短路，则此触控感测线 PaD 会与邻近的触控感测线 PaD 电位接近，出现异常画面，同样，当出现某个触控感测线 PaD 开路，则此 PaD 处于电压浮置状态，此触控感测线 PaD 会受旁边 PaD 和其他金属电极的耦合，而带一个与周围 PaD 相差不大的电压，同样会出现画面异常，如图 5-44 所示，这样就可以通过一个画面来确定，Panel 中的触控感测线 PaD 是否出现开/短路。

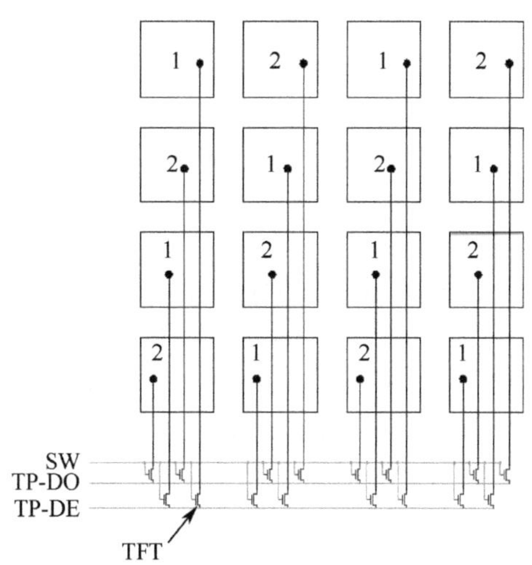

(a) 触控感测线检测电路

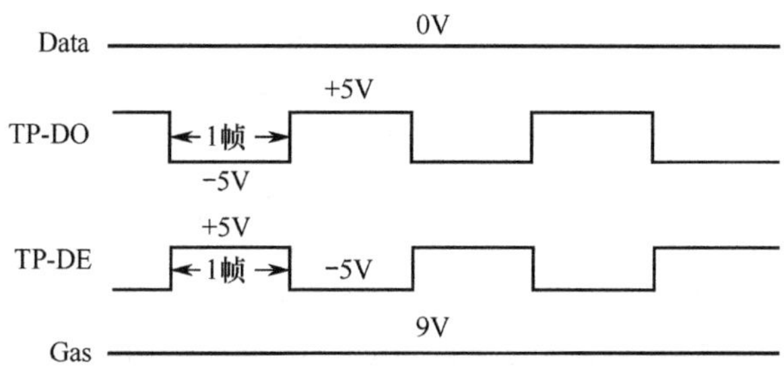

(b) 触控感测线检测波形

图 5-43　触控屏感测线检测电路与波形

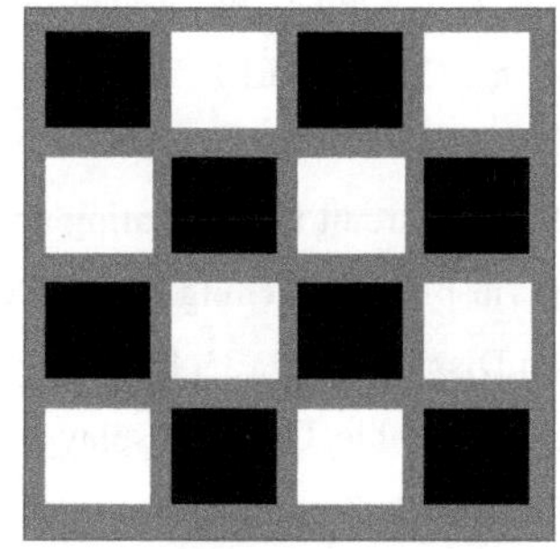

(a) 无异常点灯画面

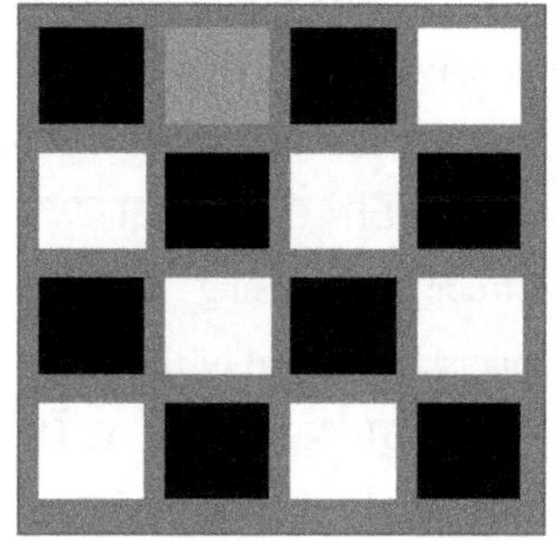

(b) 灰色 PaD 为存在开/短路 PaD

图 5-44　触控感测线检测画面

本章参考文献

[1] HSUAN H F, GUO Z W, CHIA W C, et al. 3D Multi-Touch System by Using Coded Optical Barrier on Embedded Photo-Sensors[J]. Sid Symposium Digest of Technical Papers, 2014, 44(1):1513-1516.

[2] NAKAMURA T . In-Cell capacitive-type touch sensor using LTPS TFT-LCD technology[J]. Journal of the Society for Information Display, 2012, 19(9) :639-644.

[3] TANAKA K, KATO H, SUGITA Y, et al. The technologies of in-cell optical touch panel with novel input functions[J]. Journal of the Society for Information Display, 2012, 19(1):70-78.

[4] LIN C L, WU C E, LEE C E , et al. Insertion of Simple Structure Between Gate Driver Circuits to Prevent Stress Degradation in In-Cell Touch Panel Using Multi-V Blanking Method[J]. Journal of Display Technology, 2016, 12(10):1040-1042.

[5] 黄子谦. OGS 触摸屏低温镀膜工艺研究[D]. 广州：华南师范大学，2014.

[6] YOU B H, LEE B J, HAN S Y , et al. Touch-screen panel integrated into 12.1-in. a-Si:H TFT-LCD[J]. Journal of the Society for Information Display, 2012, 17(2):87-94.

[7] KIM H, MIN B W. Pseudo Random Pulse Driven Advanced In-Cell Touch Screen Panel for Spectrum Spread Electromagnetic Interference[J]. IEEE Sensors Journal, 2018, 18(9):3669-3676.

[8] LIN C L, LAI P C, LEE P T, et al. Highly reliable a-Si:H TFT Gate driver with precharging structure for in-cell touch AMLCD applications[J]. IEEE Transactions on Electron Devices, 2019,66(4):1789-1796.

[9] 赵剑明. CNC 研磨制程加工对玻璃强度的影响探讨[D]. 厦门：厦门大学，2016.

[10] LIN C L , LAI P C, et al. Bidirectional Gate Driver Circuit Using Recharging and Time-Division Driving Scheme for In-Cell Touch LCDs[J]. IEEE Transactions on Industrial Electronics, 2018, 65(4):3585-3591.

[11] TAI Y H , LIN C H, CHEU W J . Active in-cell touch circuit using floating common electrode as sensing pad for the large size in-plane-switching liquid crystal displays[J]. Journal of the Society for Information Display, 2017, 25(10):610-620.

[12] WATANABE K, IWAKI Y, UCHIDA Y, et al. A foldable OLED display with an in-cell touch sensor having embedded metal-mesh electrodes[J]. Journal of the Society for Information Display, 2016, 24(1-3):12-20.

[13] JUN J H, KIM B J, SHIN S K, et al. In-Cell Self-Capacitive-Type Mobile Touch System and Embedded Readout Circuit in Display Driver IC[J]. Journal of Display Technology, 2016,12(2): 1613-1622.

[14] 秦丹丹，夏志强. 低成本内置触控技术[J]. 光电子技术, 2019,39(1):58-62.

[15] MOON S, HARUHISA I, KIM K, et al. Highly Robust Integrated Gate-driver for In-Cell Touch TFT-LCD driven in Time Division Driving Method[J]. Journal of Display Technology, 2015, 12(5):435-441.

[16] TOMITA S, OKADA T, TAKAHASHI H. An in-cell capacitive touch sensor integrated in an LTPS WSVGA TFT-LCD[J]. Journal of the Society for Information Display, 2012, 20(8):441-449.

[17] HATA M, TANAKA K, WATABABE T, et al. Development of middle size full in-cell LCD module for PC with IGZO[J]. Journal of the Society for Information Display, 2018, 26(4):229-236.

[18] 付如海. 基于 IGZO TFT 的 In cell 触摸屏研究[D]. 北京：北京大学，2013.

[19] MASAYUKI H, KOHEI T, TAKUYA W, et al. Development of Middle Size Full In-Cell LCD Module for PC with IGZO[J]. SID Symposium Digest of Technical Papers, 2018, 49(1):922-925.

[20] LIU Y, WANG H, CHEN J, et al. A New Pixel Design for Touch and Display Driver Integration (TDDI) [J]. SID Symposium Digest of Technical Papers, 2019, 50(1): 1747-1750.

[21] LIU S Y, WANG Y J, LU J G, et al. One Glass Solution with a Single Layer of Sensors for Projected-Capacitive Touch Panels[J]. Sid International Symposium Digest of Technology Papers, 2014, 45(1): 548-550.

[22] 冯京，徐传祥，张方振，等. 白色光阻材料在 OGS 工艺中的应用[J]. 液晶与显示, 2016, 31(6):525-531.

[23] 蒋坤. OGS 电容式触摸屏化学二次强化的研究[D]. 汕头：汕头大学，2014.

[24] HSIEH H H, TSAI T T, HU C M, et al. A Transparent AMOLED with On-cell Touch Function Driven by IGZO Thin-Film Transistors[J]. Sid Symposium Digest of Technical Papers, 2011, 42(1): 714-717.

[25] CHEN J, HO J C, CHEN G, et al. Foldable AMOLED Integrated with On-cell Touch and Edge Sealing Technologies[J]. Sid Symposium Digest of Technical Papers, 2016, 47(1):1041-1044.

[26] 徐日宏，张忠义，张振华，等. 一体化触控技术用 ITO 薄膜的一次成膜工艺研究[J]. 真空, 2017,54(4):52-56.

[27] WU C W, WANG H, GUO J, et al. On Cell Projected Capacitive Touch Sensor Embedded in IPS-LCD[J]. Sid Symposium Digest of Technical Papers, 2012, 43(1):1567-1569.

[28] 张卫，王庆浦，徐佳伟，等. OGS 触控显示模组一体黑技术研究[J]. 液晶与显示, 2019, 34(10):969-976.

[29] HAGA H, YANASE J, NONAKA Y, et al. A 10.4-in. On-Cell Touch-Panel LCD with Correlated Noise Subtraction Method[J]. sid symposium digest of technical papers, 2012, 43(1):489-492.

[30] WU Z, YAO Q, NIU L, et al. Auto-Stereoscopic Display Based on In-Cell Touch Sensor Integrated Switchable Liquid Crystal Lens[J]. Sid Symposium Digest of Technical Papers, 2012, 43(1):1578-1580.

[31] LIN Y J, SU Y C, CHAO C P, et al. Application of Code Division Multiple Access Technology in Readout Circuit and System Design for an Ultra-Thin On-Cell Flexible Capacitive Touch Panel[C]. ASME 2019 28th Conference on Information Storage and Processing Systems, San Francisco, California, USA. 2019.

[32] 郭丽丽. 基于 TFT-LCD 工艺技术改善 On-cell 触控层的抗腐蚀性研究[D]. 苏州：苏州大学，2015.

[33] WEI X, JIAN T, LV L, et.al. Overcoming an Abnormal Horizontal Dim Lines of an In-Cell Touch Display[J]. Sid Symposium Digest of Technical Papers, 2018, 49(1):918-921.

[34] HOTELLING S P, CHEN W, KRAH C H, et.al. Touch screen liquid crystal display[P]. US11760060, 2007-06-08.

[35] 王鸣昕，周刘飞，田汝强. 基于 IGZO 的 5.5in FHD In-Cell 触控 FFS 面板设计[J]. 液晶与显示，2017, 32(12):943-948.

[36] SHIN S, HWANG J, KIM T, et al. Transparent Conductive Film at In-Cell Touch Structure[J]. SID Symposium Digest of Technical Papers, 2016, 47(1):405-407.

[37] 王岩. On-cell 触摸器件 ITO 图形可见问题研究[D]. 上海：上海交通大学, 2016。

[38] 王海生. 一种内嵌式触控显示液晶屏的设计与实现[D]. 北京：中国科学院大学，2016.

[39] KAWAKAMI Y, YAMAGUCHI K. Compound, substrate for pattern formation, photodegradable coupling agent, pattern formation method, and transistor production method [P]. US16843232, 2020-04-08.

[40] TAKEUCHI H. Method for making a semiconductor device including a superlattice as a gettering layer[P]. US15980902, 2018-05-16.

[41] WIJAYA M T, MA M S, WU Y C, et.al. Touch Panel [P]. US12436246, 2009-05-06.

[42] LIN W T, CHIEN C H, CHEN F Y. Circuit board structure and manufacturing method thereof [P]. US15903049, 2018-02-23.

[43] 王立苗，杨小飞，李兴华，等. Oncell 触摸屏工艺 Bubble 的分析与改善研究[J]. 光电子技术, 2019, 39(4): 275-278.

第6章

光学式触控技术

光学式触控特指以触控点的光信号变化为媒介，从而获取触控点位置，进而实现人机交互的技术形式。按其光信号的获取方式可以分为光学成像式和光电探测式；按其系统的设置方式可分为贴合式、集成式和外置式；按其信号的感知方式可以分为被动式和主动式；按其工作波长可以分为可见式和红外式；为避免受到外部可见光源的影响，一般采用红外线作为感测用光源，红外触控具有不受电流、电压和静电干扰等优势。

6.1　光学成像式触控技术

光学成像式触控技术利用 CMOS 或 CCD 摄像头采集图像来感测触控点的位置。相比 CCD 摄像头，CMOS 以更低成本、更低功耗、更好的散热及更轻薄的器件尺寸而被广泛应用，其器件设置属于贴合式。

CCD/CMOS 光学式触控屏的基本架构如图 6-1 所示，由通过平贴在触控框架顶部左上角和右上角的 CMOS/CCD 摄像头作为光学成像载体进行信号的接收。此外，整组架构上还包括贴在触控框架右边、左边和下边的三个反射条，以及两颗平贴在左上角和右上角的隐藏式 LED 发射器。发射器通常与 CMOS 摄像头绑在一起，CMOS 摄像头紧贴屏幕，LED 发射器在远离屏幕一侧。红外 LED 的波长通常采用 850～950nm 波段，为了提高信噪比，CMOS 摄像头装有带通式滤光镜片以过滤掉其他波长的环境光。反射条上的微结构则通常是锯齿棱镜，利用聚光的效果使 CMOS 摄像头检测到更清楚的图像。

安装在框架两个上角的 CMOS/CCD 摄像头可以精准地检测出触控手指的位置、数量、面积和方位，从而赋予触控系统实现单击、拖拉，以及自由旋转和放大等功能。在工作中，左上角的红外 LED 发射出光线，经过触控框架四周的反射条反射，进入右上角的 CMOS/CCD 摄像头。同理，右上角的红外 LED 发射的光线经过触控框架四周的反射条反射，传入左侧的 CMOS/CCD 摄像头。经过边框的多次反射，LED 发出的红外线在触控框架平面内形成一张密布的红外线网，其空间分辨率在 1mm 以内。当触摸某一点时，该点的反射光线和接收光线构成一个夹角。同时，两端的 CMOS/CCD 摄像头与这两条光线及两个摄像头之间构成的直线又会组成两个夹角。这样，根据三角形边长和角度的关系，通过专用控制器可以准确地计算出该点的坐标，实现触控反应。

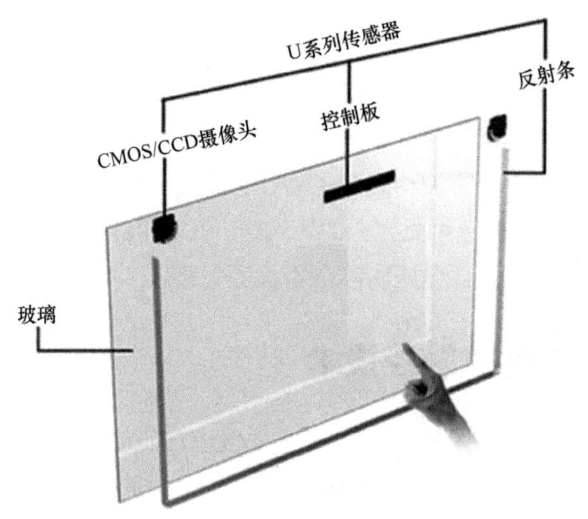

图 6-1　CMOS/CCD 光学式触控屏的基本架构

如图 6-2（a）所示，由左上角和右上角这两颗红外 LED 发射器，射出红外光至反射条上，左右的两个 CMOS 摄像头各自捕捉到反射条的亮线像，通常称为光轴。尽管逻辑运算算法略有差异，但大部分都用三角函数来计算坐标点。如图 6-2（b）所示，根据触控点的位置与两个 CMOS 摄像头构成的三角形，计出三角形左上方与右上方的两个角度 α 和 β 后，再用三角函数计算出位置。

CMOS 成像式触控在越接近摄像头的位置判断会越不准确，因为三角函数在角度越接近 0° 的时候，触控点的位置变化所带来的角度变化越小、误差容忍度越小。不仅有触控点判断不准的缺点，CMOS 成像式多点触控时还存在鬼点。以两点触控来说，鬼点发生在当两触控点同时点在屏幕上时，

CMOS 摄像头共会看到四个阴影，其中有两个是假的，在四取二的情况下，很多时候会造成误判。

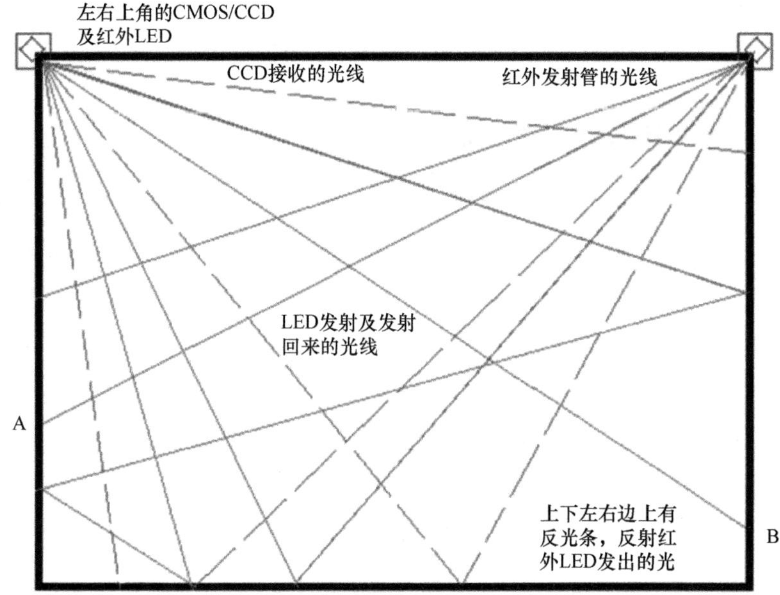

（a）触摸的动作原理

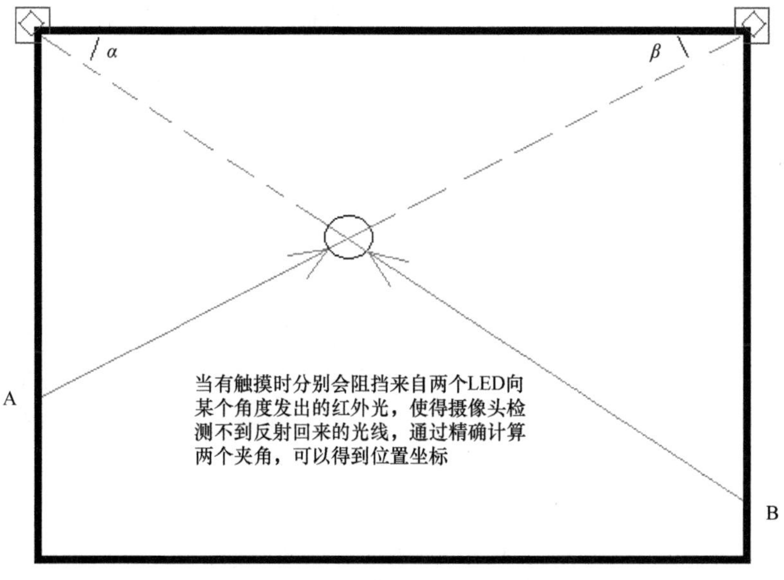

（b）触控位置计算

图 6-2　CCD/CMOS 光学式触控原理

通常两个 CMOS 摄像头可以做到两点触控，要达到能清楚分辨三点及以上的触控能力则需要更复杂的图像处理及运算能力，或更多的 CMOS 摄像头。成像式光学触控大多数时候都采用面阵列 CMOS 和圆形透镜，为了提高集成度还可以把 CMOS 面阵列改成线阵列，并且采用矩形透镜。

6.2 光电探测式触控技术

光电探测式触控是指利用光电探测器阵列获取触控动作引起的光信号变化量，进而通过算法获取触控点位置的技术形式，其分辨率由框架中的探测器对管数目、扫描频率及差值算法决定，一般分辨率较低，但成本更低。为消除环境干扰，探测式光学触控一般采用红外光源和探测器——红外屏。通过在探测器上设置带通式红外滤光片，红外屏已经可以满足各种光照环境使用，从而被广泛应用于教育、会议和展示等领域。红外探测式光学触控已经可以实现 1000 像素×720 像素的高分辨率、多层次自调节和自恢复的硬件适应能力、高度智能化的判别识别。红外探测式光学触控的架构主要采取矩阵式。

矩阵式红外光学触控技术（俗称红外触摸屏）是利用 X、Y 方向上密布的红外线矩阵来检测并定位用户的触摸，其器件设置方式属于贴合式。红外触摸屏在显示器的前面安装一个红外电路板边框，屏幕四边的红外边框排布红外发射管和红外接收管，一一对应形成横竖交叉的红外线矩阵。用户在触摸屏幕时，手指就会挡住经过该位置的横竖两条红外线，因而可以判断出触摸点在屏幕上的具体位置。任何触摸物体都可改变触控点上的红外线而实现触控操作。

最早的矩阵式光学触控原型可以追溯到 1972 年伊利诺伊大学提交的一种红外式光学触控屏。该技术在显示屏幕前面放置了 16×16 交叉分布的红外光源和位置传感器对，通过探测器信号的变化，可以感知在屏幕附近的不透明遮挡物位置。采用类似技术的第一个商用例子是 1983 年惠普推出的 HP-150 台式计算机。矩阵式红外光学触控技术的原理如图 6-3 所示：利用光源接收、遮断原理，在面板内布满红外光源，并与红外接收器对应，排列成矩阵分布。当发生触控后，光线在触控位置遭到遮断，侦测接收不到信号的接收器位置，可以确定触控点的精确位置。光学式触控面板的基本架构包括玻璃基板、红外线发射源、红外线接收器。在图 6-3 中，将红外线发射器（红外 LED）放在触控面板的左边和上侧，并在右边和下侧分别设置红外线接收器（光敏晶体管）。当 LED 点亮时，对向的光敏晶体管开启；而一旦手指或接触物遮断红外线，因为没有光线到达，光敏晶体管关闭。对应位置的光敏晶体管一旦关闭，呈网格设置的 *X*、*Y* 坐标就能被确定。

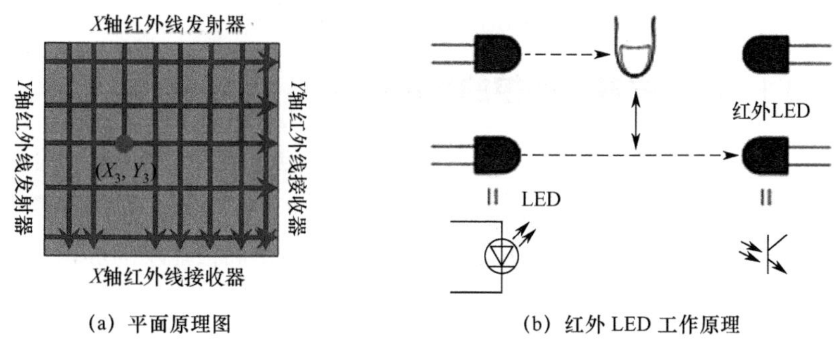

（a）平面原理图　　　　（b）红外 LED 工作原理

图 6-3　矩阵式红外光学触控技术原理

为了节约红外 LED 管，矩阵式红外光学触控技术一般采用红外扫描技术，一个红外线发射器对应多个红外线接收器。红外扫描就是一个红外线发射器和对应的红外线接收器按照顺序逐个工作，循环扫描。红外线扫描方式的延迟时间很小，一个循环周期一般小于 15ms，红外管的顺序工作有利于实现多点触控和消除鬼点。为提高信号强度和分辨率还可以在触控面板的发射边同时放置接收器，并且在接收侧设置反射镜。

矩阵式红外光学触控技术一般用于大尺寸显示面板、银行提款机和具有军事用途的产品。该技术的优点是：显示器表面可以不采用或采用单纯的玻璃板，产品可靠性高、耐刮、防湿热性能佳；显示器表面没有电学式触控所需要的高折射率图形层或导电功能层，反射小、透射高，不影响显示器的亮度；对触摸物体无导电性要求，只需要光学遮挡功能。其缺点是防水及防污性差，较大的水滴或颗粒物会产生误触摸信号。另外，矩阵式红外光学触控的鬼点误判是不可避免的，尤其是当 2 个及以上的触控点同时处于静止状态时，就会形成井字形叠加，从而造成判断上的困难。

6.3　成像式多点触控技术

成像式多点触控技术是基于光学成像原理和计算机视觉理论的多点触控技术，与 CMOS 成像的区别在于其摄像头放置于屏幕的下方，属于外置式光学触控。根据其光信号的设置方式可以分为受抑内全反射（Frustrated Total Internal Reflection，FTIR）多点触控技术、激光平面（Laser Light Plane，LLP）多点触控技术、散射光照明（Diffused Illumination，DI）多点触控技术、散射式表明照明（Diffused Surface Illumination，DSI）多点触控技术和发光二极管平面（LED Light Plane，LED-LP）多点触控技术。

6.3.1 成像式多点触控的基本架构

基于光学原理和计算机视觉识别的成像式多点触控技术，搭建的设备体积较大，但可拓展性强、成本低。FTIR、DI、LLP、LED-LP、DSI 等多点触控技术主要包含成像、红外光源及通过投影仪或显示面板显示的屏幕。

1. 红外光源

红外线是不可见光的一种，位于人眼可见的可见光的红光外侧。近红外光（Near Infra-Red，NIR）处于 0.76～400μm 红外光谱上最低处，一般指波长为 760～1000nm 的红外光。红外 LED 的基本结构如图 6-4 所示。

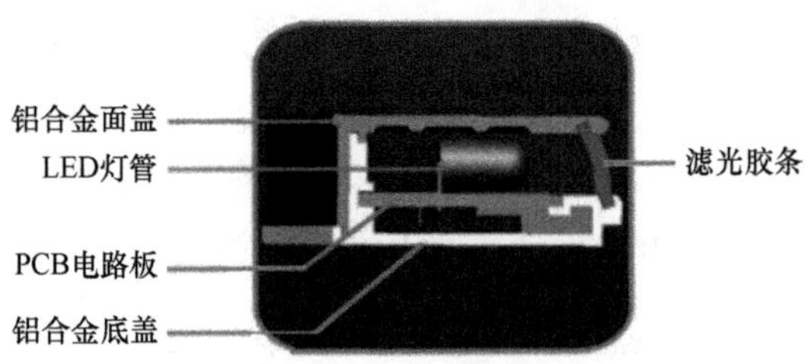

图 6-4 红外 LED 的基本结构

在成像式式多点触控技术中，采用红外光源的作用是有利于区别触摸表面的显示画面影像和触摸手指或物体图像。鉴于很多系统都以投影仪或显示器作为显示的设备，因此如何让摄像头仅读取触摸手指或触摸物体反馈的触控点是关键。通过改装摄像头，可以仅读取触摸表面上所需反馈的触控点就会方便图像处理和计算。

用于 FTIR 多点触控的亚克力玻璃，900nm 以上红外线的透光率较低。大多摄像头经过滤色处理后可以减小 940nm 以上红外线的敏感度和降低太阳光的干扰。波长 780～940nm 是摄像头的敏感光谱范围。摄像头对波长为 780nm 的光线，敏感度相对较高，更有利于触摸的压感分析。在多数基于光学原理的多点触控技术中，特别是 LED-LP 多点触控及 FTIR 多

点触控技术中，红外发光二极管可以作为有效的红外光源，提供所需要的红外光。DI 多点触控技术不一定需要红外发光二极管，但可以安装具有红外发光二极管的红外光源组。LLP 多点触控技术利用红外激光器作为红外光源。

使用红外发光二极管之前，需要注意发光二极管的参数表、波长、角度、功率等。红外光源器件有单红外发光二极管、红外发光二极管带和红外发射器等形式。单红外发光二极管价格相对便宜，可以很容易地用于 FTIR、DSI 及 LED-LP 多点触控技术，为设备制作发光二极管框。红外发光二极管带只需要贴在亚克力四边。红外发射器用于散射光多点触控装置，只需要通过红外发射器将箱子内部照亮即可，但需要消除因为红外发射器引起的区域过亮问题。

2. 红外摄像头

一般的网络摄像头或摄像机可以用于多点触控设备。大多数码摄像头的传感器对红外线很敏感，所以通常看到的摄像头都加装一块可以滤去红外线的镜头，以便于摄像头只工作在可见光波段，与人眼感光范围一致。相反，红外触摸传感器件为了消除环境中可见光的干扰，只工作在红外光波段，需要将镜头前加装的可见光带阻滤光片更换为带通式红外滤光片。

多点触控设备的性能好坏取决于其采用的部件。摄像头的技术指标包括分辨率、帧率、接口、镜头类型等。摄像头的分辨率越高，越容易读取手指或物体清晰的图像。小型多点触控设备可以用低分辨率的网络摄像头，较大的设备则需要一个高分辨率的摄像头以提高其精确度。帧率是指摄像头在一秒钟内读取到的帧的数目，帧率越高意味着在单位时间内影像越流畅。为了让设备反应更加灵敏，更好地读取手指或物体移动时产生的触点信息，至少需要 30 帧/s（FPS）的摄像头。选择专业的接口，摄像头对读取的信息的衰减程度小，能够更好地将信息传送给计算机处理，衰减越少的摄像头，设备的效率越高。一个焦距比较近的镜头往往会产生如图像变形等不好的效果，干扰触点的定位，使得工作难以进行。

大多数网络摄像头都具有过滤红外线的滤镜片，也具有避免图像变形的矫正单元。光学式触控技术需要捕捉和利用红外线，很多网络摄像头可以很容易去除滤除红外的镜片，这个镜片被放置在镜头的后面，具有遇红色反光的特性。有些摄像头无法拆除红外滤镜，需要更换整个镜头。所用的摄像头传感器类型有相对应的参数表，这个参数表中有摄像头传感器在不同波长光下的敏感度。

在利用摄像头作为多点触控设备部件前，需要为摄像头添加过滤干扰光的滤镜。尽管使用的是已经能够感应红外线的摄像头，但它仍然会对其他光敏感。为解决这个问题，需要在镜头前添加一个裁剪的滤片或镜头滤镜。裁剪的滤片能够消去一些可见光，但没有特定的范围，而镜头滤镜具有波长唯一性，只允许一个特定波长的光线通过。

3. 视觉反馈系统

多点触控系统需要显示设备将可视化内容呈现在触摸表面上，与用户进行交互。目前，大多数系统使用投影仪和 LCD 作为显示设备，在生成不同尺寸的显示画面方面，投影仪是更通用和流行的方式。越来越多的商用系统提供基于移动手持式投影仪构建智能交互空间的功能。

6.3.2 成像式多点触控的光学架构

成像式光学多点触控显示模组主要的硬件模块包括红外光源、红外摄像头、显示设备、信息处理设备等。在信息处理中，多点触控输入编程有一套固定的协议、做法和标准，具有针对多种编程语言的开发框架。多点触控编程分为两步：首先，从摄像头或其他输出设备读取和转化输出的触点信息，这些原始的触点信息与事先约定好的协议组合后，编程语言就可以使用手势让一个应用程序配合。可触摸的用户界面协议（Tangible User Interface Protocol，TUIO）已经成为追踪触点信息的专业标准协议。

1. FTIR 多点触控技术

由 Jeff Han 教授提出的受抑内全反射（FTIR）多点触控技术的工作原理如图 6-5 所示，由红外 LED 发出的光束从侧面射入亚克力做成的树脂玻璃导光板。在没有发生触控时，屏幕表层是空气，当入射光的角度满足一定条件时，光线在导光板内以全反射的形式传播，简称全内反射，此时成像装置拍摄到的是暗态空白背景。当手指等折射率比较高的物质触碰树脂玻璃时，树脂玻璃表面全反射的条件就会被打破，凹凸不平的手指表面导致光束产生散射（漫反射），散射光透过触摸屏后到达背面的红外摄像机，此时红外摄像机就可以拍摄到亮态的手指图像，系统由此获得相应的触控信息。FTIR 多点触控技术的响应时间小于 0.1s，主要用于投影显示设备，基于 LCD 显示屏的多点触控实现起来比较困难。

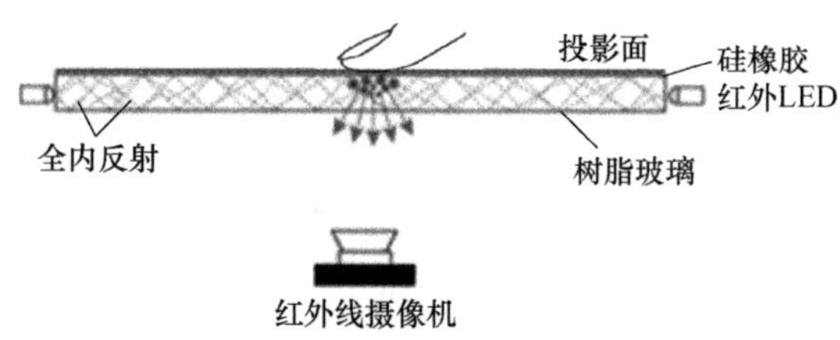

图 6-5　受抑内全反射多点触控技术的工作原理

红外发光二极管等红外光源应用于 FTIR 多点触控时，需要保证 LED 发出的光可以全反射的角度在亚克力导光板内传播，同时还需要保证当手指按压的时候，红外线可以被手指破坏溢出导光板从而可以获取手指图像，因此需要对 LED 光源的发散角和入射角做一定的限制。

为了形成效果较好的全内反射，对于作为投影面的亚克力板，厚度一般要求在 8mm 以上，如果触摸屏幕的尺寸较大，厚度可以设为 10mm，以避免亚克力变形。为了让光线更好地从四边射进亚克力内部，亚克力的四边需要抛光。为避免光在射进亚克力内部的时候从边缘处漏出来，在亚克力四周需要做隔离处理。

为了获得更好的触控效果，需要在触摸屏上加一层兼容层，在触摸屏下方加一层漫反射层。潮湿的手指光亮度高，能够更好地产生对比度，触摸起来会更流畅；而干燥的手指或物体则不能够产生破坏全内反射的效果。添加兼容层能够提高手指破坏全内反射的效果。漫反射层的作用在于让摄像头不被其他物体或光线干扰，只读取到非常光亮的点（手指触摸时产生的点）。兼容层可以用硅胶材料来制作，也可以利用投影幕来提高及保护触摸屏幕的敏感度，这时不需要再放置漫反射层。

2. LLP 多点触控技术

由 Alex Popovich 提出的激光平面（LLP）多点触控技术的工作原理如图 6-6 所示，在触控面板的四个角落设有 2～4 个激光头，从角落把红外线平行发射到整个屏幕表面上，在屏幕表面形成约 0.2mm 厚的红外激光层。当手指按压屏幕时，将导致激光产生折射，折射光经过漫射材料层后形成散射光射向触控屏幕的下方，由此产生的影像信息被屏幕下的摄影机捕捉，送入后

端软件基础平台进行分析，从而得到用户相应的手势信息和触控位置。LLP多点触控技术的特点是得到的触控点清晰、精确。

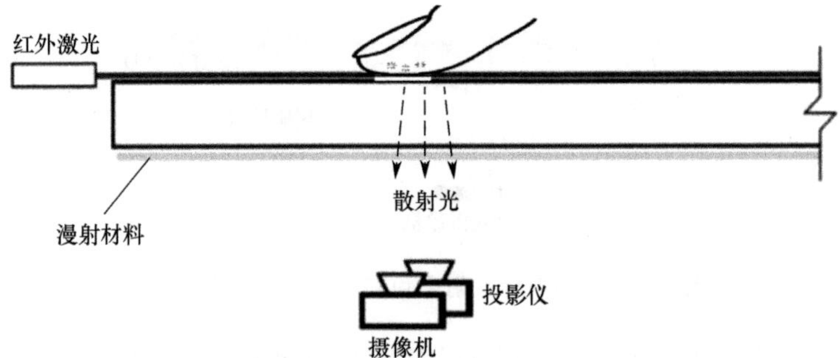

图 6-6　激光平面多点触控技术的工作原理

红外激光的光线亮度取决于激光的功率，功率越大亮度越高。通常选用波长 780～940nm、角度 120° 的线形激光头，以减少激光的数量。红外激光头作为 LLP 多点触控的主要部件，有一定的危险性，制作时要避免伤到眼睛。

3. DI 多点触控技术

微软 Surface 采用的背面散射光（Rear-DI）多点触控技术运用投影方法，把红外线投影到屏幕上。当屏幕被阻挡时，红外线便会反射，而屏幕下的红外摄影机则会捕捉反射图像，再经系统分析，便可确定触控位置。根据光源与屏幕位置的不同，分为正面散射光照明（Front-DI）多点触控技术和背面散射光照明（Rear-DI）多点触控技术，两者的原理相同，即画面与手指形成对比。

图 6-7 所示为 Rear-DI 多点触控技术的工作原理。红外光从底部照射在触控屏幕上，将漫反射幕（漫射材料）放在触控屏幕的上面或下面，当物体触摸屏幕的时候，在漫反射幕的作用下，会有更多的红外光，以便摄像头捕捉。Rear-DI 多点触控技术需要用到可以发射红外线的照射器，需要特定的漫反射幕（背投影幕）。用这个漫反射幕也可以用来检测悬停在触控屏幕上的物体，从而可以实现悬浮触控。由于必须在屏幕下方设置红外摄像头、红外灯，且需要特殊的屏幕，Rear-DI 多点触控装置（Surface）在体积和成本方面都不太理想。而且 DI 技术的原理导致 Surface 对环境光很敏感，无法在高亮度的影棚、展会等场合正常使用。

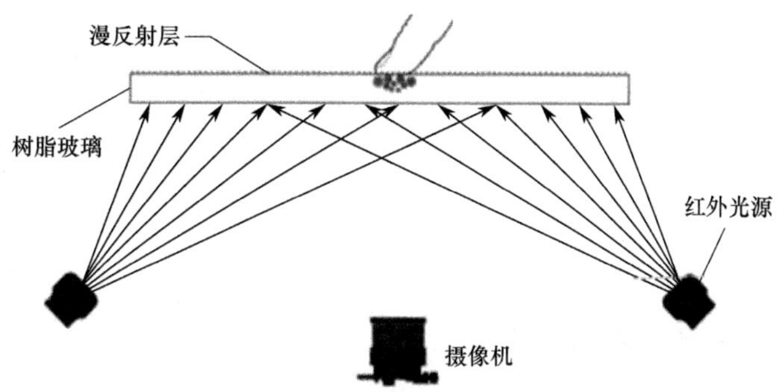

图 6-7　Rear-DI 多点触控技术的工作原理

Front-DI 多点触控技术是把周围环境的可见光照射在触控屏幕的正面上，将漫反射幕放在触控屏幕的上方或底部，当物体触摸屏幕时便会产生阴影，摄像头根据产生的阴影来读取触点。

红外发光二极管等红外光源应用于 DI 多点触控时，角度越广越好，更大的角度产生的效果更理想。对于 DI 多点触控装置，会遇到区域过亮的问题。为解决这个问题，可以将发光器反转照射，避免直射显示区域，同时需要为摄像头加上过滤片。

4. DSI 多点触控技术

由 Tim Roth 提出的散射光平面（DSI）多点触控技术的工作原理如图 6-8 所示。利用一种特殊的 10mm 左右厚度的亚克力导光板使红外线照亮整个屏幕，导光板充满了纳米级的反光颗粒。当有红外线光从四周进入导光板内部时，会被反光颗粒反射和折射，使整个导光板成为一面均匀的大光源。此时，有触控事件发生时，便会形成亮点，被下方的摄像机捕获，从而确定触控点的位置。这种效果有点类似 DI 多点触控技术，不同的是 DSI 多点触控技术更容易获得比较均匀的发光面，没有特别明亮的区域。

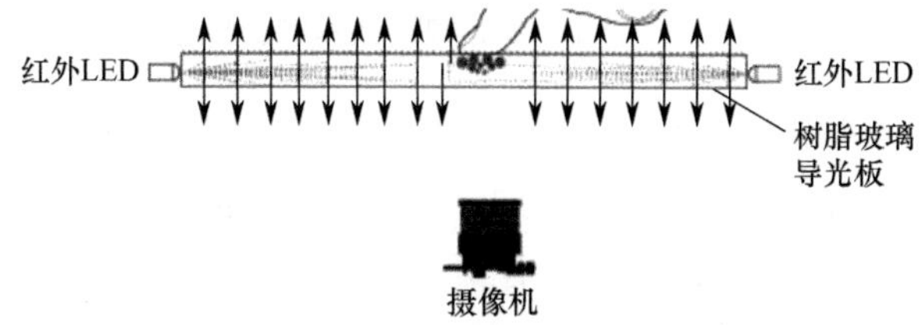

图 6-8　DSI 多点触控技术的工作原理

DSI多点触控技术不需要兼容层，仅需要投影幕或漫反射幕。能够轻易地从其他技术转换过来，能够识别物体或标签物体，具有压感，没有局部区域过亮的问题。但与FTIR和LLP相比，触点对比度低、软件不容易读取，具有较多无法识别的触点，尺寸因为其柔软度而受到限制，并且导光板价格较高。

5. LED-LP多点触控技术

由Nima Motamedi提出的发光二极管平面（LED-LP）多点触控技术，基本设置和FTIR多点触控一样，不同的是亚克力的厚度和红外线照射的方式。如图6-9所示，红外LED放置在触控屏幕的四周，红外线从四周照射到亚克力屏幕表面上，以便光线更好地分布在屏幕表面上，在触控屏幕上创造了一个红外线平面，光线会使放在屏幕上方的物体发亮，然后通过软件（Touchlib/Community Core Vision）调节滤镜来设置仅当物体被提起或接近屏幕时被照亮。调节滤镜来设置仅当物体被按下或接近屏幕时被照亮，从而确定触控点的位置。这点和LLP多点触控技术类似。

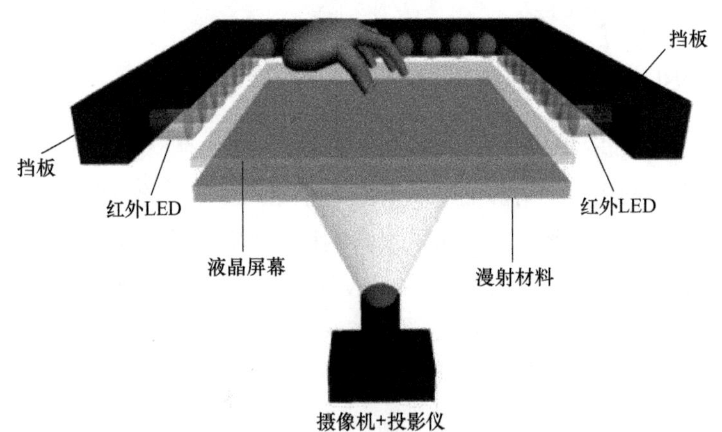

图6-9　LED-LP多点触控技术的工作原理

LED-LP多点触控技术的红外光源最少需要从触控屏幕上方的两边发射出来，在通常情况下，越多的边发射光源，则能够得到越好的红外线环境。可以利用挡片放置在LED上方，让更多的光投射在平面上。一般用亚克力或玻璃作为触控屏幕，如果是用投影仪作为显示设备，则会用到投影屏幕。如果是用LCD作为显示设备，则需要在液晶面板下方放置一个漫反射层来避免液晶背光的干扰。当利用 LCD 作为显示屏幕时，推荐使用 LED-LP 多点触控技术。与 DI 多点触控和 LLP 多点触控一样，触控屏幕不要像 FTIR 多点触控那么厚，但需要有足够的承受力以承受用户交互所产生的压力。

6.3.3　光学式多点触控的软件系统

光学式多点触控系统的硬件平台采集到手指或其他目标的信息后，由软件负责对获取信息的处理，以检测跟踪触点的运动，并进一步识别出用户手势，操纵相应的应用程序或设备，实现与系统的交互。多点触控系统同时输入的数据种类更多，信息含义更丰富，操作方式更灵活。多点触控人机交互系统包含输入、输出、用户和目标系统四个部分。用户通过交互接口输入控制命令，系统响应后将执行结构反馈给用户。

1. 多点触控系统软件架构

F.Echtle 和 G.Klinkerl 提出的多层次系统软件模块架构如图 6-10 所示，将多点触感图像识别跟踪系统的软件分为硬件抽象层、变换层、解析层和

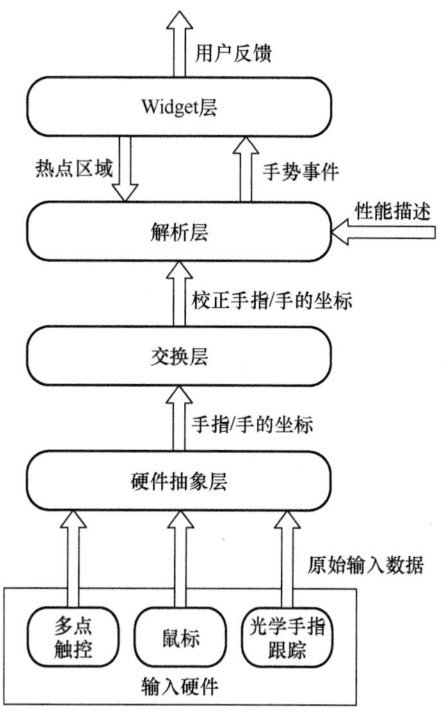

图 6-10　多层次系统软件模块架构

Widget 层。硬件抽象层用于接收平台采集到的原始数据，使用特定算法对采集到的图像进行图像校正、灰度变换、背景过滤、平滑去噪和分割目标等处理，从原始图像中得到目标点的位置，再进行触点检测、识别后，将跟踪目标的定位信息发送给变换层；变换层把得到的触点坐标转换为系统坐标；解析层获取由变换层传递的坐标数据，转换为触摸事件和状态，合成运动轨迹，识别用户手势的含义，并触发相应的触摸事件；最后控制层（Widget 层）响应多点触控的触摸时间和触摸状态，更新用户界面，从而完成一次完整的人机交互。

硬件驱动层利用图像预处理、标定和触点检测的相关算法对红外摄像头获取的图像进行处理，获取触点的位置、大小等信息；触点运动合成层使用 KNN 等算法关联连续图像帧中相同的触点，对单个触点运动进行跟踪；手势识别层根据跟踪的结果，识别用户手势，并触发对应于手势含义的多点事件；最后由针对某种应用开发的多点触控软件响应事件，并将执行后的结果呈现给用户。

2. 多点触控软件各子模块的实现

摄像机采集到视频图像后，基于获取的图像数据进行触点的检测、定位等操作。摄像机标定是确定三维物体的空间坐标系到摄像机图像坐标系的映射关系，包括摄像机成像系统内外几何及光学参数的标定和两个或多个摄像机之间相对位置关系的标定。如果摄像机为单摄像头，只需要确定相机的内部和外部参数。

摄像头仅能看到红外图像，传统的基于标定模块的自动标定方式不再有效。一般使用标定棋盘图进行手动标定：在亚克力板范围内选定 9 个坐标点，按提示依次按下指尖直至完成所有点的标定。通过计算触点的已知屏幕坐标和图像计算坐标之间的匹配变换，寻找需要的单应性矩阵（Homography）并进行计算，求得投影图像坐标和摄像头图像坐标间的对应关系。其中一个重要的环节是进行亮斑的检测，以判断是否有用户手指按下。

触点识别包括触点的图像预处理、边缘检测和轮廓提取。经过图像标定后，对 9 点法中的 9 个区域的光斑区进行触点检测，符合条件的光斑被识别为触点（Blob），达不到亮度和面积要求的斑点被排除，符合要求的区域被检测为触点对象。采用边缘检测算法可以准确识别触点的位置和面积。图像边缘检测要用离散化梯度逼近函数，根据二维灰度矩阵梯度向量寻找图像灰度矩阵的灰度跃变位置，将这些位置点连起来就构成图像边缘。检测出边缘后，通过轮廓提取算法实现触点的轮廓提取。亮斑区域被判断为触点，程序会创建一个新的 Blob 对象，并根据亮斑区域的坐标、面积等信息对 Blob 对象的成员变量赋值，新生成的 Blob 对象被加入已检测到 Blob 对象的数组。

经过触点检测，获得新一帧图像中所有触点的基本信息。建立新检测到的触点和已经存在的触点间的关系，并以此判断应该触发哪种类型的事件。多个触点的追踪，需要采用运动跟踪算法确定每个目标的特征、位置、运动方向、速度等信息。利用这些追踪到信息，系统提取出 Blob，并记录 Blob 的运动轨迹。通过分析同定义的手势进行比较，并返回相应的处理操作，通过 Widget 层完成与用户的交互。手势的识别过程包括意图检测、手势划分、命令映射。通过手势识别，完成收缩、旋转、平移、压感等操作。

跟踪的过程就是给新一帧图像中每个触点去顶标签。根据跟踪的结果，软件定义了三种类型的事件：Fingerup（抬起手指）、Fingermove（手指移动）和 Fingerdown（手指按压），分别表示用户手指移开、手指移动、手指按下。当用户与系统交互时，系统会根据用户的实际动作触发相应的事件。多点触控系统事件触发/响应机制比较灵活，可以采用观察者模式来管理事件的收发。

Widget 层通过 TUIO 协议向上层客户端发送事件，完成用户的反馈。开放式框架 TUIO 能够将触摸事件以某种协议向上层发送，为上层应用提供与底层硬件无关的触摸事件，为多点触控桌面定义了一套通用的协议和 API，TUIO 工作模型如图 6-11 所示。

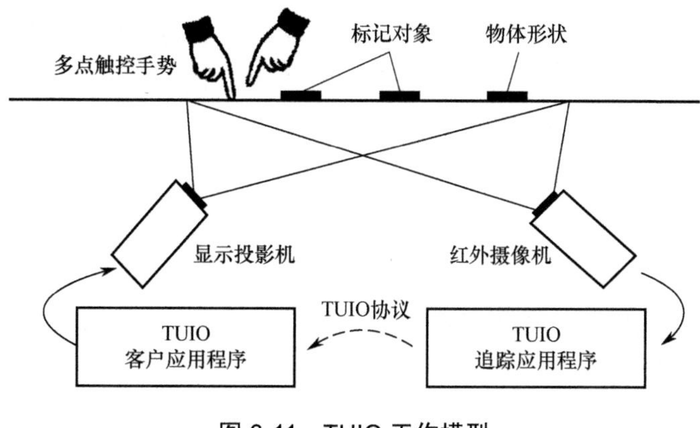

图 6-11　TUIO 工作模型

TUIO 协议允许传递交互桌面的抽象描述，包括触摸事件和物体状态等。该协议对来自跟踪程序（如基于计算机视觉开发的软件）的控制数据进行编码，然后将它发送给任何能够解码 TUIO 协议的客户端应用程序。TUIO 跟踪器的协议和客户端实现的组合推动了基于多点触控接口的桌面系统的快速发展。TUIO 一般被设计作为交互式桌面的抽象层。TUIO 协议能够在任何支持 OSC（Open Sound Control）标准的平台上实现。

通过软件编程把各个子模块串接起来。软件主要作用是检测并跟踪触点运动，将触摸事件向外发送，软件本身并没有太多需要与用户交互的地方，因此软件界面仅提供了标定、控制和设置交互模块，用户可以通过按钮选择自动标定或是手动标定，运行或暂停整个软件及一些简单的设置，界面下端的信息栏则显示触点的坐标、面积等信息。

6.4 集成式光学触控技术

集成式光学触控技术包括把感测元件集成在显示屏内的光学式 In-Cell 触控技术、把感测元件集成在显示模组之下的光学指纹识别技术、在盖板玻璃上集成探测模组的屏上光学式触控和指纹识别技术。

6.4.1 光学式 In-Cell 触控技术

2005 年，日本 TMD 公司开发出结合触摸面板功能与光笔输入功能的 2.8 英寸、分辨率为 400 像素 × 240 像素的液晶面板。其技术主要是在 LTPS TFT 基板上嵌入光学传感器，可使用手指遮挡光线或光笔来进行输入，并可通过提高光学传感器的灵敏度，能够像触摸面板一样进行触摸与输入。2007 年，Sharp 推出的 PC-NJ70A 笔记本电脑，其触控面板也是采用内嵌光学传感器的技术方案。

光学式内嵌触控技术可根据侦测手指阴影或手指对背光的反射情况，来判断触控与否，也可以用光笔照射 Photo Sensor，通过光电流变化来判断触控与否。但是，Photo Sensor 一对一地嵌合在像素上，影响像素开口率。在保证触控分辨率的前提下，也可以采用多个像素搭配一个 Photo Sensor 的设计。

光学式 In-Cell 触控技术利用环境光源或显示器的背光源，在 TFT 背板的每个像素或像素组中集成光敏器件与输出电路，由光敏器件自动感应明亮环境下的手指影子或黑暗环境下的手指反射的背光。如图 6-12 所示，光学式有两种工作方式，一种是靠激光笔的光被光敏器件感应，以确定位置；另一种是用手指遮挡环境光从而使光敏器件感应。

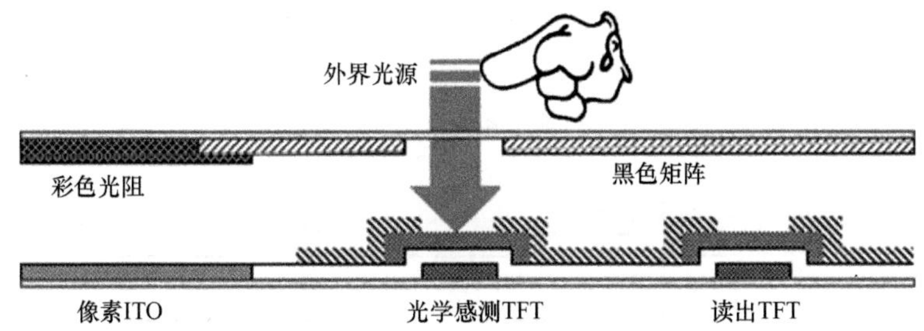

图 6-12　光学式 In-Cell 触控技术分类

光学式 In-Cell 触控面板的像素结构及其工作原理如图 6-13 所示。LCD TFT 用于对像素的正常液晶显示区域充放电。当上一行像素的扫描线处于高电平时，读出 TFT 打开。如果没有用手触控，外界光照射感光传感器结构，会有一定量的电流流出读出 TFT 进入感测线，送到触控用的控制器。如果用手触控，手遮住了外界光，在对应触控位置的感光传感器结构上流过的电流

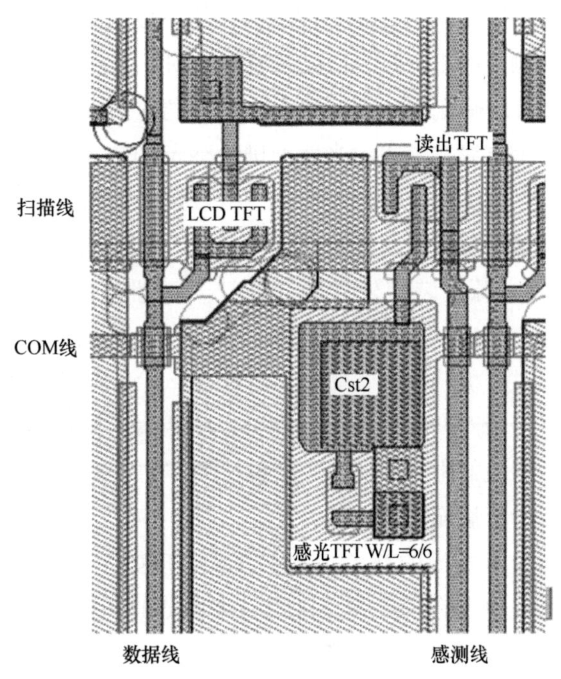

(a) 蓝色子像素结构实例

图 6-13　光学式 In-Cell 触控面板的像素结构及工作原理

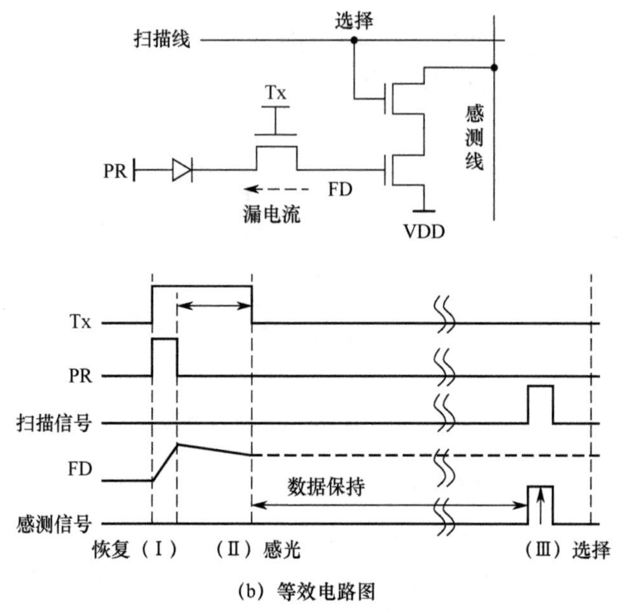

（b）等效电路图

图 6-13　光学式 In-Cell 触控面板的像素结构及工作原理（续）

量降低，被读出 TFT 读出并进入感测线后再传到触控用的控制器。通过比较触控前后流入感测线的电流量，可以判断触控的发生；通过对应的 X 轴扫描线和 Y 轴感测线可以确定触控点的位置。由于光学式不需要直接触碰到面板，而只需要在面板上方遮挡住入射光就能进行感光 TFT 电路的控制，所以光学式可以用作 3D 手势触控。

光学式 In-Cell 触控的问题是在环境光为暗态的时候无法进行触控。其基本对策是在背光源上装红外光源，并让光敏器件具有红外感应能力。图 6-14 为 Sharp 在 SID2010 提出的解决方案。在一帧时间里，首先让 IR 背光快速点亮，通过分析获得一幅影像；再让 IR 背光快速关断，通过分析获得另一幅影像；最后对两幅影像进行亮度上的减法运算获得如图 6-14（c）所示的触控点手指反射影像，从而判断触控动作的发生及其位置，但这种方法所需的控制器运算量庞大，功耗也大。

三星在 SID2010 提出的 In-Cell 触控工作原理如图 6-15 所示。如果背光源上没有装红外光源，在阵列基板上设计如图 6-15（a）所示的非晶硅 a-Si 光学感测器件，通过感测光生电流 $I_{ph}(\lambda)$ 的大小可以判断触控位置。如图 6-15（b）所示，感测光生电流 $I_{ph}(\lambda)$ 减少的地方就是触控位置。如图 6-15（c）所示，在背光源上装红外光源后，需要在 CF 基板上设计 RGB

色阻叠层结构用于滤除可见光，在正下方的阵列基板上设计 a-Si Filter、a-Si 光学感测器件，通过感测光生电流 I_{ph}（λ）的大小可以判断触控位置。如图 6-15（d）所示，感测光生电流 I_{ph}（λ）增加的地方就是触控位置。

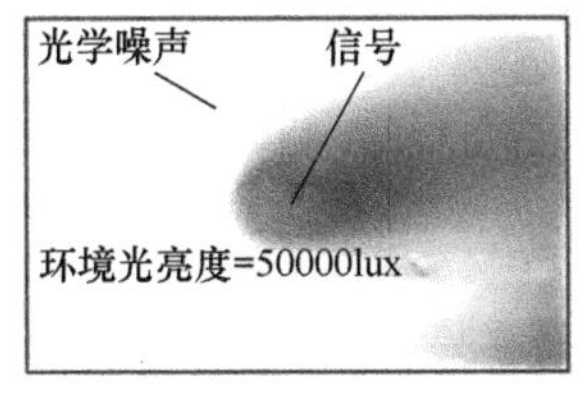

(a) 红外背光源打开

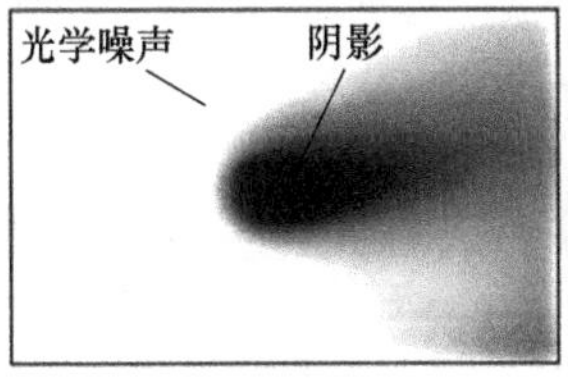

(b) 红外背光源关闭

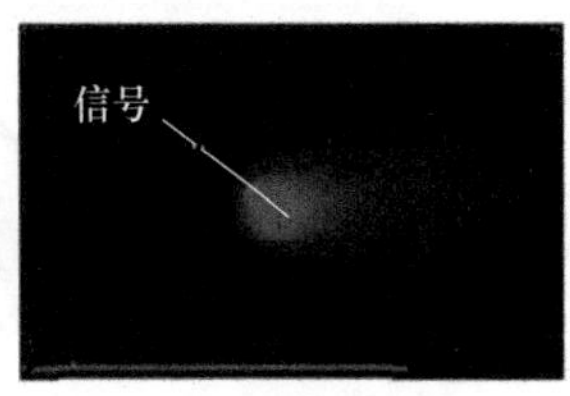

(c) 减法运算处理后

图 6-14　红外背光的工作原理［触控 Sharp 2. 6 英寸 VGA（300ppi）影像］

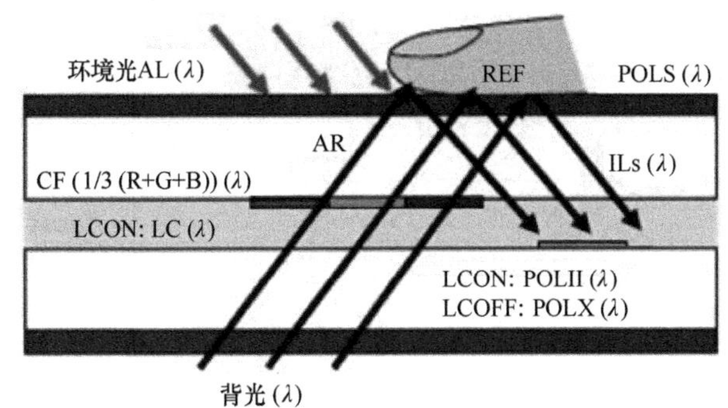

(a) a-Si 光学感测原理

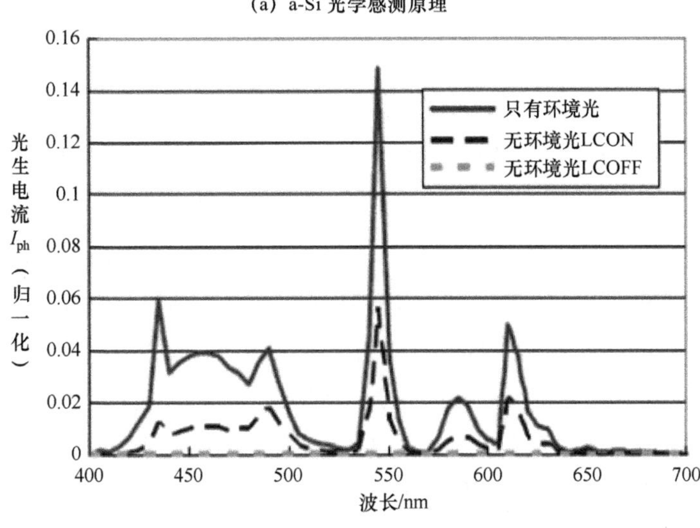

(b) Iph 模拟结果

图 6-15　背光源上是否装红外光源的原理对比

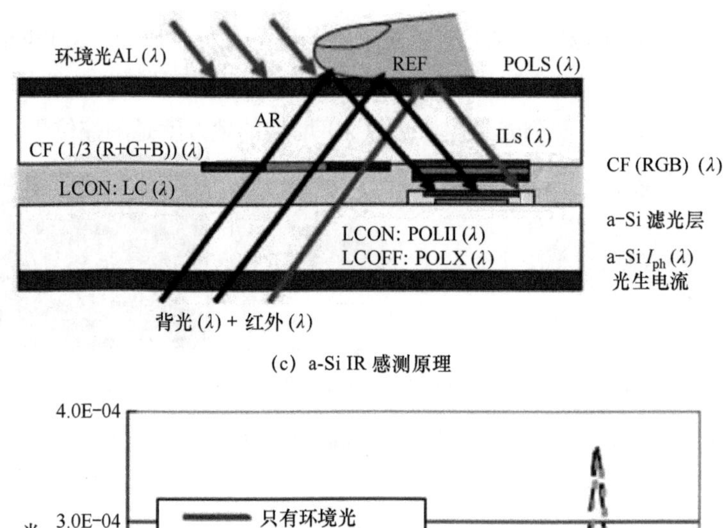

(c) a-Si IR 感测原理

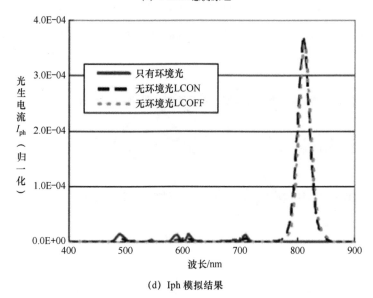

(d) Iph 模拟结果

图 6-15　背光源上是否装红外光源的原理对比（续）

使用光学式内嵌触控技术的好处是不需施力就可做到多点触控。不过，当环境中的光照射触控屏的表面时，有可能发生误判，因此需要采用一些特殊的电路来解决。AUO 在 SID2019 上提出了一种 5T1C 的电路，实现了 White-Light Photo Current Gating（WPCG），即白光电流选通结构，解决了这一问题。其电路原理图如图 6-16 所示，以红光为检测主光源为例进行说明。如果选用其他颜色做为主光源，其原理类似，在此不再赘述。

在复位阶段，Sn 接 VSL 电位，将 Va 点置位低电平。在检测阶段，Sn 接 VSH 电位，如果是白光照射，Tp2 的光生电流，小于 Tp3 和 Tp4 的漏电流，Va 点仍处于低电平。如果是红光光笔照射，则 Tp2 的光生电流明显增大，并且大于 Tp3 和 Tp4 漏电流的总和，并且 Tp1 也产生较大的光生电流。Va 点电压升高，C1 被充电。在采样阶段，Gn 处于高电平，TFT 打开，C1 上储存的电荷被采集，并传输到外部的电荷放大器，处理器根据不同检测线不同时间的电荷量，进行光笔位置判断。

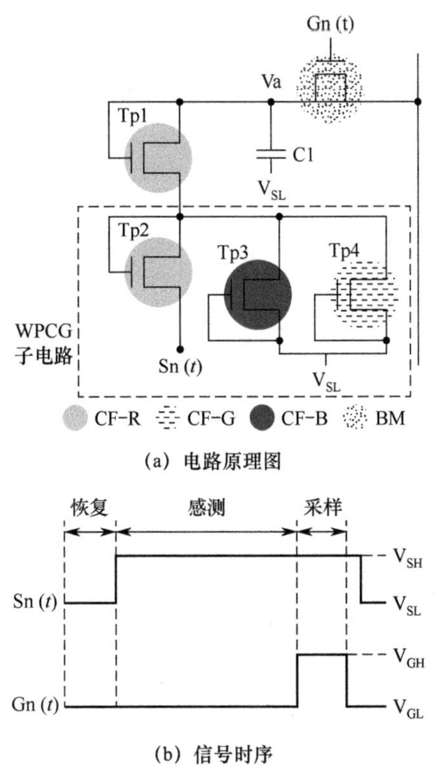

图 6-16　消除环境光影响的光学传感器原理图

6.4.2　光学式屏下指纹识别技术

在全面屏兴起之前，传统的手机指纹解锁技术主要采用的是电容式指纹解锁，也就是手机的实体 Home 键。全面屏技术取消了电容指纹识别模块，使在屏幕显示区域进行指纹识别成为可能并可以实现开关机等操作。屏下指纹识别技术的发展保证了更高的屏占比，也不必将指纹识别模块做到手机背部，更无须单独的机身开孔，因此手机在加入防水功能时可以更好地实现。屏下指纹识别技术主要分超声波式和光学式，其中光学式屏下指纹识别技术是主流。

1. OLED 屏下指纹识别技术

作为主动发光显示技术的 OLED，显示模组较薄，可以减轻由于放置屏下指纹传感器带来的整体机身变厚的问题。融合于 OLED 的光学式屏下指纹识别原理如图 6-17 所示：当用户手指按压 OLED 显示屏后，OLED 产生的光线会照射手指纹理，照亮指纹的反射光线再反射到 OLED 显示屏下方的指纹识别传感器上，产生指纹图像。最终形成的图像通过与数据库中已存的图像进行对比分析，进行识别判断。由于 OLED 屏幕像素间具有一定的间隔，因此能够保证指纹反射光线透过。

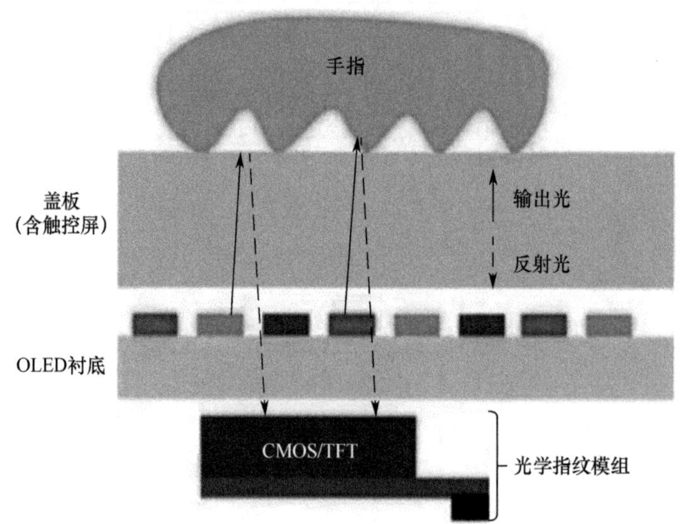

图 6-17　OLED 屏下光学指纹识别原理

指纹反射的光线在透过屏幕的过程中，需要穿透 1200～1500μm 的厚度，并且会受到玻璃盖板、OLED 显示层和滤光片等的阻挡、折射和反射，因此在屏幕下方的光学传感器上清晰成像并不容易。要获得清晰的成像，需要尽可能地收集 sensor 正上方的信号光，同时屏蔽斜向的大角度干扰光。因此，如何收集并识别透过屏幕的微弱有用的信号光线，成为技术的开发方向。具体的方案包括光线准直层方案、小孔成像方案及摄像模组方案。

使用准直层的光线收集与识别方案如图 6-18 所示，将光线传感器直接放在 OLED 屏幕之下，通过准直层收集从 OLED 屏幕像素间的空白区域透下来的光线成像，并判别指纹是否正确。这种方案在感光元件和 OLED 屏幕之间加入了一层准直层。

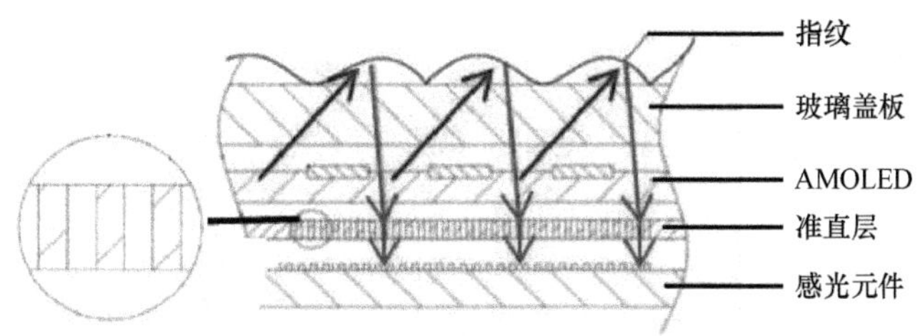

图 6-18　使用准直层的光线收集与识别方案

尽管准直层方案解决了一部分成像问题，但带来了厚度增加问题。小孔成像方案可以解决厚度增加问题，使用小孔成像的光线收集与识别方案如图 6-19 所示，在小孔成像方案中，准直层不再是原来的厚板，而是在 OLED 显示面板的最下面一层进行一个阵列式的小孔设计，利用这些小孔进行成像，这样可以大幅度降低指纹模组的厚度，当然，这种结构能进一步降低生产成本。但这种方案需要更加复杂的成像的算法来支持。

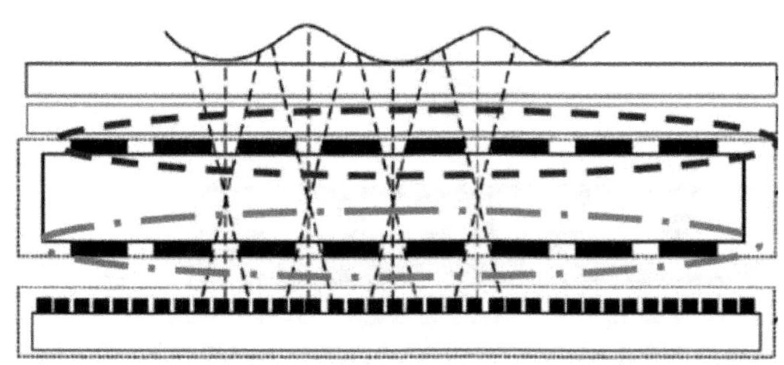

图 6-19　使用小孔成像的光线收集与识别方案

在光线准直层方案和小孔成像方案中，多大指纹识别区域就需要多大的指纹识别传感器，其尺寸通常在 4mm×4mm 或 5mm×5mm。采用摄像模组方案可以降低成本。屏下指纹摄像模组方案的本质是普通的屏下摄像头，光线通过摄像头的光圈均匀照射到手指后，聚焦到摄像头的图像传感器上，进而进行比对，实现指纹识别。指纹摄像模组方案可以通用相机技术，并且传感器尺寸更小，但摄像模组厚度一般在 2mm 以上。准直方案的准直孔需要有一定尺寸以保证光线进入，同时还要保证准直孔与像素点对应，准直孔过大还会导致像素点过大，影响成像质量。而摄像模组方案无须考虑准直孔的问题，提高像素即可。

2. LCD 屏下指纹识别技术

作为非主动发光显示技术的 LCD，需要底部背光源提供发光光源。背光源由光学膜片、导光板及反射片组成。而反射片是不透可见光的，屏幕上方的指纹图像传不到位于液晶显示模组（LCM）下方的图像传感器上。如果把背光源开洞又会影响该区域的显示效果，无法弥补。必须另寻他法。

融合于 LCD 的光学式屏下指纹识别方法是基于红外发送/接收的，利用红外光在手指的反射作用进行成像。硬件方面需要把背光源内的光学膜片、导光板及反射片置换成透红外的材料。融合于 LCD 的光学式屏下指纹识别技术原理如图 6-20 所示：位于接收器旁边的主动红外光源透过铁框的孔洞向 LCD 显示屏方向发射红外线，在手指触控位置，红外线被反射后透过 LCD 模组到达下方的指纹接收模块，并被红外接收器接收成像，形成的图像通过与数据库中已存的图像进行对比分析，进行识别判断。所用红外线的波长为 940 ± 30nm。LCD 模组堆叠的各层光学膜要求可以穿透红外光。

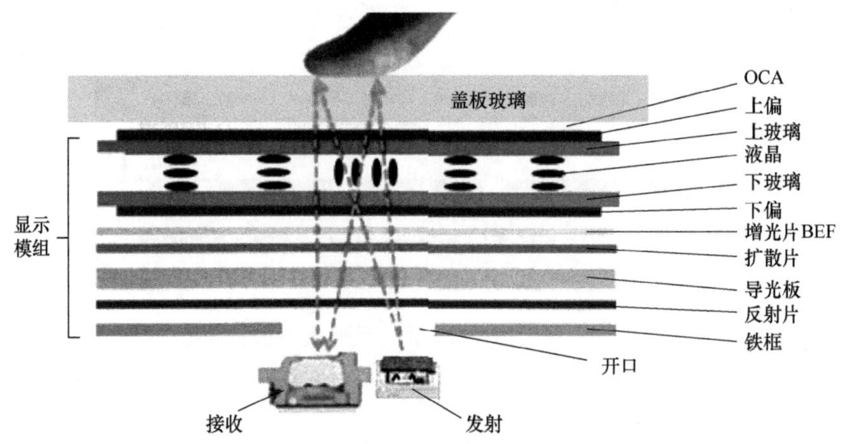

图 6-20　融合于 LCD 的光学式屏下指纹识别技术原理

融合于 LCD 的光学式屏下指纹识别技术，LCD 模组的光路设计是关键。如图 6-21 所示，LCD 模组方案主要分为如下两种：材料透过式屏下指纹识别和弯折式屏下指纹识别。

红外光学式屏下指纹识别的优势在于可最大限度地避免环境光的干扰，甚至在极端环境中的稳定性更好。但屏下光学式指纹识别同样面临干手指识别率的问题。此外，由于点亮屏幕特定区域，不可避免地会出现某部分屏幕易老化的问题，且屏下光学式指纹识别的功耗相对传统光学式指纹要高很多，这些都有待解决。

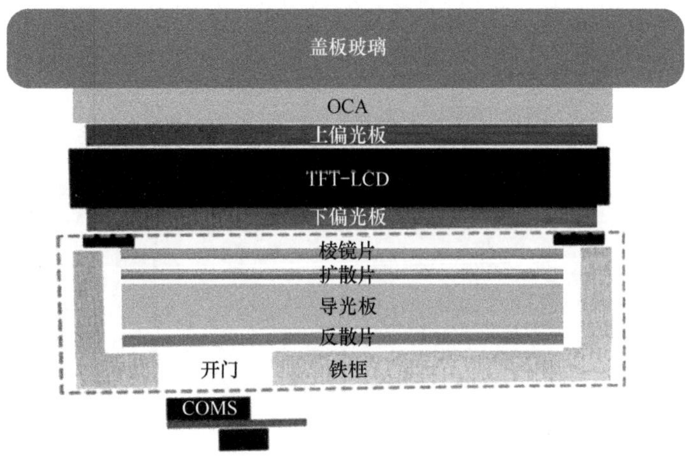

(a) 材料透过式材料屏下指纹识别

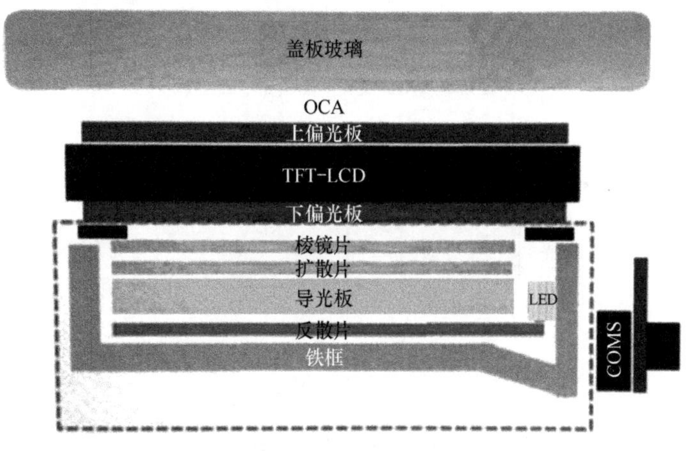

(b) 弯折式屏下指纹识别

图 6-21　LCD 屏下指纹 BLU 方案

3. 遥控式屏下集成光学触控技术

遥控式光学屏下触控包括外设激光光源、位于模组下方的光束转折微结构膜和位于显示屏四周的探测器阵列。其工作原理为：外界入射触控激光透过液晶模组，到达透明的 PMMA 导光板上。在导光板上设置有金属微棱锥，照射到金属维棱镜的激光被部分反射到位于显示器边框的探测器阵列，从而获取照射点的位置，进而达到远程触控的目的。如图 6-22 为飞利浦公司在

2008 年 SID 提出的激光笔远程触控原理示意图。该技术的优势是可以远程实现鼠标的拖拽和圈选功能，并且具有响应速度快和无延迟等传统鼠标和陀螺仪所不具备的优势，其缺点为自由空间传播的红外光束定向性不好，尤其是

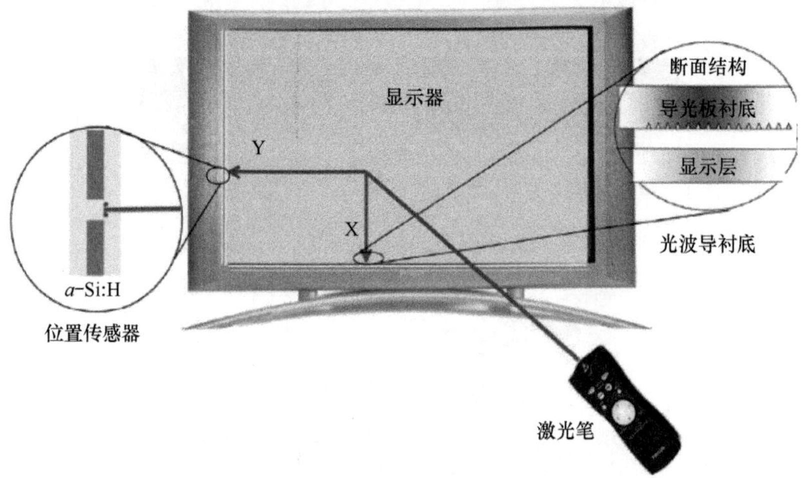

(a) 激光笔远程触控屏下集成光学触控原理

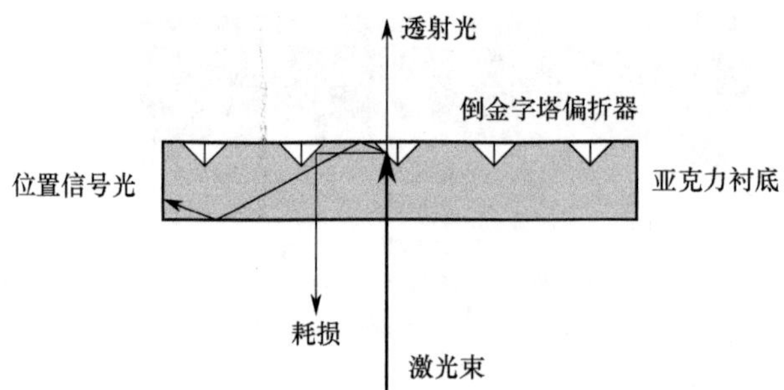

(b) 带有倒金字塔偏折光结构的导光板

(c) 倒金字塔微结构示意图

图 6-22　激光笔远程触控原理

微棱锥的散射会导致光束的进一步发散，从而导致触控精度较低，因此还未见到量产应用。

6.4.3　光学式屏上集成触控技术

针对屏下指纹和触控所面临的透射效率低、器件厚度增加和制备工艺更复杂等缺点，在屏幕的盖板玻璃上集成传感和识别器件的屏上触控技术是另外一类技术方案。图 6-23（a）所示是三星公司提出基于红外 LED 光源的接触式破坏全反射和非接触悬空感知手指反射的集成光触控，三星公司的方案具有光学透明的优势，但 LED 光源的发散角度限制了工作距离和角度范围，不适合大屏幕触控。图 6-23（b）所示是上海交大叶志成等人提出的基于亚波长光栅耦合的光波导式全屏指纹识别和触控技术。其原理为利用亚波长光栅将显示模组下的光源横向耦合成沿着玻璃盖板的波导模式光，而在显示模组的正下方则设置有指纹识别模组，该技术可以将指纹识别和触控有机融合在一起，并且实现了在指纹识别模组对应的横向光路区域实现大范围指纹识别。该技术的优势是指纹识别区域大大扩展，并且兼容触控功能，尤其是光栅耦合，具有轻薄化的优势，目前需要解决的是耦合效率较低、指纹图像对比度不够高的问题。

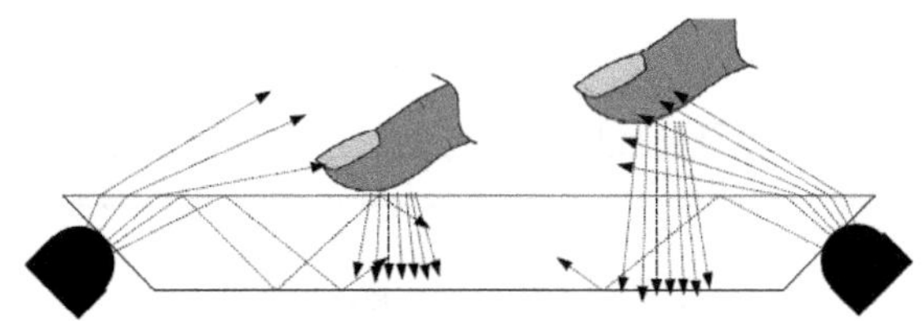

（a）接触式破坏全反射和非接触式反射传感集成触控

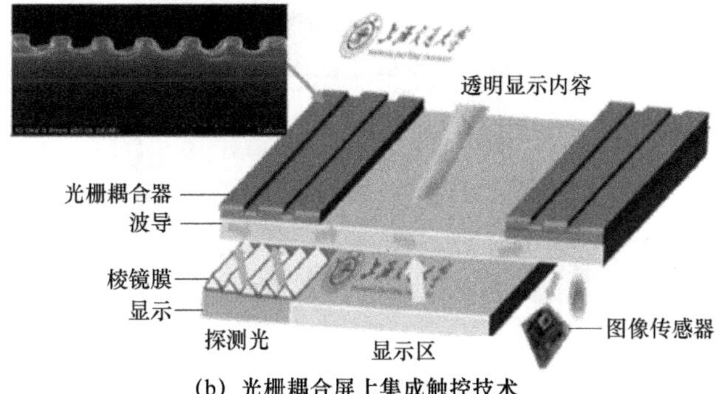

（b）光栅耦合屏上集成触控技术

图 6-23　屏上集成触控方案

如图 6-23 所示的屏上集成触控技术属于内置式光源，无法实现类似基于摄像头图像识别的远程实现交互功能。2019 年，上海交大在基于纳米光学膜指纹识别研究的基础上，提出了一种激光远程光交互的技术。如图 6-24 所示，该技术原理为在玻璃盖板上集成一张亚波长的透明介质光栅，利用光栅的波导耦合作用将外界入射可见激光转为沿着盖板玻璃传播的波导光，这些波导光最后照射到位于屏幕四周的可见光探测阵列，从而告知显示屏触控位置。

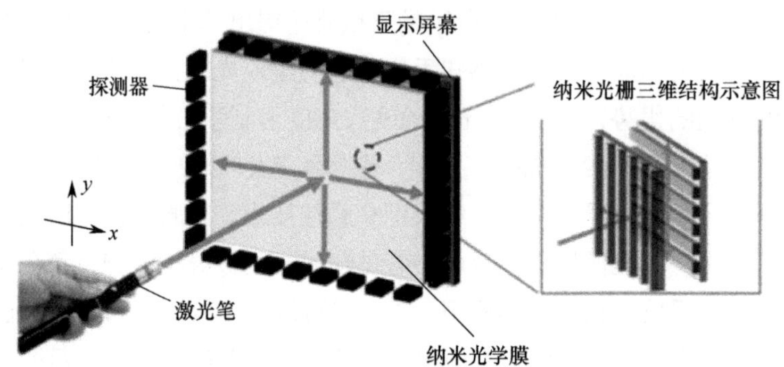

(a) 基于亚波长光栅耦合激光触控原理示意

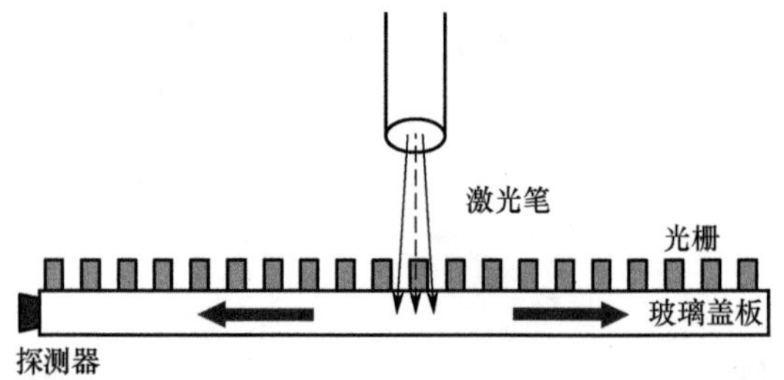

(b) 亚波长光栅导光原理

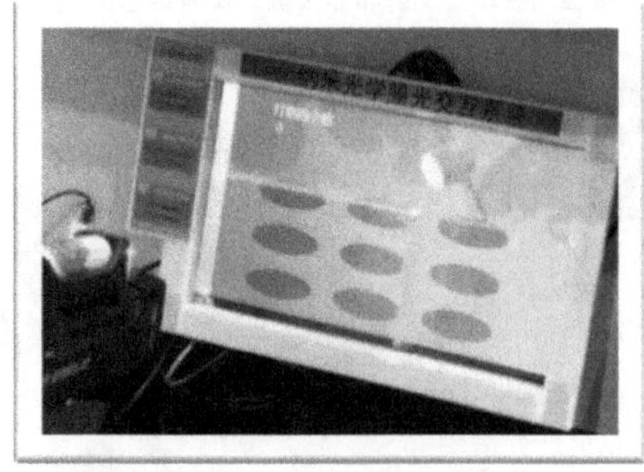

(c) 亚波长光栅光学膜激光触控原理样机

图 6-24　基于亚波长光栅光学膜的激光遥控屏上集成触控技术

该技术的响应速度在亚毫秒级，比现有的图像识别和电容式速度快 10 倍以上。由于其属于绝对位置感知技术，无延迟、学习难度低，因此有望克服现有的陀螺仪触控的惯性延迟。此外，利用亚波长光栅的耦合作用，该技术还可以实现 3D 交互感知。由于其所需要的亚波长光栅周期小于 500nm，因此大面积批量制备技术门槛较高，如能克服该问题，亚波长光栅有望成为光交互技术的新的技术解决方案。

本章参考文献

[1] JOHNSON E A. Touch display—a novel input/output device for computers[J]. Electronics Letters, 1965, 1(8):219-220.

[2] WALKER G. A review of technologies for sensing contact location on the surface of a display[J]. Journal of the Society for Information Display, 2012, 20(8):413-440.

[3] EBELING F A , JOHNSON R L, GOLDHOR R S . Infrared light beam x-y position encoder for display devices[P]，US 3775560, 1973.

[4] 李冬喆, 陈国龙, 黄子强. 红外触控屏的接收单元抗干扰新技术及其验证[J]. 液晶与显示, 2014, 29(2): 251-257.

[5] 吴金华，洪乙又，张小芸，等. 红外触摸屏的抗强阳光干扰的方法[P]. CN201210056437, 2012.

[6] 刘斌涛. 基于红外光电技术的多点触摸屏设计与实现[D]. 大连: 大连理工大学，2011.

[7] 吕燚，邓春健，李文生. 高分辨率多点触控红外触摸屏设计[J]. 液晶与显示，2015, 30(1): 77-82.

[8] 李小哲, 胡跃辉, 吕国强,等. 大尺寸红外触摸技术的驱动电路设计与分析[J]. 液晶与显示, 2014, 29(3)：410-416.

[9] 郭瑞，朱沛立. 红外触摸屏响应分析及延时优化[J]. 液晶与显示，2015, 30(6):168-173.

[10] 陈仲渊. 光学触控板以及光学触控装置[P]. CN201110351274.1，2011-11-04.

[11] MAXWELL I. An Overview of Optical-Touch Technologies [J]. Information Display, 2007，12(7):26-30.

[12] 刘佳升，张凤军，任磊，等. 一种面向交互桌面的用户界面模型[J]. 软件学报，2012，23(2):115-128.

[13] PARK Y, SEOK S, PARK S, et al. Embedded Touch Sensing Circuit Using Mutual Capacitance for Active-Matrix Organic Light-Emitting Diode Display[J]. Japanese Journal of Applied Physics, 2011, 50(3): 4921-4922.

[14] 宋林川. 一种新型抗阳光干扰红外多点触摸屏的设计与实现[D]. 南京：南京大学，2014.

[15] 夏厚胤. 并行扫描抗强光红外触控模块的研究与实现[D]. 成都：电子科技大学，2015.

[16] 郭栋. 基于红外的多点触摸技术的研究[D]. 成都：成都理工大学，2013.

[17] 李小哲. 大尺寸红外多点触摸技术的研究[D]. 合肥：合肥工业大学，2014.

[18] 吴娟. 红外多点触摸技术的关键问题研究[D]. 合肥：合肥工业大学，2012.

[19] 李晓晖. 多点光学触摸技术研究[D]. 成都：电子科技大学，2015.

[20] 黄靓. 受抑全内反射技术实现的多点触控装置设计[J]. 电视技术，2014, 38(13):208-211.

[21] 陈拴拴. 光学多点触摸交互式桌面系统的设计与实现[D]. 重庆：重庆大学，2013.

[22] 胡庆龙. 基于 FPGA 的光学触摸屏控制系统设计[D]. 西安：西安电子科技大学，2013.

[23] 王政. 基于光学多点触控系统的触点识别软件的设计与实现[D]. 青岛：中国海洋大学，2013.

[24] KORKALO O, HONKAMAA P. Construction and evaluation of multi-touch screens using multiple cameras located on the side of the display[C]. Acm International Conference on Interactive Tabletops & Surfaces. ACM, 2010.

[25] WALKER G. Camera-Based Optical Touch Technology[J]. Information Display, 2011, 27(3):30-34.

[26] WALKER G, FIHN M . LCD In-Cell Touch[J]. Information Display, 2010, 26(3): 8-14.

[27] LEE J, WOUNG J, et al. 24.3: Hybrid Touch Screen Panel Integrated in TFT-LCD[J]. SID Symposium Digest of Technical Papers, 2007, 38(1):1101-1104.

[28] WANG G Z, HUANG Y P, CHANG T S, et al. Bare Finger 3D Air-Touch System Using an Embedded Optical Sensor Array for Mobile Displays[J]. Journal of Display Technology, 2014, 10(1):13-18.

[29] PASQUARIELLO D, VISSENBERG M C J M , DESTURA G J . Remote-Touch: A Laser Input User–Display Interaction Technology [J]. Journal of Display Technology, 2008, 4(1):39-46.

[30] MA P, CAO W, ZHENG S, et al. Optical Touch Screen Integrated With Fingerprint Recognition[J]. SID Symposium Digest of Technical Papers, 2017, 48(1):835-837.

[31] BOER W D, ABILEAH A, GEREEN P, et al. Active Matrix LCD with Integrated Optical Touch Screen[J]. SID Symposium Digest of Technical Papers, 2003, 48(1):1494-1497.

[32] LEE J, J-W PARK, JUNG D J, et al. Hybrid Touch Screen Panel Integrated in

TFT-LCD [J]. SID Symposium Digest of Technical Papers, 2007, 38(1):1101-1104.

[33] CUI X, PING M, CAO W, et al. Transparent optical fingerprint capture system based on subwavelength metallic grating couplers[J]. Optical Materials Express, 2016, 6(12):3899-3905.

[34] MA P, CUI X C, ZHENG J, et al. Slim OFRS based on a grating input coupler and a microprism sensing surface[J]. Chinese Optics Letter, 2016, 14(11):98-103.

[35] WANG C, FU Y, YU X, et al. Large scale optical multi-touch system based on sub-wavelength grating couplers[C]. Nanoengineering: Fabrication, Properties, Optics, Thin Films, and Devices XVI, 2019.

第7章

声波式触控技术

声波式触控技术利用在触控屏表面或内部传播的声波来检测触摸位置，包括利用板中声波、体波和超声波等多种方法实现的触摸控制。板中声波触控典型技术主要有声表面波（Surface Acoustic Wave，SAW）、声学脉冲识别（Acoustic Pulse Recognition，APR）、频散信号技术（Dispersive Signal Technology，DST）等。声波式触控技术只需要一块在周边贴上几个换能器的玻璃板，作为传播声波的界面或介质。声波式触控屏具有稳定、透光率高、抗刮擦等优点。

7.1　声波与触控技术

声源产生的振动在空气或其他介质中的传播叫作声波。描述声波的参数有振幅、波长、频率等，声波具有折射、反射、衍射、散射等特性。通过声波实现触控的触控屏统称为声波式触控屏。

7.1.1　声波理论基础

声波具有能量，通过介质将声源振动的能量和信息传递出去，就形成声波。声波的传播本质上不是物质的移动，而是能量在介质中的传递。在声波传播过程中，固体中的质点在它原来的位置上有微小的振动，并不产生永久性的位移。因为固体有弹性，弹性力有使扰动引起的形变恢复到无形变的状态的能力，具有弹性是固体中能形成波动传播的主要条件之一。

1．声波的种类

声波按频率的不同，分为频率低于 20Hz 的次声波；频率为 20Hz～20kHz

的可听声；频率大于 20kHz 的超声波。应用于触控屏上的声波，频率都在 20kHz 以上，属于超声波范畴。超声波在空气中的传播速度近似等于 340m/s，频率在 40kHz 的超声波波长 $\lambda=v/f=8.5\text{mm}$。

在弹性固体介质中传播的超声波属于应力波，应力、应变状态的变化以波的方式传播。应力波按波阵面几何形状的不同分为平面波、柱面波、球面波等；按质点振动方向与波传播方向的关系不同分为纵波和横波；按介质受力状态的不同分为拉伸波、压缩波、扭转波、弯曲波等；按控制方程组是否为线性分为线性波和非线性波。如果应力波的扰动量比较小，应力与应变呈线性关系，是线性波，介质中传播的是弹性波。如果应力波的扰动很大，应力与应变呈非线性关系，会出现波的频散和激波，为塑性波和冲击波。

超声波在弹性介质中传播时，在真空或空气中各向同性。而长宽无限的平板的板面被认为是不受限制的自由面，当板厚 τ 与板中波动波长 λ 之比大于 1 时，板中可激发表面波、弯曲波、纵波和横波。当板厚 τ 与波长 λ 之比小于 1 时，只能激发纵波、横波和弯曲波。

纵波的质点振动方向与超声波的传播方向平行，所以纵波又称为压缩波或疏密波。横波的质点振动方向与超声波的传播方向垂直，所以横波又称为切变波或剪切波。横波只能在具有切变弹性的介质中传播，根据质点振动平面与超声波传播方向的关系又分为垂直偏振横波和水平偏振横波。垂直偏振横波普遍应用于工业超声波检测，水平偏振横波就是地震波的振动模式，也称为乐甫波（Love Waves）。

当固体介质表面受到交替变化的表面张力作用时，质点做相应的纵横向复合振动，这时的质点振动所引起的波动传播只在固体介质表面进行，故称表面波。不同的边界条件和传播介质条件可以激发出不同模式的表面波，主要是瑞利波（Rayleigh Waves）和乐甫波。瑞利波是当传播介质的厚度大于波长（$d>\lambda$）时，在一定条件下，在半无限大固体介质上与气体介质的交界面上产生的表面波。如图 7-1（a）所示，瑞利波使固体表面质点产生的复合振动轨迹是绕其平衡位置的椭圆，椭圆的长轴垂直于波的传播方向，短轴平行于传播方向。质点振幅的大小（即椭圆长轴轴径的大小）与材料的弹性及瑞利波的传播深度有关，其振动能量随深度增加而迅速减弱。当瑞利波传播的深度接近一个波长时，质点的振幅衰减到很小。如图 7-1（b）所示，乐甫波是当传播介质厚度小于波长（$d<\lambda$）时，在一定条件下产生的表面波，乐甫波发生在介质表面非常薄的一层内。质点平行于表面方向振动，波动传播方

向与质点振动方向相垂直，相当于固体介质表面传播的横波。

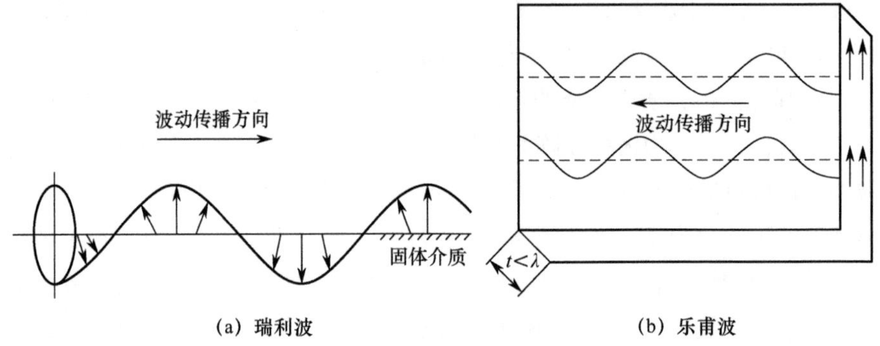

图 7-1　表面波示意图

质点振动方向与板面平行时的横波也叫兰姆波。兰姆波主要存在于板介质中，因物体两平行表面所限而形成的纵波与横波组合的波，它在整个物体内传播，质点作椭圆轨迹运动。兰姆波的相速度与横波在无限固体中横波的相速度相同，即

$$c_{\text{pt}} = c_t = \sqrt{\mu / p} \tag{7-1}$$

在工业超声波检测中，主要利用兰姆波检测厚度与波长相当的薄金属板材，因此也称其为板波（Plate Wave）。兰姆波在薄板中传播时，薄板上下表面层质点沿椭圆形轨迹振动，随振动模式的不同，其椭圆长轴和短轴的方向也不同。

2. 声表面波

如图 7-2 所示，声表面波是在半无限空间固体表面存在的一种沿表面传

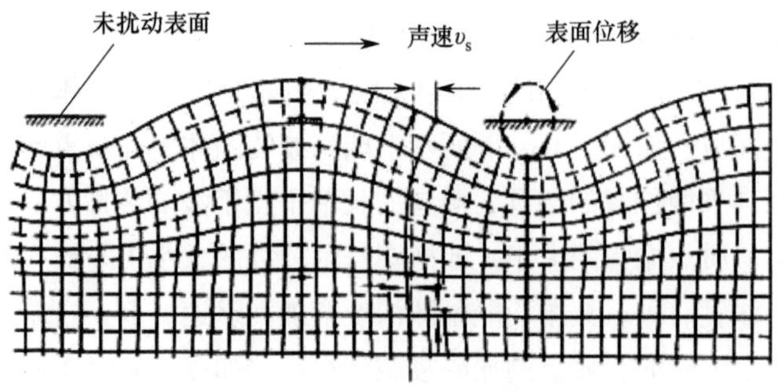

图 7-2　声表面波示意图

播，能量集中于表面附近的弹性波。弹性波是扰动或外力作用引起的应力和应变在弹性介质中传递的形式。弹性介质中质点间存在着相互作用的弹性力。当某处物质粒子离开平衡位置，即发生应变时，该粒子在弹性力的作用下要回到平衡位置而发生振动，同时又引起周围粒子的应变和应力变化，这样形成的振动在弹性介质中向外传播。声表面波一般特指固体交界面的瑞利波。瑞利波能量集中在固体一侧的表面，随固体深度增加而呈指数衰减。

声表面波性能稳定、易于分析，并且具有非常尖锐的频率特性，可应用于触控技术。声表面波可以实现定向、小角度的能量发射。表面波的相速度为

$$c_{\mathrm{R}} = k\sqrt{\mu / p} \tag{7-2}$$

式中，k 是与板材料泊松比有关的常数，其值为 0.87～0.96。

3．弯曲波

弯曲波是指在点、线力驱动下，或入射声波的激励下，板或棒作弯曲运动并向周围空间辐射的声波。根据经典力学理论所建立起来的弯曲波理论，适用于波长远大于板厚（$\lambda>>d$）的情况。弯曲波是横波，以板的中性面的挠度为场量，沿着平板传播。图 7-3（a）表示板中横波质点振动的情况。图 7-3（b）表示板中弯曲波传播的情况，它的相速度为

$$c_{\mathrm{Pf}} = \sqrt[4]{\frac{\pi^2 f^2 c_{\mathrm{t}}^2 h^2}{3\rho(1-\sigma)}} \tag{7-3}$$

式中，h、f、σ、c_{t} 分别是板厚、频率、泊松比、横波速度。

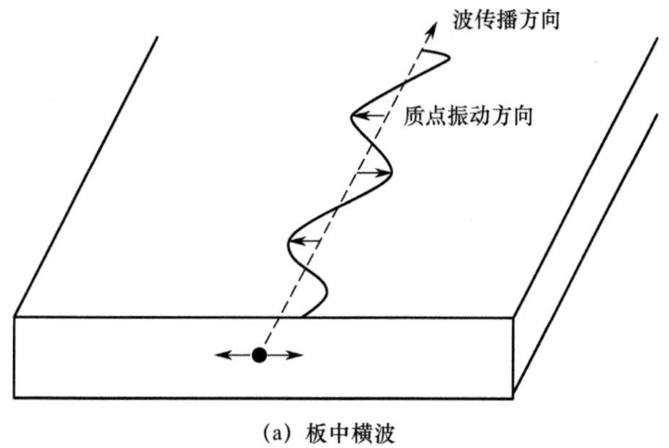

(a) 板中横波

图 7-3　板中弹性波

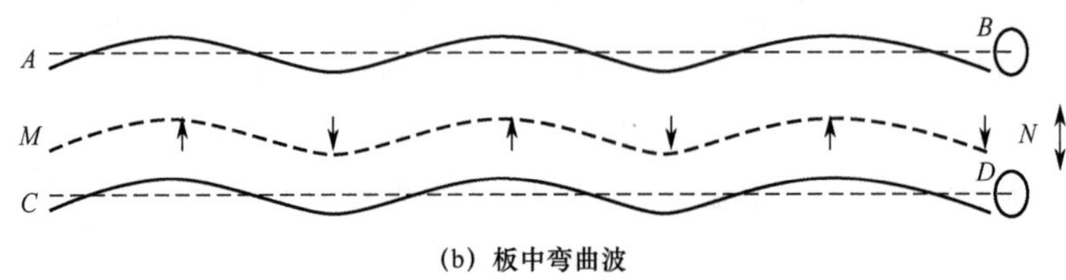

(b) 板中弯曲波

图 7-3　板中弹性波（续）

板中弯曲波的相速度 c_{pf} 与频率 f 有关，故而板对弯曲波也是一个频散系统。

它的相速度随着频率的变化而改变，是频散波。频散关系为

$$\omega = \kappa^2 h\sqrt{\frac{E}{3\rho(1-\sigma^2)}} \tag{7-4}$$

式中，ω 为角频率，κ 为波数，ρ 为材料的密度；E 为弹性模量，σ 为泊松比，h 为板厚。

在通常情况下，剪切力对横向位移的贡献小于弯曲力，薄板或棒的弯曲波传播速度为：

$$V = \sqrt{\omega}\left(\frac{m}{D}\right)^{\frac{1}{4}} \tag{7-5}$$

式中，ω 为角频率，D 是单位宽度的弯曲刚度（N · m），m 为单位面积质量（kg/m^2）。由于弯曲波的传播速度与频率有关，因此任一多频复杂信号波形将随传播距离而改变它的形状。

7.1.2　声波式触控原理

声波式触摸面板利用触摸时在显示器表面产生并传递的声波来检测并判断出触摸位置，主要由一块纯净的玻璃与附在其上的声信号收发器构成。SAW 触控技术的声波信号收发器兼有发出和接收信号的功能，而 APR 和 DST 触控技术只用来接收信号。

1. 用于触控的声波

用于触控技术的声波主要以板中传播的声表面波和敲击产生的脉冲波为主。

声表面波触摸屏在没有被触摸时，发射信号与接收信号的波形状态如

图 7-4 所示。当手指或其他能够吸收或阻挡声波能量的物体触摸屏幕时，横向传播的声波被途经手指部位影响，能量被部分吸收，反应在接收波形上即某一时刻位置上波型有一个衰减缺口。控制器分析到接收信号的衰减并由缺口的位置判定横向坐标。之后纵向同样地判定出触摸点的纵向坐标。声表面波技术原理稳定，而且声表面波触摸屏的控制器靠测量信号衰减在时间轴上的位置来计算触摸位置，所以声表面波触摸屏非常稳定，精度也非常高。

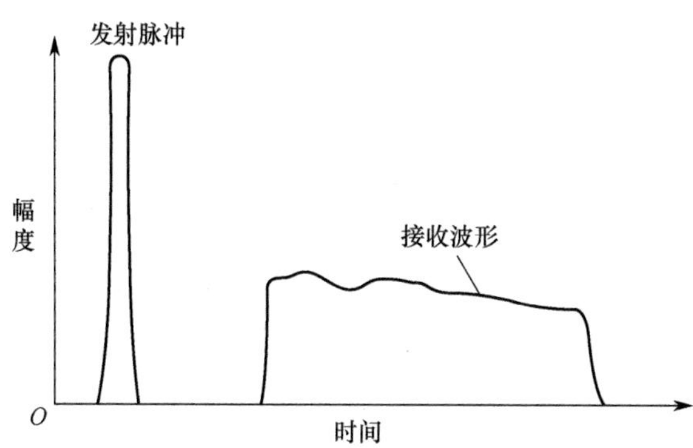

图 7-4　发射信号与接收信号的波形状态示意图

用手指触摸或物体敲击面板会产生微弱的振动波。该振动波以同心圆状态传递，通过分析到达面板周边配置的受信传感器的波形，可以计算出触摸或敲击位置。声学脉冲识别（APR）技术和频散信号技术（DST）均使用了弯曲波。弯曲波是一种由某物体作用刚性基板表面而产生的机械能量。它不同于其他表面波之处在于它穿行整个基板的厚度，而不仅仅是在材料的表面，由此产生的一个优势是它的耐刮性。

当手指或触针碰触基板时，触碰位置会产生向手指外扩散的弯曲波。因为弯曲波向外传播并扩散。弯曲波在固体材料中传播的速度取决于波频。由触碰引起的冲击波包含许多不同的频率。这些不同频率的波以不同的速度传播到玻璃边缘，而并非以统一的波阵面传播。结果，基板边缘或角落的传感器就接收到与原始脉冲完全不一样的波形；波的传播过程被来自基板内层的反射进一步修改。最终生成的是大量的混乱波集在整个基板内相互影响。声学脉冲识别和频散信号技术的核心区别是对这些混乱波集的处理方法不同。

2. 叉指换能器

声波式触控以声波为介质计算触控位置。电信号通过叉指换能器转换成声信号（声表面波），在介质中传播一定距离后到达接收叉指换能器，又转换成电信号。在这电—声—电转换传递过程中进行处理加工，从而得到对输入电信号模拟处理的输出电信号。把电能转换为声能的器件称为发射换能器，把声能转换为电能（电信号）的器件称为接收换能器。发射换能器要求有大的输出功率和高的能量转换效率，接收换能器要求有宽的频带、高的灵敏度和分辨率。

如图 7-5 所示，声表面波器件是利用半导体平面工艺在压电材料基片表面制作出叉指状的金属电极，所以称为叉指换能器（Interdigital Transducer，IDT）。声表面波器件主要由具有压电特性的基底材料和在该材料的抛光面上制作的由金属薄膜组成的相互交错的叉指状电极（IDT）组成。如果在 IDT 电极两端加入高频电信号，压电材料的表面就会产生机械振动并同时激发出与外加电信号频率相同的表面声波，这种表面声波会沿基板材料表面传播。如果在 SAW 传播途径上再制作一对 IDT 电极，则可将 SAW 信号检测出来并使其转换成电信号。IDT 叉指状金属电极借助于半导体平面工艺技术可以制作。

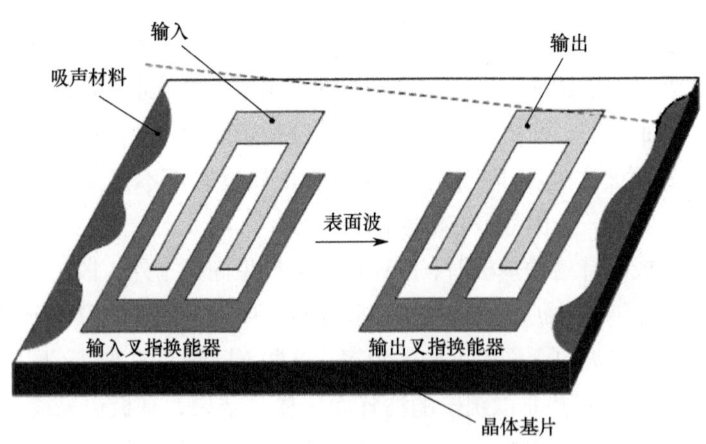

图 7-5 叉指换能器的基本结构

SAW 是在压电固体材料表面产生和传播，且振幅随深入固体材料的深度增加而迅速减小的弹性波。与沿固体介质内部传播的体声波（BAW）比较，SAW 有两个显著特点：能量密度高和传播速度慢。根据这两个特性，可以研制出具有不同功能的 SAW 器件，而且可使这些不同类型的无源器件既薄又轻。如图 7-6 所示，叉指换能器的电极接上交变电压即可在基片表面激发出声表面波，电信号可由此声波传递。

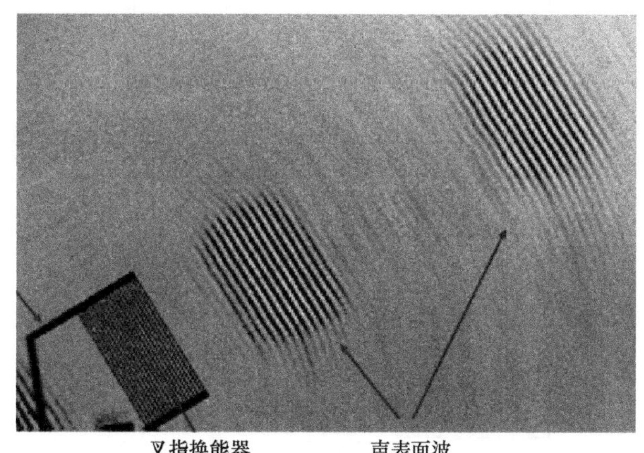

图 7-6　叉指换能器发射声表面波

3．声波式触控原理

最基本的声波触控原理是通过检测发生变化（该变化由触摸动作引起）的声波信号实现触摸位置的检测。声波式触控屏的基本结构包括透明基板、控制电路、连接基板和控制电路的连接电缆，控制电路包括用于放大信号的信号放大器、A/D 转换器、微处理器、连接主设备的通信接口。根据声波产生形式的不同，分为主动检测声波式触控屏和被动检测声波式触控屏。

如图 7-7（a）所示，主动检测声波式触控屏的透明基板上有一对用于完成电声、声电转换的发射换能器和接收换能器，以及用于定位触控发生的平面坐标位置而设置的反射条纹。声波信号从发射换能器发射后，由反射条纹反射、汇聚后由接收换能器接收。反射条纹和换能器分布于屏体的不同位置，且数量较多、连线多，不便于连接电缆的走线及集成应用。换能器在屏体上会占用一定位置，给屏体尺寸的精简和结构优化带来困难，在一定程度上制约了声波触控屏的应用。为了实现双点或多点触摸位置识别，需要增加反射条纹阵列。由于反射条纹阵列需要占据一定的屏体空间，使屏体结构尺寸相应加大，导致设计、加工难度增加，安装使用受到限制。也有通过软件方法判别双点触摸位置坐标的，但由于主动检测声波式触控屏信号信息具有局限性，通过软件方法识别双点位置坐标存在一定的固有缺陷。

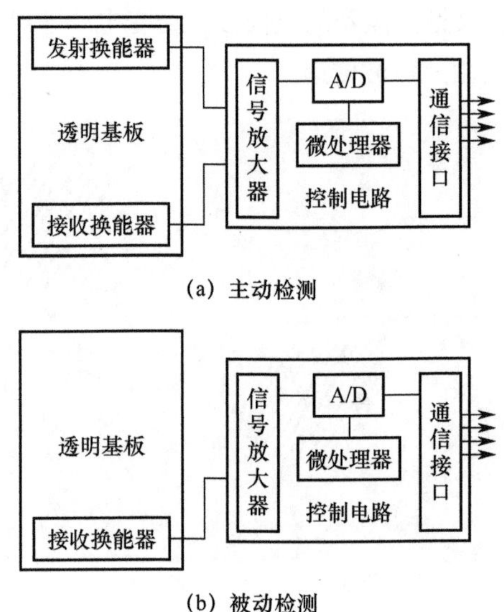

图 7-7　声波式触控屏的基本结构

为克服声波触控屏在加工、使用方面的限制，ELO 公司发明了声脉冲触摸识别 APR 系统，3M 公司发明了频散信号触控技术 DST。如图 7-7（b）所示，APR 和 DST 都属于被动检测声波式触控屏，只需要接收换能器，不需加工反射条纹，仅需要在屏体周边设置一定数量的换能器，从而大大简化了屏体结构。

APR 技术以一种简单的声音辨识方式来测量玻璃上接触点的位置，其关键是在玻璃上每个位置触压时都会产生独特的脉冲声波。4 个附在触控屏玻璃边缘的微小压电换能器接收到由触压产生的脉冲声波，这些脉冲声波信号由控制器进行数字化并进行通过小波变换提取小波系数的信号处理过程，然后与事先记录下的玻璃上每个位置声波脉冲的列表相比较，光标位置立即被更新到触摸位置。APR 的设计可忽略外来和四周噪声，因为它们与事先记录的声波不吻合而被剔除。

DST 技术基于三点定位原理，通过分析用户在触控屏表面所造成的弯曲波在不同接收位置处的传播时延来确定触摸位置，可以快速、准确、可靠地分析触摸位置。系统不会受到触控屏表面污染物、划痕，或是屏幕上的静态对象的影响，支持手写笔和多用户功能。

APR 和 DST 的触控屏如图 7-8 所示，由于这些技术是基于被动接收由触摸产生的信号，信号的频率、发生时间、强弱等不确定性大，对处理器的处理能力要求较高。

(a) 示意图

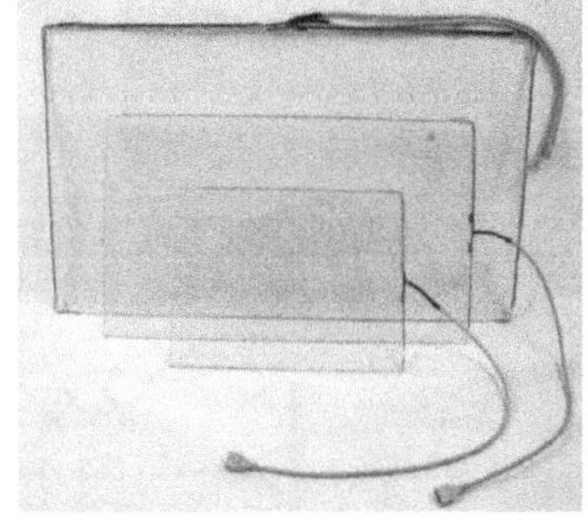

(b) 实物图

图 7-8　APR 和 DST 的触控屏

7.2　基于板中声波的触控技术

SAW、APR 和 DST 三种常见的声波式触控技术，所用的声波是在板面不受限制的薄板中传播，所以统称为基于板中声波的触控技术。

7.2.1　声表面波式触控技术

声表面波式触控技术利用集中在物体表面附近传播的声表面波在触摸前后的变化，来确定触摸点的位置。玻璃屏的一个角上固定竖直方向和水平方向的两个声表面波发射换能器，相邻的两个对角上各固定一个对应竖直方向和水平方向的声表面波接收换能器。为了折回声表面波，在面板的周边部分印刷形成了斜向锯齿状的“反射阵列”。信号发射换能器发出的超声波沿玻璃表面前进，遇到反射阵列的斜线后折回。遇到相反一侧的斜缝后会再折回来，到达信号接收换能器。通过在各倾斜线上反复进行该动作，使声表面波经过面板表面上的所有位置。用手指触摸面板上的某一位置，该位置上传播的声表面波会被干扰，从而使信号减弱。越是经过较近路径的声表面波，其从发信到收信的时间越短，立刻就能返回。经过较远路径的声表面波折返需要一定的时间。利用这一特点，可根据信号减弱的时延长短来确定触摸位置。

SAW 触控屏可以是一块平面、球面或是柱面的玻璃，安装在 LCD 等显示屏的前面。如图 7-9 所示，SAW 触控屏由超声波发射换能器、超声波接收换能器、反射条纹（反射板）和控制器组成。SAW 触控屏的 3 个角分别粘贴着 *X*、*Y* 方向发射声波的换能器和接收声波的换能器，4 个边刻着反射声波的反射条纹。为保证反射声波场的均匀度，反射条纹分布情况一定是从入射点由疏至密分布。反射条纹的大小一致，与声波入射源成 45°。反射条纹之间的距离为波长整数倍，以确保谐振传输。

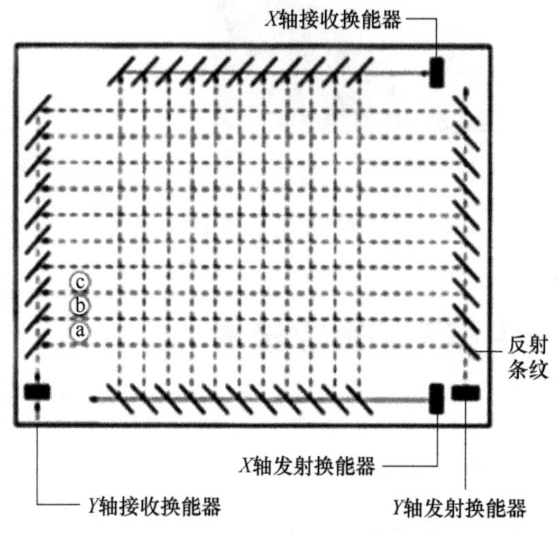

图 7-9　声表面波式触控原理

在图 7-9 中，右下角的 *X* 轴发射换能器把控制器通过触控屏电缆送来的电信号转化为声波信号，声波播频率为 5.53MHz，损耗为 0.25dB/cm。换能器发出的声波，向左方沿表面传，然后由玻璃板下侧的一组呈 45°（或 135°）的反射板阵列改变传播路径，把声波能量反射成向上传递的均匀波，声波能量经过玻璃板表面，到达上部，再由上部的呈 45°（或 135°）的反射板阵列，改变波的传播路径，聚成向右的线传播给 *X* 轴的接收换能器，接收换能器将返回的声波信号转变为电信号。

当发射换能器发射一个窄脉冲后，声波能量历经不同途径到达接收换能器，走最右边的最早到达，走最左边的最晚到达，早到达的和晚到达的这些声波能量叠加成一个较宽的波形信号。接收信号集合了所有在 *X* 轴方向历经长短不同路径回归的声波能量，它们在 *Y* 轴走过的路程是相同的。但在 *X* 轴上，最远的比最近的多走了两倍 *X* 轴的最大距离。因此这个波形信号的时间

轴反映各原始波形叠加前的位置，也就是 X 轴坐标。SAW 触控屏的 X 轴和 Y 轴分别只用一对换能器便能侦测整个触控面，触控面上力度级的分辨能力通常是 4096 像素×4096 像素。其实现的关键在于反射条纹阵列，反射条纹阵列精密准确的间距分布保证了回收信号的一致。

在没有触摸的时候，接收信号的波形与参照波形完全一样。如图 7-10 所示，当手指或其他能够吸收或阻挡声波能量的物体触摸屏幕时，X 轴途经手指部位向上走的声波能量被部分吸收，反映在接收波形上，即某一时刻位置上波形有一个衰减缺口。此时，超声波无法到达接收换能器，观察接收波形，只要强度急剧下降，就代表声波在传播路径上被吸收。接收波形上对应手指挡住部位会出现一个衰减缺口，计算缺口位置即是触摸坐标，控制器分析到接收信号的衰减并由缺口的位置判定 X 坐标。Y 轴以同样的过程判定出触摸点的 Y 坐标。

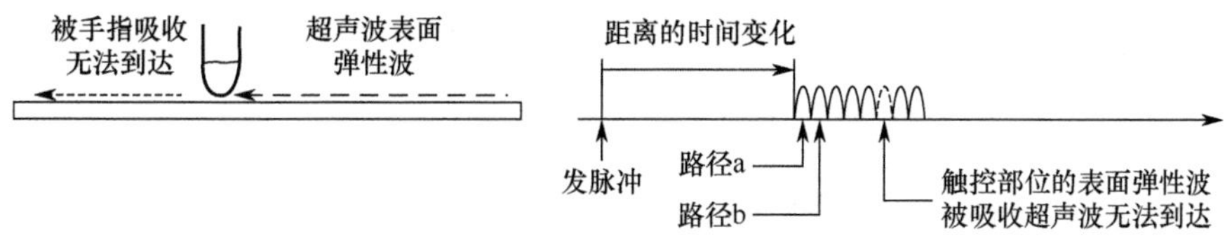

图 7-10　SAW 触控面板的基本结构和工作原理

除一般触控屏都能响应的 X、Y 坐标外，SAW 触控屏还响应第三轴（Z 轴坐标）信息，也就是能感知用户触摸压力的大小。发射换能器发射的超声波遇到界面反射，反射程度与表面声阻抗有关，当超声波反射回接收传感器时，可以通过信号处理算法识别出是中度或重度触控。当轻触时，指纹纹线内仍有空气，但当用力按压时，指纹的纹线会因表面材料变形而消失。越用力，看到的反差就越大。通过计算接收信号衰减处衰减量的大小获得，因为信号衰减程度和手指触摸力度直接相关。三轴一旦确定，控制器就把它们传给主机。

SAW 触控屏高度耐久，抗刮伤性良好；反应灵敏；不受温度、湿度等环境因素影响；寿命长，单点触控达 5000 万次；没有漂移，只需安装时一次校正；在显示领域不需要电极，光的透光率高达 92%，能保持清晰透亮的图像质量；不容易受噪声和静电干扰；因为面板表面没有其他导电介质，手指触控耐久性高；适合大尺寸，常用于 10 英寸以上的公共信息站和医疗侦测系统用触控屏。但是，SAW 触控屏需要经常维护，因为灰尘、油污甚至饮料等液体的表面沾污，都会阻塞触控屏表面的导波槽，使波不能正常发射，或使波形改变而控制器无法正常识别，从而影响触控屏的正常使用，用户需严格注意环境卫生。必须经常擦抹屏的表面以保持屏面的光洁，并定期做一次全面彻底擦除。并且，利用指甲等敲击振动，无法有效感测触控位置，检测精度很低，触控面板若附着水滴、昆虫时，也经常出现误认等问题。

2011 年，Touchpanel Systems 公司上市了一款 22 英寸液晶显示器，该显示器嵌入了支持两点输入的声表面波式触摸面板。波式触摸面板利用面板表面传播的超声波来检测触摸位置。面板的边角部设置有发送超声波的发送元件和接收超声波的接收元件。另外，为了返回超声波，在面板的周边部分印刷形成了拥有斜向锯齿的“反射阵列”。该面板与电容式和电阻式触摸面板不一样，没有在画面显示部分的上方配置电极膜等，因此具有透射率高的特点。另外，采用在面板的边角和周边设置部件的简单构造，还容易支持大尺寸画面。2012 年，Touchpanel Systems 公司推出了 55 英寸带 SAW 触控面板的触控显示器。

SENTONS 公司将射频技术应用于低频超声波中，采用存在于智能手机及其他设备上的 500kHz 无线电波，把触控传感器嵌入触控设备活动区的任一侧，形成 3 个超声波的敏感区域，可以制定与执行不同的功能。超声波 AirTriggers 感应模块是一组安装在手机内侧边缘的传感器，共有 6～8 颗。这些传感器将控制游戏手柄的肩部按钮使其虚拟化，并提供额外的输入以增强游戏中的交互性，如图 7-11 所示。AirTriggers 是软件定义的，只需 5g 的压力就能激活，同时也能避免触碰手机导致的误触发。这种高敏感且有选择

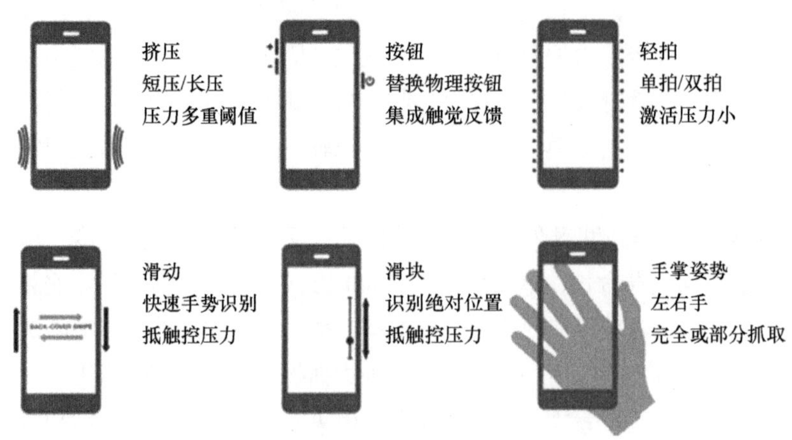

图 7-11　超声波虚拟按键的应用场景

性的控制可通过简单的轻敲或轻扫来实现，最终提供更为深入和更具投入感的游戏体验。在非常小的区域，能够实现既替代音量的两个调节按键，还可变成可滑动操作的区域，通过软件定义这个区域操作系统切换，方便用户单手控制手机。

7.2.2　声学脉冲识别触控技术

APR 触控技术用简单的声音辨识方式来测量玻璃上被触摸点的位置。在玻璃上，每个位置被接触时都会产生独特的脉冲声波，四个附在触控屏玻璃边缘的微小接收换能器接收到传过来的声信号后，由控制器进行数字化，然后与事先所记录下的玻璃上每个位置的无触背底数据列表进行比较，光标位置立即被更新到触摸位置。APR 触控技术使用简单的声音背底表查寻比较方式确定触摸位置，不需要复杂的信号处理硬件来计算触摸位置，所以成本低并且没有尺寸限制。但是，APR 触控技术的单点触控本质及无法手势识别等局限，限制了其在触控消费市场的应用。

APR 触控技术基本上是由一片玻璃与四个在玻璃层后部的压电换能器组成。如同红外线触控技术，APR 触控技术也可以使用亚克力等丙烯酸酯制成的透明基板。如图 7-12 所示，接收换能器被镶嵌在基板可见区域的背面对角上，并且通过印刷银导线连接到贴装在触控屏 FPC 的控制卡上。通过硬件和软件实现声波数字化并完成位置辨识。当屏幕被触摸时或使用者用手指在玻璃上操作时会产生脉冲声波，脉冲声波在玻璃层中从接触点成四射状向外传播，不均等设置在玻璃四周的接收换能器会拾取声振动，使其产生成比例的电子信号。这些信号在控制卡中被放大，然后被转换成一条数字信息。根据辨识脉冲声波到达接收换能器的时间差，把这些数字信息与之前存放在数据库的背底数据做比较来判断触摸的位置。如图 7-12 所示，APR 触控面板包括仅仅 5mm 的超窄外框区，用于封装，允许多个 LCD 面板封装在一起，使应用变得越来越普遍。

APR 技术的结构简单，关键技术是信号处理优化技术。制造 APR 触控面板时，将触摸面板上任一位置会到达何种波形信号的背底数据事先保存在面板上的存储器中。使用时将接收到的信号与保存在存储器中的数据进行比较，从类似的波形坐标中锁定位置。由此，容易区分面板以外位置发生的振动带来的噪声等。

在 APR 技术中，玻璃基板事先通过机器在其上千个方位进行敲打“定性”。每个方位产生的弯曲波的“独特标记”被抽样并记录在一个查阅表内，该表存储在可长久保存的与某个基板有联系的内存里。操作时，碰触产生的弯曲波由四个不对称分布在基板周边的压电换能器感知。不对称性可以确保独特标记尽可能复杂；高度的复杂性则有助于区分标记。控制器处理四个换能器的输出来获得当前触碰的标记，并将其与查阅表中存储的样本进行比对；采样点间插值被用来计算正确的触碰位置。如果触摸动作不是“敲击”，无法产生足够的可以被探测到的弯曲波，这个触控将无法被识别。

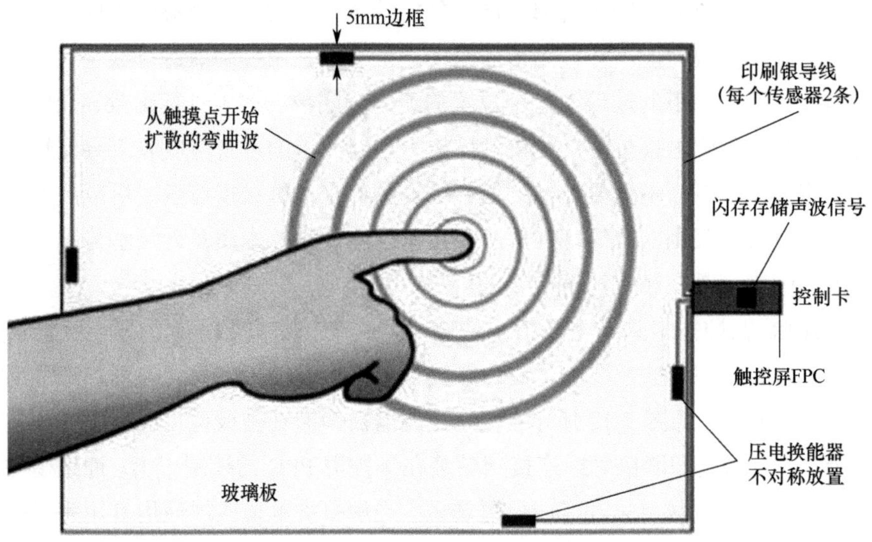

图 7-12　APR 触控面板的基本结构和工作原理

触控屏与位于下方的显示器各有一个独立坐标系统。对应触控及显示器的位置需要从一个坐标系到另一个坐标系以规则运算来转换。转换准确性取决于稳定的触控及稳定的图像坐标系。APR 触控有一个固定的坐标系统，不随时间、位置，或环境变动而改变。如果显示器的大小和位置是固定的，用 APR 触控技术，就不需要像电容式触控等传统触控屏所需的校正工作。

APR 触控技术综合了 SAW 触控技术和红外线触控技术良好的光学性能及优秀的耐久性和稳定性，对水和其他污染物有很好的抵御性，适合 PaD 使用的小尺寸触控屏到 42 英寸显示器用的大尺寸触控屏，在签字的应用时可很好地排除手掌导致的误触控问题。

APR 触控技术有防止环境噪声的设计，因为这些信息与之前存放的信息

不相匹配。脉冲声波辨识方式与集中在物体表面附近的表面波不同，它在物体内部传递振动，即使物体表面有异常振动，动作也不会受影响。当物体掉落、负载重物时，也不会发生错误辨识，而且可以进行多人操作。APR 技术对在屏幕上的污染物有耐抗性，还防刮伤。可以用工业密封标准实现 APR 触控屏密封，达到不透水的效果，同时，对玻璃的光学特性及对清洁和杀菌的化学制品有抵抗性，并且可用手套及任何一种触控笔来触控。

APR 的触控技术在扫描寻找触控位置时，根据先前记录的声音背底列表，可以将屏幕的某些区域轻易地跳过或忽略。这个特点可以允许在应用屏幕署名时不会把靠在屏幕上的手掌当作触摸位置，这个特性是其他触控技术不容易达到或不可能达到的。APR 触控技术能识别短暂的触摸，因为短暂的轻拍也会产生可辨识的声波。APR 触控技术可以辨认速度快的轻拍，也可如电容一样识别拖拽操作。

APR 触控技术对弯曲波的依赖，形成了一些技术局限。APR 触控技术目前无法实现“触摸和停住”或“扯拽和停住”的动作。因为，当接触物体停止移动时，弯曲波也就不再生产了。这意味着在 Windows 桌面上普遍使用的“拖拽、停、拖拽”次序无法实现。APR 触控技术不具有确定性。多次触碰完全相同的位置会在靶点坐标周围产生一个“点集”，若每次用触控笔划线操作并不会产生完全相同的结果。模拟电阻式触控技术在触碰完全相同的位置时总能产生相同的靶点。

7.2.3　频散信号触控技术

频散信号技术（Dispersive Signal Technology，DST）触控屏是由美国 3M 公司和英国 NXT 公司共同开发的一项技术，该技术主要面向公众信息显示屏和桌上型游戏。DST 触控技术是一项基于感知弯曲波的触控技术，通过感测因触控引发玻璃基板振动而产生的弯曲波，确定触控点的位置。DST 触控技术基于对由弯曲波产生的机械振动进行检测，所以，频散信号触控技术又称为震波信号侦测触控技术。3M 的 DST 触控技术和 Elo 的 APR 触控技术的核心区别在于，频散信号技术能够实时分析弯曲波以计算触点位置，而不是把碰触生成的弯曲波与存储的特性样本进行比对。

震波信号的侦测如同地震发生时地震监测单位通过震波寻找震源位置。每当使用者接触到触控面板表面时，该动作就会在玻璃板内部产生微小的弯曲波。在基板中弯曲波传输速度随频率的改变而发生改变，随着传播距离的增大，传播速度不同带来的改变越明显。设计在触控面板四个角落的感测器在接收到震波信号后，通过数学运算的方式便可推测出“震源”位置，即使用者触摸点的位置。由于放置在屏幕上的物体并不干扰振动波的传输，因此它不会妨碍对有意敲击的识别。可根据硬触摸和软触摸对屏幕进行调节以满足特定应用的需要。

被安装于屏幕四角的压电换能器接收到信号后，频散信号技术将根据频散程度重组接收到的信号，该过程包括运行识别延迟和频散程度的程序，再运行四个传感器之间的相关性估算，最终通过三角测距计算出最初的触碰位置坐标。实际上，该技术属于本身耐受信号反射和干扰的扩展频谱技术，本质上能容忍信号的反射和干扰。图 7-13 展现了弯曲波在玻璃基板上的效果。第一幅图表示开始触摸时的效果，第二幅图表示反射开始后的频散效果，第三幅图表示多次反射后的复杂频散效果，第四幅图表示经过算法处理后的效果。第三幅图表现了声学脉冲识别脱机采样和比对过程，第四幅图体现了频散信号技术实时算法处理的样式结果。

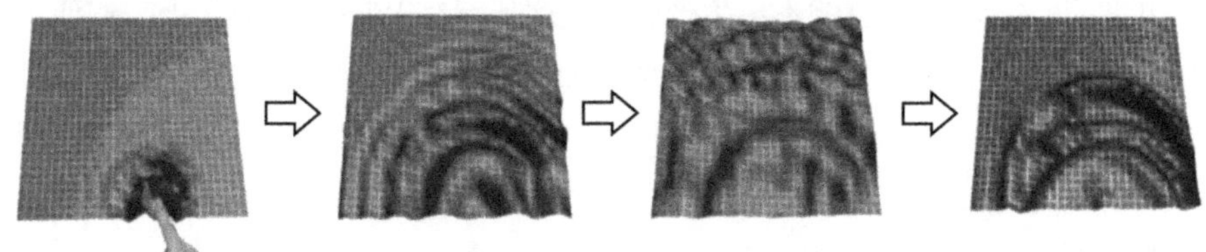

图 7-13　弯曲波在玻璃基板上呈现的效果

频散信号技术通过测量触摸玻璃表面的手指或触针在基板内产生的弯曲波来确定“接触点”。弯曲波与声表面波的不同之处在于，弯曲波穿过面板的厚度而不是材料的表面，因此有增强手掌的抑制能力和优异的抗划伤能力的优点。当触控装置撞击屏幕时，会产生弯曲波，从触控位置辐射出去。当波向外传播时，不同频率信号随时间传播扩散速度不同，存在频散现象。压电传感器安装在玻璃背面的角落里，将这个被触摸动作标记的机械脉冲转换成电信号。与每个传感器的距离决定了信号的频散程度。即“接触点”离传感器越远，信号频散程度越大。如图 7-14 所示，触摸位置和传感器之间的距离约为零（d_0=0）时，到达传感器的信号，其频散很小。随着触摸位置和传感器之间的距离 d_0 依次增加到 $\varDelta$、2$\varDelta$、二分之一对角线，频散的影响变得更加明显。

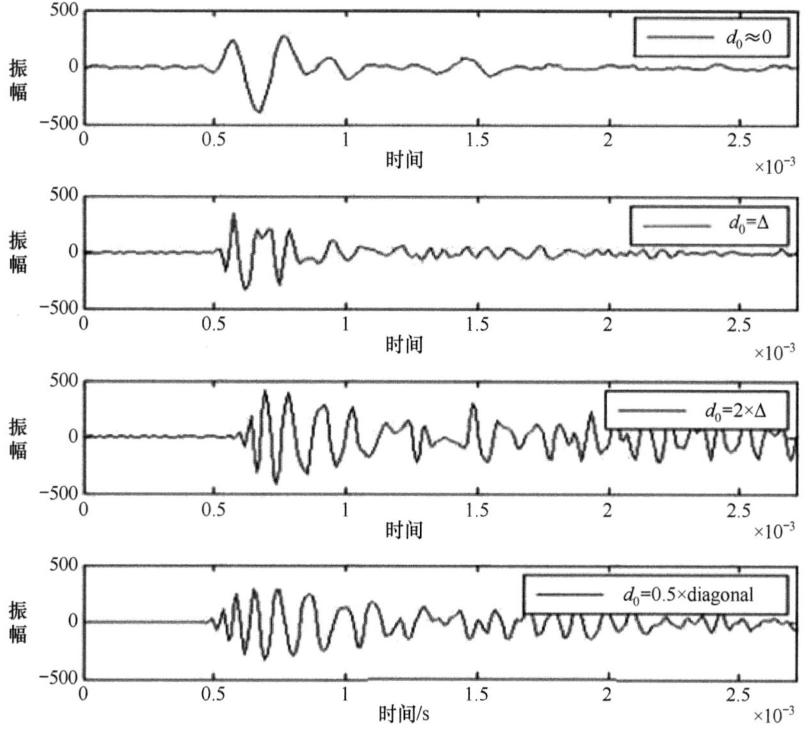

图 7-14　包含频散和多途干扰的信号

一旦这些信号被适当地过滤和数字化处理，就可以用谐波分析、相关分析、时差定位等多种声学信号处理技术来计算并确定触摸位置。最重要的是，利用如弯曲波频散、玻璃色散和其他基底特性等先验知识，通过在时间域和空间域之间映射来校正频散。一旦进入空间域，就可以使用几何交点计算精确的触摸位置。为保证计算出的触摸位置是准确的，该技术利用信号频散特性解决了定位问题，重构了触摸脉冲。传感器接收到的散射信号如图 7-15（a）所示。一旦确定了触摸位置，将重建如图 7-15（b）所示的脉冲图形。

DST 技术能减少屏幕使用空间、边框宽度及产品质量，目前还只限于 2 点触摸。DST 技术占用触控面板边框的空间不大，可显著缩小触控面板的厚度，质量也较小，因此比光学式技术更适合强调轻薄短小的便携式应用。此外，震波信号侦测虽与声表面波触控技术同样依赖声波来检测使用者的触碰行为，但由于 3M 的技术所侦测的是面板内部的震波，而非面板表面的声表面波，因此采用 DST 技术所实现的触控面板，对于水滴、脏污与油垢的抵抗力较佳，更适合应用于日常生活中。频散信号技术的应用程序类似光学式触控技术中使用的摄像光学和红外技术的应用，交互信息和数码广告牌是其主要应用场景。

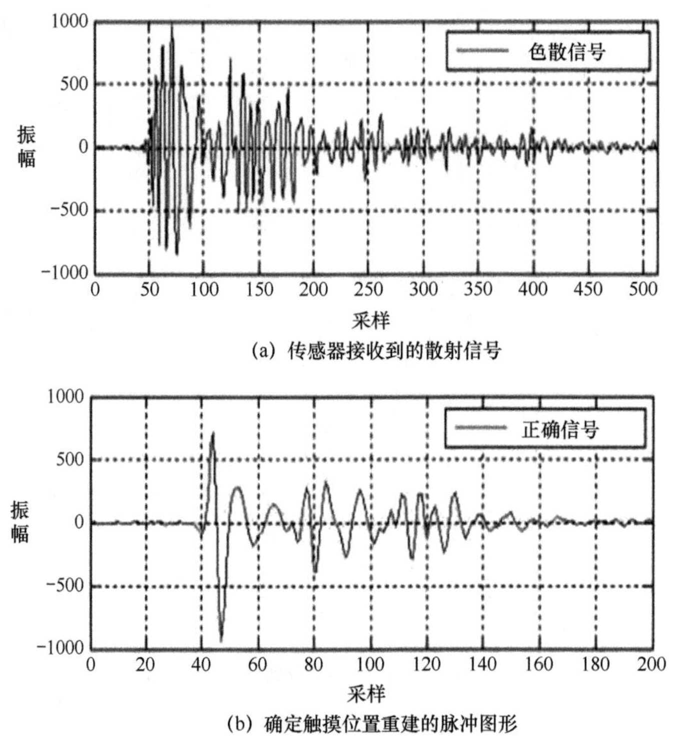

(a) 传感器接收到的散射信号

(b) 确定触摸位置重建的脉冲图形

图 7-15　频散信号的重建技术

7.3　基于体波的触控技术

基于体波的触控技术在声表面波式触控技术和弯曲波式触控技术的基础上发展而来，所以体波声波式触控屏有两种相应的实现方式。

1. 体波

基于体波的触控技术的声波能量是在触控屏的屏体内传递，而不是在表面传递。在有界介质中，按传播方向和质点振动方向之间的关系，体波可分为纵波和横波。其中，在各向同性固体中以不同速度、相互独立传播的是纵波和横波，在各向异性固体中以不同速度、相互独立传播的是准纵波、快准横波和慢准横波。

纵波又称为伸缩波，在地震学中也称为初波或 P 波。它的传播方向同质点振动方向一致，波速为

$$\alpha = \sqrt{\frac{\lambda + 2G}{\rho}} \tag{7-6}$$

式中，ρ 为弹性介质密度，λ 为波长，G 为弹性介质的拉梅常量。

横波又称畸变波或剪切波，在地震学中也称为次波或 S 波。它的传播方向同质点振动方向相垂直，波速为

$$\beta = \sqrt{\frac{G}{\rho}} \tag{7-7}$$

横波波速小于纵波波速。

波传播中所有质点均作水平振动的横波称为 SH 波；所有质点均作竖直振动的横波称为 SV 波。横波是偏振波，所谓偏振是指横波的振动矢量垂直于波传播方向但偏于某些方向的现象。纵波只沿波的传播方向振动，故没有偏振。

在弹性介质内，从声源发出的声波扰动，向四方传播，在某一瞬间，已被扰动部分和未被扰动部分之间的界面称为波面或波阵面。波面呈封闭的曲面。波面为球面的波称为球面波，波面为柱面的波称为柱面波。波面曲率很小的波可近似地看作平面波。

2. 基于体波的触控技术实现方式

如图 7-16（a）所示，在声表面波式触控屏的外面增加一层悬空的防刮薄膜，由发射换能器发出的声表面波在向接收换能器发送的过程中，使用者通过手指或笔来挤压薄膜，从而阻断声波，使声波信号发生衰减，控制电路通过分析衰减程度来判断触控位置。

如图 7-16（b）所示，利用外加的弯曲材质基板，当使用者触碰弯曲材质基板的外表面时，弯曲材质基板会因为受力产生振动，通过压电传感器检测弯曲材质基板内表面散射的声波，确定触控弯曲材质基板内表面的应力分布，应力的改变会影响到声波波形的变化，根据接收波形检测并定位触控位置。

美国卡内基梅隆大学与微软共同开发出了将人体皮肤作为大尺寸触控屏的技术“Skinput”。只需用一只手指点触手掌或手臂等处的皮肤表面，即可操作游戏等。Skinput 是在袖箍内侧安装声波传感器并将其与计算机系统

连接。可根据需要配合使用手掌大小的小型投影仪。如图 7-17 所示，佩戴该袖箍后，用一只手的手指敲击手臂及手掌，其振动会转变为声学脉冲，随后在皮肤上像波浪一样传播。臂带上的传感器检测出该脉冲后，传递给分析信息的计算机。通过关注声波脉冲的波形及强度因敲击手臂及手掌的部位不同而发生变化这一点，开发出了根据该波形信息等判断出敲击的是手臂哪一部位的软件。

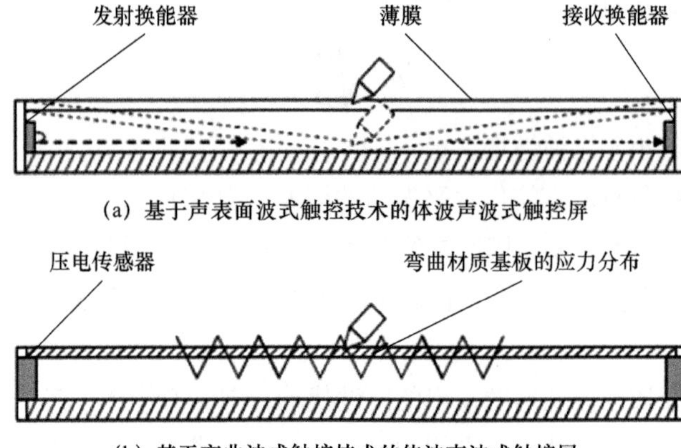

图 7-16　体波声波式触控屏的两种实现方式

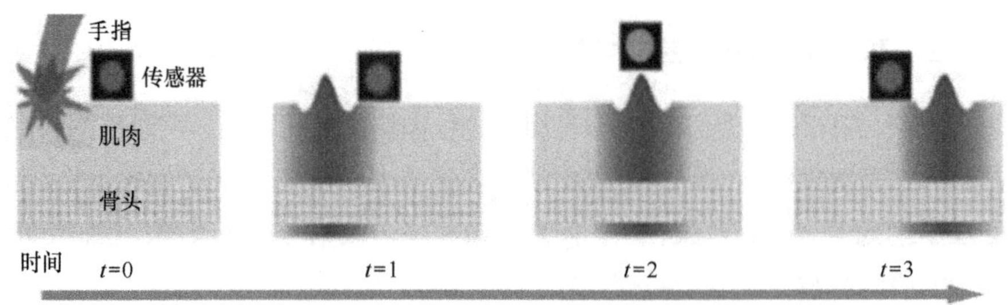

图 7-17　皮肤触控屏的工作原理

Skinput 还将显示器功能单独分割出来。利用小型投影仪，将手掌及手臂作为显示器使用，无须使用摄像机，无须图像识别及颜色标识等，处理起来比较容易。皮肤触控屏（Skinput）技术的装备主要由两部分组成：投影组件将屏幕投影在人体皮肤表面，振动检测组件用于检测触摸点位置。Skinput 技术的原理是，当手指触摸皮肤表面时，皮肤和肌肉将发生振动，振动以波动形式传导，振动检测组件检测到振动波，推算出触摸点的位置。

7.4　基于超声波的手势交互技术

基于超声波的手势交互技术是基于多普勒（Doppler）频移和回波相移的手势控制技术，是以超声波为传感介质的手势识别与控制，设备主动地发出超声波，并接收手反射的回波，利用超声波源与反射物体间距离改变时回波和发射波之间的延时也会跟着改变的现象侦测人体的不同位置及动作变化。基于超声波的手势识别技术人机互动范围大、功耗低。使用麦克风和传感器来追踪物体运动，还可以追踪手的位置。超声波手势交互是一种非接触手势识别技术，具有手部运动灵活、操作范围广、手势随机等特点。不同于单纯的触控功能，基于超声波的非接触式手势交互技术扩展了人机交互在控制和命令上的应用空间，且不受屏幕尺寸的限制。

当无线电波或声波的波源与接收体之间存在相对运动时，接收体接收到的信息频率与波源发射出的信息频率不相同，这个现象被称为多普勒效应。接收频率与发射频率之间的差值就是多普勒频移。

设定发射频率为 f、接收频率为 f'，多普勒频移 $\Delta f = f' - f$。进行手势控制的时候，显示屏幕一般不动，使用者的手指作相对运动。设定：手指相对空气等介质的速度为 v_o，波在空气等介质中的传播速度为 v_s，波源的周期为 T。当手运动时，由于手接收发射器的波时产生一次多普勒频移，设备接收手的回波时又产生一次多普勒频移，因此接收频率 f'是两重多普勒效应叠加的结果，满足以下公式：

$$f' = (1 \pm 2v_o/v_s)\, f \tag{7-8}$$

$$\Delta f = \pm\ (2v_o/v_s)\, f = \pm 2\, v_o/\lambda \tag{7-9}$$

当手靠近波源时，v_o 前的符号取+，当手远离波源时 v_o 前的符号则取−。也就是，当手指靠近设备时接收频率 f'大于发射频率 f，即 $\Delta f > 0$。当手指离开波源时，接收频率 f'小于发射频率 f，即 $\Delta f < 0$。

在式（7-9）中，波源的波长 λ 是恒定的，相对运动速度 v_o/v_s 决定了频移的幅度。当用户手朝向接收端运动时，其反射的声波频率增大；远离接收端运动时，其反射的声波频率减小。

基于超声波的手势检测系统由超声波发射器和超声波接收器、信号处理模块、手势识别模块组成。超声波发射器可以是扬声器（发射换能器），用于产生超声波脉冲信号串。超声波接收器可以是传声器，经障碍物（如手掌）

反射回来的超声波由传声器接收后由接收电路进行处理，先进行放大、高通滤波（去噪）后与原正弦波混频，混频后的信号再经放大及低通滤波后，得到频率较低、噪声较小的基带信号，依靠基带信号的频率、相位等特征就可以识别出用户的手势，所采用的手势识别算法一般是机器学习算法，如随机森林、卷积神经网络、隐马尔可夫模型（Hidden Markov Models，HMM）等。

利用超声波进行人与显示器交互正在兴起。

2009 年，美国西北大学的 Tarzia S P 等人通过分析用户身体反射的超声波的相位和角度变化，判断用户是否在设备前来进行人机交互。2009 年，佐治亚理工学院的 Kalgaonkar 等人使用分布在左、中、右 3 个位置的接收器来接收超声波信号，综合多个位置的信号变化特征得到三个方向上的目标信息，来判断用户手势，该方法使用频率为 40kHz 的超声波，采样频率高达 96kHz，需要特制的扬声器。

2012 年，微软研究院的 Gupta 等人针对 PC 平台设计了 Sound Wave 系统，利用快速傅里叶变换（Fast Fourier Transformation，FFT）算法处理声波信号实现用户手势的精准判断。Pittman 等人提出的 Multiwave 系统对 Soundwave 进行改进，使用双扬声器发射不同频率的高频声波，将麦克风采集到频率偏移转换到欧氏空间，生成手势的路径表达作为手势识别的特征数据，实现二维手势识别。

Dahl 等人采用多对超声波发射器和接收器，利用 40kHz 的超声波信号实现三维手势识别。Yang 等人设计了基于 Android 平台的 Dolphin 系统，利用超声波的多普勒效应提取手势特征，综合使用规则分类方法和机器学习算法识别多达 17 种手势。Wang 等人基于智能设备内置传感器设计的手势跟踪系统利用扬声器发射特定高频脉冲波，通过比较收发信号的声相位特征获得细粒度的手势方向和运动距离度量，达到毫米级别的识别精度。Nandakumar 等人根据声呐原理发射超声波信号同时用麦克风采集手指反射信号，利用无线通信中的正交频分复用技术识别手势实现二维手势跟踪、识别。Wilhelm 开发了一套通用的情境感知手势识别框架，通过手势信号和当前的智能环境识别手势。Elliptic Labs 公司的超声波信号通过集成在移动设备里的扬声器（发射换能器）发出，然后因手势造成变化了的反射波，即回音由设备里已有的传声器（接收换能器）接收，原理与蝙蝠使用超声波回音进行导航类似。基于这种超声波手势控制技术的设备能够在手势指令发出后几分之一秒内精确响应。该技术可在距离屏幕 2m 以内的范围进行操作，既可在屏幕的正前方操作，也可在屏幕的斜方向操作，操作开角可达 180° 。

本章参考文献

[1] WAIT J R . Excitation of surface waves on conducting, stratified, dielectric-clad, and corrugated surfaces[J]. Journal of Research of the National Bureau of Standards, 1957, 59(6):365-377.

[2] 王礼立. 应力波基础[M]. 北京：国防工业出版社, 2005.

[3] 张心斌，吴兆军，吴婧姝. 冲击应力波检测技术研究[M]. 北京：中国建材工业出版社 2014.

[4] 李鹤升. 弯曲波的频散及其速度校正问题[J]. 江汉石油学院学报，1999, 21(4):92-94.

[5] 蔡建. Lamb 波损伤成像中的频散补偿方法研究[D]. 南京：南京航空航天大学, 2012.

[6] 蔡建，石立华，卿新林. 基于相对测量波数的线性频散信号构建方法[J]. 仪器仪表学报, 2013,34(4):948-954.

[7] TAKADA H, TAMON R, TAKASAKI M, et al. Stylus-Based Tele-Touch System using a Surface Acoustic Wave Tactile Display[J]. International Journal of Intelligent Mechatronics and Robotics, 2012, 2(4):41-57.

[8] HAO X, KUI H. A Low-Power Ultra-Light Small and Medium Size Acoustic Wave Touch Screen[J]. Applied Mechanics & Materials, 2014, 513-517:4072-4075.

[9] 樊卫华，朱志军，虞炎秋. 声学脉冲波识别触摸屏技术[J]. 光电子技术，2008, 28(1):7-10.

[10] 蔡疆. 触摸屏的技术走势及选购:从红外到电容,从电容到声波[J]. 中国图像图形学报:A 辑, 1997, 2(10):776-778.

[11] 李晖，潘峰. 声表面波器件的研究进展[J]. 真空科学与技术学报，2001，21(5): 376-380.

[12] 王景山，刘天飞. 声表面波器件模拟与仿真[M]. 北京：国防工业出版社, 2002.

[13] 王添仙，谢立强，邢建春,等. 声表面波器件的反射特性及性能[J]. 传感技术学报, 2017, 30(12):74-80.

[14] 陈艺慧，郑高峰，孙道恒. 声表面波射频识别技术及其发展[J]. 电子机械工程, 2012, 28(3):1-6.

[15] FRANKE T, ABATE A R, WEITZ D A, et al. Surface acoustic wave (SAW) directed droplet flow in microfluidics for PDMS devices[J]. Lab on A Chip, 2009, 9(18):2625.

[16] YEO L Y, FFIEND J R. Surface Acoustic Wave Microfluidics[J]. Annual Review of Fluid Mechanics, 2014, 46(1):379-406.

[17] 范志强，马宏昊，沈兆武，等. 水下连续脉冲冲击波的声学特性[J]. 爆炸与冲击，2013, 33(5):56-61.

[18] 张定庆，钟德超，林立. 声波触摸屏识别触摸点的方法[P]. CN201110407607.8, 2011-12-09.

[19] 潘峰. 声表面波材料与器件[M]. 北京：科学出版社, 2012.

[20] BRENNER M C. Surface acoustic wave touch panel system[J]. Journal of the Acoustical Society of America, 1987, 84(4):1578.

[21] DAVIS C, MARCIA M . Gentle-bevel flat acoustic wave touch sensor[J]. The Journal of the Acoustical Society of America, 1998, 104(4):1893.

[22] DIEULESAINT E, ROYER D. Acoustic plate mode touch screen[J]. Electronics Letters, 1991, 27(1):49-51.

[23] WALKER G. A review of technologies for sensing contact location on the surface of a display[J]. Journal of the Society for Information Display, 2012, 20(8):413-440.

[24] NAKAZAWA F. Touch panel device[J]. The Journal of the Acoustical Society of America, 2008, 124(1):19.

[25] BENARD D J. Touch screen using echo-location[J]. Journal of the Acoustical Society of America, 2007, 121(1):16.

[26] 钱莉荣. 多层膜结构声表面波器件研究[D]. 天津：天津大学，2017.

[27] 李晖，潘峰. 声表面波器件的研究进展[J]. 真空科学与技术学报，2001, 21(5):376-380.

[28] 牛涛涛. Rayleigh波与Love波双模式声波产生器件的建模及特性研究[D]. 西安：长安大学, 2019.

[29] 周婷婷. 基于声表面波传感器的设计[D]. 合肥：合肥工业大学,2018.

[30] BRENNER A E, DE BRUYNE P. A Sonic Pen: A Digital Stylus System[J]. IEEE Transactions on Computers, 1970, C 19(6):546-548.

[31] KUHN, L. Deflection of an Optical Guided Waveby a Surface Acoustic Wave[J]. Applied Physics Letters, 1970, 17(6):265-267.

[32] 田民丽，齐慧峰，徐国祥，等. 声波式触摸屏技术概述及专利现状[J]. 电子世界，2014(8):207-208.

[33] MARKS P. Mini-projector turns your body into a touchscreen[J]. New scientist, 2010, 205(2750):20.

[34] LYNN L E, HSIEH Y, KHITROV M L, et al. Damping vibrational wave reflections[P]. EP20140187672, 2014-10-03.

[35] 杨晓东，陈益强，于汉超，等. 面向可穿戴设备的超声波手势识别方法[J]. 计算机科学, 2015, 42(10):26-30.

[36] 钟习，陈益强，于汉超，等. 融合情境感知信息的超声波手势识别方法[J]. 计算

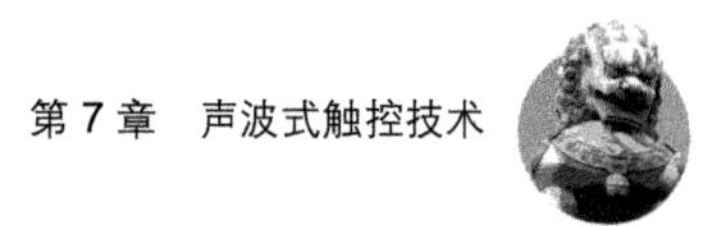

机辅助设计与图形学学报, 2018, 30(1):173-179.
[37] 周飞飞，李翔宇. 基于超声波的真实场景手势识别算法[J]. 计算机工程与设计, 2020, 41(3):821-826.
[38] 杨敏，蔡哲鹏，王林福. 超声波简易手势检测系统的设计[J]. 电子设计工程, 2016, 24(11):134-136.

第 8 章

电磁式触控技术

电磁式触控（Electro Magnetic Resonance，EMR）技术指采用电磁感应原理，配合电磁笔书写实现精准触控和原笔迹书写的触控显示技术。电磁式触控技术分为被动式（通常又称“反射式”）和主动式两大类。被动式电磁触控的电磁笔不需要装电池，在方便性和笔的质量上具有优势。主动式电磁触控的电磁笔需要置入电池。

8.1 电磁式触控技术概述

电磁式触控技术问世于 1964 年，在其他触控技术尚未解决定位精度问题的 20 世纪 70—80 年代，大量应用于智能数码板，现在多用于平板电脑、笔记本、手写板、电子书等便携式移动设备。电磁式触控技术可以实现原笔迹输入，在屏幕上书写时因为压感的存在而拥有真实的手感。电磁式触控显示产品可以做到 100 英寸以上，可以与任何尺寸的显示屏融合使用，屏幕尺寸越大，单位成本越低。电磁板位于显示屏后面，不易损坏，也不会造成误操作。

8.1.1 电磁式触控屏的工作原理

电磁式触控屏的基本结构及其分类如图 8-1 所示。电磁式触控屏的主要结构分为电磁板和电磁笔。把电磁板看作电磁信号发射源，可以把电磁式触控屏分为主动式和反射式两种。反射式的发射线圈 Tx 与接收线圈 Rx 既可以分时切换，也可以采用独立的线圈。电磁板用作压力、按键、ID 检测时，可以分为模拟和数字两种。此外，电磁板还可以用作多笔检测、倾角检测和旋转检测。可以把电磁板与传统电容式（或电阻式）触控屏结合形成双模式触控，其中电磁板和电容屏分开的称为普通双模式电磁触控，电磁板和电容屏的感测线整合在一起的称为整合型双模式触控。把电磁板看作电磁信号发射源，电磁笔用于触控坐标的确定。电磁笔还可以具有压力检测、按键、橡皮擦等功能，这些功能都可以分为数字和模拟两种方式。电磁笔上预先设计好颜色按键，选择不同颜色的按键，电磁笔发出或感应不同的工作频率，移动设备通过识别不同的工作频率调用画板应用的相应颜色，可以实现彩色笔的效果。

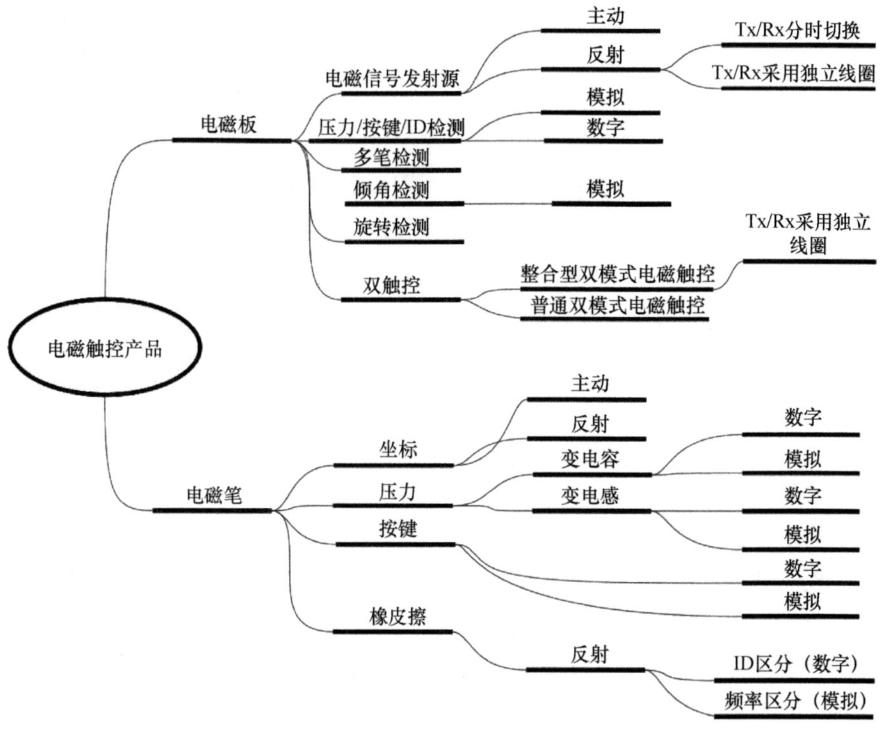

图 8-1　电磁式触控屏的基本结构及其分类

电磁式触控显示模组的结构原理如图 8-2 所示，电磁板位于显示屏与屏蔽板之间，电磁笔与显示屏之间隔着保护玻璃。触控的检出组件由作为坐标指示器的电磁笔、电磁板上布满天线线圈的传感器组件及控制板上的控制电路构成。作为感应元件的传感器板组件由传感器 PCB 板、屏蔽板构成，两块板子通过双面胶固定。屏蔽板用于屏蔽来自背面（图中屏蔽板下方）的系统电路的电磁噪声。屏蔽板还作为电磁笔和磁通交换的磁路，所以只限于磁性材料。传感器板组件的总厚度只有 0.5mm 左右，并且安装在 LCD 等显示屏的背后，不会影响到显示画面的质量，也不会造成亮度损失。电磁板作为触控检测装置，由厚度不到一毫米的印刷电路板（Printed Circuit Board，PCB）构成，在 PCB 内部镶嵌着两层横（*Y* 轴）竖（*X* 轴）垂直交错的导线（感应天线组），导线的一端接地（所有天线共地），另一端通过柔性印刷电路板（Flexible Printed Circuit-board，FPC）与控制器中模拟电子开关的输入端相连接。

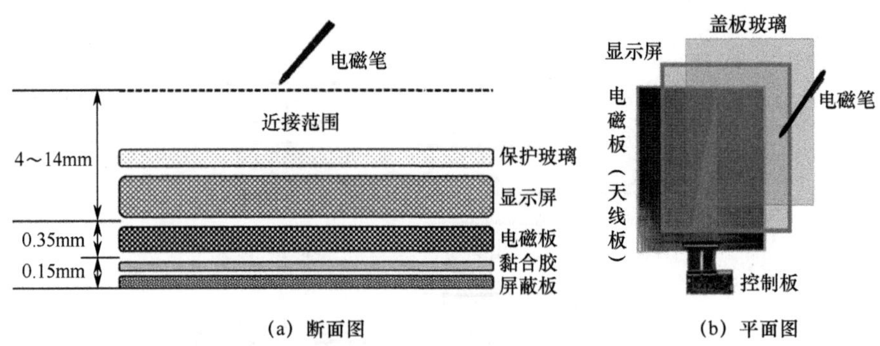

图 8-2　电磁式触控显示模组的结构原理图

根据电磁感应定律，在闭合电路里变化的磁场会产生感应电动势，导体上会产生感应电流。电磁感应是因磁通量变化产生感应电动势。离电磁笔较近的线圈将产生较大的感应电动势。电磁式触控技术用电磁笔来达到触摸输入的效果。在用户持电磁笔在显示屏上进行操作的过程中，靠显示屏下方的电磁板传感器产生的磁场变化来识别点击、滑动等操作。电磁板感测到的内容和显示屏上的内容始终保持同步。

电磁笔与天线板互为信号发射端和信号接收端，当笔接近线圈感应时天线板中的磁通量发生变化，由触控 IC 运算定义位置点和压力。电磁板上的感应线圈因电磁感应原理而产生电动势，电信号经过控制器处理后确定了电磁笔的位置坐标（*X*，*Y*），然后将定位坐标转至接口电路模块。控制回路包括多路选通开关、信号放大电路、滤波电路、单片机及相应的控制电路。对产生的电信号进行去噪、滤波、放大、控制等操作，是确定定位坐标的关键。

电磁笔的操作类型，如左击、右击、拖拽等也是同样的处理过程。最后将操作类型的信息和位置坐标信息封装成一个数据包，发送至显示模组。显示模组控制电路对数据进行解析，获取电磁笔的操作类型和定位坐标信息。然后通过相关软件将定位坐标（*X*，*Y*）转换成对应的显示屏屏幕坐标（*x*，*y*），

对电磁笔的操作类型模拟鼠标信息在计算机屏幕对应的坐标点进行相应的操作。

电磁板的 X、Y 轴方向上的线圈数量根据显示器的尺寸及触控精度来确定。例如，电磁式触控检测装置 X 轴方向由 35 个线圈、Y 轴由 30 个线圈组成，适用于 14 英寸以下的显示屏使用。每一根铜线圈的一侧与 PCB 板的地线相连，另一侧接到板上的选通芯片上，如图 8-3 所示是 X 方向的部分布线图，每两条线之间形成了宽 2cm 的距离。同理，在 Y 方向的绕线是和 X 方向是一样的。如果笔落在了 X_2 和 X_3 的交叉部分，根据电磁感应定律可知在 X_2 和线圈上将检测出比其他线圈要大的电压 AD 值，即 X_2 线圈的信号最强，X_3 次之，X_1 最弱。控制板上的 MCU 会根据这 3 个线圈的位置和信号强度，按照正态分布曲线函数，直接计算出电磁笔的 X 坐标。

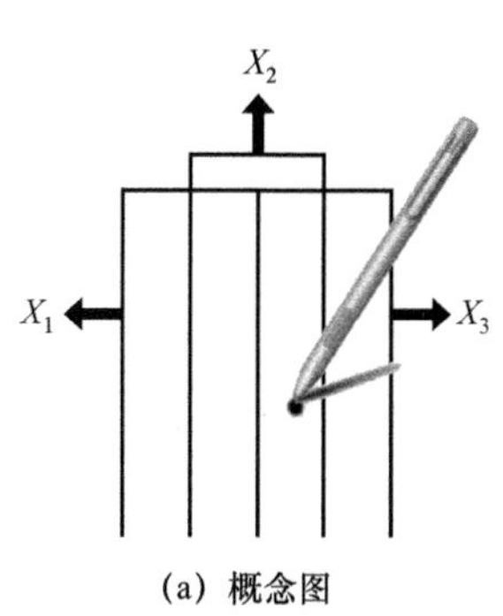

(a) 概念图

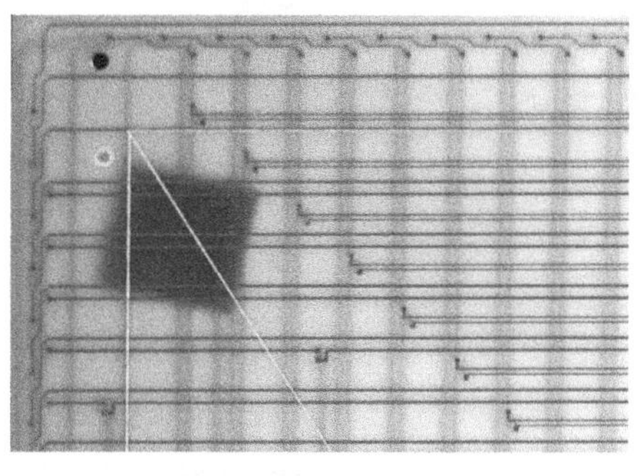

(b) 实物图

图 8-3　电磁板局部线圈图

同理，在 Y 方向上，也会有两个线圈的电压 AD 值比其他的线圈大。这样就能通过一次采集比较，知道具体落笔位置。所以，电磁屏幕能像用圆珠笔和铅笔在纸上书写那样，在显示器上轻松写字画图。

8.1.2　电磁笔的分类与使用原理

电磁式触控屏通过电磁笔来实现人机交互动作，用户可以使用电磁笔进行写字、绘画、编辑图片等操作。一般，根据电磁笔是否带电池，把电磁笔分为无源笔和有源笔两大类。

1．有源电磁笔

大部分有源电磁笔采用锂电池，电路板内部设计了充电电路，增加了内

部结构空间。有源电磁笔主要部件包括笔尖、线圈、压力传感器、轻触开关、PCBA 等，如图 8-4 所示。压力传感器与笔尖组成一个开关，检测电磁笔是否落笔。笔尖与电磁感应板接近，可以算出精准的位置坐标。同时，由于笔端安装压力传感器，可获取笔尖压力的大小，通过与磁场变化结合定义出电磁屏技术独有的 Z 轴，也就得到了笔迹的粗细及浓淡。

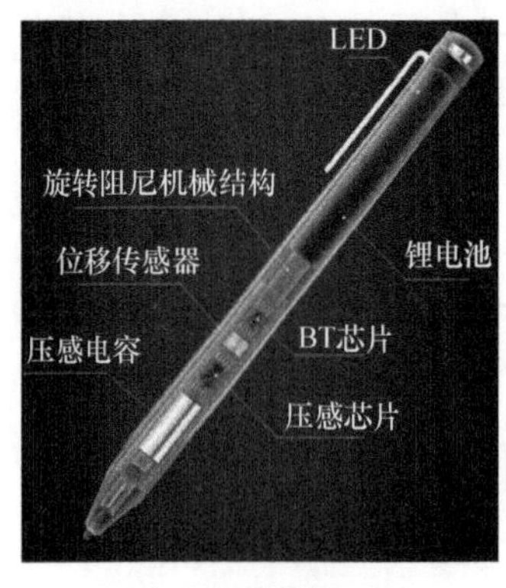

(a) 原理图

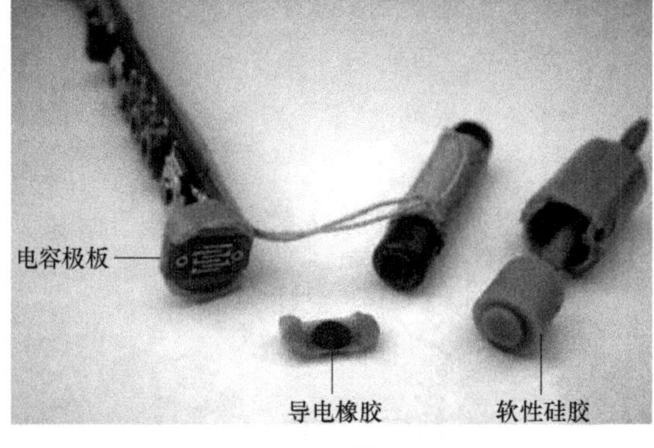

(b) 实物图

图 8-4　有源电磁笔的基本结构

在专用软件的支持下，用电磁笔写字、画画都可实现压感效果。因为电磁笔的笔尖不是完全固定的，而是可以传导笔尖受力到压力传感器，可以根据写字时的受力不同，让硅胶推动后部的导电橡胶片，改变它与电容极板之间的距离或改变平板电容电极的正对面积，进而改变电容的容量，使得电磁笔所发射出来或接收到的电磁信号频率随之改变。电磁感应板通过检测笔的电磁频率或幅度，就可以获知笔尖受力对应的压感，从而实现多级压感。让使用者写字和作画时更“有手感”。

有源笔需要置入电池发射信号。笔的体积、质量受限于电池大小。主动式电磁感测其电磁笔会主动发射特定频率的电磁信号至数位板上 X/Y 轴天线阵列，数位板下方则设有一片磁导层。电磁笔由电路开关和电磁波振荡器组成。根据开关设置，电磁笔能发射不同频段的电磁波，用于区分模拟鼠标的左击、右击、拖拽等操作。离电磁笔较近的线圈将产生较大的感应电动势。电磁感应触控屏的基本原理是靠电磁笔操作过程中和面板下的感应器产生磁场变化来判别的，电磁笔为信号发射端，主机中电磁感应板为信号接收端。电磁笔发射某一频段（如 120～170kHz）的 RF 信号（变频），电磁板接收电磁笔发射的信号，当笔接近天线感应线圈时天线板中的磁通量发生变化，主控芯片对电磁板接收的信号进行处理和运算，得出电磁笔的位置和笔尖压力。

2. 无源电磁笔

无源笔电磁笔笔内无须配备电池，可以设计得很小巧，模拟电磁笔的内部电路简单，核心是简单的 LC 谐振电路；数字电磁笔电路相对复杂，需要使用微功耗定制芯片。电磁感应板用无线充电方式给电磁笔充电。无源电磁笔基本由压力感应器、线圈、可更换笔头、笔管、轻触开关及电路板等组成。

无源电磁笔不需要装电池而有共振电路，显示模组内部内置了可以探测到电磁笔动向的电磁感应板，感应板上纵横分布着许多环状阵列线圈，在感应板产生的磁场范围内，电磁笔以受激振荡方式快速获得足够处理一次完整信号的电能。电磁笔的电能积蓄到一定程度，电磁感应板的控制电路就会停止向循环线圈提供电流并把循环线圈切换到接收电路。此时，电磁笔积蓄到的能量会通过共振电路的自由振荡，将能量从线圈处传送回感应板。这时，控制电路首先通过对感应板上循环线圈的扫描，初步检测出电磁笔的大致位置（简称粗扫），再对电磁笔附近的几个循环线圈进行扫描（简称细扫），对检测出的信号进行计算与分析，从而精确计算出电磁笔的坐标值。这样的动作循环往复就能够感应出电磁笔的坐标、倾斜度、书写速度、压感等信号。

基于无源电磁笔的被动式电磁触控技术及专利，主要掌握在中国汉王与日本 WACOM 两家公司。无源电磁笔的结构如图 8-5 所示。对于电磁笔谐振电路部分，模拟电磁笔压感的动态变化，有两种方式，早期（20 世纪八九十年代）采用变电感（笔尖受力改变线圈内磁芯位置，C 不变，L 随笔尖受力不同相应改变），后来普遍采用变电容（笔尖受力改变电容型压力传感器，L

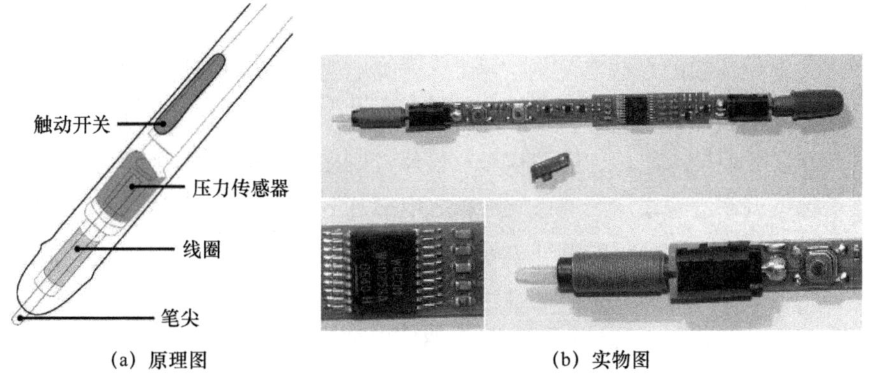

(a) 原理图　　(b) 实物图

图 8-5　无源电磁笔的基本结构

不变，C 随笔尖受力不同相应改变）。因变电感容易受结构件尺寸的影响，也容易因使用温度环境变化导致频率漂移。

电磁式触控技术可以侦测到电磁笔书写的握笔姿势。使用电磁笔进行书写时，电磁笔电感线圈在对应笔尖位置的电磁板天线上感应出的信号波形峰值最高，记为 S_1。同时，把电磁笔电感线圈的局部位置在笔尖周边对应位置的电磁板天线上感应出的峰值更低的信号波峰记为 S_2。如图 8-6 所示，在倾斜状态使用电磁笔进行书写时对应的 S_2/S_1 值比与笔直状态使用电磁笔进行书写时对应的 S_2/S_1 要大。根据 S_2/S_1 的大小及 S_2 的位置，可以判断出电磁笔书写时的倾斜度及倾倒方向。

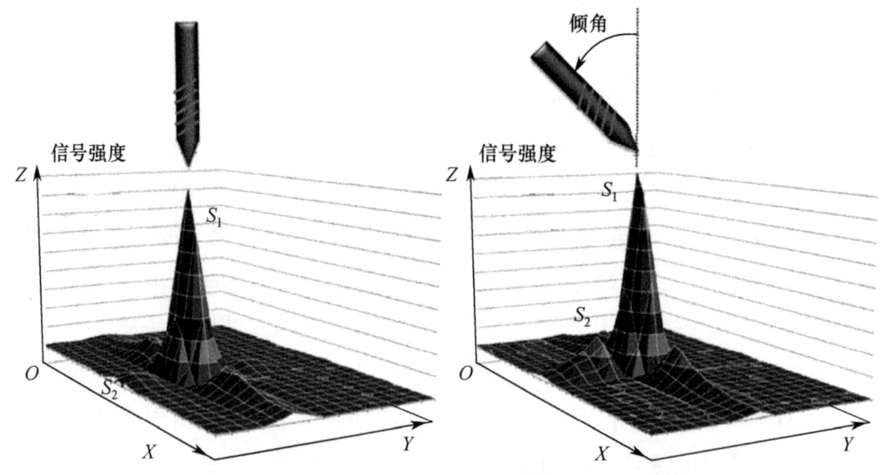

图 8-6　电磁笔笔直书写与倾斜书写的感应信号差异

3. 数字笔与模拟笔

数字笔传递的是数字调制信号。这一类电磁笔电路板内部置有低功耗芯片，电磁感应板发送的微弱电磁信号能够被笔捕获并转变成低压电源，供芯片工作以获取笔尖压感、按键状态及信号调制处理。数字笔将含有压感、按键信息的调制信号发送给电磁感应板，电磁感应板解码后即可获取笔上的压感、按键信息。数字笔的特征：笔上的压感、按键信息是通过数字调制信号传递给电磁感应板的。

模拟笔传递的是模拟信号。笔电路可以理解为简单的 LC 振荡电路，公式 $f=1/(2\pi\sqrt{LC})$，笔受激振荡，根据紧随其后自由振荡信号的频率或相位、阵列天线能量分布等，计算笔的位置、压感、按键等信息。

4．双/多电磁笔书写技术

双/多电磁笔书写触控的基本思想是不同笔采用不同的谐振频率，电磁板布线规则不变。通过分时方式，不同频率段快速扫描，电磁板阵列天线会分别获得两/多支笔的信息。虽然是分时处理，由于 CPU 处理速度很快，使用时感觉是两/多支笔同时工作。

8.1.3　电磁式触控的产品参数

电磁式触控技术的电磁板一般位于显示屏背面，不影响显示模组的透光度，不易损坏、解析度高、有 Palm Rejection 防误触功能、具高阶压感功能（模拟笔压感可以做到 2048 级，数字笔压感可以做到 8192 级）、响应速度快。电磁式触控技术可以实现原笔迹的精准书写，与书写相关的主要参数包括压力感应级数、分辨率、坐标精度、读取速度等。

压力感应级数指起笔压力在最小到最大之间，笔尖通过压力传感器、线圈发出的电磁波产生的连续频率变化中能够区分的级数。压力感应级数反映了笔尖轻重的感应灵敏度。压力感应级数有 512（$=2^8$）～8192（$=2^{12}$）级不等。压力感应级数越高，对压力变化的感应度越敏感，所画的笔迹就能表现得越细腻，电磁板越能从使用者下笔微妙的力度变化中感应出粗细浓淡各不相同的笔触效果，通过画图软件的辅助，能模拟出逼真的绘画体验。如图 8-7 所示，当电磁笔在保护玻璃上方 1～2cm 移动时，光标会跟随移动，这就是电磁感应的效果；当电磁笔接触保护玻璃移动时，随着力度大小的变化，笔画有粗、细、浓、淡的不同变化，这是压感的效果。用笔尤其是毛笔时，用力写字迹会浓些，笔迹也会更宽，用力小笔迹会更窄也淡些。这种压感的存在，会让写出的字迹有笔锋，而画画时，施力不同才能让画有层次感。压感阶级越高，笔迹输入就更加接近真实手写笔迹。选择软、中度或硬的不同硬度的笔尖，可以得到更真实的屏幕感觉。

分辨率指电磁板触控有效面积内，垂直或水平方向上每英寸长度上的挂网网线数，单位是 lpi（线/英寸）。电磁式触控面板的分辨率类似显示屏的分辨率。电磁触控的挂网数目越大，笔尖移动时可读取的数据越多，信息量越大，线条越柔顺。分辨率的高低影响着坐标精度，也是电磁笔精准书写的决定条件。电磁触控常见的分辨率有 2540lpi、3048lpi、4000lpi、5080lpi。

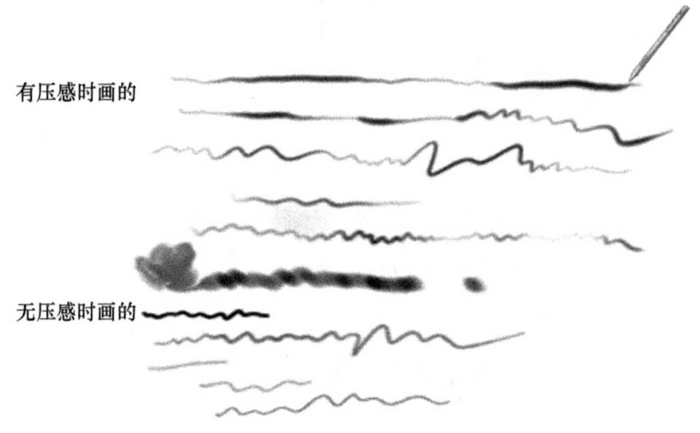

图 8-7　电磁笔在不同压力大小作用下的压力感应级数表现

报点率反映了电磁板每秒向系统发送多少个坐标数据，单位是点/s。用户拿着笔在电磁触控屏上书写时，控制系统读取到的只是一个个描述点位置的坐标值。如图 8-8 所示，如果报点率太低，落点会延迟，显示的圆线条会是一段段折线。提高报点率，就不会出现跳变不圆润的现象。常见的读取速度有 100、133、150、200、220 点/s。写字记笔记 133 点/s 基本可以满足；签批、绘画至少得 150 点/s 以上。

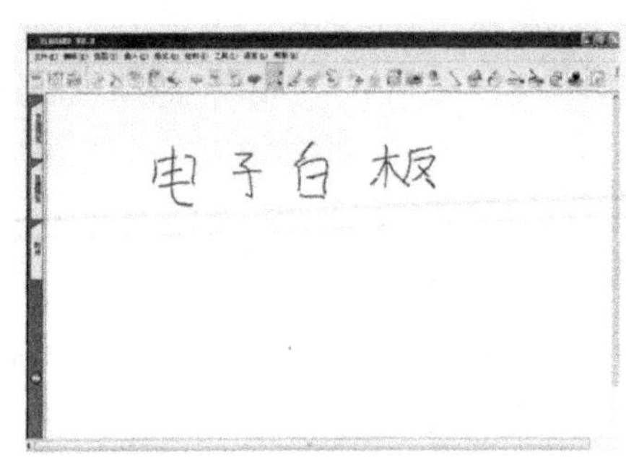

(a) 读取速度慢

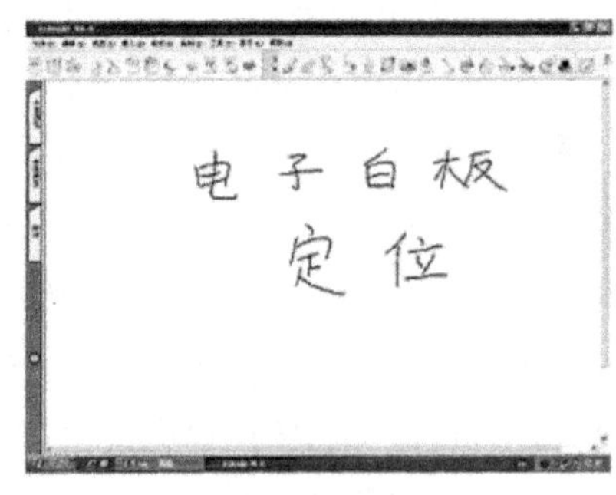

(b) 读取速度快

图 8-8　读取速度对书写的影响

感应高度指笔尖距离电磁板多远时，电磁触控能够发挥作用。电磁感应的原理决定了笔尖不需要接触到电磁触控屏表面就能检测到电磁笔的位置。实际产品的电磁笔读取高度指电磁笔到钢化玻璃之间的距离，这个感应高度一般需要达到 7mm 以上。

压感是通过电磁笔内置压力传感器实现的。压力传感器将来自笔尖的压力转换成电磁信号反馈给电磁板，从而真正有了“笔”的感觉。笔尖的压感通过按压笔尖来改变电磁笔内电感线圈电路的共振频率进行侦测。按压笔尖的力度不同，电磁笔内电感线圈电路上电容值不同或感值不同，相应的共振频率不同。通过侦测频率的大小基本可以判断按压笔尖的力度（笔接触屏，倾斜与垂直时，笔尖在同样压力下频率不同）。笔尖在有压感和无压感时的频率差异如图 8-9 所示。由于笔尖压力感应功能，根据书写力度的大小，书写出来的笔迹可粗可细，能够模仿真实的笔迹。

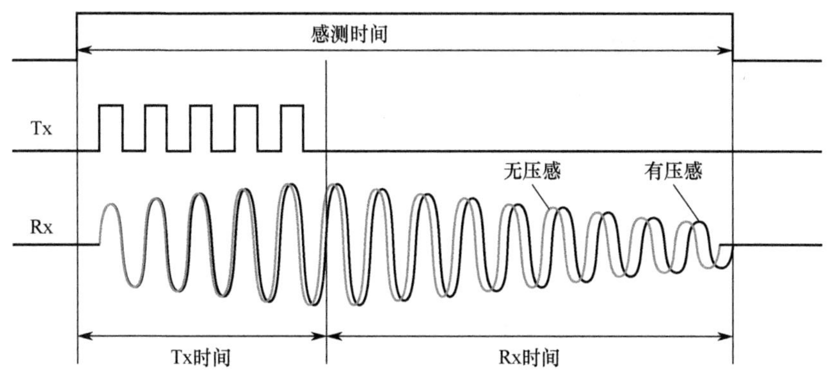

图 8-9　笔尖在有压感和无压感时的频率差异（仅限于模拟笔）

电磁触控参数需要通过计算机或嵌入式系统反映出来，所以受到硬件运行速度的制约。两款典型的电磁式触控产品的技术参数如表 8-1 所示。

表 8-1　电磁式触控产品的技术参数

	19 英寸书写显示器	22 英寸手绘一体电脑
压力感应	1024/2048 阶	2048 阶
读取速度	133 点/s	220 点/s
解析度	2048lpi	4000lpi
笔倾斜角度	±45°	—
笔读取高度	8～10mm	15mm
精度	±0.01mm	±0.01mm

电磁式触控主要应用领域包括使用 USB 界面最多的笔式 Tablet、教育市场用 Tablet 显示器、电子白板、电子商务用签名板、POS、电子书阅读器等。电磁式触控模组具备可挠曲的特性，可以搭配软性显示器。电磁式触控产品凭借压感笔、数位屏等技术的强大实力，可以让素描、油画、中国水墨画、3D 建模等看似难以共融的设计形式，得以在统一作品中展示和呈现，甚至

是通过 VR/MR 技术多人同时在三维空间协同创作。将电磁式触控的精确笔输入与空间计算机相结合，利用数位板和头戴显示，允许动画师、工业设计师、游戏开发人员和教育工作者在生动逼真的环境中进行团队协作，查看、缩放、移动、绘制和标记 3D 内容。

电磁式触控显示系统的整合成本低，单机已经做到 100 英寸，并且尺寸越大单位成本越低，而电阻或电容式触控屏则是尺寸越大单位成本越高。一般，10 英寸以下电阻或电容式具有优势，10 英寸以上则电磁式具价格优势。

8.2 电磁式触控技术分类

电磁式触控技术分为主动式和被动式两类，一般为单笔书写模式，也有双电磁笔模式。主动式因需要电池或充电，使用不方便，逐步被淘汰；被动式在性能指标上表现优异，且更具方便性、笔质量更小，具备明显优势被广泛普及。

8.2.1 主动式电磁触控技术

主动式电磁触控技术，电磁笔内自带电，电磁笔完全不考虑触控屏的影响，单向发送电磁信号给触控屏。如图 8-10 所示，电流驱动电路给电磁笔线圈 L 输送交流电，使线圈 L 形成磁通量 φ_0。这时，如果电磁笔靠近触控面板，位于电磁感测板组件上的感测线圈作为变压器的 2 次线圈，接收磁通量 φ_0，

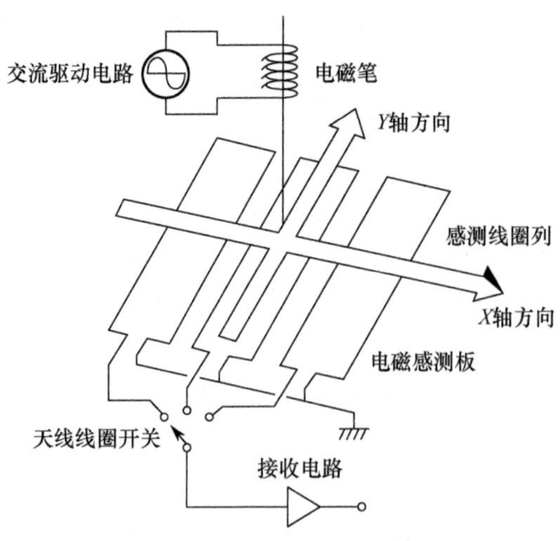

图 8-10　主动式电磁触控的工作原理

形成感应电压。电磁笔离发送天线线圈越近，这个电压的振幅越大。接收电路与感测线圈之间的开关以一定的时序，依次与电磁感测板组件上的某一条感测线圈连接，分别检出各感测线圈的感应电压值。这些检出来的感应电压经接收电路放大后，通过后期的信号处理，可以检测出接收信号的振幅和相位、强度。

1. 电磁笔位置与手势感测技术

因为与电磁笔最接近的感应线圈感应出来的电压最大，其他相邻的感应线圈感应出来的电压较小，因此可以确定电磁笔对应触控面板的平面位置坐标。此外，通过调制电磁笔发出的信息，触控装置还能收集到电磁笔的按键、笔压等信息。电磁笔定位是根据电磁笔在感应线圈上产生的电动势大小来判断电磁笔所在的位置。算法与电磁板布线情况紧密相关，所以要把每条感应线圈进行编号。电磁笔每确定一个点，必在横向和纵向分别有两条线圈上产生最大和次大的电动势，这样根据线圈编号就确定了一个矩形。经过粗略定位后进行精确定位，即通过对最大和次大电压值的差值来确定笔所在矩形内的精确位置。

每个感应线圈都有自己的编号，以确定电磁笔所在的位置是由哪 4 条感应线圈所包围的矩形内。布线规则要求在同一方向上 2 个编号不同的感应线圈只能相交一次，如果在同一方向上编号不同的感应线圈再一次相交，那么控制电路所识别的电磁笔所处的矩形内会有两个，将无法定位。图 8-11 给出的 5 个感应线圈组合，2 个不同的感应线圈只有一次相交的地方，这就为定位算法的实现提供了合理的前提。纵向的感应线圈的排列规则与横向是相同的。

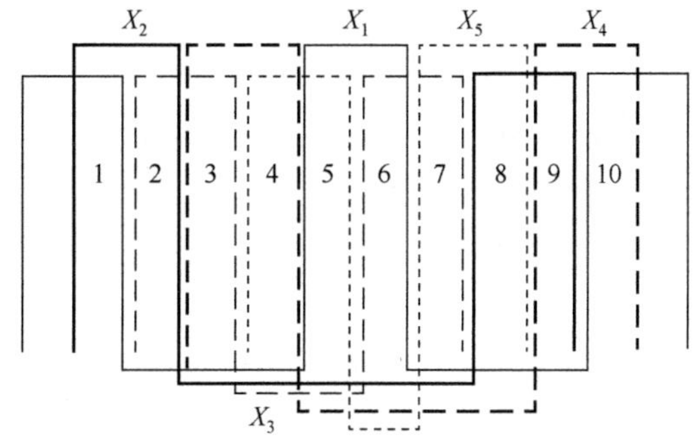

(a) X 轴方向的布线

图 8-11　X 轴方向的布线

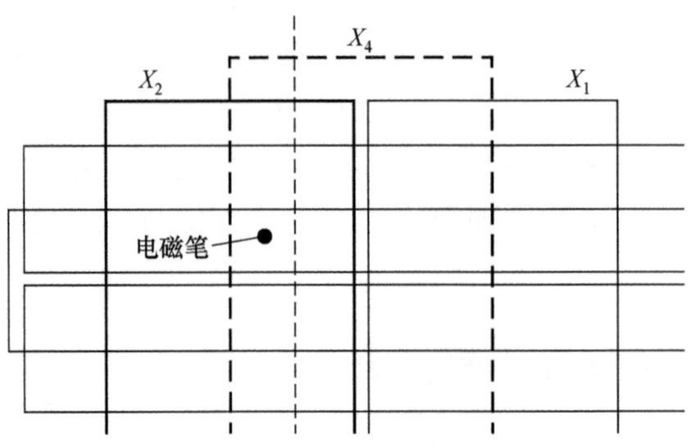

(b) 两条感应线圈相交部分举例

图 8-11　X 轴方向的布线（续）

首先，根据程序部分依次对所有横轴铜线和纵轴铜线分别进行电压扫描，采集电压值并进行 AD 转换，储存数值然后进行同方向数据比较并获得同方向各自的最大电压值和次大电压值，同时储存最大值和次大值的感应线圈号。在确定坐标之前，要先判断具有电压最大值的线圈号的电压频率是否正确，单片机对经过滤波放大的信号进行计数，笔的频率为 127.4～166.9kHz，单片机对信号进行计数，如果计数的高位是 03 或 04（十六进制），那么笔的频率正确，继续进行定位。

粗略定位的核心是两个数组（一个方向对应一个），这个数组相当于一个介质，连接布线规则和计算机软件，称为通信数组。当控制回路对感应线圈的电压值扫描得到的具有最大电压值和次大电压值的感应线圈号，如最大的是 X_4，次大的是 X_2，控制回路通过对通信数组的查询得到某一数字。如果最大的是 X_2，次大的是 X_4，对应通信数组中相同的数字，两种情况不同的是电磁笔所在的位置是靠近 X_2 一点还是靠近 X_4 一点。同理，在 Y 轴上也找到一个数字，即可确定电磁笔的粗略位置（4 个感应线圈围成的小矩形）。两个数字分别封装到变量 X_H 和 Y_H 中，等待精确定位。一个方向的感应线圈是 20 根，对应的通信数组大小是 20×20。

为了获得线圈上更准确的电压值，在获得具有最大电压和次大电压值的感应线圈号 X_2 和 X_4 后，对他们的电压值分别进行 10 次采集，AD 转换，去掉最大值和最小值，然后取平均，分别得到 X_4 和 X_2 的平均电压值。在算法中把两条感应线圈相交的部分在一个方向上又平均分成 128 份，每份都有自己的物理坐标（1～128）。例如，电磁笔落在 X_4 和 X_2 的中间位置，根据电磁感应定率知 X_4 和 X_2 大小相同，设定这条线的物理坐标是 64（16 进制是

0x40）。假设电磁笔每在同一个方向上移动 1 份，左右两侧的感应线圈的电压 AD 值分别线性递增和递减，这样在算法中利用式（8-1）～式（8-4）来计算电磁笔所在矩形内的具体坐标。

式（8-1）中，X_L 和 X_R 分别是两条相交的感应线圈的平均电压值，X_L 是左侧线圈的电压，X_R 是右侧的电压，在图 8-11（b）中，$X_L= X_4$ 和 $X_R= X_2$。图中电磁笔的位置使得 X_2 的电压值大于 X_4 的电压值，即 $X_L<X_R$，式（8-1）中 m 的值小于 64。同理，电磁笔的位置如果在虚线的右侧，那么 m 的值是大于 64 的。在假设电磁笔在 X 方向上小范围移动时，左右感应线圈的电压 AD 值是分别线性递增和递减的，这就实现了每一个计算出的 m 值都对应 128 份中的 1 份。式（8-2）是把 m 的值封装到变量 X_L 中。同理式（8-3）和式（8-4）是 Y 方向上的定位公式。这样在算法中每个小矩形又被分成 128×128 个点，整个白板分成了 16383×16383 个有效点。

$$m = X_L - X_R + 0x40 \tag{8-1}$$

$$X_L = \begin{cases} 1 & m < 2 \\ 128 & m > 127 \\ m & 2 \leqslant m \leqslant 127 \end{cases} \tag{8-2}$$

$$n = Y_D - Y_U + 0x40 \tag{8-3}$$

$$Y_L = \begin{cases} 1 & n < 2 \\ 128 & n > 127 \\ m & 2 \leqslant n \leqslant 127 \end{cases} \tag{8-4}$$

在精确定位中，X_L 和 X_R 分别对应的是电磁笔所在位置左侧和右侧感应线圈的电压 AD 值，所以必须准确找到电磁笔左右侧的线圈号，并把其平均电压值分别赋予 X_L 和 X_R。如在图 8-11（b）中，$X_L= X_4$ 和 $X_R= X_2$。算法中提供了另一个重要的数组，目的是查找定位式（8-1）中 X_L 和 X_R 对应的感应线圈号。原理是通过通信数组（X 方向）中的粗略坐标来规定好左右侧的线圈号。

通过粗略定位和精确定位，得到数据 X_H 和 X_L，将计算得到的 X_H、X_L 和 Y_H、Y_L 发送到上位机软件，经过处理得到一个具体的点，再经过投影机投影到白板上，笔尖的位置将和投影的点重合，而不是偏离笔尖，达到了算法的目的。

2. 触控屏控制系统硬件设计

当用触摸笔触摸 LCD 显示屏时，触摸检测装置对应的 X、Y 轴上会分别感应到一个信号，这个信号经过模拟电子开关，然后经两级放大、滤波，将得到的信号分两路处理，一路是电压整流，另一路是频率检测电路；得到的数据通过 MCU 计算，判断出触控屏的位置及触摸的方式，再由 MCU 将触摸信号发送到计算机，最终实现触摸输入。整个触控屏控制电路的时序都是由单片机控制的。

模拟电子开关功能的是驱动触控屏检测装置，将触摸信号传送到信号处理电路。其电路主要是由一个 8 通道数字控制模拟开关组成，该芯片有 3 位二进制控制输入端 A、B、C 和一个使能输入端 INH，以及 8 个信号输入端和 1 个公共输出端。当 INH 输入端为高电平时，所有通道截止；当 INH 为低电平时，单片机通过 3 位二进制信号 A、B、C 选通一个通道的输入信号，从公共输出端 OUT 输出，经过两级放大电路及滤波电路后，将触摸信号分别发送到频率检测电路和电压整流电路的 TOUCH_SIN 端。由于一个 8 通道数字控制模拟开关芯片只有 8 个通道的数字模拟开关，不能满足线圈数量的需求。根据具体的线圈数目，分别在 X 轴和 Y 轴设计多个模拟电子开关电路。

触摸信号的频率由触摸笔发出，按下触摸笔上的两个按键可以输出两个不同频率的信号，分别为 k_1、k_2。触摸笔的作用相当于鼠标，当触摸笔输出一次 k_1 频率时相当于点击一下鼠标左键，输出一次 k_2 频率相当于点击鼠标右键。当触摸笔笔尖与 LCD 的距离小于 3cm 时，触摸检测装置可感应到触摸信号，这时光标随着触摸笔在 LCD 上移动。触摸信号频率检测精度的高低是触控屏性能稳定的关键因素。

单片机从端口 TOUCH_SIN 获得的频率信号的质量，决定了触控屏能否快速响应正确的触摸动作。因此，在触摸信号频率检测电路设计中，使用施密特触发器可以将触摸时产生的锯齿波形信号整形成较规则的方波信号。这样的设计可以有效消除触摸时因其他信号对频率的干扰或过快点击对触控屏精度的影响。

当触摸笔靠近 LCD 时，触摸检测器获得感应信号，经过电子开关及信号处理电路后，再对信号进行整流。触摸信号由 TOUCH_SIN 输入，经过二极管 D 整流。通过电容充放电直接影响整流后的波形，使其更加准确。信号整流后还需经过一个同相放大电路。通过整流后得到平滑稳定的直流电压信号，有利于提高 A/D 转换的精度。

MCU 电路采用 A/D 转换型 8 位 USB 单片机，专门为 USB 产品而设计，尤其适用于 USB 或 SPI 接口触控屏、触控按键等产品。通过触摸电压处理电路后的信号输入单片机，经过单片机内部的 A/D 转换器得出触摸电压的值，从而辨别出触摸效果。频率信号输入单片机，通过单片机在单位时间内对方波个数的计数，即可得出信号的频率。最后通过将触摸信号转换成标准鼠标信号，通过 USB 接口输出到计算机，达到触摸效果。

主动式电磁触控的完成需要软件的配合。控制器软件设计主要包括 I/O 初始化程序、定时计数器初始化、触摸笔中断服务程序、与计算机通信程序和主程序几部分。触摸笔中断程序中包括触摸坐标计算程序和触摸信号频率计算程序。当触摸控制器接收到触摸信号时，MCU 响应触摸笔中断服务程序，得到触摸 LCD 的坐标，启动与计算机通信程序，将触摸信号发送到计算机，这样完成一次触摸。

8.2.2　被动式电磁触控技术

被动式电磁触控的电磁板内分布着双向环状线圈阵列，并持续产生交流电磁场。电磁笔加装了共振电路，无须电源。当电磁笔靠近磁场，共振电路便会产生电流，相当于电磁笔变成了有源式，而对应的环状线圈的电磁场也会发生变化。这一变化会被主控侦测到，于是主控果断停止向该线圈供电，并将线圈连接成接收模式。电磁笔得到的电流通过共振电路的振荡又转变为磁场，通过线圈反馈到电磁板并被线圈接收。主控通过扫描线圈初步判定笔尖的大致位置，之后再对周围的多个线圈进行扫描，对检测出的信号进行计算，即可精确计算出笔的坐标位置。这样反复扫描、运算，就能感应出笔尖的位置、倾斜度、移动速度等参数。

由于电磁场的存在，需要在电磁板后面覆盖一层金属薄板作为电磁屏蔽材料。电磁屏蔽材料早期采用铝板或铜板，后来逐渐发展为普通硅钢片、高导磁率硅钢片（硅含量为 4%～7%）、非晶带材与低磁导率薄片配合使用。电磁屏蔽材料的作用是屏蔽下方驱动电路中的电磁干扰；屏蔽外界磁场及地磁场干扰；本身优良的导磁材料可抑制传感线圈中的感应磁场衰减。

如图 8-12 所示，被动式电磁触控的电磁波不是从电磁笔内部单方面输出的，而是通过电磁笔和电磁感测板组件的天线线圈之间进行电磁能量的输送来检测出电磁笔的位置。位于电磁感测板组件中的交流驱动电路，在一个时间段内给天线线圈提供交流电。电磁感测板组件中的天线线圈与电磁笔内部的线圈，在电磁笔的线圈两端形成交流电压。电磁笔的线圈连接电容器后形成谐振电路，并通过电感 L 和电容 C 谐振储存能量。这个谐振电路的共振频率 f 和电磁感测板组件中交流驱动电路提供的交流信号的频率一致。

$$f = \frac{1}{2\pi\sqrt{LC}} \tag{8-5}$$

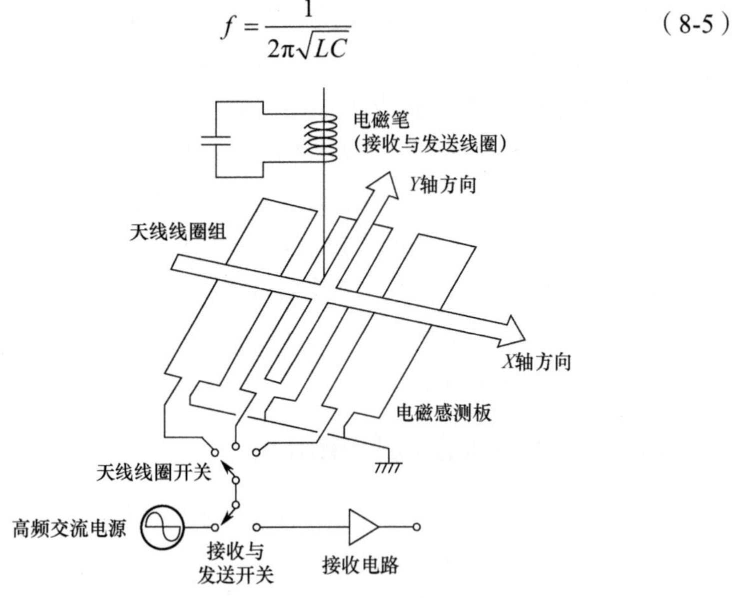

图 8-12　被动式电磁触控的工作原理

共振稳定后，电磁感测板组件内的交流驱动电路停止工作，发送/接收开关在交流驱动电路与接收电路之间进行切换。于是，以电磁笔线圈为一次侧，电磁感测板组件天线线圈为二次侧，使电磁笔谐振电路的电力传递到电磁感测板组件天线线圈。通过扫描天线线圈，不断重复发送/接收，可以采集到电磁笔的位置。触控发生后，先由电磁感测板组件把能量传给电磁笔，之后又回收电磁笔的能量，所以电磁笔不需要电池。

如图 8-13 所示，细长的感测线圈，一边连接发送部，另一边连接接收部。发送部是给感测线圈提供电流 i 的电流驱动电路，接收部是把接收电磁笔能量后形成的电压进行放大的放大电路。发送/接收开关在每个周期（T_1，T_2）内，让感测线圈的连接部分分别在发送部和接收部之间进行切换。工作期间，电磁笔圆形线圈 L 和电容 C 组成的谐振电路，共振频率要与电流驱动电路的频率调到一致。

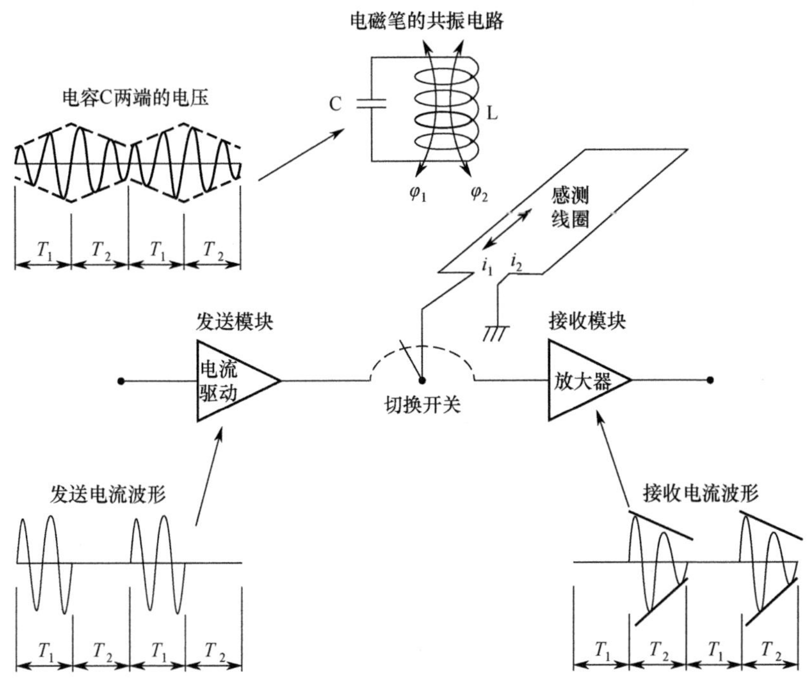

图 8-13　被动式电磁触控装置各组成部分的信号波形

在发送时间段 T_1 内，发送/接收开关切换到发送部与线圈连接的状态。发送部给感测线圈提供一定振幅与频率的电流 i_1。感测线圈作为变压器的一次线圈，产生磁通量。这时，如果电磁笔靠近，电磁笔共振电路线圈 L 作为变压器的二次线圈，接收到磁通量 φ_1，产生感应电压。这个电压会使电磁笔 LC 谐振电路形成激励，电磁笔离天线线圈越近，振幅越大。并且，在 T_1 时间段内，电磁笔谐振电路的振幅逐渐增大。因为这个时间段内，接收部没有连接感测线圈，所以输出电压为 0。

在接收时间段 T_2 内，发送/接收开关切换到接收部与线圈连接的状态，发送部没有输出信号。这时，电磁笔谐振电路在发送期间积蓄的能量在线圈 L 上转换成电流，形成磁通量 φ_2。这时，如果电磁笔靠近触控面板，感测线圈作为变压器的二次线圈，接收磁通量 φ_2，形成感应电压。电磁笔离发送天线线圈越近，这个电压的振幅越大。感测线圈形成的感应电压，经接收部放大后，通过后期的信号处理，可以检测出接收信号的振幅和相位。

基于以上工作原理，可以计算出电磁笔触控位置的坐标。坐标指示器（电磁笔）线圈产生的磁通量在感测线圈上形成感应电压，这个感应电压在感测线圈平面上的分布如图 8-14 所示。感测线圈通过在发送部与接收部之间进行不断切换，使位于感测线圈平面 X_1、X_2、X_3、X_4 位置上的感测线圈①、②、③、④分别感应出电压 V_1、V_2、V_3、V_4，并一一检测出这些感应电压。然后，计算出由这些感应电压 V_1、V_2、V_3、V_4 构成的电压分布曲线的顶点位置 X_C。这个位置就是坐标指示器的位置。分别在触控面板 X、Y 两个轴上使用该处理方法，可以检测出坐标指示器在二维平面上的位置坐标。

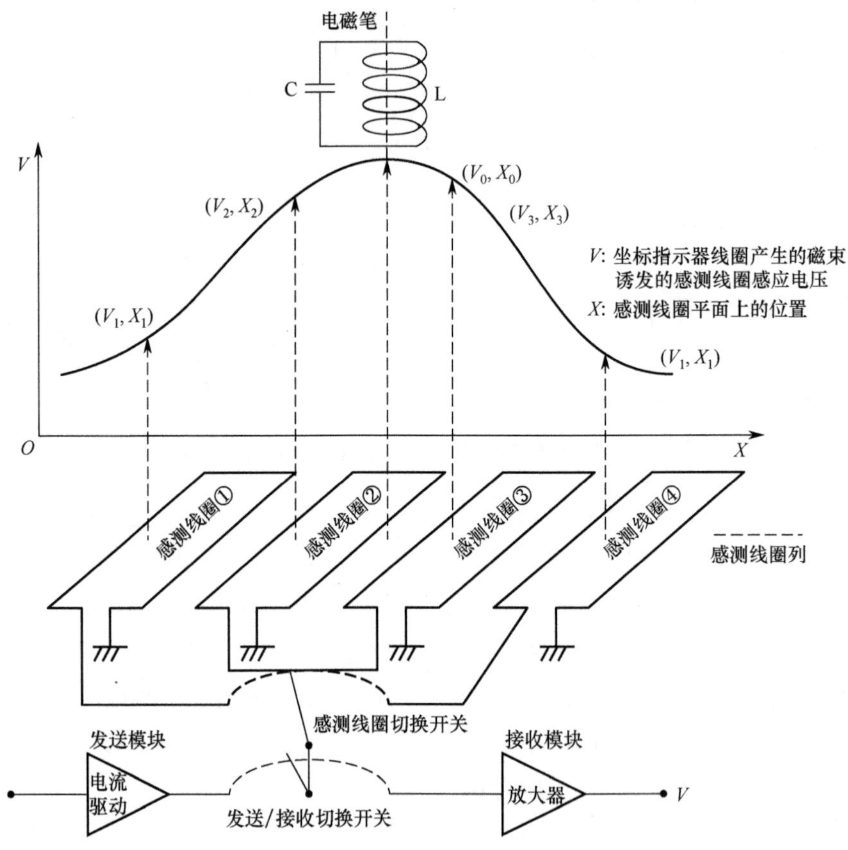

图 8-14　被动式电磁触控装置坐标检测示意图

8.3　双模式电磁触控技术

双模式电磁触控技术就是在电阻式或电容式触控屏的基础上集成电磁式触控屏的触控功能可切换技术。在电阻式或电容式触控屏的基础上集成笔触控速率与分辨率极高的电磁式触控屏，既保留了电阻式或电容式触控屏的功能，又具有电磁笔真实的原笔迹书写功能。根据触控显示模组中两种触控屏位置结构的不同分为两种：触控屏分立的普通双模式电磁触控技术和两种触控屏整合在一起的整合型双模式电磁触控技术。前一种是在电容式或电阻式触控显示模组的显示屏或在显示屏的背光源后加装电磁感应天线，后一种是在电容式或电阻式触控感测面里再增设电磁感应天线阵列。

8.3.1　普通双模式电磁触控技术

电阻式触控屏不需要用特殊笔，随意使用手指或普通笔即可进行操作。电容式触控屏的灵敏度高、操作便捷且手指触控体验好，但笔触控速率及分辨率偏低。把电容式触控屏或电阻式触控屏和电磁式触控屏组合的双模式电磁触控技术，既具有电容式触控便捷的手触控功能，又具有像真实笔一样流畅的书写功能。

在图 8-15 所示的双模式电磁触控的基本结构中，电阻式触控屏或电容式触控屏位于触控显示模组的上方，电磁式触控屏安装在显示屏模组（如 LCD 背光源）的下方。如果上方为电容式触控屏，需要加装盖板玻璃。电容式触控是触控屏的主流技术，所以双模式电磁触控技术一般为电容式触控屏与电磁式触控的组合。考虑到电磁板上电磁场的覆盖能力，下方的电磁式触控屏尺寸一般比上方的电容式触控屏大 1～2 英寸。

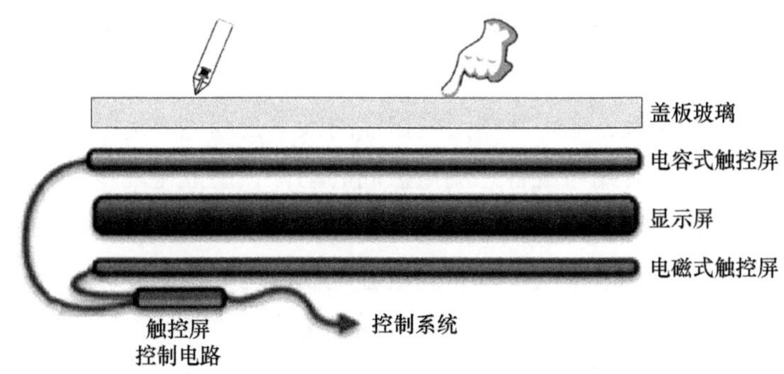

图 8-15　双模式电磁触控的基本结构

如图 8-16 所示，电磁式触控屏和电容式触控屏同时连接触控屏控制电路，并在控制系统的统一指令下完成电容式触控的手指触控或电磁式触控电磁笔书写这两种触控模式的自由切换。双模式电磁触控显示模组还包括时序控制电路，耦合连接于感测电路和门极驱动器，时序控制器将显示画面的扫描时间分为三个周期：第一时间周期 T_1 用于提供显示屏的画面内容；第二时间周期 T_2 为电磁感应侦测时间，时序控制电路会控制门极驱动器依序将相邻或特定间距的导线连接形成回路，并控制感测电路发出侦测信号，以感测磁性笔的触压位置；第三时间周期 T_3 为电容感应侦测时间，时间控制电路将门极驱动器关闭，感测电路利用两导线相互重叠部分的电容在手指触控时造成的电荷重新分布侦测手指的触摸位置。双模式电磁触控的控制系统如图 8-16 所示，电容式触控屏的信号和电磁式触控屏的电感天线板信号经由双模式触控主板处理后，整合在一起输出。

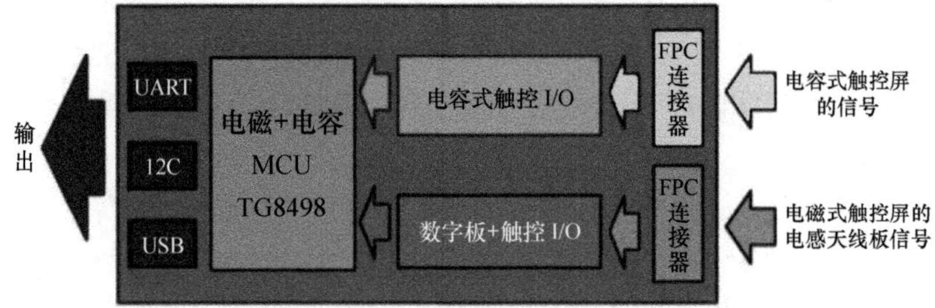

图 8-16　双模式电磁触控的控制系统

双模式电磁触控显示模组的触控切换，要避免电容式触控数据与电磁式触控数据的相互干扰。在双模式触控面板运作时，当仅有触控笔接触面板时，由电磁感测天线进行触碰位置扫描定位。而当仅有手指接触面板时，电磁感测天线将以低频的状态扫描，由电容感测电极进行触碰位置扫描定位，若此时触控笔也靠近面板，电磁感测天线扫描的频率会因笔靠近的距离而随之增强，造成电磁感测天线与电容感测电极同时动作，造成电场耦合，使得电磁感测天线与电容感测电极互相干扰。为避免彼此干扰，一开关电路耦接该电磁式触控天线回路，用以当该投射式电容电极结构工作时，断开该电磁式触控天线回路，来停止该电磁式触控天线回路工作。

具体地，由控制开关在电容感测电极工作时，让 Y 方向天线回路断路，而使得 Y 方向天线回路不工作。例如，当触控笔远离面板时，开关断开，天线回路形成断路而无法动作，此时感测电极的扫描则不受干扰。在此情况下，天线回路也可作为电容感测电极的菱形电极静电防护路径。而当触控笔靠近时，与电容感测电极同一层的天线回路由开关的切换来形成回路，开启启动机制，此时与设置在基板另一面的 X 方向天线回路形成完整 X/Y 轴向天线回路，由此轴向间电磁场的变化感测触控笔的位置。

图 8-17 所示的控制流程是一种电磁式触控屏与电容式触控屏进行触控切换的具体方法。双模式电磁触控显示模组对控制键的工作状态进行实时检测，当检测到控制键发出按键信号时，控制触控屏显示功能切换菜单，并启用电容触控模式。功能切换菜单包括触控切换栏，按键信号为第三触发信号，即用户对控制键连续点击三次后发出第三触发信号。按键信号也可以为第四触发信号，即用户对控制键的按下持续时间大于 M（$M>0$）s 后再次点击控制键后发出第四触发信号。通过触控屏接收用户对触控切换栏的操作指令，并控制触控屏关闭功能切换菜单，根据操作指令对触控屏的当前触控模式进行切换。触控切换栏包括电容触控模式切换栏，根据操作指令对触控屏的当前触控模式进行切换：对电容触控启用指令和电容触控禁用指令进行检测，根据检测到的指令，控制是启用电容触控模式还是禁用电容触控模式。在控制触控屏启动电磁触控模式并禁用电容触控模式时，将触控屏以电容触控模式接收的数据删除，并将触控屏以电磁触控模式接收的数据传输给控制系统。

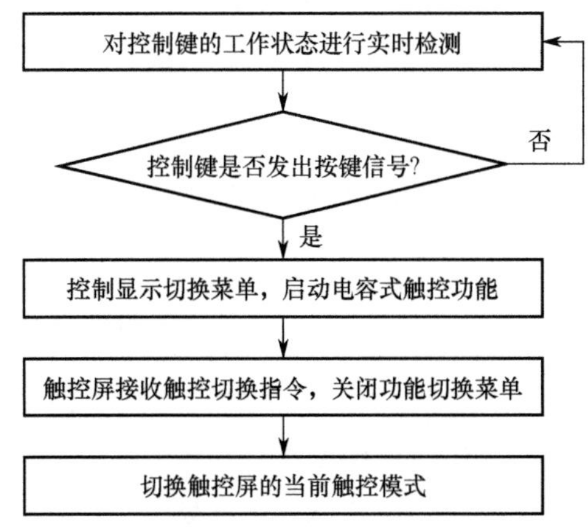

图 8-17　电磁与电容双模触控屏的触控切换方法

开发电容式或电阻式触控屏与电磁式触控屏合二为一的双模式电磁触控产品，可实现控制电路的小型化，为整机厂采用笔输入方案提供了更多的可选择性，并且使系统构成更加简便。如图 8-18（a）所示为 EKING 公司于 2011 年开发的电磁+电阻双模式触控平板电脑，采用分辨率 1024×600 的 5 英寸彩色 LCD 显示屏，整机小巧便携，不仅操作的灵敏度高，而且大大降低了误操作率。如图 8-18（b）所示为 BOOX 公司在 2017 年开发的电

磁+电容双模式触控电子书，采用分辨率 2200×1650 的 13.3 英寸柔性电子墨水显示屏，在没有电磁笔的情况下也能轻松使用手触操控，更方便用户使用。

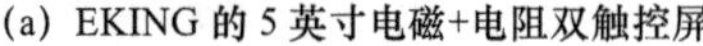
(a) EKING 的 5 英寸电磁+电阻双触控屏

(b) BOOX 的 13.3 英寸电磁+电容双触控屏

图 8-18 电磁双模式触控显示产品

电容式触控屏幕与电磁触控屏结合的双触控技术，在给用户提供精确的多点触控的同时，也通过手写笔实现真人笔迹的挥笔效果及强大的绘画应用功能。随着技术的不断提高，电容配合电磁双触控技术的优点将更加显现，应用的范围也将会越来越广。

8.3.2 整合型双模式电磁触控技术

把电磁式触控屏的电感天线板加装在显示屏的下面，是因为天线板的感测线需要采用低电阻的金属材料，不透光的金属电极无法设置在显示屏上面。如图 8-19 所示，电感天线板加装在显示屏的下面导致电磁笔与电感天线板之间的距离增大，容易引起电磁笔实际瞄准位置与用户目标位置不匹配的问题。把电容式触控屏和电磁式触控屏的感测电极整合在一起的双模式电磁触控技术可以解决以上不匹配问题，但要求透明感测电极材质的阻抗要足够低。

1. 电磁和电容的 Out-Cell 双模触控技术

电磁和电容的 Out-Cell 双模触控技术是在同一块玻璃基板上整合电磁式触控感测电极和电容式触控感测电极，可以在玻璃基板的上下两面分别制作电磁式触控感测电极和电容式触控感测电极，也可以在玻璃基板的同一侧同时制作电磁式触控感测电极和电容式触控感测电极。

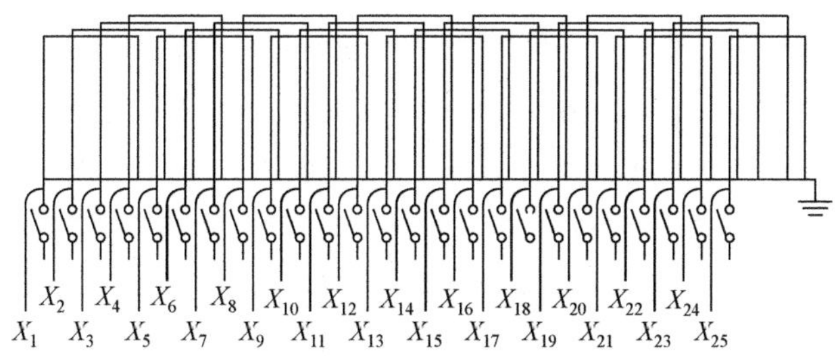

(a) X 方向触控电线回路

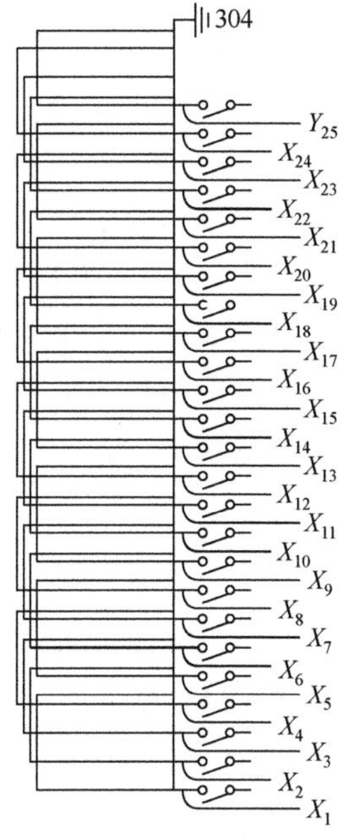

(b) Y 方向触控电线回路

图 8-19　电磁感测天线

如果在玻璃基板的上下两面分别制作电磁式触控感测电极和电容式触控感测电极，电容式触控感测电极的方案同 SITO 结构。在另一侧制作的电磁感应天线回路及其布局设计是将天线回路以 X、Y 轴阵列等距排列成格状网，以感应电磁量的改变来得出其绝对坐标。如图 8-19（a）所以，在基板的一面用 ITO 透明电极形成 X 方向天线回路，X 方向天线回路是由复数个 ∏ 型区段所组成，每个 ∏ 型区段与其相邻的其他 ∏ 型区段系分属不同的感应回路，如此即可分辨出电磁感应变化是位于感应回路中的哪一 ∏ 型区段上，每一 ∏ 型区段的一端分别连接一开关（X_1 至 X_{25}），且其另一端分别与接地线共

接点相连接，由此，每一Π型区段所感应的信号可经由对开关 X_1 至 X_{25} 的循序控制来获得。如图 8-19（b）所以，在 X 方向天线回路上形成一介电层作为绝缘层，再用 ITO 形成类似 X 方向天线回路的 Y 方向天线回路，也是由复数个Π型区段所组成，每个Π型区段与其相邻的其他Π型区段系分属不同的感应回路，如此即可分辨出电磁感应变化系位于感应回路中的哪一Π型区段上，每一Π型区段的一端分别连接一开关（Y_1 至 Y_{25}），且其另一端分别与一接地线共接点相连接，由此，每一Π型区段所感应的信号可经由对开关 Y_1 至 Y_{25} 的循序控制来获得。依此而形成一电磁感测天线，与基板第一面上形成之电容感测电极，共同构成双模式触控面板。

如果在玻璃基板的同一侧同时制作电磁式触控感测电极和电容式触控感测电极，将电磁感测天线的 X 方向天线回路或 Y 方向天线回路其中之一，与电容感测电极共同形成在基板的一面上。图 8-20 所示为 Y 方向天线回路与电容感测电极 X 方向感应电极层布局图，相同的原理也可应用于将 X 方向天线回路与电容感测电极 Y 方向感应电极层的布局上。其中图 8-20 仅绘出电容感测电极中 X 方向电极串与 Y 方向天线回路。其中，Y 方向天线回线布置在 X 方向电极串之空隙中，由于每一电极串都是由多个菱形电极相互连接所组成，因此 Y 方向天线回路包括多个形成锯齿状之天线区段围绕菱形电极，每一锯齿状天线区段的一端分别连接一开关，且其另一端分别与一接地线共接点相连接。由此，每一锯齿状天线区段所感应的信号可经由对开关之

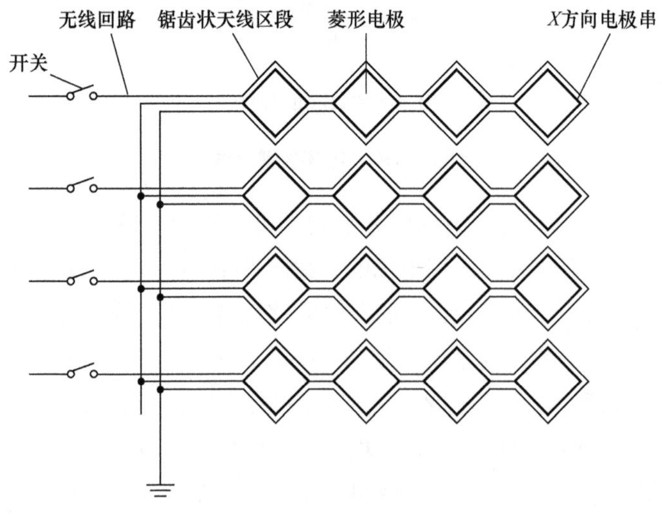

图 8-20　电磁感测天线与电容感测电极共同形成在基板的一面上

循序控制来获得。且因为 *Y* 方向天线回路和 *X* 方向电极串的材料均为 ITO，因此可在已形成的 ITO 层上再形成 *Y* 方向天线回路和 *X* 方向电极串。这样仅需使用一道光罩制程就能同时完成电磁感测天线中 *Y* 方向天线回路，以及电容感测电极中 *X* 方向电极串，有效降低制程成本。

双模触控感应模组也可设置成显示基板的一面上的任一层设置两两交叉叠置且不互相导通的多条导线，其中导线可以直接采用扫描线和数据线作为感测导线。还包括感测器耦接两条导线，用于感测两条导线上的感应信号，如电压、电流、电容、电荷、磁通量或频率等感应信号。导线的材料为金属、合金或透明导电材料，如铟锡氧化物、铟锌氧化物、碳纳米管。

2．电磁和电容的 In-Cell 双模触控技术

电磁和电容的 In-Cell 双模触控技术一般把 Tx 感测线制作在 TFT 阵列基板上，把 Rx 感测线制作在 CF 基板的偏光板一侧。Tx 感测线和 Rx 感测线为条状结构，且相互垂直。透明条状感测电极用于电磁式触控时，为了形成电磁感应，要求 Rx 感测线的材料阻抗要足够低。日本 JDI 公司开发的 In-Cell 双模触控技术，透明 Rx 材料的阻抗比传统 ITO 材料的阻抗低 80%。

电磁式触控和电容式触控的感测线共用，但工作原理不同。当 In-Cell 双模触控显示模组工作在电容式触控周期时，依序扫描条状的 Tx 感测电极与条状的 Rx 感测电极，在两者之间形成电场，通过侦测电场扰动的位置来判断触控位置。当 In-Cell 双模触控显示模组工作在电磁式触控周期时，通过对用于电容式触摸传感的 Tx 层做一些修改，把相邻两条 Tx 感测线连接起来，在面板上形成一个线圈回路来产生磁场。用 TFT 阵列基板上的低温多晶硅（LTPS）电路调节线圈上的电流方向。如图 8-21（a）所示，TFT 阵列基板上的 Tx 线圈回路产生磁场后，对上面的电磁笔 LC 谐振回路进行充电。Tx 线圈上的电流方向由接近谐振频率的特定频率加以调制。如图 8-21（b）所示，当工作状态从 Tx 线圈切换到 CF 基板上的 Rx 线圈后，Rx 线圈感应来自电磁笔的信号，从而判断电磁笔笔尖的位置。

In-Cell 双模触控显示模组分别为显示屏和触控屏指定了工作时间。这种分时方法提供了对显示噪声的免疫力，因此比其他外挂式触控产品的信噪比（SNR）更好。

如图 8-22（a）所示，电容式触控既可以工作在互电容触控模式，也可以工作在自电容触控模式。当工作在互电容触控模式时，TFT 阵列基板上的

Tx 条状感测线在前后帧的 Blanking 时间内依序扫描，而 CF 基板上的 Rx 条状感测线在所有前后帧的 Blanking 时间内都处于工作状态。当工作自电容触控模式时，TFT 基板上的 Tx 条状感测线和 CF 基板上的 Rx 条状感测线在所有前后帧的 Blanking 时间内都处于工作状态。

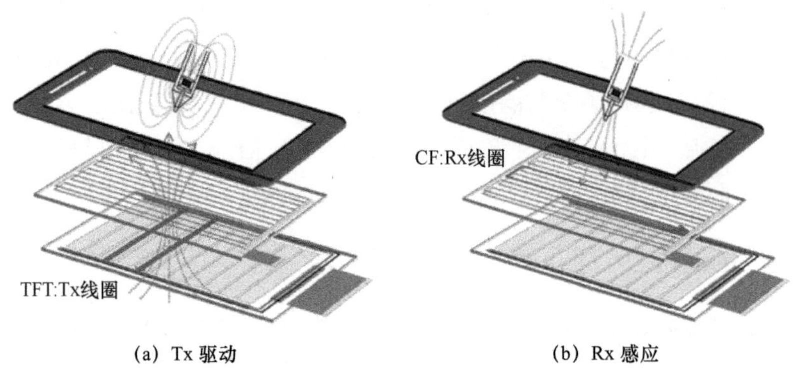

(a) Tx 驱动　　(b) Rx 感应

图 8-21　In-Cell 双模触控的电磁共振（EMR）Tx 驱动和 Rx 感应原理

如图 8-22（b）所示，工作在电磁式触控模式时，间隔相邻的 Tx 感测电极（如 Tx1 和 Tx3）电学连通构成 Tx 线圈。每个 Tx 线圈在前后帧的 Blanking 时间内依序扫描，在每个 blanking 时间内 Tx 线圈与 Rx 线圈的工作状态连续切换，从而侦测电磁笔的笔尖位置。

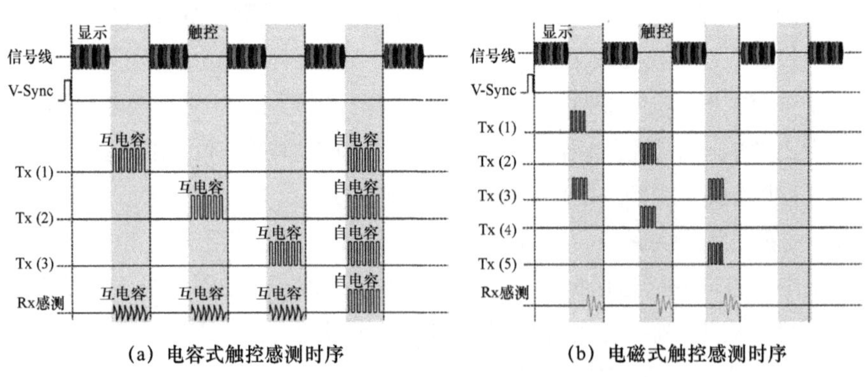

(a) 电容式触控感测时序　　(b) 电磁式触控感测时序

图 8-22　In-Cell 双模触控技术的触控感测时序

控制 In-Cell 双模触控显示模组工作状态需要一个控制电路，即模拟前端（Analog Front End，AFE）。在这个控制电路中，从 Rx 线圈上侦测到信号后，依次经过一个增益放到器和一个低通滤波器（Low-Pass Filter，LPF），以取得低噪声的信号电平。再依次经过模数转换（Analog-to-Digital Converter，

ADC）电路和数字信号处理（Digital Signal Processing，DSP）电路后，侦测其中的细微频率变化，从而判断电磁笔笔尖的按压力度。这种控制电路同时支持 EMR 和电容传感作为一种单芯片解决方案，能够在笔尖有压力的情况下，最大限度地降低噪声和精确检测频率。

In-Cell 双模触控显示模组的系统框图如图 8-23 所示。当手指或电磁笔在盖板玻璃上进行触控动作时，AFE 侦测到的原始数据被传输到主机（Host）。由主机上的处理器计算出手指或电磁笔的触控位置、电磁笔的按压力度与倾斜程度。用串行外设接口（Serial Peripheral Interface，SPI）分两路分别独立地传输电磁式触控的数据和电容式触控的数据。

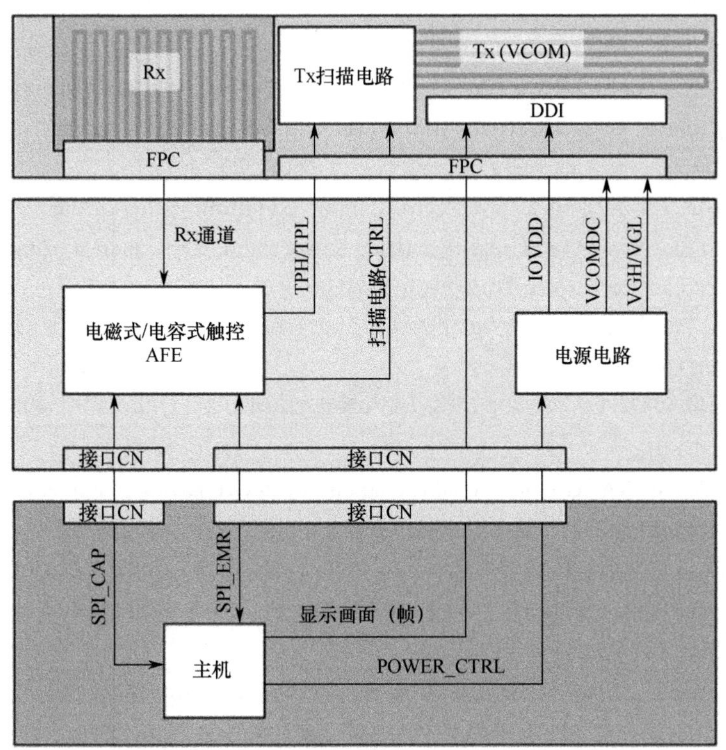

图 8-23 In-Cell 双模触控显示模组的系统框图

In-Cell 双模触控显示模组工作在电容式触控时，可以识别多点触控；工作在电磁式触控时，可以识别多笔书写。与传统 LCD 技术相比，In-Cell 双模触控技术不仅为电磁笔提供了良好的信噪比，还有利于触控显示模组的轻薄化。

本章参考文献

[1] WALKER G . A review of technologies for sensing contact location on the surface of a display[J]. Journal of the Society for Information Display, 2012, 20(8):413-440.

[2] 王富民. 双笔触控在电磁式交互电子白板中的应用[D]. 太原：太原理工大学，2013.

[3] 张黎. 浅谈电磁感应触控技术[J]. 微型计算机, 2013, 22(15):127-130.

[4] 齐慧峰，田民丽，徐国祥，等. 电磁式触摸屏概述及其专利申请状况分析[J]. 科技研究, 2014(23):696-696.

[5] 黄小辉. 基于电磁感应技术的交互式电子白板系统中坐标转换算法的研究[D]. 上海:华东师范大学, 2010.

[6] KIM S Y, CHO S H, PU Y G, et al. A 39.5-dB SNR, 300-Hz Frame-Rate, 56 × 70-Channel Read-Out IC for Electromagnetic Resonance Touch Panels[J]. IEEE Transactions on Industrial Electronics, 2018, 65(6):5001-5011.

[7] UCHINO S, AZUMI K, KATSUTA T, et al. A Full Integration of Electromagnetic Resonance Sensor and Capacitive Touch Sensor into LCD[J]. Journal of the Society for Information Display, 2019, 27(6):325-337.

[8] 刘鸿达. 双模式触控感应元件暨其触控显示器相关装置及其触控驱动方法[P]. CN201110433871.9, 2011-12-16.

[9] 朱德忠. 传感器、双模式触控模组及双模式触控电子装置[P]. CN201110086828.X, 2011-04-07.

[10] JUNG Y C, YANG D K. Liquid crystal display device having electromagnetic type touch panel[P]. US7755616 B2, 2010-07-13.

[11] PARK C, PARK S, KIM K D, et al. A Pen-Pressure-Sensitive Capacitive Touch System Using Electrically Coupled Resonance Pen[J]. IEEE Journal of Solid-State Circuits, 2015, 51(1):168-176.

[12] MIURA N, DOSHO S, TAKAYA S, et al. 12.4A 1mm-pitch 80×80-channel 322Hz-frame-rate touch sensor with two-step dual-mode capacitance scan[C]. San Francisco: Solid-state Circuits Conference Digest of Technical Papers. IEEE, 2014, 57:216-217.

[13] MASAKI M. Position detecting device[P]. US8334852 B2, 2012-07-24.

[14] 刘荣，张亚，张亨隆，等. 一种电磁与电容双模触摸屏的触控切换方法[P]. CN201310242627.3, 2013-06-19.

[15] YIN J, REN X, ZHAI S. Pen pressure control in trajectory-based interaction[J]. Behaviour and Information Technology, 2010, 29(2):137-148.

[16] PARK J, HWANG Y H, OH J, et al. A Mutual Capacitance Touch Readout IC With 64% Reduced-Power Adiabatic Driving Over Heavily Coupled Touch Screen[J]. IEEE Journal of Solid-State Circuits, 2019, 54(6): 1694 -1704.

[17] LEE C J, PARK J, PIAO C, et al. Mutual Capacitive Sensing Touch Screen Controller for Ultrathin Display with Extended Signal Passband Using Negative Capacitance[J]. Sensors, 2018, 18(11) :3637.

[18] HARADA K, KIMURA H, MIYATAKE M, et al. A novel low - power - consumption all - digital system - on - glass display with serial interface[J]. Journal of the Society for Information Display, 2012, 18(1):30-36.

[19] KIM H, MIN B W. Pseudo Random Pulse Driven Advanced In-Cell Touch Screen Panel for Spectrum Spread Electromagnetic Interference[J]. IEEE Sensors Journal, 2018, 18(9):3669-3676.

[20] LIN C L, LAI P C et al. Bidirectional Gate Driver Circuit Using Recharging and Time-Division Driving Scheme for In-Cell Touch LCDs[J]. IEEE Transactions on Industrial Electronics, 2018, 65(4):3585-3591.

[21] YASUO O, YOSHIHISA S. Position detection apparatus[P]. US8395598 B2, 2011-09-08.

[22] KIM J H, KIM H S, KIM I M, et al. Reduction of Electromagnetic Field from Wireless Power Transfer Using a Series-Parallel Resonance Circuit Topology[J]. Journal of Electromagnetic Engineering & ence, 2011, 11(3):166-173.

[23] TERANISHI Y, NOGUCHI K, MIZUHASHI H, et al. New In - cell Capacitive Touch Panel Technology with Low Resistance Material Sensor and New Driving Method for Narrow Dead Band Display[J]. SID Symposium Digest of Technical Papers, 2016, 47(1):502-505.

[24] LUC D. antenna for a nuclear magnetic resonance imaging device[J]. Magnetic Resonance Imaging, 2017, 10(4):887-892.

[25] 赵梁. 电磁式电子白板的设计与实现[D]. 太原：太原理工大学，2013.

[26] 秦城. 电磁感应式电子白板关键技术研究及设计[D]. 太原：太原理工大学，2013.

[27] 黄小辉. 基于电磁感应技术的交互式电子白板系统中坐标转换算法的研究[D]. 上海：华东师范大学, 2010.

[28] 奚邦籽, 秦露梅. 具备电磁电容两种触控方式的触控装置[P]. CN202010032975.8, 2020-01-13.

第9章

压力式触控技术

大部分触控屏只能识别平面上的触摸位置，无法识别纵向的压力深度信息。压力深度信息作为一个独立的维度，能够给触控屏带来多点触控无法提供的第三个维度的体验。通过压力感应检测触控位置与力度的技术称为压力式触控（Force Touch）技术。压力式触控在捕捉用户触摸位置（X, Y）的同时，捕捉用户的压力深度（Z），实现三维触控，所以又称为 3D 触控。压力触控可为手机增加更多的便捷操作，如轻压实现图片/信息预览功能，重压弹出快捷菜单等。

9.1 压力式触控的基本原理

压力式触控的基本原理：屏幕受到手指压力后，由压力传感器产生与手指按压面积或力学变化相关的检测信号，通过对这些检测信号进行相应处理形成电信号输出，手机 CPU 接收压力传感器产生的电信号后产生相应的指令，从而让使用者通过手指触摸压力产生指令控制。

1. 压力式触控的技术原理

悬浮触控的触控发生在显示屏上方，压力触控与悬浮触控不同，需要给显示屏一个下压的力，通过检测下压的力度来控制显示内容。为了检测下压的力度，需要设计传感模块来测量触控压力的大小。根据压力大小的不同，实现多级压力感测，在屏幕上使用多级压力按键来实现快捷交互。压力触控装置一般放置在显示模组的下方，其中的显示模组包括表面的保护玻璃、显示屏、捕捉用户触摸位置（X, Y）的传统触控屏。为了提升压力触控的体验效果，一般会用电动机等触觉反馈系统。

压力式触控方案由压力传感器、压力触控芯片及算法三部分组成。图 9-1 以 NextInput 公司的 MEMS 压力触控技术为例展示了用户通过按压获得压力触控装置反馈的完整过程：①压力的输入与检出：当手指按压保护玻璃后，玻璃受力会向下产生微小的形变，压力传感器感应到这个形变后产生相应的电学信号，以模拟电压的形式输出。②触控指令的形成：分布在装置本体上的压力传感器组件输出的所有模拟电压信号，经过模/数转换、数学演算等处理后，形成数字信号输出，作为触控指令传输给整机的 CPU。③触控指令的执行：整机 CPU 接收触控指令后，改变显示屏上的显示画面，使用户感知到由压力产生的指令变化，如屏幕变化、菜单选择等。

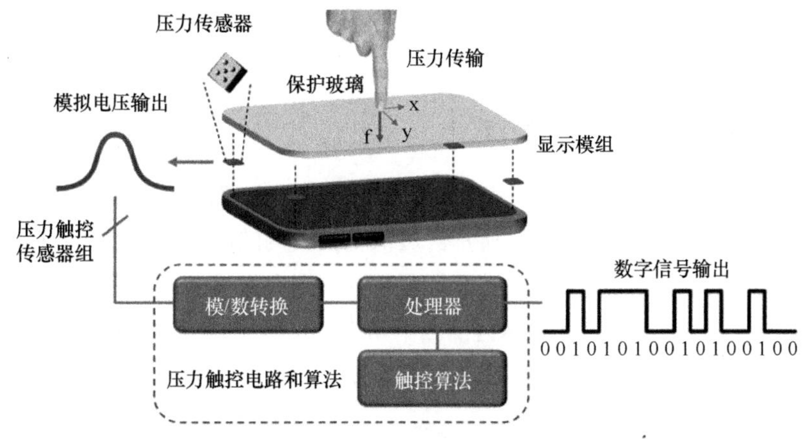

图 9-1　压力式触控解决方案的基本构成

压力感测与触控功能一般集成在一颗芯片上，也可以两颗芯片分别承担压力感测与触控功能。用于触控的压力传感器可通过应变传感器技术（Strain Sensor）实现：通过感测保护玻璃的微小形变，再转换出下压的力量大小。任何一个压力传感器检测到的信号可以和周围其他压力传感器检测到的信号比较，从而判定手指下压的力量大小。

实现压力触控的关键在于显示屏上的电容屏和应变传感器的相互配合。为了能够使压力触控更加准确，可以在屏幕下方集成两套应变传感器：一套用来测量屏幕的应变，另一套作为参考传感器来检测因温度变化而产生的干扰信号，并通过差值计算进行误差补偿。如果采用电容式应变传感器，集成在显示屏中的电容一般使用“蛇形”结构，使得应变传感器可以顺利检测到屏幕的应变。

压力触控芯片需要精准测量出微伏级小信号，并能够校准传感器输出量值。正常实体按键的触发力度在 250g 左右，压感芯片通常可检测 50g 或更小的力。由于是非实体按键，需使用算法间接估计触控压力，因此压力触控的精确度不高，最基础的压力分级要求是区分轻压（Peek）与重压（Pop）。通过改进算法，还能够表达多级压力。通过支持不同的压力变化量的检测，使用户在触控显示模组上能够实现精确的作画及书写等功能。

由于压力传感器检测的变量直接来源于按压部位的形变量，对传感器基板的平整度要求极高，为了不影响显示模组成像的亮度和清晰度，压力传感器一般安装在 LCD 背光源后面，再结合支柱精密支撑实现。压力传感器背光后置模式时，由于形变量较少而需要较多的精细控制和更为复杂的算法，因此会影响压力触控效果。

2. 压力式触控的实现方式

压力传感器在触控显示中的应用结构分为边框整圈结构、整面阵列结构、边框四点结构，如图 9-2 所示。边框整圈结构的压力传感器分布在边框的四周；整面阵列结构的压力传感器呈阵列状分布在感测薄膜上；边框四点结构的压力传感器分布在显示区的四个角上。这些结构的薄膜厚度为 0.1～0.2mm，电极由排线引出后连接到触控芯片。

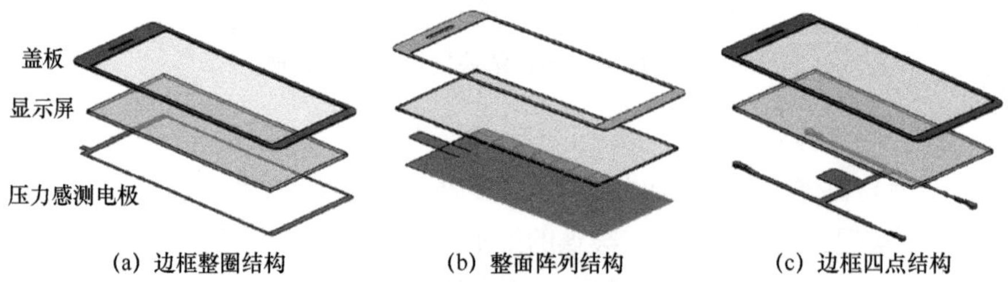

图 9-2　压力传感器在触控显示中的应用结构

边框整圈结构感知力的大小变化不受机壳组装个体差异的影响，材料线性度好，能有效实现压力分级检测，但是需要预留足够的组装空间才能获得均匀的受力效果。边框整圈结构只适合智能手表等小尺寸触控产品。智能手表对压感识别要求不高，苹果手表在屏幕下方设计一个独立于触控模块的，由弹性垫圈支撑的空腔和微型气压传感器。当外界压力作用于显示模组时，弹性垫圈收缩形变，使空腔体积减小，气压增大。通过气压传感器测得的空腔气压变化即可获得触控压力的大小信息。这种方式只能识别触控屏整体所受的外界压力，无法单独识别各个位置上的压力大小，即不兼容多点识别。

在手机等触控显示产品中一般使用整面阵列结构和边框四点结构。手机等对压感识别要求较高的触控产品，需要设置分立的电容压感压力传感模块，并另外布线形成阵列，以该阵列识别触控压力的大小和位置信息。苹果 iPhone 6S 通过测量置于手机后盖内的由 96 个电容压力传感器组成的阵列来测量压力。目前的压力感测技术无法在识别压力大小的同时达到与主流电容式触控相同的位置识别精度，只能分为两个模块分别测量。两种典型的压感触控结构包括：①盖板、压力感应结构、绝缘层、屏蔽层、隔离层、触控感应层；②盖板、触控感应层、绝缘层、屏蔽层、隔离层、压力感应结构。

为进一步降低整体厚度，需要发展集成式的压感模块技术，通过图案化绝缘层和电极桥接的方式，将原先多层电极在同一层上实现，省去原先多层结构所需的屏蔽层和黏合层。这种方案走线复杂，导致成本上升和良率下降。随着技术的发展，如聚偏氟乙烯、压电陶瓷等压电材料也有应用于压感触控案例。这些材料本身具有压电效应，在外界压力下能产生电荷，形成压感电压。

9.2　典型的压力传感技术

压力传感技术是解决触控压力有效传递和识别的关键技术。本节所述压力传感器只是压力触控技术中用到的典型压力传感器，根据触控压力敏感机理和信号提取方法的不同，分为电阻应变式压力传感器、电容式压力传感器、FSR 压力传感器、压电式压力传感器、MEMS 压力传感器。其中，电容式、压电式、电阻应变式等薄膜压力传感器是常用的传感器。表 9-1 对三种压力传感器进行了比较。压电式压力传感器在压力线性度、电能消耗量、灵敏度和温度敏感度方面，都具有良好的表现。电阻应变式压力触控直接测量面板的细微形变，线性输出，单层结构，和系统其他部件结构依赖度低，贴合式组装，工艺简单。压电式和电阻应变式的压力传感原理是在触控显示产品边框和背面通过压电和压阻材料有效搜集压力的传感位置。电容式压力触控通过两个面板（面板或目标板与 PCB 驱动板）之间的间距改变来间接测量力的变化，非线性输出，双层结构，需严格控制两层极板之间的间隙，有严格的装配公差限制。压力传感器要求能够解决传感器信号幅度、可靠性及可生产性等一系列问题。

表 9-1　压力传感器（感测器）对比

比较项目	电阻应变式	（液晶）电容式	压　电　式
线性度	佳	较佳	较佳（★）
电能消耗量	高	低（★）	低（★）
灵敏度	高	一般	较高（★）
温度敏感度	较敏感（★）	较不敏感	较敏感（★）
成本	低	高	较高
抗干扰性	注意热迟滞效应的影响	注意其他电容影响	高信噪比、忌潮湿

9.2.1　电阻应变式压力传感技术

电阻应变片是一种将被测件上的应变变化转换成一种电信号的敏感器件，它是应变传感器的主要组成部分之一。应变片粘贴在测量压力的弹性元件表面，即感压膜片表面。电阻应变片应用最多的是金属电阻应变片和半导体应变片两种。金属电阻应变片又有丝状应变片和金属箔状应变片两种。应变式压力传感器结构简单、价格便宜，应用很广。

1．传统金属丝应变片

通常是将应变片通过特殊的黏合剂紧密地贴合在感压膜片表面，当基体受力发生应力、应变变化时，电阻应变片也随其产生应变，使应变片的阻值发生改变，从而使加在应变电阻上的电压发生变化。这种应变片在受力时产生的阻值变化通常较小，需要将多个应变电阻组成电桥进行信号提取，提高信噪比，然后通过后续的仪表放大器进行放大，再传输给模数转换 ADC 和 CPU 等处理电路进行后续处理。

传统金属丝应变式压力传感器的弹性元件是一个圆形的金属膜片，金属膜片周边被固定，然后焊接在带有压力接嘴的基座上，如图 9-3 所示。金属电阻应变片由基体材料、金属应变丝或应变箔、绝缘保护片和引出线等部分组成。用途不同，电阻应变片的设计阻值不同，一般在几十欧到几万欧。阻值太小，所需的驱动电流太大，同时应变片的发热致使本身的温度过高，不同的使用环境使应变片的阻值变化太大，输出零点漂移明显，调零电路复杂。而阻值太大、阻抗太高，抗外界的电磁干扰能力会变差。

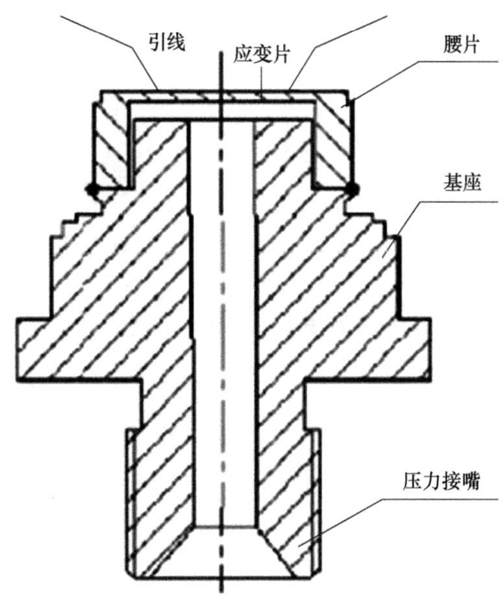

图 9-3　应变式压力传感器的结构

在基体材料上应变电阻随机械形变而产生阻值变化的现象，称电阻应变效应，金属电阻应变片的工作原理是利用吸附在基体材料上应变片的电阻应变效应实现的力电转换。金属导体的电阻值可用 $R=\rho L/S$ 表示，其中，ρ 为金属导体的电阻率（$\Omega\cdot cm^2/m$）、S 为导体的截面积（cm^2）、L 为导体的长度（m）。以金属丝应变电阻为例，当金属丝受外力作用时，其长度和截面积都会发生变化，电阻值相应地发生改变。如金属丝受外力作用而伸长时，其长度增加，而截面积减少，电阻值便会增大。当金属丝受外力作用而压缩时，长度减小而截面增加，电阻值则会减小。通过测量电阻两端的电压，测出阻值的变化，即可获得应变金属丝的应变情况。

当膜片的一面受到压力 P 作用时，在膜片中心处的应变达到正的最大值，在膜片边缘处的径向应变达到负的最大值。如图 9-4 所示，R_2 和 R_3 贴在正的最大区域，R_1 和 R_4 贴在负的最大区域，4 个应变片组成全桥电路。这样既可提高传感器的灵敏度，又能起到温度补偿的作用。应变式压力传感器结构简单，使用方便，在一些测量精度要求较低的场合应用广泛。

由于贴片式应变片的粘贴工艺使应变片与膜片之间的应变需要应变胶来传递，传递性能会因环境因素而改变，如温度、湿度，会存在蠕变、机械滞后、零点漂移等问题，需要相应的补偿措施来提高测量精度。

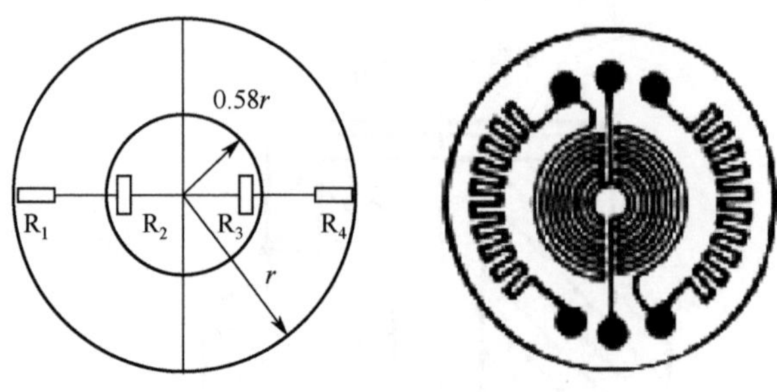

图 9-4　应变式压力传感器的原理

2．NDT 可印刷应变片

NDT 公司生产的应变器是一种高灵敏度压阻式柔性敏感器件，其基本组成为 NDT 自主开发的可印刷高精度压敏电阻，当受到垂直压力作用而产生横向拉伸或压缩时，这些压敏电阻的阻值会发生显著变化，因此可用作压力传感器。在使用时一般将电阻形成惠斯通电桥，如图 9-5 所示。NDT 的应变器一般为双面结构，使用时直接将 NDT 应变器贴合至面板或屏幕背部，如图 9-6 所示。当用户进行触摸操作，屏幕所产生的微形变将传递至应变器，产生输出信号。

$$V_{\mathrm{m}} = \frac{V_{\mathrm{cc}}}{2} \times \frac{\Delta R_{\mathrm{m}}}{R_{\mathrm{m}}} = \frac{k\varepsilon V_{\mathrm{cc}}}{2} \tag{9-1}$$

式中，k 为应变系数，ε 为应变。系统通过捕捉、分析和计算信号变化，即可识别用户的触摸操作类型，从而产生相应的交互效果。

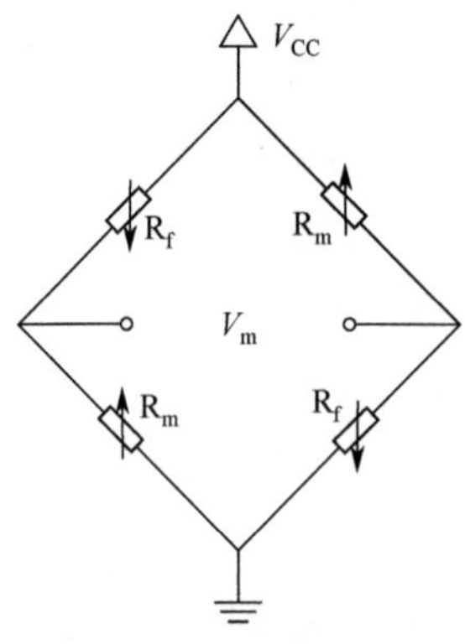

图 9-5　一个典型的惠斯通电桥测量电路

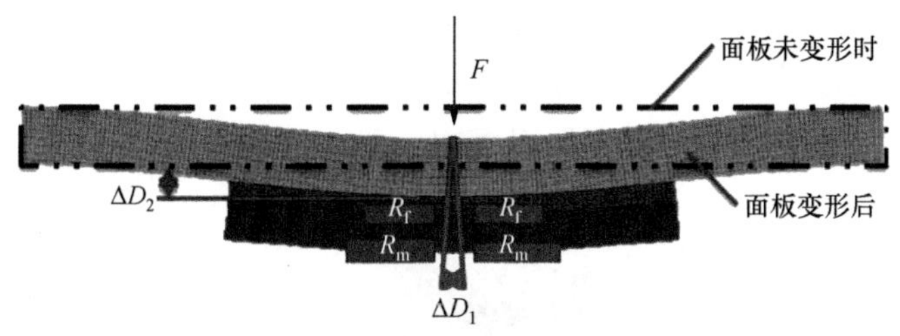

图 9-6　面板形变带动传感器形变

NDT 应变器具有尺寸超薄，其厚度小于 0.2mm；灵敏度高，其应变系数为传统应变片的 5 倍，最小激发力可达 30g，压力分辨率 15g（1mm 玻璃面板）；线性度高（见图 9-7）等特点。可实现多通道线性压力的输出。传感器具有单层结构，可直接检测面板形变。实施时无严格间隙控制要求，实施简单，安装方便。NDT 应变器的阻值在 10kΩ 级别，功耗仅为传统应变片的 1/20；应变感应电阻可以完美地和印刷电子技术相结合，印制于多种基材上，包括柔性电路板（Flexible Printed Circuit，FPC）、印刷线路板（Printed Circuit Board，PCB）、玻璃、陶瓷等；灵活制成各种布局形态的柔性压力传感器，如多通道分布式压力传感器等。

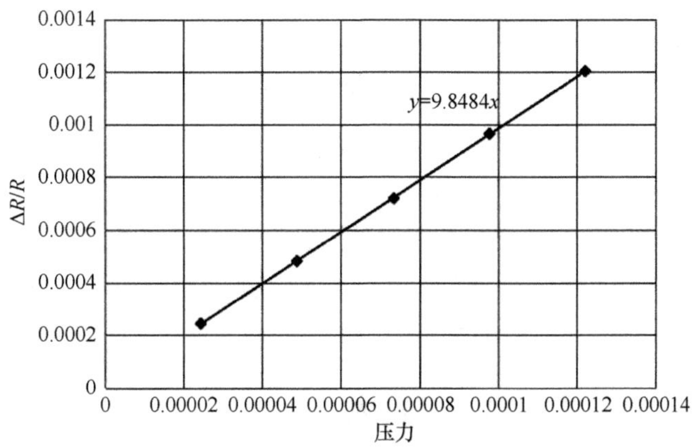

图 9-7　电阻改变率 $\Delta R/R$ 与压力的关系

Dimension Touch™是 NDT 注册的压力感应触控技术商标，其系统由压力传感器、驱动电路、主控系统及应用软件三部分构成。基于 NDT 应变器技术制备的柔性压力传感器可直接检测触摸操作所产生的面板微形变，输出电压信号。驱动电路采用特定的信号调理电路及信号处理算法，可通过一定的数据传输接口输出格式化的压力信号供系统使用。主控系统及应用软件分析、处理压力数据，识别压力触摸操作，产生相应的交互。Dimension Touch™压力感应触控的控制电路框图如图 9-8 所示。

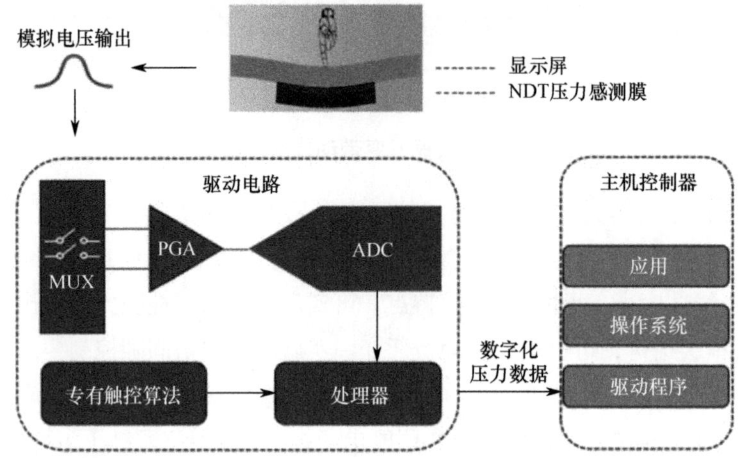

图 9-8　Dimension Touch™压力感应触控的控制电路框图

触摸操作造成面板微形变，形变传递至压力传感器，输出电压信号。采用特定的处理电路形成传感器信号输出，生成实时的压力数据。通过分析压力数据的大小、变化趋势等，识别触摸时间及触摸手势。在特定的应用环境下，系统根据识别到触摸手势产生相应的交互。支持各类面板材质，如金属、玻璃、塑料等，支持各类输入方式，如带水操作、手套输入、手指输入，可识别多种手势，包括轻拍、滑动、轻压、重压、握持等。

NDT 压力传感器具有即贴即用的特性。区别于其他压力感应技术，它可直接检测面板的应变或弯曲程度，而不依赖于系统内的其他结构部件。若直接将传感器贴合于面板背部或内壁，实施电气连接后即可使用。

9.2.2　电容式压力传感技术

电容式传感器以各种类型的电容器作为传感器元件，通过传感器元件将被测物理量的变化转换为电容量的变化，再经过测量电路转化为电压、电流或频率信号。平板电容的容值变化主要由三个要素决定：介质的介电常数，平板面积和极距。根据平行板电容公式，电容式传感器可分为变面积式、变间隙式（变极距型）、变介电常数式三类。变面积式一般用于测量角位移或较大的线位移；变间隙式一般用来测量微小的线位移或由于压力、振动等引起的极距变化；变介电常数式常用于物位测量和各种介质的温度、密度、湿度的测定。在压力触控应用中，一般使用如图 9-9 所示的变间隙式电容式传感器。

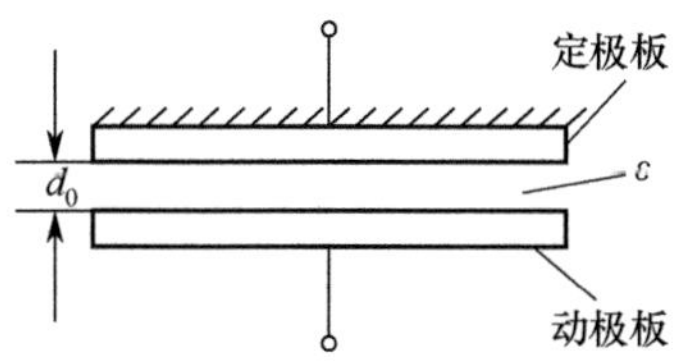

图 9-9　变间隙式电容式传感器的工作原理

在图 9-9 中，动极板一般使用柔性高分子材料，通过纵向挤压改变电容器的电容值。其中，传感器的介电常数 ε 和平行板电极面积 A 为常数。设动极板和定极板之间的初始极距为 d_0，可以求得其初始电容量 C_0 为

$$c_0 = \frac{\varepsilon_0 \varepsilon_r A}{d_0} \tag{9-2}$$

改变极距，介质的介电常数保持不变，若电容器板极间的距离由初始值 d_0 缩小了 Δd，电容量增大 ΔC，则有

$$C_1 = \frac{\varepsilon_0 \varepsilon_r A}{d_0 - \Delta d} = \frac{C_0 d_0}{d_0 - \Delta d} = \frac{C_0}{1 - \dfrac{\Delta d}{d_0}} = \frac{C_0\left(1 + \dfrac{\Delta d}{d_0}\right)}{1 - \left(\dfrac{\Delta d}{d_0}\right)^2} \tag{9-3}$$

由式（9-3）可知，传感器的输出特性 $C=f(d)$ 不是线性关系，而是双曲线关系。当 $\dfrac{\Delta d}{d_0} << 1, 1 - \left(\dfrac{\Delta d}{d_0}\right)^2 \approx 1$，则有：

$$C_1 = c_0\left(1 + \frac{\Delta d}{d_0}\right) \tag{9-4}$$

此时，C_1 和 Δd 近似线性关系。d_0 较小时，对于同样的 Δd 变化引起的 ΔC 值变化相对增大。如图 9-10 所示，$\Delta d_1 > \Delta d_2$，$\Delta C_1 > \Delta C_2$。从而使传感器获取较高的灵敏度，适用于微组件的传感器设计。电容式传感器起始电容量一般设置为十几 pF 至几十 pF，极板间隙设置为 100～1000μm，动极板移动位移应该小于两极板间距的 1/10～1/4，电容可增加 2～3 倍。

根据图 9-10 所示的电容式传感器 C_d 特性，可以实现轻压、重压等不同力度的压力触控。如图 9-11 所示，轻压的时候阻力较小，动极板的位移量较

大，电容变化量较大；继续重压的时候阻力较大，动极板的位移量较小，电容变化量较小。根据按压后传感器产生的模拟信号的变化可得到对应电容量的变化 ΔC，通过控制芯片转化为数字信号反馈给主板的主控芯片，判断出按压力度的轻重。

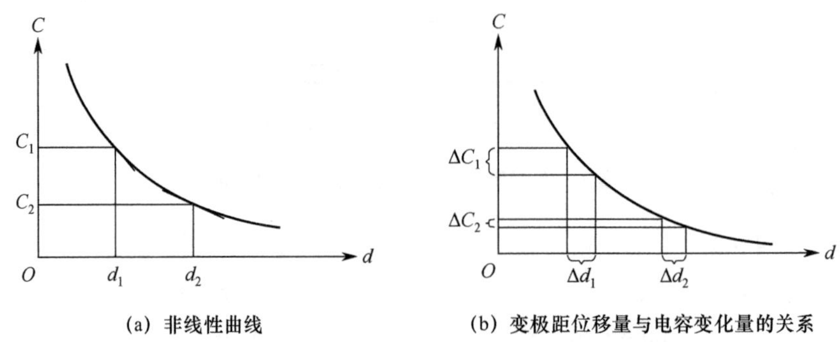

(a) 非线性曲线　　(b) 变极距位移量与电容变化量的关系

图 9-10　变极距型电容式传感器的 C_d 特性

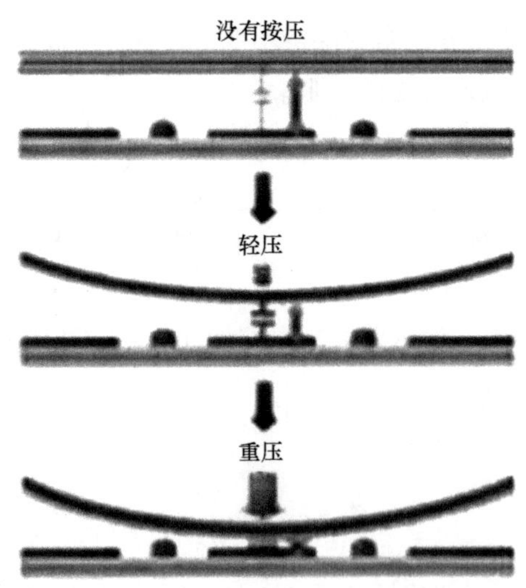

图 9-11　变极距型电容式传感器的工作原理

用于触控的电容式压力传感技术是将柔性电路板（Flexible Printed Circuit，FPC）压力传感器紧密贴合于显示模组的铁框或手机中框上。对加工精度的要求非常高，只适用于较薄的显示模组。触控显示模组通过 FPC 压力传感器实现整个压力的收集，具体工作原理是检测液晶显示模组与下方压力传感器之间的自电容变化。如图 9-12 所示，无按压时，电容值不变；受到压力作用后，液晶显示模组朝下变形，导致液晶显示模组与压力传感器之间的距离变小，相应的自电容变大。通过检测每个节点的与液晶显示模组之间的电容大小变化，确认压力的大小。

(a) 无按压时的中框状态

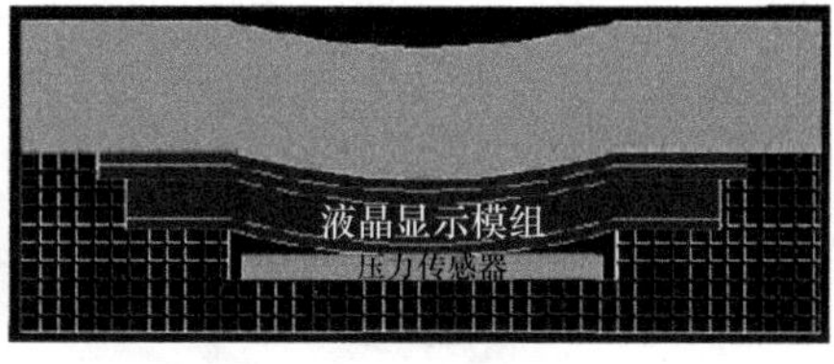

(b) 按压时的中框状态

图 9-12　电容式压力传感工作原理

9.2.3　FSR 压力传感技术

压力感应电阻（Force Sensing Resistor，FSR）是制作压力传感器的一种敏感元件，柔性可弯曲，是一种随着有效表面上压力增大而输出阻值减小的高分子薄膜。FSR 是基于量子隧道压敏复合材料的压敏电阻，FSR 传感器工作原理如图 9-13 所示。当力作用于压力敏感电阻时，复合材料中的导电颗粒之间的平均有效距离发生变化从而改变两个电极之间的电阻值。

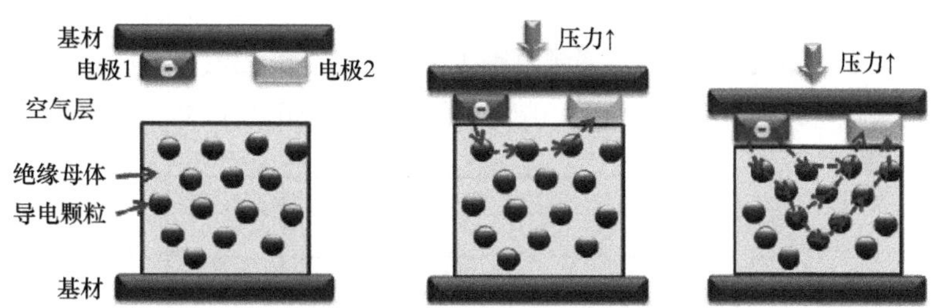

图 9-13　FSR 传感器工作原理

如图 9-14 所示，由 FSR 构成的传感器通常有横向（Shunt Mode）和贯穿（Thru Mode）两种工作模式。形成 FSR 的墨水通常采用丝网印刷技术固化在 Mylar™薄膜上。ShuntMode™ FSR 是通过在一层薄膜上印刷两组导电叉指图形，两组导电叉指之间是绝缘的，在另一层薄膜上印刷 FSR 材料，中间用胶膜垫片隔开，然后压合制成的。受到按压时，两组银导电叉指之间通过 FSR 材料导电，电阻值和压力相关，原理如图 9-13 所示。ThruMode™ FSR 则是由上下一对 FSR 叠层，中间用胶膜垫片，然后压合而成。每个 FSR 叠层包括印有导电电极的聚酯薄膜基材和一层 FSR 材料。收到压力时上下两个电极通过 FSR 层导电，电阻和压力相关。与典型的薄膜开关一样，FSR 传感器可以通过使用不同厚度的胶膜垫片，内径、垫片的开口区域等调节两个表面接触所需的力，也就是阈值或激发力的大小。

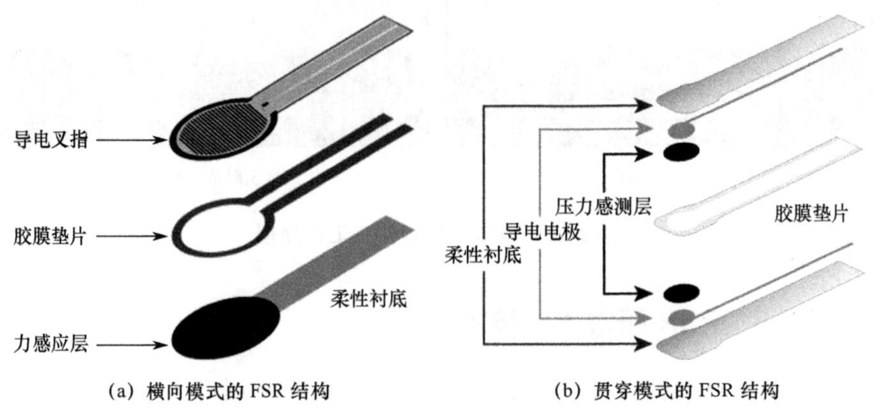

(a) 横向模式的 FSR 结构　　(b) 贯穿模式的 FSR 结构

图 9-14　横向模式和贯穿模式 FSR 结构示意图

图 9-15 给出了一款 FSR 传感器的压力与电阻、电导关系：当压力感测电阻器感应面的压力增加时，其阻抗就会减少，从而取得压力数据。FSR 不是测压元件或形变测量仪，不适用于精密测量，但属于灵敏度较高的传感器。图中这款 FSR 传感器的压力感测范围为 0～10kg。虚线表示其测量的误差范围，从图中可以看出其压力越大精度越低，变化范围从 ± 5%到 ± 25%。

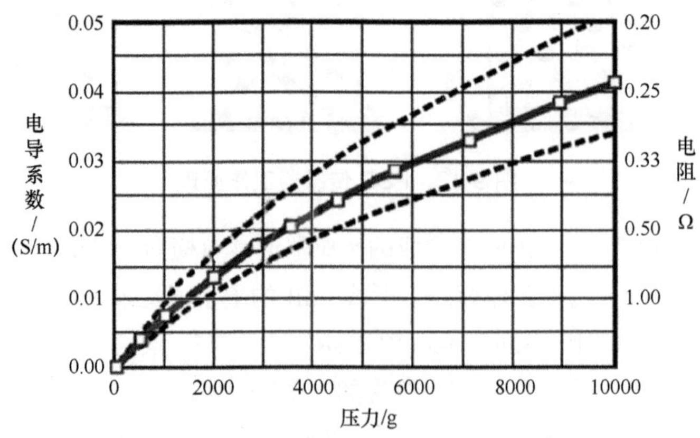

图 9-15　FSR 传感器的压力与电阻、电导关系

FSR 直接采用压阻油墨，将压力检测电路直接做在触控屏上，不需要增

加额外部件材料，线性度好，能有效实现压力分级检测。但温度特性差。如图 9-16 所示，设计在触控屏上的 FSR 油墨直接印刷于 ITO 玻璃银导电叉指之上形成压力感应结构。FSR 电阻式压力传感器通过对电阻变化电信号的捕获并进行分析处理，即可对压力信号进行侦测。

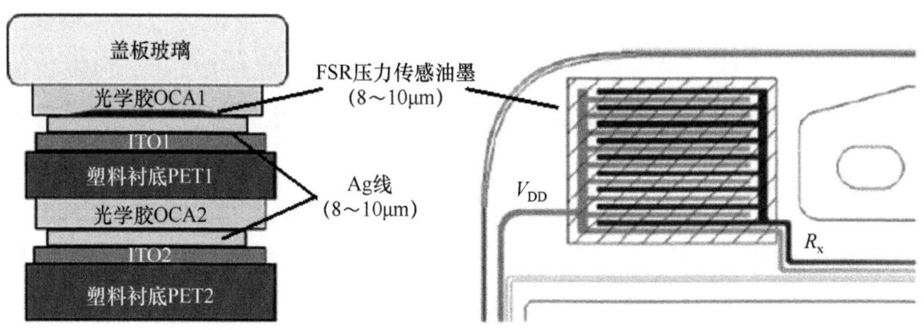

图 9-16　FSR 电阻式压力传感器的制作与使用

9.2.4　压电陶瓷压力传感技术

具有压电性的晶体对称性较低，当受到外力作用发生形变时，晶胞中正负离子的相对位移使正负电荷中心不再重合，导致晶体发生宏观极化，而晶体表面电荷面密度等于极化强度在表面法向上的投影，所以压电材料受压力作用形变时两端面会出现异号电荷。当外力撤去后，晶体又恢复到不带电的状态；当外力作用方向改变时，电荷的极性也随之改变；晶体受力所产生的电荷量与外力的大小成正比。这种由于形变而产生电荷的现象称为“正压电效应”。正压电效应实质上是机械能转化为电能的过程。反之，压电材料在受到电场作用时，会因电荷中心的位移导致材料变形。这种现象称为“逆压电效应”。

压电式压力传感器是利用压电材料所具有的压电效应所制成的。由于压电材料会产生电荷，所以在连接时要特别注意，避免漏电。压电式压力传感器的优点是具有自生信号，输出信号大，可以实现较高的频率响应、体积小、结构坚固。其缺点是只能用于动态测量。需要特殊电缆，在受到突然振动或过大压力时，自我恢复较慢。

压电材料是受到压力作用时会在相应两端面产生电荷的晶体材料。压电材料受到外力作用时，会在表面形成电荷，通过电荷放大器的放大及变换阻抗以后，电荷会被转换为与所受到外力成正比关系的电信号输出。压电材料分为无机压电材料、有机压电材料、复合压电材料。

无机压电材料分为压电晶体和压电陶瓷。压电晶体一般指压电单晶体，是指按晶体空间点阵长程有序生长而成的晶体。这种晶体结构无对称中心，因此具有压电性。压电陶瓷也称铁电陶瓷，在这种陶瓷的晶粒之中存在铁电畴，铁电畴由自发极化方向反向平行的 180 畴和自发极化方向互相垂直的 90 畴组成，这些电畴在人工极化（施加强直流电场）条件下，自发极化依外电场方向充分排列并在撤销外电场后保持剩余极化强度，因此具有宏观压电性。

有机压电材料又称压电聚合物，如聚偏二氟乙烯膜（polyvinylidene fluoride，PVDF）及以它为代表的其他有机压电薄膜材料。这类材料具有材质柔韧、低密度、低阻抗和高压电系数 g 等优点。不足之处是压电应变常数 d 偏低。图 9-17 给出了有机压电材料的结构以及用于压力侦测时的工作原理。

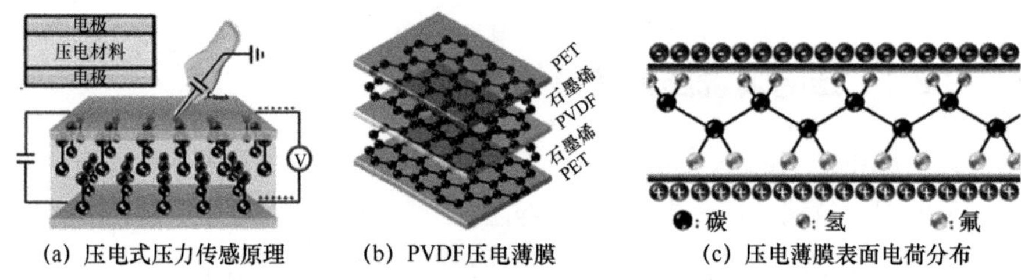

(a) 压电式压力传感原理　(b) PVDF压电薄膜　(c) 压电薄膜表面电荷分布

图 9-17　有机压电材料的结构及其压力侦测原理

为提高有机压电材料的性能，可以将其加工为孔洞型薄膜材料，如图 9-18 所示。孔洞型薄膜材料依靠内部微小电荷运动以产生宏观电压，并可以将电荷注入材料中的微观孔洞内，以确保电荷储存的持久、均匀和稳定。

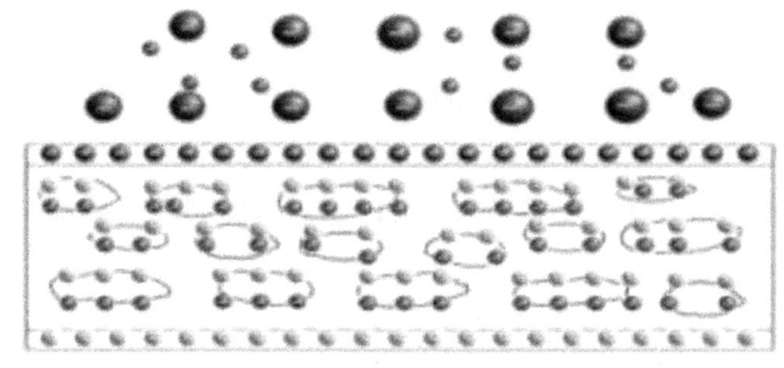

图 9-18　孔洞型薄膜材料

复合压电材料是在有机聚合物基底材料中嵌入片状、棒状、杆状或粉末状压电材料构成的。

如图 9-19 所示，在触控应用中有机压电材料和压电陶瓷制备的压力传感器在结构上是十分类似的，当压电传感器受力后瞬间会产生微弱电荷，通过检测所产生的微弱电荷判断按压的有无。压电陶瓷压力传感器的优点是信号量较大，压电系数比普通压电薄膜高 8 倍以上，达 200pC/N，可实现压力分级检测，其缺点是材料加工比较困难。压电薄膜型压力传感技术具有轻质超薄、可弯曲折叠、最薄可做 0.2mm 的优点，缺点是灵敏度低、成本高。

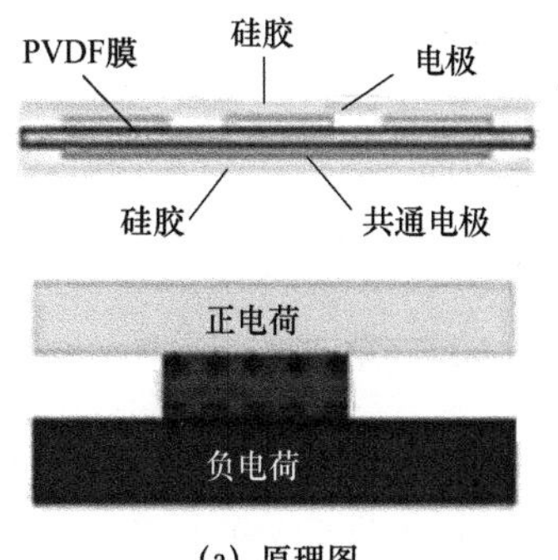

(a) 原理图

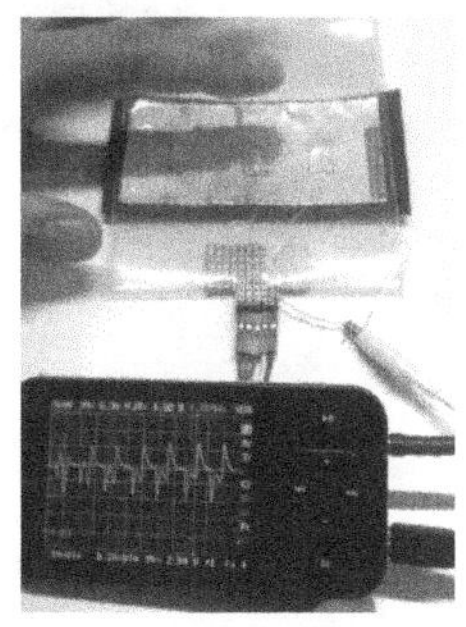

(b) 实物图

图 9-19　压电陶瓷技术

压电式压力传感器总的来说无法测量持续按压。由于需要测量压力，远离按压点则信号较小，所以一般来说只适用于小面板。因此压电式压力传感器在压力触控技术中的应用范围是有限的。

9.2.5　MEMS 压力传感技术

MEMS 压力传感器可根据实际应用设计成电容型、压阻型等。硅基 MEMS 压力传感器的应用很广。随着柔性显示技术的发展，FPC 基柔性 MEMS 压力传感器在柔性显示中开始应用。

1．硅基 MEMS 压力传感器

硅基 MEMS 压力传感器主要有硅压阻式压力传感器和硅电容式压力传感器。

硅压阻式压力传感器采用惠斯通电桥原理，组成惠斯通全桥电路的四个电阻由高精密半导体电阻组成，利用其半导体的压阻效应，将压力造成的机械形变转化为电阻本身的阻值变化，进而改变电桥中的电势差，以此来测量

出压力大小。其硅压阻式压力传感器结构如图 9-20 所示，在硅片上制作硅应力薄膜，在其表面应力最大处制作应变电阻对，将应变电阻对组成惠斯通测量电桥；将玻璃体与硅片键合形成真空腔，可形成绝对压力传感器。压力从底部施加，作用于硅敏感薄膜上，使膜内产生应力并发生应变，通过应变电阻采集压力信息。

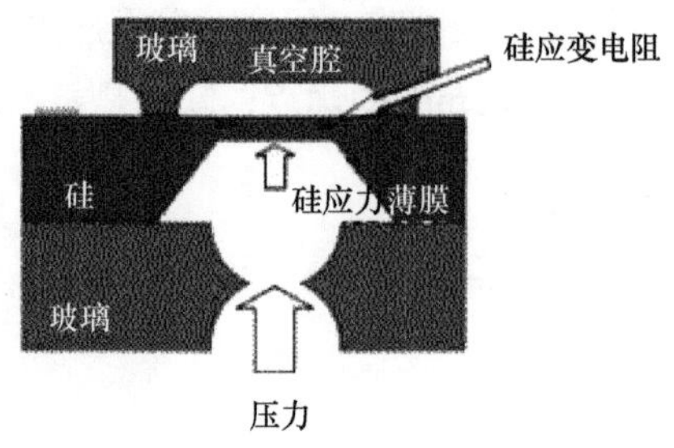

图 9-20　硅压阻式压力传感器结构

MEMS 压阻式压力传感器的主要性能指标是灵敏度和线性度。灵敏度与膜片厚度和面积有关，弹性膜片越薄、平面尺寸越大，输出的灵敏度越大。增加压敏电阻的条数或面积，可以提高灵敏度，但线性度会降低。压敏电阻的几何尺寸越大，对掺杂浓度的均匀度要求越高，掺杂浓度增高则输出的灵敏度随之增大。

硅电容式压力传感器的工作原理是利用压力使电容极板间距发生改变，通过检测接入电路中的电容参数的变化，获得压力大小。硅电容式压力传感器结构如图 9-21 所示，当外界施加压力，传感器真空腔上部的上电极板和传感器下部的下电极板的间距改变，由上下电极板形成的电容器的电容值随之改变，从而实现压力大小的测量。由于硅很脆，硅薄膜等结构的制备需要依赖 MEMS 工艺技术，在压力触控的应用中主要采用 MEMS 压力敏感芯片的形式。

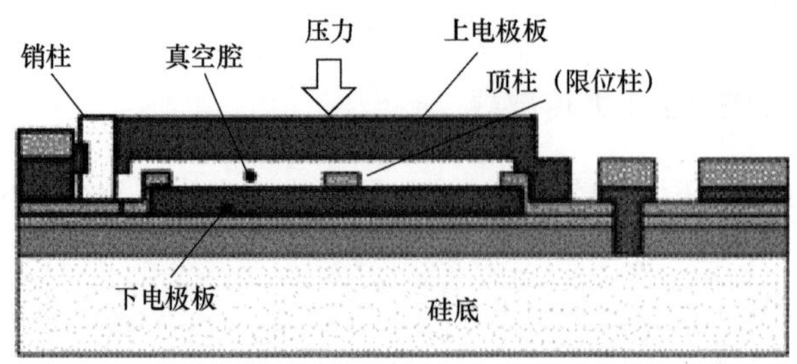

图 9-21　硅电容式压力传感器结构

2. FPC 基柔性 MEMS 压力传感器

在压力触控系统中，力的交互需要有一个作用表面。力的交互和传导与结构强相关，为提高力检测的灵敏度，更有效地检测用户触摸操作时所产生的微小形变，需要同时提高力作用表面和力传感器的柔性。虽然现在很多交互的作用表面的柔性在不断提高，但传感器本身的柔性仍然有待提高。可穿戴设备最大的成本是组装成本，需要把传感器做得像创可贴一样即贴即用，撕掉背胶贴上就可以使用，降低组装难度，提高良率，这也需要力传感器具有足够的柔韧性。这是 NDT 开发柔性 MEMS 压力传感器的根本原因。

压阻式柔性压力传感器的传感机理如图 9-22 所示，压阻式柔性压力传感器可以是基于压阻效应的，传感器在外力作用下，活性材料会变形，并间接改变内部导电材料的分布和接触状态，从而导致活性材料的电阻有规律变化。它们不需要复杂的传感器结构，功耗较低，测试压力范围广，制造过程简单。

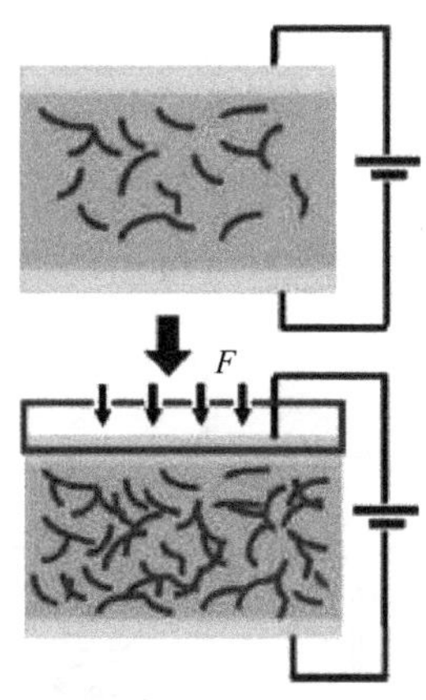

图 9-22　压阻式柔性压力传感器的传感机理示意图

Kim 等人提出了一种基于 PDMS 矩阵的压阻式压力传感器。这种压力传感器灵敏度高、结构简单且具有可穿戴功能。这个传感器测量压力的灵敏度高达 0.3V/kPa，响应时间为 162ms，可以用来检测人体关节的运动。

电容式柔性压力传感器则是一种基于平行板电容原理的装置，具有灵敏度高、响应快、动态范围广等优点。电容式柔性压力传感器的传感机理如

图 9-23 所示，在施加外力时，通过改变平板电容器之间的距离来改变传感器的电容。

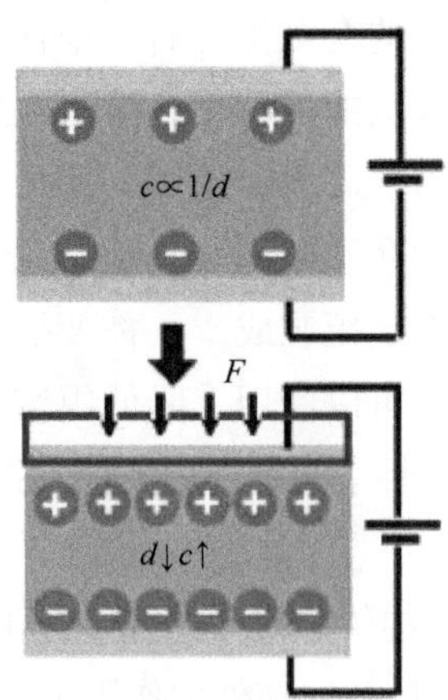

图 9-23　电容式柔性压力传感器的传感机理示意图

图 9-24 是一种由 Kentaro Noda 等人提出的柔性可检测三维压力的电容式传感器。这个传感器可检测出正向力或剪切力。当传感器被拉伸或压缩时，会改变传感器的输出状况，此传感器由 4 个压力感测单元与有导电液体的拉伸感测单元所组成，传感器不仅能检测压力也能显示出目前传感器被拉伸的情形，可由电容得知力的大小，由电阻得知传感器拉伸的情形，所以就能对传感器拉伸的部分进行补偿，因此可应用于会随动作不同而有拉伸或压缩情况的机器人关节。

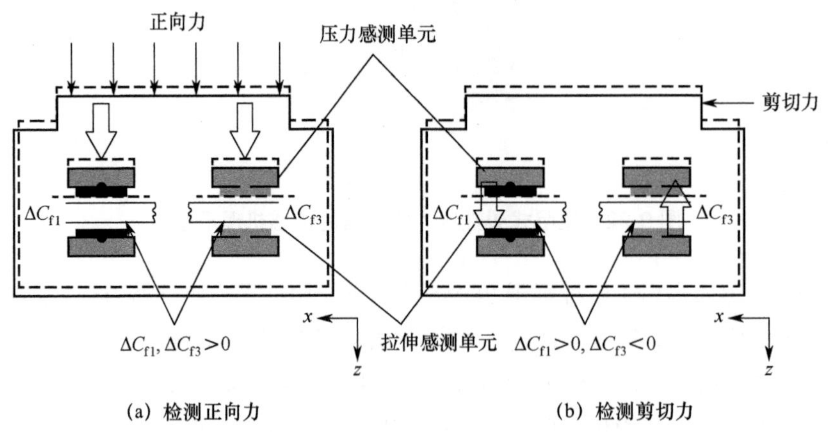

图 9-24　可检测三维压力的电容式传感器结构示意图

9.3　边框四点结构的压力触控技术

边框四点结构的压力触控技术可以采用多种传感器实现，如 FSR 力敏电阻传感器、金属丝应变片传感器、可印刷应变片技术、各种 MEMS 压力传感器、称重传感器（Load Cell）、压电陶瓷压力传感器等。这种边框四点结构比较适合边框无约束的情况，如 TrackPaD，但由于显示屏边框都要固定，受边框过约束的影响，难以校准且不稳定，所以目前商业化采用边框四点结构的触控屏只有黑莓 Storm 手机，用的是 FSR 力敏电阻传感器技术。苹果笔记本电脑的触控板用的是传统金属丝应变片技术和悬臂梁压力敏感结构，支撑在触摸板背面。中兴天机手机 Axon mini 用的是纽迪瑞科技的可印刷应变片技术和四个悬臂梁组成的压力敏感结构支撑在显示屏的背面。此外，也有采用 MEMS、压电等压力传感器的边框四点结构触控技术的报道。

9.3.1　电阻式应变触控技术

由于 FSR 技术需要形成垂直的按压结构，对结构设计形成很大的限制。采用电阻式应变传感器直接测量显示屏表面由按压所产生的应变，则可以将力传感器设置在显示屏远离使用者的一侧。如图 9-25 所示，可以把 4 个应变片置于显示屏的四角，把 4 个电阻应变片通过导线电连接形成惠斯通电桥电路，在应变片的敏感栅受力变化后，惠斯通电桥电路将会输出相应的电压信号。当压力触控单元未收到压力时，惠斯通电桥电路达到电平衡。当敏感栅受到外界压力时，惠斯通电桥电路的平衡被打破，并输出相应的电压信号。通过触控芯片对电压信号进行放大、模数转换等处理，可根据该电压信号精确获知压力触控单元所受到的压力信号。

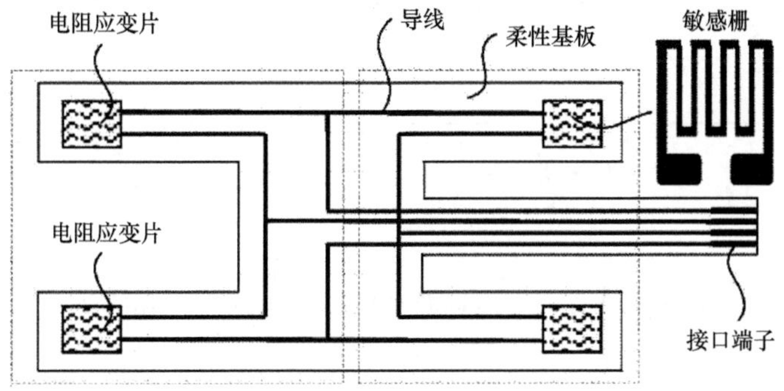

图 9-25　边框四点结构的 FSR 电阻式压力触控单元结构构成

根据所需感测的压力范围，设计敏感栅的大小、阻值、摆放位置和分布，可以实现多级压力感测，也可实现多点压力感测或分区压力感测。多级触控是指将按压力度进行分级，如轻、中、重共三级，或 1～10 共十级。通过检测不同的按压力度时敏感栅产生的阻值变化，使触控显示装置实现不同的反馈效果。

在图 9-26 所示的触控装置中建立笛卡儿直角坐标系，四个敏感栅 P_1、P_2、P_3 和 P_4 的位置坐标分别为（0，$H/2$）、（$L/2$，H）、（L，$H/2$）、（$L/2$，0）。当在位置 A 和 B 两个点上进行触控操作时，四个敏感栅对这两个按压动作的受压状态不同。按压 A 点时，四个敏感栅处于受压状态。按压 B 点时，B 点处于四个敏感栅所组成的菱形之外，其中敏感栅 P_1 和 P_2 处于受压状态，敏感栅 P_3 和 P_4 处于受拉状态。触控发生后，可以通过投射电容式触控屏检出触控点 A 和 B 的位置坐标，分别为（x_1，y_1）和（x_2，y_2）。触控屏通过压力触控单元获得 4 个敏感栅的测量值，分别为 P_1、P_2、P_3 和 P_4。对应触控操作位置 A 和 B 两点的触控操作压力分别为 F_1 和 F_2。忽略触控屏的重力，分别以敏感栅 P_1、P_2、P_3 和 P_4 的位置为中心，根据力矩平衡原理可得到如下等式：

$$F_1\times\sqrt{x_1^2+\left(y_1-\frac{H}{2}\right)^2}+F_2\times\sqrt{x_2^2+\left(y_2-\frac{H}{2}\right)^2}=(P_2+P_4)\times\frac{\sqrt{H^2+L^2}}{2}+P_3\times L \tag{9-5-1}$$

$$F_1\times\sqrt{\left(x_1-\frac{L}{2}\right)^2+(y_1-H)^2}+F_2\times\sqrt{\left(x_2-\frac{L}{2}\right)^2+(y_2-H)^2}=(P_1+P_3)\times\frac{\sqrt{H^2+L^2}}{2}+P_4\times H \tag{9-5-2}$$

$$F_1\times\sqrt{(x_1-L)^2+\left(y_1-\frac{H}{2}\right)^2}+F_2\times\sqrt{(x_2-L)^2+\left(y_2-\frac{H}{2}\right)^2}=(P_2+P_4)\times\frac{\sqrt{H^2+L^2}}{2}+P_1\times L \tag{9-5-3}$$

$$F_1\times\sqrt{\left(x_1-\frac{L}{2}\right)^2+y_1^{\ 2}}+F_2\times\sqrt{\left(x_2-\frac{L}{2}\right)^2+y_2^{\ 2}}=(P_1+P_3)\times\frac{\sqrt{H^2+L^2}}{2}+P_2\times H \tag{9-5-4}$$

根据受力平衡的特点，作用到四个敏感栅上的力之和等于检测出的力之和，即 $P_1+P_2+P_3+P_4=F_1+F_2$。通过上述五个方程及最小二次方差矩阵求逆的方法，可以求出位置 A 和 B 上的压力 F_1 和 F_2。对于使用四个敏感栅的场合，通过上述方法可以获得至少四个触控点的压力大小，实现多点触控。

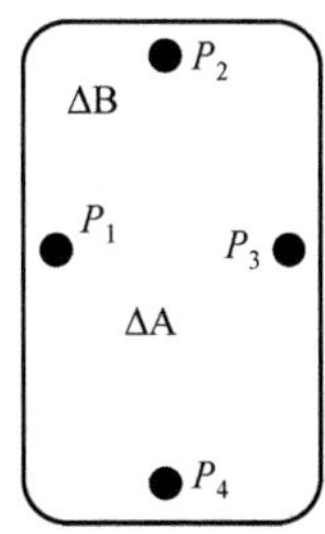

图 9-26　多点触控屏感测位置示意图

分区域触控可以通过敏感栅的大小、位置的排布，结合 IC 算法，在触控屏上进行区域划分，分别检测每一区域的压力值。例如，触控屏横过来分为左右屏幕，双手操作时分别检测左右手的按压力度，如图 9-25 所示分别检测两个虚线框区域中的压力值。

9.3.2　压电薄膜式触控技术

压电式触控屏幕可以同时具有电容屏的多点触控触感，又具有电阻屏的精准。基于压电效应的压力传感器是基于一些介质材料的压电效应，是一种有源传感器。当沿着一定方向受力使它发生形变时，内部就产生极化现象，同时在它的两个表面上产生符号相反的电荷，当外力去掉后，又回到不带电的状态。常见的是压电薄膜压力传感器。

压电式触控技术和电阻式或电容式触控技术不一样，它通过电压驱动来完成触控，驱动方式和 LCD 驱动方式非常相似，通过电压扫描系统来捕获触摸信号，其扫描频率可达 200Hz，远高于电容式触控的扫描频率。压电式触控技术融合了电阻式和电容式触控的优势，并克服了他们各自的缺陷。它可以对任意碰触方式响应，如指甲、名片、触笔等，还可以实现五个、十个的多点触控。压电式触控技术在耗电特性上更接近电容式触控特性，只有发生触控动作时才会工作，而电阻式则时刻产生耗电。

压电薄膜压力传感器的基本结构如图 9-27 所示。压电薄膜压力传感器包括压电薄膜和分别位于压电薄膜两侧的上电极和下电极。上下电极一般为 Ag 电极或 Al 电极，分别通过导线引出。把压电薄膜压力传感器集成设置在柔性电路板上，可简化压电薄膜压力传感器的排线设计，同时利于压力传感单元在触控显示装置中的组装。

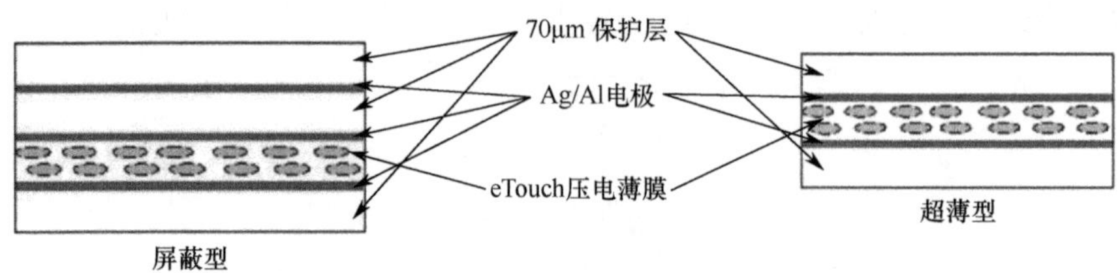

图 9-27 压电薄膜压力传感器的基本结构

压电薄膜可根据需求，定制各种形状与尺寸（含阵列式），定制 Al 或 Ag 电极，定制超薄型或屏蔽型封装。如图 9-28 所示，作用在压电薄膜上的力使压电薄膜发生形变，产生电荷，这些电荷在薄膜上下电极积聚，形成电信号，实现力到电的转换。

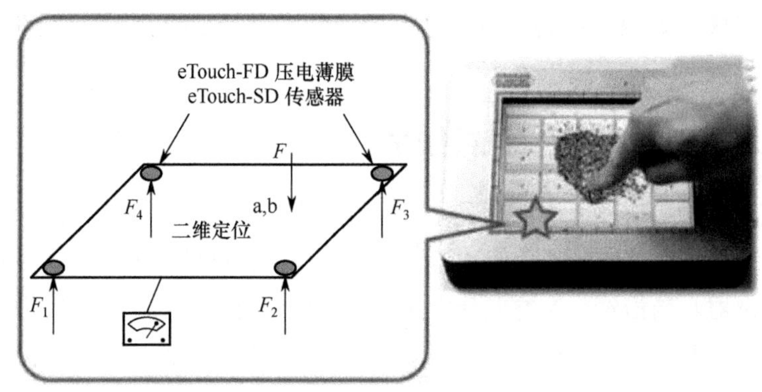

图 9-28 压电薄膜压力传感器的基本工作原理

压电薄膜受到压力作用产生的电荷，经电路采集处理后输出。压电薄膜能够识别压力的大小，可识别的压力等级越多，可实现的触控功能越丰富。如图 9-29 所示，压力的大小对应不同的输出，实现力度控制，可识别用户触摸的微力、小力、大力等不同的力度。压电薄膜传感器的压电电荷系数能达到 100PC/N，能检测出力度的微小变化。

如图 9-30 所示，通过双击、三击等的时间差，可以识别按键次数，产生相应输出。压电薄膜压力传感器可以实现触摸滑动功能，实现滑动控制。

由于压电传感器输出的是电荷信号，该信号首先输入到高输入阻抗的前置放大器，经过阻抗交换以后，才可以用一般的放大电路进行放大和后续处理，然后将信号输出指示仪表或记录器。其中，测量电路的关键在于高阻抗输入的前置放大器。前置放大器的作用：一是将传感器的高阻抗输出变换为低阻抗输出；二是放大传感器输出的微弱电荷信号，并转换为电压信号输出。

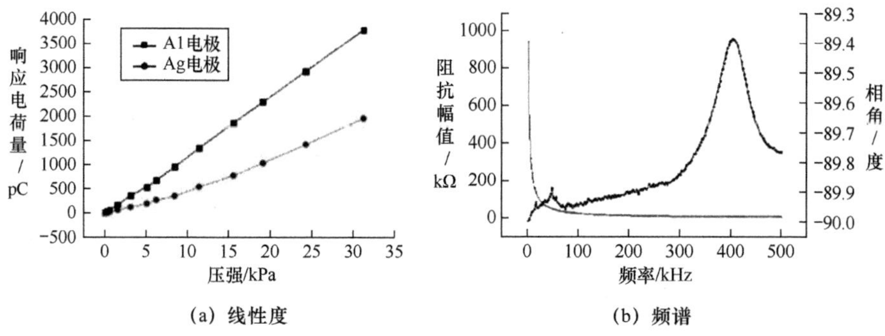

(a) 线性度　　(b) 频谱

图 9-29　压电薄膜压力传感器的输入输出特性曲线

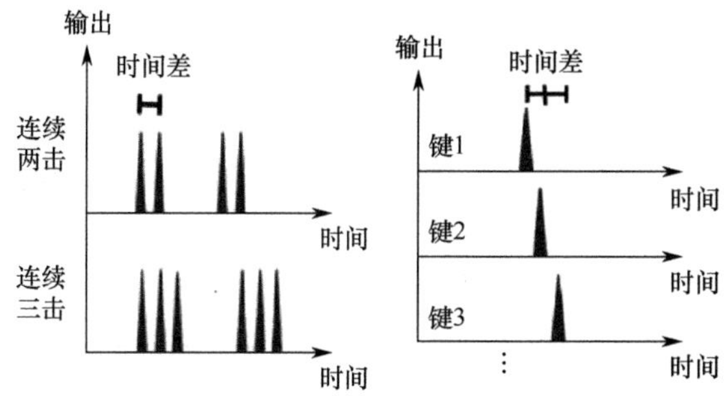

图 9-30　压电薄膜传感器的双击与三击动作实现原理示意图

为了更好地匹配压电薄膜压力传感器，E-Touch 公司提供了两种前置放大电路：一是用电阻反馈的电压放大器，其输出电压与输入电压（即传感器的输出）成正比；另一种是用带电容反馈的电荷放大器，其输出电压与输入电荷成正比。电荷放大器电路的电缆长度变化的影响不大，几乎可以忽略不计。如图 9-31 所示，电荷放大器时间常数 $\tau=RC$。电压放大器（阻抗变换器）时间常数也是 $\tau=RC$（此处电容 C 包含 E-Touch 传感器的电容 C）。如图 9-32 所示，多按键电荷放大器的功能控制因素包括力度大小、快速双击、矢量滑动。

两种放大电路方案的传感的输出值，均由 E-Touch 传感器的压电系数 d_{33}(pC/N)和电容 C(Pf)值大小决定。低频截止频率由时间常数 RC 决定。当频率远远大于 RC/2π 时，两种传感器的输出电压 V_P(V)都可表示为：

$$V_P=\frac{1}{C}\times d_{33}\times F_P \tag{9-6}$$

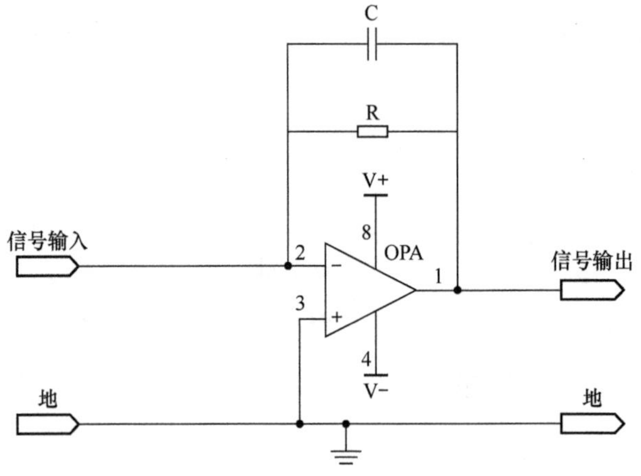

图 9-31　电荷放大器

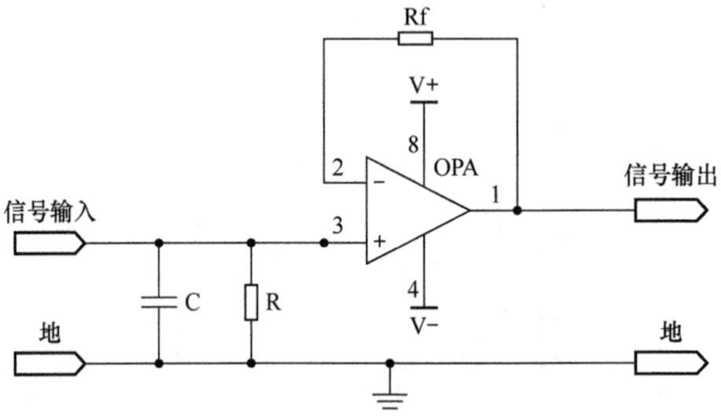

图 9-32　电压放大器

其中，F_P 为垂直施加于传感器表面的作用力。

为保证能准确测量出力的大小，时间常数 RC 必须远大于力的持续时间。电容的参数根据传感器的面积大小、灵敏度、频率相应选择。在正常情况下，要保证能准确测量出力的大小，时间常数 RC 必须比力的持续时间大许多。在多数情况下，建议使用 100MΩ 的电阻及 100pF～100nF 的电容，这些参数要根据传感器的面积大小、灵敏度及频域进行选择。

9.4　整面阵列结构的压力触控技术

整面阵列结构的压力触控技术结构最稳定，可以测量多点压力，分为测量位移和测量应变两种方式。测量位移的压力触控技术包括电容式压力触控技术；测量应变的压力触控技术包括传统应变片感测技术和 NDT 可印刷应

变片 PSG。苹果公司自 iPhone 6S 起首先将整面阵列结构应用于智能手机领域，称为 3D-Touch 技术。在 iPhone X 之前采用的是电容式阵列，iPhone X 采用的是应变片阵列技术。

1．测量位移的压力触控技术

电容式压力传感技术是通过传感器结构与电路设计将压力转换成电压信号。手指按压触控屏后，压力 P 转换为电容传感器的薄膜位移量 Δd_m，电容传感器的薄膜位移量 Δd_m 转换为平行板电容器的电容变化量 ΔC，压力触控专用电路将电容改变量 ΔC 转换为电压信号 V_0。电容传感器具有高阻抗、小功率、动态范围大、动态响应较快、几乎没有零漂、结构简单和适应性强等优点。电容式压力传感技术可以共用触控 IC，直接实现电容值变化检测。但是，该技术的信噪比低，视窗区域线性度（均匀性）需校准；批量生产时因结构件组装差异会导致性能一致性调校困难；并且压力精准分级检测困难。

电容式压力传感技术通过检测在屏体受力时压力传感器和机壳中框之间的距离变化，即电容产生的变化量，进而推算压力值。显示屏利用双面透明固态胶 OCA 贴合在触控屏的保护盖板反面，再由保护盖板和外壳用液态胶或双面胶黏合成一体。玻璃表面的张力因位置不同而不相等，同样大小的压力加在不同的部位，所获取的 Δd 会有差异。

在图 9-33 所示的电容式压力触控屏上，选定 15 个测试点分别设计不同的位移量与电容变化量的关系。根据胡克定律，固体材料受力之后，材料中的应力与应变（单位变形量）之间呈线性关系。单点的形变量 Δd 和施加的压力成正比 $f=K\cdot\Delta d$，其中 K 是刚度系数。如果位移量远小于初始电极距，压力 f 和节点电容量 C 可认为线性关系。节点之间的刚度系数 K_x（x=1,2,3,⋯,15）并不相同，刚度系数和离边缘的距离成反比，如第 8 点的刚度系数大于第 1 点的刚度系数。

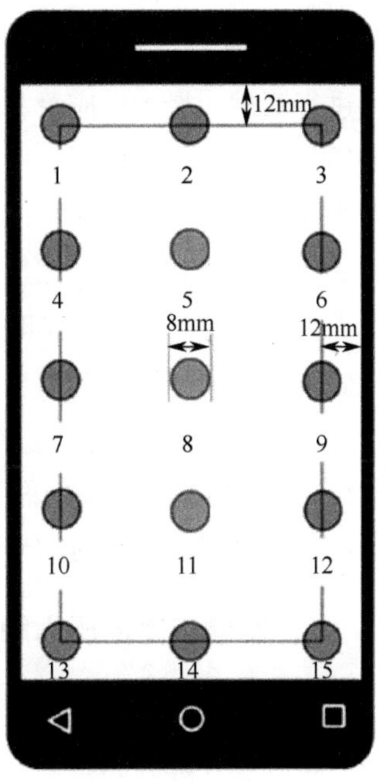

图 9-33　测试分布点

默认施加在屏幕上的压力相等，即 $f_1=f_2=f_3=\cdots=f_{15}$，现要求施加相等的压力，节点的电容量相等，即 $C_1=C_2=C_3=\cdots=C_{15}$。随机取 2 点，如要求 $C_1= C_8$，则 $\frac{\varepsilon S_1}{d_0-\Delta d_1}=\frac{\varepsilon S_8}{d_0-\Delta d_8}$，在同等力的情况下，$K_8>K_1$，则 $\Delta d_1<\Delta d_8$，为满足 $C_1=C_8$，则先要满足 $S_1>S_8$。而电容式压力触控设计正是根据这个原理对不同部位的平板单极的面积做出不一样的调整，单极面积和离边缘的距离成反比。

在柔性线路板设计时，压力触控的驱动 IC 和平面位置触控的驱动 IC 为同一颗芯片，将位置信号和压力信号作为差分信号传输，大大减少了信号串扰。其中，信号线总共包含 4 组，两组是平面位置触控部分的 T_X，平面位置触控部分的 R_X，另外两组则是压力感应部分的 T_X 和 R_X，考虑到位置信号和压力信号的铜走线存在并行或交集，可用于走线布局的区域狭小，设计时可以使用 3 层柔性线路板结构。

柔性线路板端子的外引脚绑定流程相对易控，绑定部分的金手指节距较单纯的平面位置触控芯片宽。采用的菲林膜自带光学胶，无须再额外使用固态胶，经过设备的贴合作业，然后放进真空腔仪器煱气泡，压力传感器的下表面将和背光的增亮膜接触，保护该传感器的 PET 薄膜使用静电吸附较弱的材质。

组装成整机之后，用ϕ7mm 的铜柱对 15 个部位施加 400g 和 800g 的压力进行测试。最大感应量和最小感应量误差分别是 23.3%和 18%。后期通过初始化代码补偿，用通道增益的方式将感应电容偏小或偏大的调整至一致。考虑到玻璃的承受力和用户的使用习惯，感应压力范围设为 100～1000g。

跟多点触控一样，在显示屏下方设置多个压力触控传感器组，可以实现多点压力触控。再配合实时的触觉反馈，可以提高压力强度与压力分布的检出效率，还能开发专有的功能。增加压力传感器单体面积，压力感度增加，可以检出微小的压力强度。为提高压力分布的检出效果，传感器一般呈阵列设计，压力传感器单体的面积减小。图 9-34 给出了阵列分布的压力传感器在考虑压力感度等特性时的最佳设计范围。

2. 测量应变的压力触控技术

苹果自 iPhone X 开始采用传统应变片阵列来实现 3D-Touch 技术。其原理是将应变片阵列制备于薄膜上直接贴合在显示器背面。这种方式直接测量显示屏产生的应变，较电容式阵列方案所需传感器数量大大减少，结构影响小、测量精度高、结构和算法都可以大大简化。但是这种应变片阵列生产技术复杂，生产成本高，目前没有其他公司可以复制。而 NDT 是目前世界上唯一可以实现相同功能的供应商，其技术实现路径是采用 NDT 的可印刷应变片（PSG）阵列。

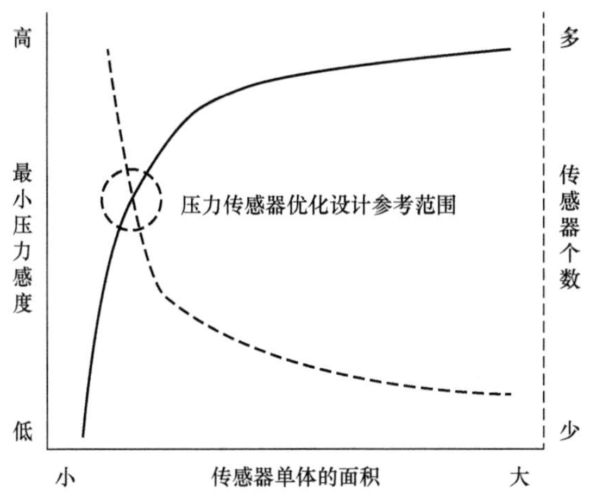

图 9-34　压力传感器的尺寸与特性设计

由于 NDT PSG 的可印刷性，其制备成传感器阵列的成本远远低于金属应变片，可以按照显示器的形状快速灵活地优化设计，并且其灵敏度远高于金属应变片。图 9-35 显示了 NDT 3D-Touch 的一个实际产品。15 个应力测量电桥（通道）直接印刷于一整张的 FPC 上，然后直接贴于显示屏背面。这个方案结构非常简单，测量准确并可实现力分级。

(a) 产品结构图

图 9-35　NDT 3D-Touch 方案

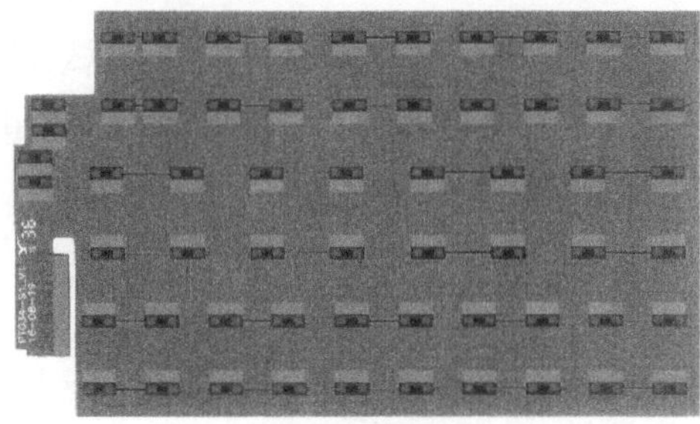

(b) 应力测量电桥组

图 9-35 NDT 3D-Touch 方案（续）

本章参考文献

[1] 叶以雯, 钱金维. 压电式多点触控技术的原理与施势分析[J]. 现代显示, 2009, 20(8):47-52.

[2] 林彦仲, 钱金维. 运用高效能对象追踪技术的压电式多点触控[J]. 现代显示, 2009, 20(10):55-60.

[3] 钭忠尚, 唐彬, 孟锴, 等, 触控显示装置、压力触控单元及其制作方法, CN201510295976.0, 2015-06-02.

[4] 徐觅, 唐彬, 孟锴, 等, 压力触控单元及触控显示装置, CN201520527155.0, 2015-07-20.

[5] 池田 義明.指先の接触面積と反力の同時制御による柔軟弾性物体の提示[J].日本バーチャルリアリティ学会論文誌,2004,9(2):187-194.

[6] NAMMI K, KACZMAREK K A, BEEBE D.J., et al.Polarity Effect in Electrovibration for Tactile Display[J].IEEE Transactions on Biomedical Engineering,2006,53(10): 2047-2054.

[7] 潘威, 董蜀峰. 变极距型电容式传感器在压力触控技术的设计和应用[J]. 电子产品世界, 2018, 25(9): 48-51.

[8] 陈羿恺, 邱创弘. 触控面板及其压力触控传感结构和触控压力判断方法[P]. CN111356972A, 2020-06-30.

[9] 纪贺勋, 魏财魁, 叶财金. 一种压力感测模组、触控面板以及触控面板两点触摸压力检测方法[P]. CN110858108A, 2020-03-03.

[10] 魏祥野. 触控面板及其压力触控检测方法、触控装置[P]. CN110275632A, 2019-09-24.

[11] 龚庆, 张光均, 牛文骁, 等. 压力触控结构、压力触控面板、显示装置[P]. CN110023891A, 2019-07-16.

[12] 陈碧. 压力触控显示装置及压力触控方法[P]. CN109753186A, 2019-05-14.

[13] 何祥波，许建勇，田雨洪. 压力感应模组、触控显示屏和触控电子设备[P]. CN201711332669.0, 2019-06-21.

[14] GAO S, DAIY , KITSOS V, et al. High Three-Dimensional Detection Accuracy in Piezoelectric-Based Touch Panel in Interactive Displays by Optimized Artificial Neural Networks[J]. Sensors, 2019, 19(4):753.

[15] LIU S Y, JIN P, LU J G, L , et al. A Pressure-Sensitive Impedance-Type Touch Panel with High Sensitivity and Water-Resistance[J]. IEEE Electron Device Letters, 2018, 39(7):1061-1064.

[16] PARK C , PARK S, KIM K D , et al. A Pen-Pressure-Sensitive Capacitive Touch System Using Electrically Coupled Resonance Pen[J]. IEEE Journal of Solid-State Circuits, 2015, 51(1):168-176.

[17] YUE S C, WALIED, et al. A Piezoresistive Tactile Sensor Array for Touchscreen Panels[J]. IEEE Sensors Journal, 2017, 18(4):1685-1693.

[18] YUE S, QIU Y, MOUSSA W A. A Multi-Axis Tactile Sensor Array for Touchscreen Applications[J]. Journal of Microelectromechanical Systems, 2018,27(2):179-189.

[19] 凌财进，曾婷，黑霞丽，等. 压力触控下虚拟现实应用框架的探索与研究[J]. 安徽师范大学学报(自然科学版)，2016，39(4):349-354.

[20] 高翔. 基于压力传感方式的信息识别与处理[D]. 太原：太原理工大学，2013.

[21] 史瑞龙，娄正，陈帅，等. 基于银纳米线/PDMS 微结构复合电介质的柔性透明电容式压力传感器及其在穿戴式触摸键盘的应用[J]. 中国科学：材料科学，2018, 61(12):1587-1595.

[22] SONG J K, SON D, KIM J, et al. Wearable Force Touch Sensor Array Using a Flexible and Transparent Electrode[J]. Advanced Functional Materials, 2017, 27(6):1605286.

[23] KIM M W, KIM D K, KODANI T, et al. Thermal-Variation Insensitive Force-Touch Sensing System Using Transparent Piezoelectric Thin-Film[J]. IEEE Sensors Journal, 2018, 18(14): 5863-5875.

[24] VARDAR Y , GUCLU B , BASDOGAN C. Effect of Waveform on Tactile Perception by Electrovibration Displayed on Touch Screens[J]. IEEE Transactions on Haptics, 2017, 10(4): 488-499.

[25] 王成龙，谢耀辉. 3D Touch 技术的研究[J]. 电脑知识与技术，2016，12(14): 162-163.

[26] 辻聡史. 積層投影型静電容量 3D タッチパネルによる近接・接触測定[J]. 電気学会論文誌 E (センサ・マイクロマシン部門誌), 2016,136(2): 36-40.

[27] TAKADA N, TANAKA C, TANAKA T, et al. Large Size In-Cell Capacitive Touch Panel and Force Touch Development for Automotive Displays[J]. IEICE Transactions on Electronics, 2019, E102.C(11):795-801.

[28] MUGIRANEZA J de D B, MARUYAMA T, YAMAMOTO T, et al. 3D Piezo-Capacitive Touch with Capability to Distinguish Conductive and Non-Conductive Touch Objects for On-Screen Organic User Interface in LCD and Foldable OLED Display Application[J]. SID Symposium Digest of Technical Papers, 2019, 50(1):608-611.

[29] NATHIA A, GAO S. Augmenting Capacitive Touch with Piezoelectric Force Sensing[J]. SID International Symposium: Digest of Technology Papers, 2017, 48(3):2068-2071.

[30] SONG J K, SON D, KIM J, et al. Wearable Force Touch Sensor Array Using a Flexible and Transparent Electrode[J]. Advanced Functional Materials, 2017, 27(6):1605286.

[31] TSUJI S, KOHAMA T. A Layered 3D Touch Screen Using Capacitance Measurement[J]. IEEE Sensors Journal, 2014, 14(9):3040-3045.

[32] DU L, LIU C C, ZHANG Y, et al. A Single Layer 3D Touch Sensing System for Mobile Devices Application[J]. IEEE Transactions on Computer-Aided Design of Integrated Circuits and Systems, 2017, 37(2): 286 -296.

[33] LEE K, LEE J, KIM G, et al. Rough-Surface-Enabled Capacitive Pressure Sensors with 3D Touch Capability[J]. Small, 2017, 13(43):1700368.

[34] Transparent Pressure Sensor with High Linearity over a Wide Pressure Range for 3D Touch Screen Applications[J]. ACS Applied Materials And Interfaces, 2020, 12(14):16691-16699.

[35] XU F, LI X, SHI Y, et al. Recent developments for flexible pressure sensors: A review. Micromachines-Basel, 2018, 9 (11):580.

[36] 刘伟杰. 基于压力传感器和致动器的智能感知器件研究[D]. 武汉：华中科技大学, 2019.

[37] KIM K H, HONG S K, JANG N S, et al. Wearable resistive pressure sensor based on highly flexible carbon composite conductors with irregular surface morphology. ACS Appl. Mater. Interfaces, 2017, 9 (20): 17500-17508.

[38] ZHU B, NIU Z, WANG H, et al. Microstructured graphene arrays for highly sensitive flexible tactile sensors[J]. Small, 2014, 10(18):3625-3631.

[39] CHEN Z, WANG Z, LI X, et al. Flexible piezoelectric-induced pressure sensors for static measurements based on nanowires/graphene heterostructures. ACS Nano, 2017, 11(5):4507-4513.

第 10 章 触觉反馈式触控技术

触觉反馈式触控是手指近接、轻触、下压触控面板时，触控面板向手指提供触觉反馈。触觉反馈式触控显示不但具有常规的视频显示和触控操作功能，还能通过作用力、振动等一系列动作为使用者再现触感，使人感受到所触摸视觉对象的轮廓、纹理和软硬等特征。触觉反馈式触控无须查看显示屏，用户可以根据指尖感受到的触觉感受，确认自己的触控操作是否被激活或识别，从而可以提高安全性。在触控显示模组上实现触觉反馈的主要方法包括机械振动、静电力和空气压膜效应三种。应用触觉反馈式触控技术的移动电话、平板电脑、车载终端等设备，将目前的视觉和听觉人机交互界面拓展为与触觉相融合的人机交互界面。

10.1 触觉与触觉反馈技术

触觉是人体感知外界环境的通道之一。当人触摸物体时，分布于全身皮肤上的触觉感受器获取来自外界的力、疼痛、温度等多维度的信息。目前，触觉反馈技术主要通过模拟物体的几何信息或重构物体对人的作用力这两种方式来呈现虚拟物体的触感。这种来自触控表面对使用者的物理回馈，是一种仿真效果，给人一种真实的感觉。应用触觉反馈技术能够提高人机交互的效率和精度，更能带来全新的沉浸感和真实感体验。

10.1.1 人体的触觉感知

触觉反馈式触控技术的典型应用之一是虚拟按键，能够使人通过触觉来感受深度，通过按键的回馈力来判断深度和方向，如键盘的剪刀脚回馈、按键上的防磁胶，以及能进一步微调的汽车油门/刹车脚踏，等等。人体触觉感知的过程如图 10-1 所示，感受器受到刺激，并通过传入神经将刺激传送到神经中枢，再传递到大脑皮层，形成触觉感受。

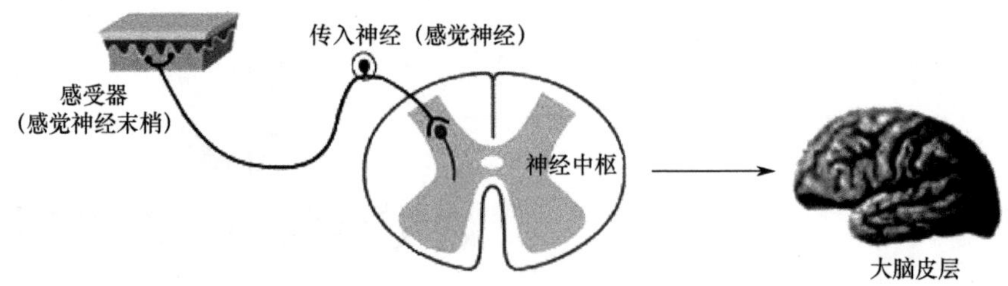

图 10-1　人体触觉感知过程

感受器包括皮肤机械感受器、动觉感受器、伤害感受器和温度感受器，每种感受器的名称和感知特性如表 10-1 所示。皮肤是人体最大的器官，皮肤机械感受器用于感知表面接触（如轻触、压力和振动等）、物理属性（如摩擦力、纹理、刚度和皮肤拉伸等）和几何特性（如三维形状、精细的轮廓等），包括默克尔触盘（Merkel Disk）、鲁菲尼小体（Ruffini Ending）、迈斯纳小体（Meissner Corpuscle）和帕西尼小体（Pacinian Corpuscle）。动觉感受器用于感知力（法向和切向接触力、重力和惯性力）、扭矩（弯曲和扭转扭矩）、动觉刚度（力和位移的比）和运动感觉，包括肌梭（Muscle Spindles）、高尔基腱器（Golgi Tendon Organ）和关节感受器（Joint Receptors）。伤害和温度感受器分别用于感知刺痛、灼伤和皮肤与外界的热交换。

表 10-1　人体的感受器及其特性

种　类	感受器名称	位　置	感知特性
皮肤机械感受器	默克尔触盘	毛囊、表皮基底	纹理、形状、0～5Hz 振动
	鲁菲尼小体	真皮层	稳定抓握、手指位置
	迈斯纳小体	乳头层	5～40Hz 振动
	帕西尼小体	真皮层	40～400Hz 振动
动觉感受器	肌梭	肌肉腹部	肌肉张力、长度变化、长度变化率
	高尔基腱器	肌肉纤维和肌腱的连接处	肌肉张力
	关节感受器	关节囊、韧带	关节位置和运动
伤害感受器	A delta 纤维	后根神经节	刺痛
	C 纤维	感觉系统神经	灼伤
温度感受器	A delta 纤维	后根神经节	皮肤与外界的热交换
	C 纤维	感觉系统神经	

默克尔触盘、鲁菲尼小体、迈斯纳小体和帕西尼小体这四种皮肤机械感受器，在皮肤中的分布如图 10-2 所示。在最接近皮肤的地方是迈斯纳小体（RA），长 80～150μm，直径 20～40μm，以 10～24 个/mm^2 的高密度分布在指尖腹部。下面有默克尔触盘（SAI），直径 9～16μm，广泛存在于皮肤的真皮中。再下面是全长 0.5～2mm 的鲁菲尼小体和大小为 2500μm×750μm 的卵形帕西尼小体（PC），共同分布在皮下组织中。迈斯纳小体负责感应低频信号与振动，默克尔触盘负责感应压力，帕西尼小体负责感应高频信号与振动。

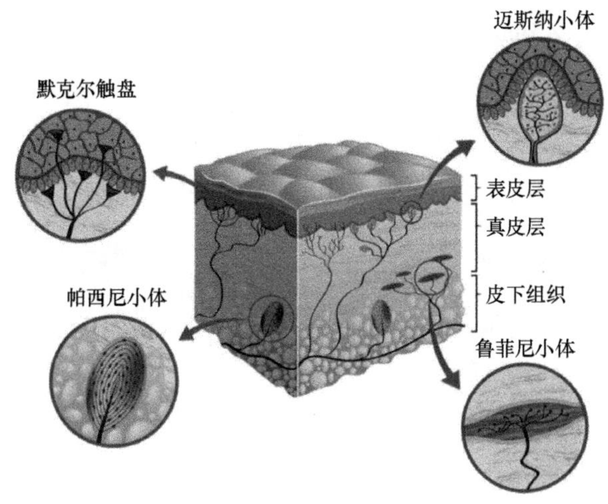

图 10-2　人体皮肤机械感受器

人触摸东西时获得的“触觉”，是每个触觉感受器各自捕捉到的神经刺激，经过组合后所表现出来的效果。因此，给每个触觉感受器施加任意的刺激，这些触觉感受器就能组合形成所有的触觉信息。就像由红色、绿色、蓝色组合形成各种色彩的“三原色原理”一样，通过个别触觉感受器的刺激组合形成所有触觉的原理，可以定义为“触原色原理”。

10.1.2　触觉反馈原理及实现方式

人在触摸真实物体时主要通过皮肤机械感受器和动觉感受器获取物体的几何和力信息来识别物体。与此相对应，触觉反馈技术也是基于两种原理来呈现虚拟物体的触感：一种是模拟物体的几何形状特征，另一种是重构物体表面对手指的作用力。

1. 模拟几何形状的触觉反馈

模拟几何形状的触觉反馈技术利用机械、电子装置使交互界面发生形变来呈现物体的触觉特征，主要包括针阵列式和微流体式触觉反馈技术。

针阵列式触觉反馈技术是将视觉图像的像素点转化为触点，每个触点对应针阵列中的一个触针，利用电磁、压电、形状记忆合金等技术控制触针的升降，通过阵列中触针间的高度差来呈现图像的触觉特征。清华大学开发的Graille是典型的针阵列装置，如图10-3（a）所示，该装置共有60×120个触针，触针间距为2.5mm，由电磁铁作为驱动单元，电磁铁产生向上的推力，推动触针向上运动形成触点，然后电磁铁平移，以遍历形式刷新每一个触点，点阵屏幕即可动态、实时地产生触觉图像和文字，如图10-3（b）所示。

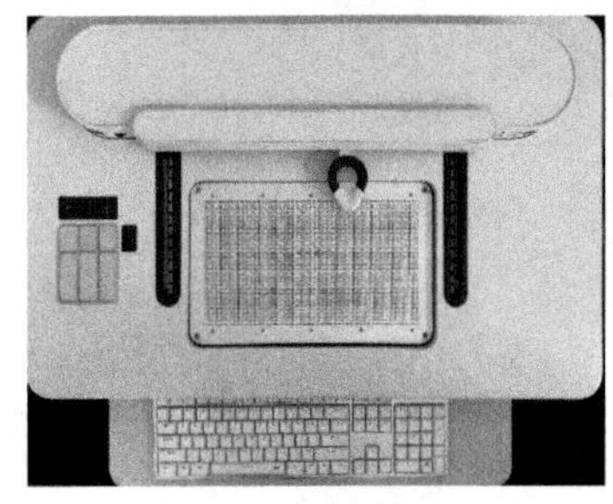

(a) 针阵列装置 Graille

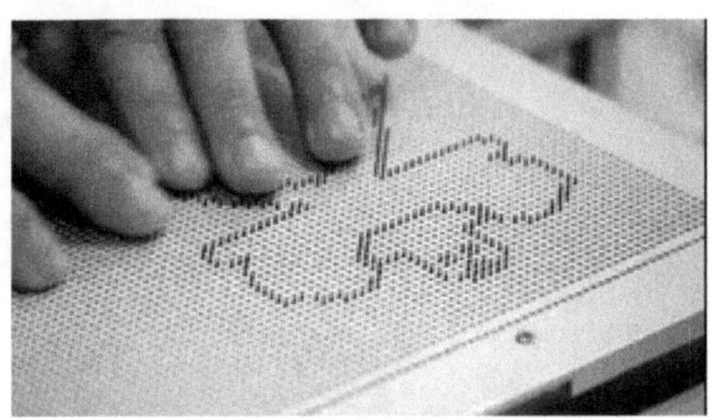

(b) 呈现触觉图像

图 10-3　针阵列式触觉反馈技术

微流体式触觉反馈技术是在弹性材料中充入液体或气体，使其发生形变来呈现触觉特征，原理如图 10-4（a）所示，装置的触觉层由半弹性聚合物制作而成，分为可变形区和不可变形区。可变形区和流体泵由流体导管串联，流体导管内充满微流体，在泵压的作用下，微流体充满可变形区使其凸起，模拟物体的几何轮廓，美国Tactus公司将微流体触觉反馈技术应用于移动终端，如图10-4（b）所示，为虚拟键盘带来触感。

2. 重构作用力的触觉反馈

2001年，Robles-De-La-Torre和Vincent Hayward在*Nature*上撰文证明人对物体形状的感知主要取决于触摸物体时手指上受到的作用力。如图10-5所示，当手指在凸起表面滑动时，人根据滑动过程中表面对手指施加的力F识别凸起的形状，在平面上重构与F相同的反馈力F_0，即可使人在光滑平面上感知到凸起的触感。重构作用力的触觉反馈技术通过重构触摸物体时感受到的反馈力，不仅可以再现物体的形状，还可以模拟物体的精细纹理、软硬等物理属性。

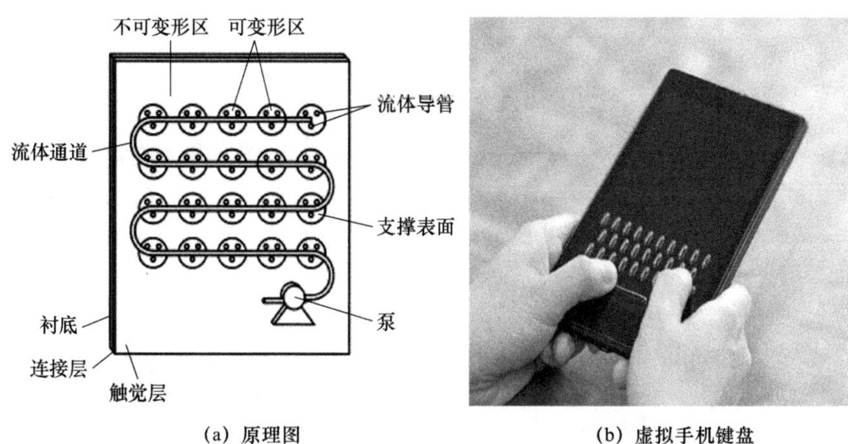

(a) 原理图　　(b) 虚拟手机键盘

图 10-4　微流体式触觉反馈技术

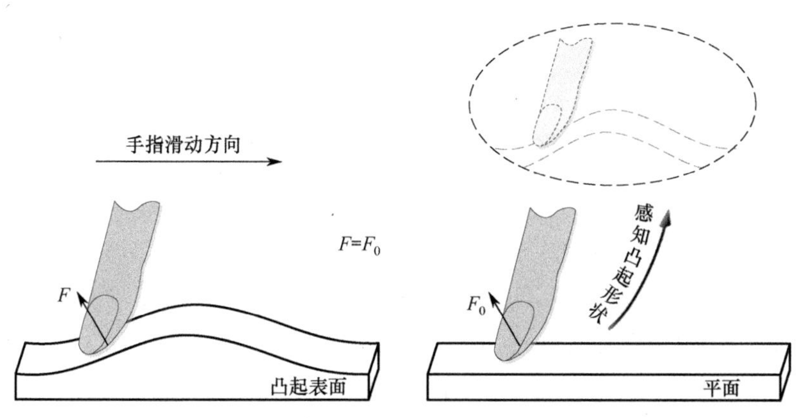

图 10-5　凸起形状横截面的力作用示意图

重构作用力的触觉反馈技术种类多样且应用广泛，按照驱动方式的不同可分为振动式、静电力式、超声波式和机械式等；按照使用形式的不同可分为笔式、穿戴式和裸指式等；按照应用场景的不同可分为桌面式、平面式和空间式。下面按照应用场景分类，介绍重构作用力的触觉反馈实现方式。

桌面式触觉反馈装置通常固定在桌面或地面上，带有触感笔和多关节机械臂，主要由传感器、执行器和机械传动结构三个部分组成。用户通过握住

触感笔感知和操纵虚拟或远程物体，传感器捕捉触感笔的移动信息和用户施加在触感笔上的力信息，执行器提供力或力矩并通过机械传动结构传递给末端执行器，对用户施加力反馈。美国 SensAble 公司推出的 Phantom 系列产品，是最具代表性的桌面式触觉反馈装置。如图 10-6（a）所示，Phantom 装置可以连接个人电脑，实现六自由度的追踪和定位，提供六自由度的力和力矩。该系列产品被广泛应用于遥操作和虚拟现实等领域，如用于牙科手术模拟系统，如图 10-6（b）所示，它不仅可以模拟牙科仪器和人类口腔各种组织之间的作用力，也可以模拟不同组织的刚度和摩擦系数，应用此系统可训练学员在虚拟场景中进行牙科检查、牙周深度探测和牙齿种植三种典型的牙科手术。

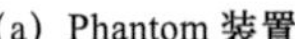
(a) Phantom 装置

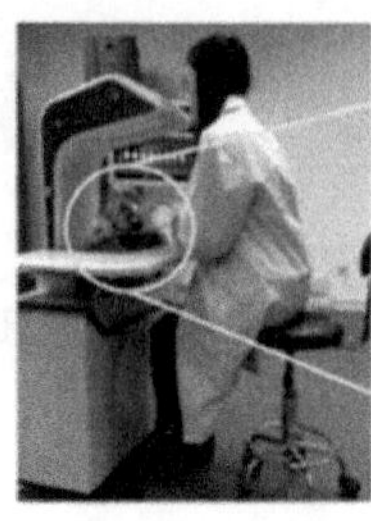
(b) 牙科手术模拟系统

图 10-6　桌面式触觉反馈装置

平面式触觉反馈主要应用在触控显示屏上，通过改变屏幕对手指的反馈力，使人感知物体的轮廓、纹理等触觉信息。与桌面式触觉反馈相比，它允许人用裸指直接触摸屏幕，更符合人触摸物体的习惯。目前，平面式触觉反馈主要有三种实现方式，分别是振动式、静电力式和空气压膜式。

振动触觉反馈多采用电机作为振动源。当电机振动时，振动波会在屏幕上传播，到达与屏幕表面接触的手指或手掌，使用户感知到振动，通过控制振动效果呈现触觉感受。Immersion 公司在移动设备上采用振动触觉反馈技术将音频信息转换为触觉信息，应用于移动终端，增强了情景趣味性，加深了用户对视频、音频媒体内容的体验，如图 10-7 所示。

静电力触觉反馈通过对触觉反馈面板中的电极施加激励信号来改变触觉反馈面板和指尖之间的静电吸引力，进而改变摩擦力，通过摩擦力变化呈现触觉感受。具有代表性的装置是迪士尼公司的 Teslatouch，如图 10-8 所示。

空气压膜触觉反馈通过触觉面板的高频振动使手指与面板之间产生空

气压膜效应，高压空气薄膜向手指施加挤压力，改变了手指与振动平板间的摩擦系数，进而改变摩擦力，通过控制摩擦系数的变化呈现触觉感受。具有代表性的装置是美国西北大学的 T-PaD，如图 10-9 所示。

图 10-7　Immersion 触觉反馈终端

图 10-8　迪士尼公司 Teslatouch

图 10-9　美国西北大学 T-PaD

空间式触觉反馈技术主要应用于虚拟现实等三维空间交互领域，能够提供三维虚拟物体的触觉信息。头戴显示器、全息投影等技术打造了高真实感的虚拟环境，空间触觉反馈技术能够使人像感受真实世界一样触摸虚拟世界中的物体，大大增强了虚拟现实的沉浸感和真实感。常见的用于虚拟现实的空间触觉反馈装置包括力反馈手套、触觉背心、触觉手环等穿戴式装置，以及空气喷射器和超声阵列等非穿戴式装置。

力反馈手套是最常用的虚拟现实触觉反馈装置，可分为指套式、手背式和手掌式。其中手背式力反馈手套也称为外骨骼系统，采用铰接式结构，在手背处接地，可以给手指提供力反馈。它种类繁多，结构复杂，主要通过电机等方式驱动，驱动器可放置在手背上，直接提供力反馈给手指或手掌；也可以放置在其他位置，通过微电缆、滑轮或柔性链接等方式将力传递给手指或手掌。如图 10-10 所示，以岱仕科技的力反馈手套 Dexmo 产品为例，当手指移动并检测到虚拟手和虚拟物体之间的碰撞时，力反馈单元被激活并锁住关节，刚性外骨骼阻止手指向内移动，等同于向用户的指尖施加反向的力，使用户产生抓握物体的感觉。

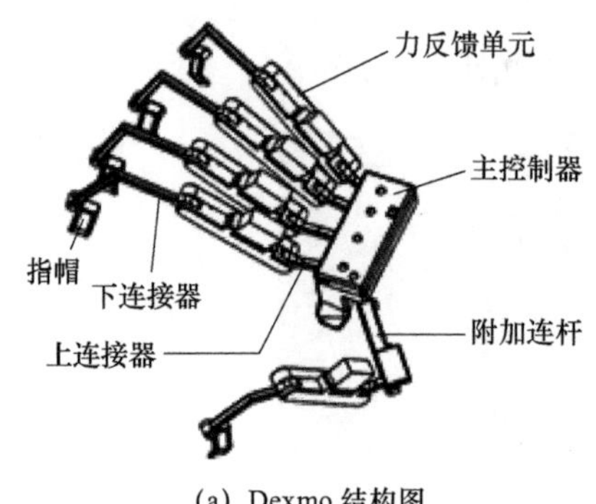

(a) Dexmo 结构图

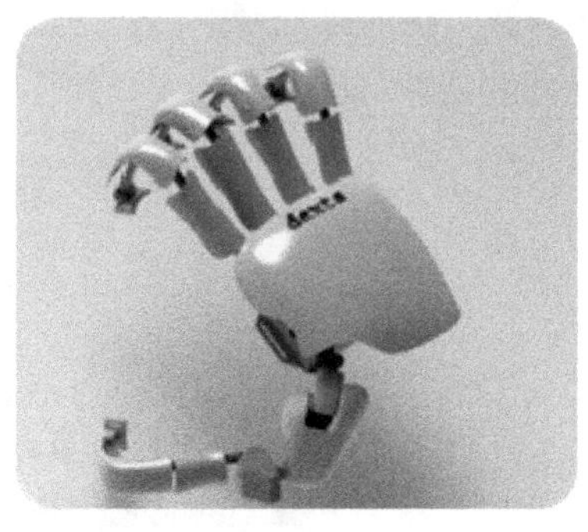

(b) Dexmo 实物图

图 10-10 力反馈手套产品

空气喷射装置通过压缩空气，喷射空气涡流刺激人的皮肤，使其产生触觉感受。空气在喷口中运动时，由于空气分子与喷口表面之间的阻力，喷口中心的空气分子比边缘的空气分子移动得更快，当空气从喷口中喷出时，速度差导致空气在喷口周围旋转，聚集的空气分子形成一个环。当环变得足够大时，它利用旋转运动由喷口附近进入更远的空间，形成了空气涡流。通过改变喷气量的多少与强度来控制触觉反馈效果。美国迪士尼公司研发的空气喷射装置 AIREAL，是空气喷射式触觉反馈技术的代表之一。如图 10-11 所示，该装置通过 3D 深度摄像机捕捉用户手部位置，利用一个驱动电机、5 个 2 英寸大小的超低音扬声器和一个直径 4cm 角度可调的柔性喷嘴完成对空气的压缩和喷射。该装置在 75°角、0.5m 的范围内能够准确控制涡流的大小和强弱。

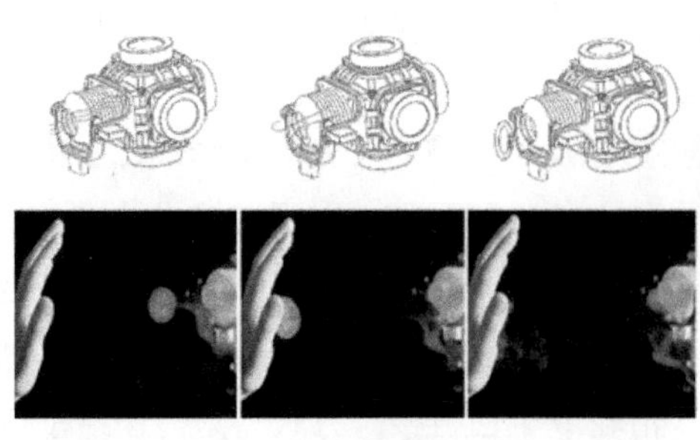

(a) 空气涡流产生原理

(b) AIREAL 实物图

图 10-11 空气喷射装置 AIREAL

超声阵列通过控制阵列中每个超声波发射器的发射信号参数，使多个发射器发射的超声波到达空中某一目标点时能够形成一个超声聚焦点，原理如图 10-12 所示。聚焦点处的声压是所有超声波在该点处声压的叠加，这个声压场对放在该点处的手部皮肤施加声辐射压力。装置根据手所处位置的视觉对象的触觉特征信息，改变各发射器的调制超声波信号参数，控制超声聚焦点的空间或时间特性，使超声聚焦点的位置或声压幅度在感知频率范围内周期性变化，从而使超声聚焦点处的声辐射压力也周期性变化，刺激手部皮肤使人产生触觉感受。在交互过程中不需要佩戴任何装置，手可以在一定范围的空间内自由移动，交互方式自然，是目前适用于全息图像触觉反馈的主要方式。

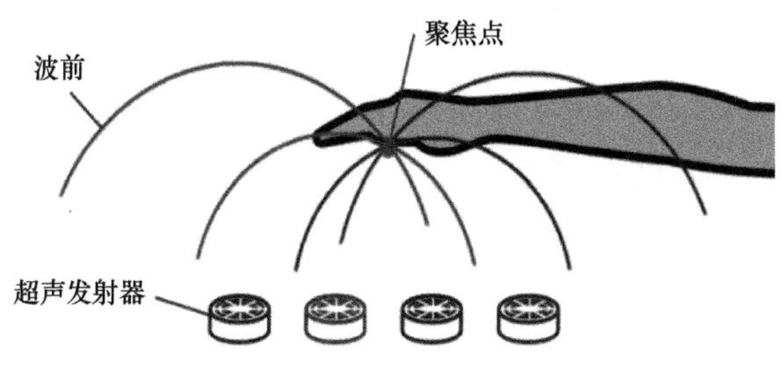

图 10-12　超声聚焦原理

2008 年，日本东京大学首次提出了超声波式触觉反馈装置，实现了在空间中某一个固定位置的触觉反馈，随后在 2010 年提出如图 10-13 所示的新装置 AUTD（Airborne Ultrasound Tactile Display），实现了空间中移动点的触觉反馈。2013 年，英国布里斯托尔大学研制的如图 10-14 所示的 Ultrahaptics 触觉反馈装置，利用超声聚焦原理，应用 Leap Motion 跟踪手的位置，实现了实时空间中的多点触觉反馈。

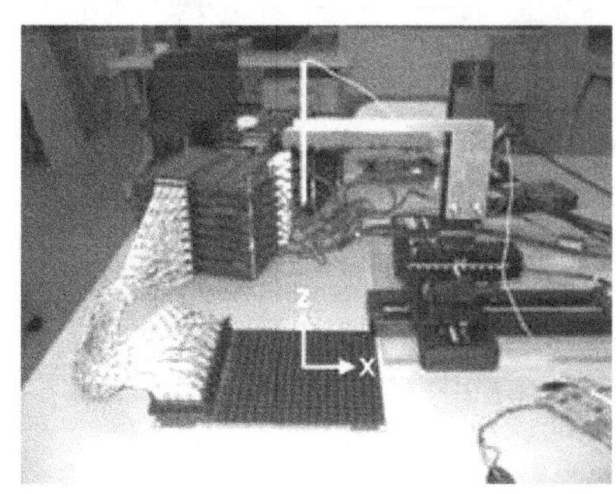

图 10-13　AUTD 实物图

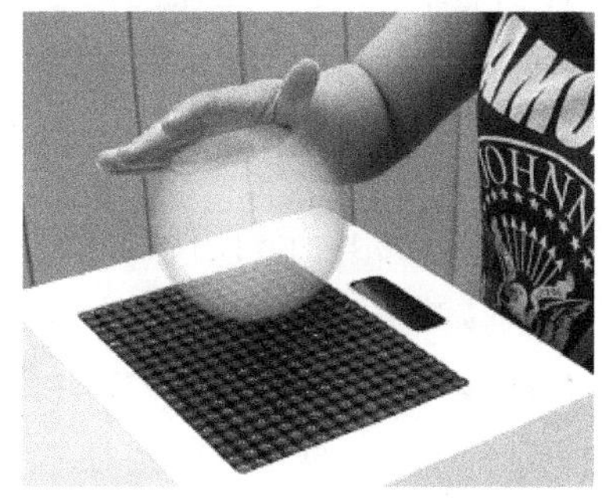

图 10-14　Ultrahaptics 实物图

触觉反馈技术应用于触控显示屏，将会为多媒体移动终端用户带来新的界面、新的应用和新的交互体验。但由于受移动终端功耗、体积、成本、交互空间、交互方式、音视频体验等的严格约束与限制，在触控显示模组上实现高性能的触觉反馈技术充满了挑战。通常采用重构作用力的方式呈现触觉信息，桌面式、穿戴式等装置难以与其集成，目前主要有电机振动、静电力和空气压膜效应三种方式。

10.1.3 触觉反馈触控显示系统

触觉反馈触控显示系统将触觉反馈技术加入触控显示模组中，极大地提升了触控显示模组的整体用户体验，便于用户确认手指是否触摸到显示屏、可操作按钮等。本节将介绍一般触觉反馈触控显示系统的基本结构与功能及系统的工作过程。

1. 系统的基本结构与功能

触觉反馈触控显示系统主要包括定位跟踪单元、信号处理单元、驱动电路单元、反馈力生成单元四部分，基本结构如图 10-15 所示。该系统的主要功能是根据触控显示屏上显示的图像信息和手触摸图像的动作，提供相应的反馈力，呈现图像的触觉信息，各部分的主要功能如下。

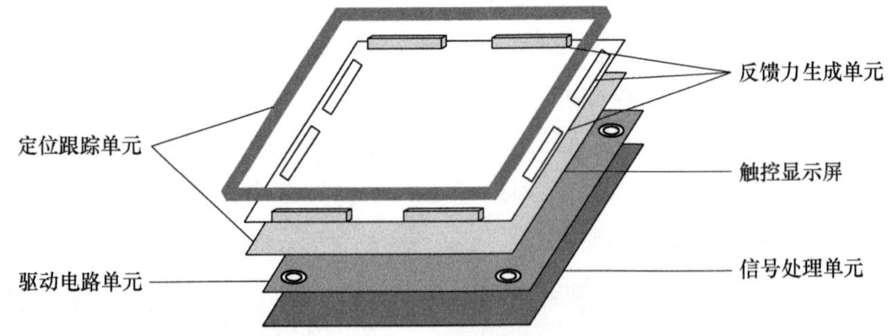

图 10-15 触觉反馈触控显示系统的基本结构

定位跟踪单元利用触控技术检测手指与屏幕之间的接触并实时获取手指的位置信息，识别单点、多点触摸和滑动等手势类型。其中位置信息是最基本的数据，其最简单的获取方案是直接采用显示屏提供的定位装置。应用在显示屏上的触控技术有很多种，如投射电容式、红外光学式等，通常无法单用一种技术就获取手指与屏幕接触的全部信息，往往得结合多

种触控技术才能有效提取和记录触觉交互过程中的多维度参数。具体采用什么样的触控技术由系统结构、渲染算法和应用场景决定。利用定位跟踪单元获取的多维信息参数的高效触觉渲染算法，可以有效提高触觉反馈的真实感。

信号处理单元负责触觉效果渲染。触觉效果渲染是计算手与屏幕接触的反馈力的过程，主要包括触觉特征获取、碰撞检测和力响应三个部分。触觉特征可以由视频或音频信号提取，如图像的高度和梯度信息、音频的频率和强度响度信息等，也可以预先生成并调用。碰撞检测算法利用定位跟踪单元获取手指的位置等信息，判断用户是否触摸到虚拟物体。力响应算法通过构建触觉渲染模型，将触觉特征和碰撞检测结果作为模型的输入信号，来计算得到反馈力，并将其映射为驱动信号参数。驱动电路单元是反馈力生成单元的驱动电路，主要包括信号发生器和供电电路两部分，信号发生器控制电路产生幅度、频率、波形可调的驱动信号；供电电路为信号发生器提供所需的驱动电压和电流。移动终端要求触觉反馈驱动电路具有低功耗、易集成、安全性高等特性。

应用于触觉反馈触控显示系统上的反馈力生成单元应具有不影响视听觉、易于集成、低功耗等特点。根据实现原理不同，目前主要有振动、静电力和空气压膜三种方式，每种方式构成的屏幕结构各不相同。静电力和空气压膜效应的生成装置必须直接安装于触控显示系统上，振动电机可以不安装在触控屏上，但要求尽可能安装在使手部有显著震感的位置。

2. 系统的工作过程

触觉反馈触控显示系统的工作过程主要包括手指位置信息获取、视觉对象特征提取、对手指施加的作用力计算、驱动信号生成和反馈力生成五个部分，如图 10-16 所示。在系统中，显示屏呈现视觉信息，手指在显示屏表面移动，定位跟踪单元实时获取手指触摸显示屏表面的位置信息；信号处理单元接收定位跟踪单元提供的手指位置信息，根据这些信息获取手指触摸位置视觉对象的触觉特征，通过触觉渲染算法计算对手指施加的作用力，得到与之匹配的驱动信号参数；驱动电路单元根据驱动信号参数生成驱动信号，经过放大和滤波等处理后加载至反馈力生成单元；反馈力生成单元产生作用力反馈给手指，呈现视觉对象的触觉信息，使用户能够感知到与视觉对象相对应的粗糙、柔软、黏稠等触觉感受。

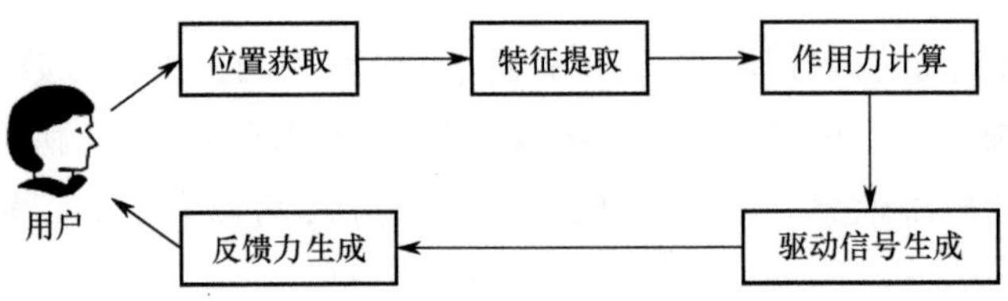

图 10-16　触觉反馈触控显示系统的工作过程

触觉反馈系统的工作原理随着触觉反馈器件及应用需求的不同而不同，下面以振动反馈为例介绍在触控屏上呈现虚拟纹理的触觉反馈系统，系统流程如图 10-17 所示。用户在触摸虚拟纹理时，触控屏获取手指的位置信息，即手指在虚拟纹理上的坐标。同时提取图像的触觉特征，如图像高度，并以矩阵等形式存储。碰撞检测算法检测手指与虚拟纹理的碰撞事件，在二者发生碰撞时根据手指的坐标变化计算手指的速度、加速度等信息。由碰撞检测结果和触觉特征共同计算手指受到的反馈力，将反馈力和驱动信号参数建立映射关系，如振动幅度和驱动信号电压幅度。最后由信号发生器根据参数将驱动信号加载到振动电机，通过振动反馈呈现虚拟纹理的真实触感。

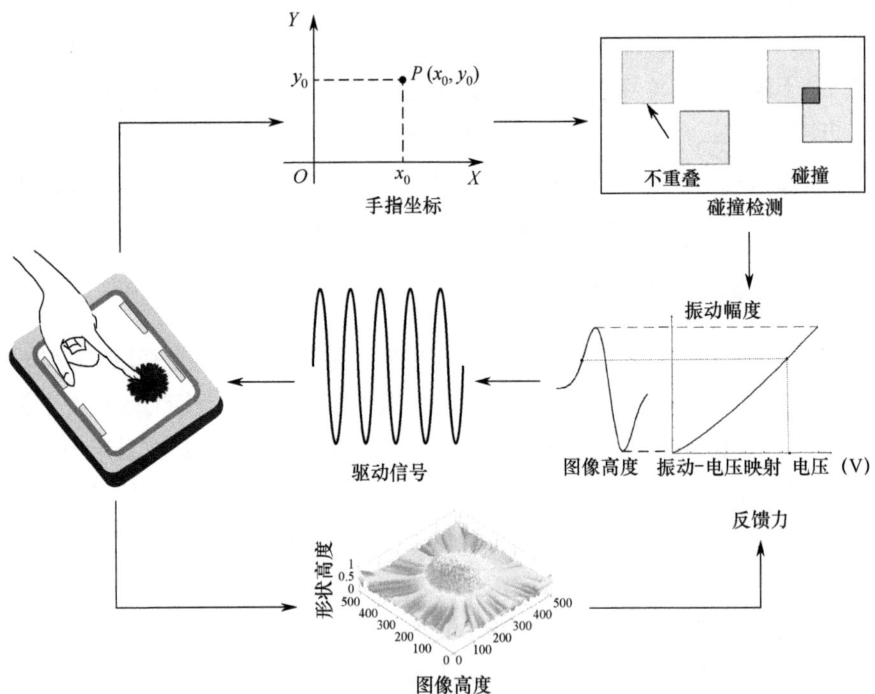

图 10-17　振动反馈触控系统的工作过程

10.2　振动触觉反馈触控技术

振动触觉反馈是最成熟的触觉反馈方式，大多采用电机作为振动源。近年来一些移动设备使用线性电机在手机触控屏幕上提供触觉反馈功能，如拨动表盘的触感、调节音量时渐变的振感和伴随着铃声节拍的振动等，最成功的应用是手机上的虚拟按键取代了物理按键。电机是振动触觉反馈的核心部件，触觉反馈触控显示系统要求电机具有低成本、低功耗、小体积、易驱动等特点。

10.2.1　振动触觉反馈产生机理

早期的振动触觉反馈装置是针形阵列盲文阅读工具，电机振动改变跳针的频率和幅度将触感传递给用户，如图 10-18 所示。这种机制被推广到触控屏，当手指在触控屏上操作时，指尖或抓握设备的手可以感知到电机提供的振动反馈，如图 10-19 所示。各种类型的电机统称为执行器（Actuator），常见的电磁类执行器包括偏心电机和音圈电机等，非电磁类执行器包括压电执行器和形状记忆合金执行器等。

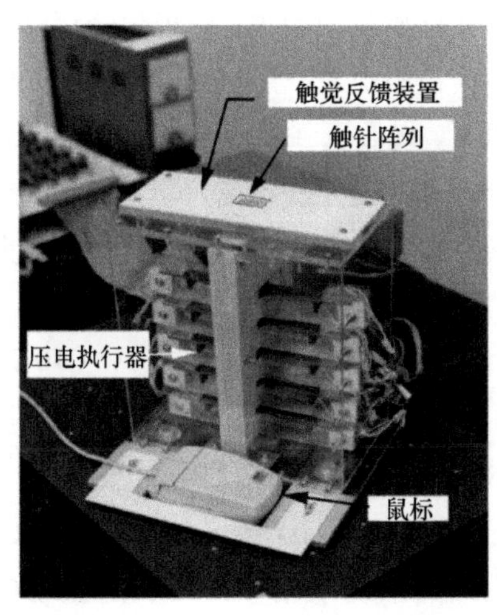

图 10-18　早期的振动触觉反馈装置

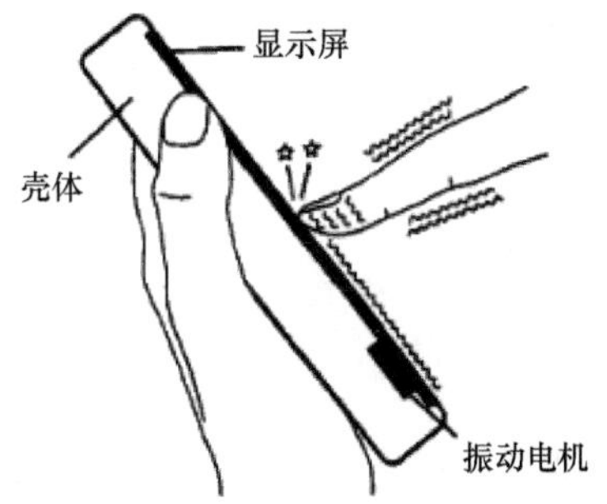

图 10-19　移动终端上的振动触觉反馈

偏心电机（Eccentric Rotating Mass，ERM）具有一个连接在电机轴上的不平衡的质量块，被称为偏心块，如图 10-20 所示。通过轴及偏心块高速旋转产生的离心力得到激振力，使用户感知到振动。ERM 执行器可以产生较大的振动，并且可以制成条形和饼形等不同的形状和尺寸，如图 10-21 所示。通过改变驱动信号的电压可以控制 ERM 执行器的振动频率，然而其振幅是恒定的，这限制了触觉效果的呈现能力。

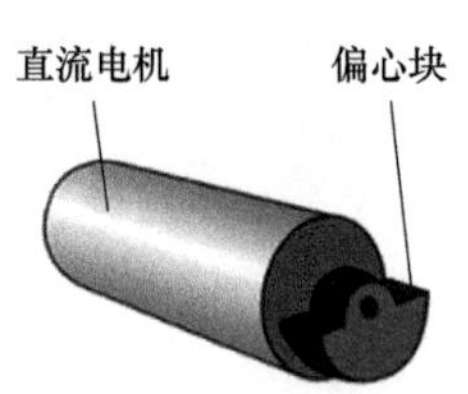

图 10-20　ERM 执行器示意图

图 10-21　条形和饼形的 ERM 执行器

音圈执行器（Voice Coil Actuator，VCA）与音频系统中扬声器的结构类似，具有响应速度快、加速度高和结构简单等特点。VCA 主要由永磁体、线圈和轭板组成，装有可移动永磁体的线圈通常被称为音圈，如图 10-22 所示。VCA 的工作原理为当通电线圈在气隙磁场中运动时，根据洛伦兹力原理，会产生推力驱动线圈在气隙内沿轴向运动，随着线圈中电流方向和数值的变化，线圈做往复直线运动，当电流关闭时，洛伦兹力消失，线圈停止运动。根据线圈的缠绕方向和电流方向，永磁体会被吸引或排斥在通电线圈上。根据式（10-1），洛伦兹力 F_{Lorentz} 取决于电流 I 、磁感应强度 B 和导体的长度 L（通常是一个线圈）。VCA 是线性执行器的一种，使用交流信号驱动，符合线性动力学，输出振动的力学曲线易于建模，因此产生精细触觉反馈的装置大多使用线性执行器。

$$F_{\text{Lorentz}} = I \cdot L \cdot B \tag{10-1}$$

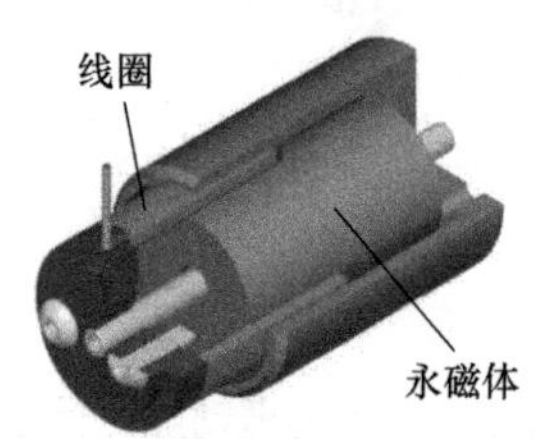

图 10-22　音圈电机示意图

用于移动设备的 VCA 通常称为线性谐振执行器（Linear Resonant Actuator，LRA），由于尺寸小，通常在数十毫米，易于移动设备使用。LRA 的结构与质量弹簧系统很相似，沿长边振动的 LRA 的结构如图 10-23 所示，包括移动质量块、钕磁铁、壳体和底衬等部分。通过在音圈上加载谐振频率的电流，音圈对质量块施加机械力，该机械力与通过柔性板传送的电流成比例，因此该类型的电机称为线性谐振执

行器。它的响应速度比 ERM 快一倍，但它的频率带宽通常很窄。一般来说，电磁执行器工作在低到中范围的执行频率（与人类触觉感知有关），具有低电压和高位移的特性。苹果公司设计的线性电机 TapticEngine，如图 10-24 所示，应用在 iPhone 7 中模拟真实按键的触感。

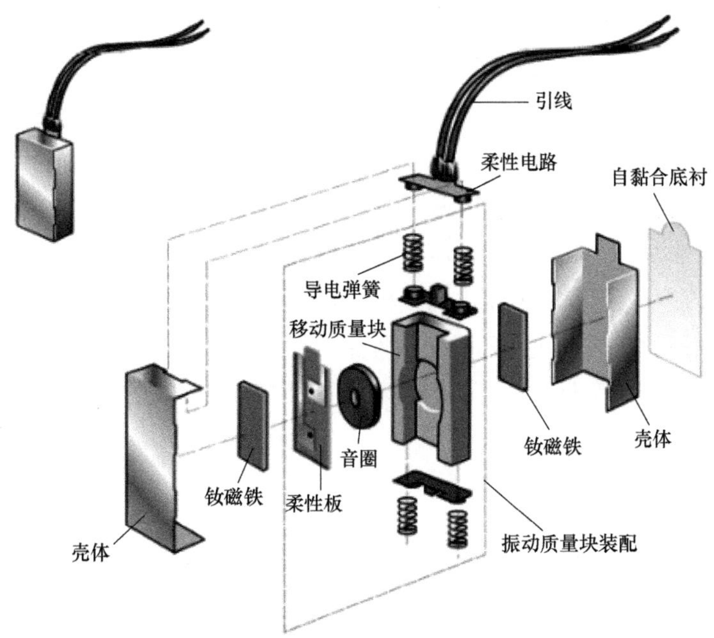

图 10-23　LRA 结构示意图

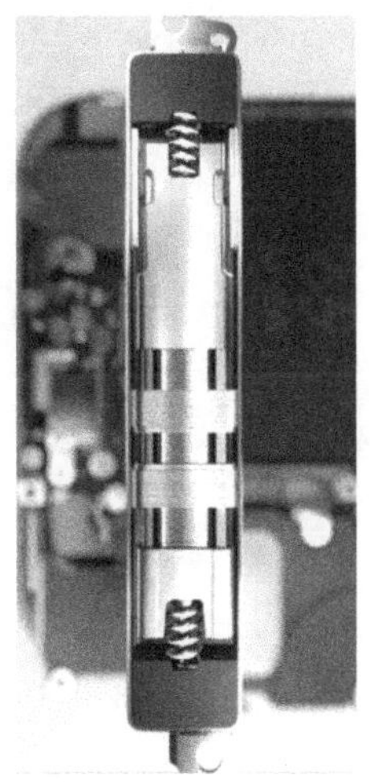

图 10-24　苹果公司的 TapticEngine

压电执行器（Piezoelectric Actuator）利用压电效应产生振动，该效应是可逆的，分为正压电效应和逆压电效应。正压电效应将机械形变转换为电信号，逆压电效应将电信号转换为机械形变，二者的原理如图 10-25 所示。正压电效应是指压电晶体在一定方向上受到外力产生形变时，其内部会产生极化现象，同时在它的两个相对表面上出现正负相反的电荷，当外力去掉后，它又会恢复到不带电的状态。当作用力的方向改变时，电荷的极性也随之改变。

逆压电效应是指在压电晶体的极化方向上施加电场时，它们会产生形变，电场去掉后，压电晶体的形变随之消失。压电陶瓷执行器对施加的输入信号响应非常快，但它们通常需要 50～200V 的输入，使得系统集成更具有挑战性。索尼公司研发的压电陶瓷执行器 TouchEngine 如图 10-26 所示。另一种利用压电效应的执行器是电活性聚合物（Electroactive Polymer，EAP）执行器，它使用弹性体而不是陶瓷，可以在较低的驱动电压下实现更大的变形。

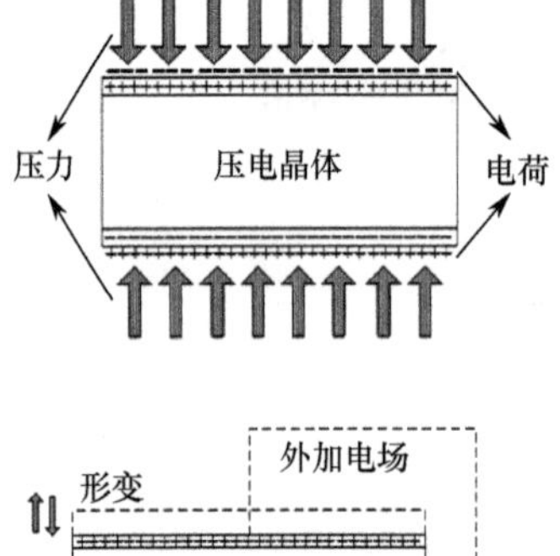

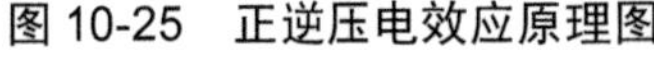

图 10-25　正逆压电效应原理图

图 10-26　压电执行器 TouchEngine

压电陶瓷执行器的形状主要有板状、棒状、环状和球体四种，以方板压电陶瓷执行器为例，它的振动模式主要有弯曲振动、切变振动、伸缩振动三种。图 10-27 所示的方板长度弯曲振动和图 10-28 所示的方板面切变振动是两种常见的振动模式。

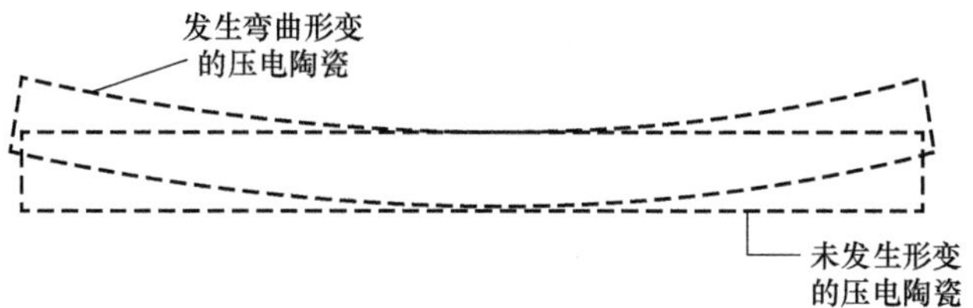

图 10-27　方板长度弯曲振动

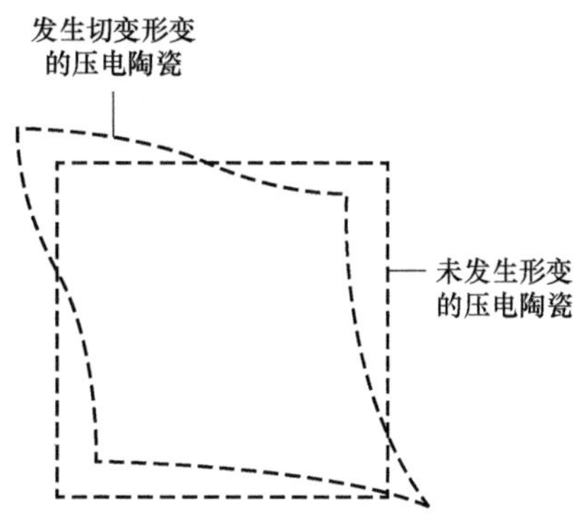

图 10-28　方板面切变振动

10.2.2　振动触觉反馈触控屏结构

在触控屏上实现振动触觉反馈功能的执行器有三种安装方式：第一种是将执行器直接集成在触控屏上；第二种是将执行器与触控屏分离安装在移动终端壳体或内部；第三种是安装在移动终端所配的触控笔上。严格地说，只有第一种方式才能称为振动触觉反馈触控显示屏；第二种是现有移动终端采用的方式；第三种方式设计实施容易，独立于现有终端，可作为配件选用。不同结构形式的触觉效果、交互自然性和成本不同，可根据需求选用。本节重点介绍第一种方式和第三种方式。

1．触控屏产生的振动触觉反馈

振动触觉反馈触控屏的结构如图 10-29 所示，相比于在触控屏上采用单个执行器，使用多个执行器并进行时间和空间编码可以产生更丰富的振动触觉效果。例如，可在触摸屏不同位置上同时呈现不同的触觉反馈。人类指尖的触觉灵敏度很高，空间分辨率约为 1.2mm，满足这样高的灵敏度需求的振动触觉触控屏目前在技术上还难以实现。产生稳定、动态或局部的高真实感振动触觉反馈是触控显示屏的一项关键技术。这与执行器性能有关，同时还依赖于人的触觉幻觉和屏幕的振动特性。

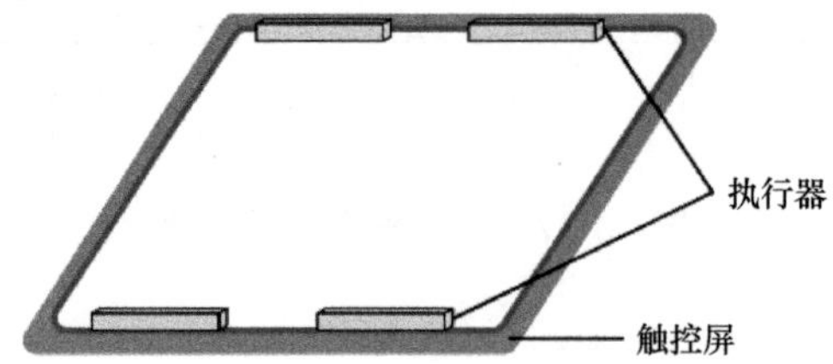

图 10-29　振动触觉反馈触控屏的结构示意图

产生空间触觉反馈的一种有效且广泛应用的方法是利用人的触觉幻觉，这种幻觉发生在两种或两种以上的远距离触觉刺激之间，是一种使用少量执行器提高触控显示屏空间分辨率的有效方法，包括动态触觉幻觉和静态触觉幻觉。

动态触觉幻觉：当一系列不连续的振动触觉刺激依次出现在皮肤上时，会产生动态触觉幻觉，若间断的刺激被感知为在沿着某一方向运动，这种错觉被称为运动错觉。刺激的持续时间（Duration，d）和间隔时间（Stimulus Onset Asynchrony，SOA）的时间轴图，如图 10-30 所示，这两个参数对运动错觉的连续性和稳定性有重要影响，存在最佳范围。间隔时间为 25～400ms 时，人们可以感觉到明显的“流动”触感，即运动错觉。这种由执行器产生的不连续刺激所引起的触觉幻觉可以在全身发生（如双手、手臂、腿和背部等），已被应用于触觉反馈装置中，用于提供导航的方向性提示，呈现空间变化的触觉效果等。

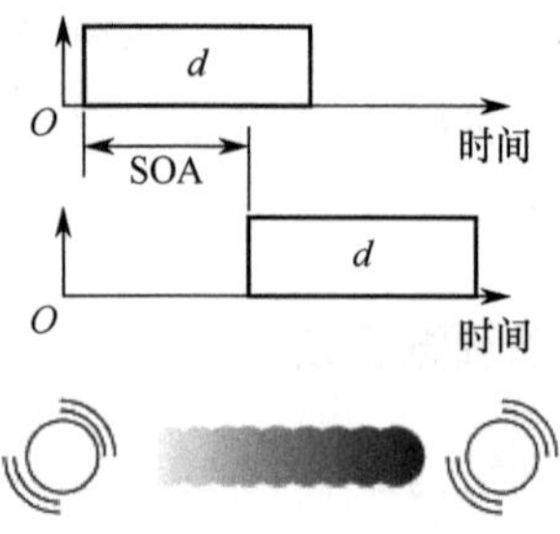

图 10-30　刺激持续时间和间隔时间时序

由于难以在移动设备中安装阵列执行器，通常将两个执行器放在设备两侧，而放置执行器的位置一般与用户抓握位置一致，以直接呈现触感，减少

振动的损耗。运动错觉的呈现方法已经被大量使用，且“流动”触感的连续性和稳定性有了显著的提升，一维的运动错觉被进一步扩展到二维，如图 10-31 所示。2015 年，浦项科技大学使用放置在移动设备四角的四个驱动器呈现了如图 10-32 所示的 32 种运动错觉，其中小部分触感需要用户进行简单的学习以实现准确的判断。2017 年，卡耐基梅隆大学通过多模态的装置（视觉、听觉、触觉）使人感知到触控屏上显示的物体产生了深度方向的运动，产生三维的运动错觉，如图 10-33 所示。

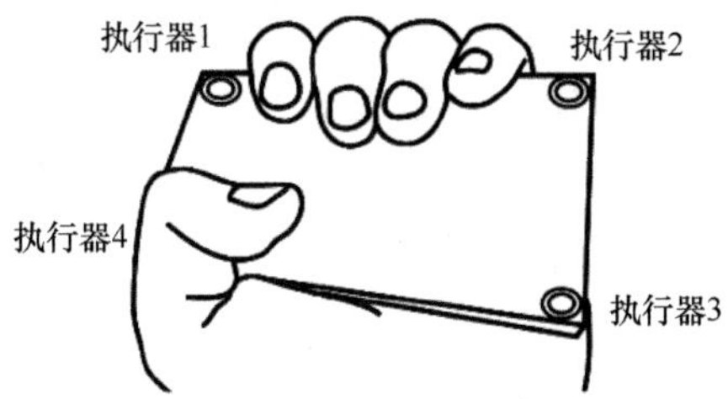

图 10-31　具有四个执行器的移动设备

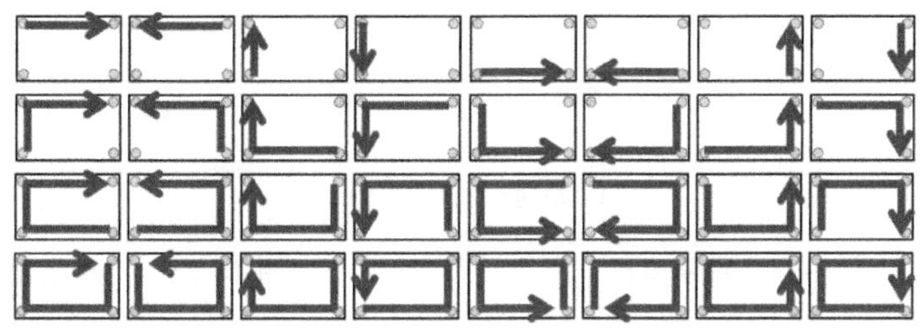

图 10-32　32 种运动错觉的几何路径

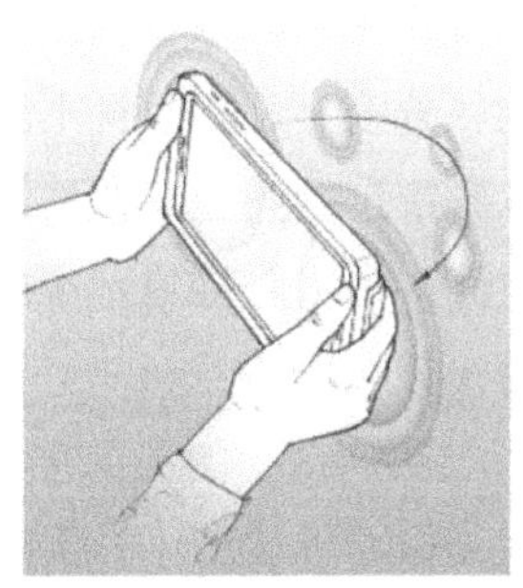

图 10-33　感知三维运动错觉

人类还具有跳跃错觉，在这种幻觉中，皮肤上三个相近的不同位置受到短促的振动刺激，人们感知到刺激在皮肤上移动，就像一只兔子从一个地方逐步跳到了另一个地方，如图 10-34 所示。

静态触觉幻觉：除了动态触觉幻觉，还存在静态触觉幻觉，如汇集错觉。当皮肤上产生几个分散的刺激时，在没有受到刺激的部位感受到了触觉刺激。短暂的刺激同时出现在皮肤上几个紧密的部位时，人感知到几个部位的中心产生了单一刺激，而不是多个部位的刺激，如图 10-35 所示，就好像触觉输入被汇集到一个中央位置。除了独立地在皮肤上施加多个刺激，还可以通过在振动触觉反馈触控显示屏上增加振动阻尼器来渲染汇集错觉。阻尼器的作用是防止多个执行器的振动在触控屏上互相干扰，提供空间上分离的振动刺激。例如，通过控制放置在手机四角处以硅胶减震套为阻尼器的四个振动执行器，可以让人在手机表面产生汇集错觉。

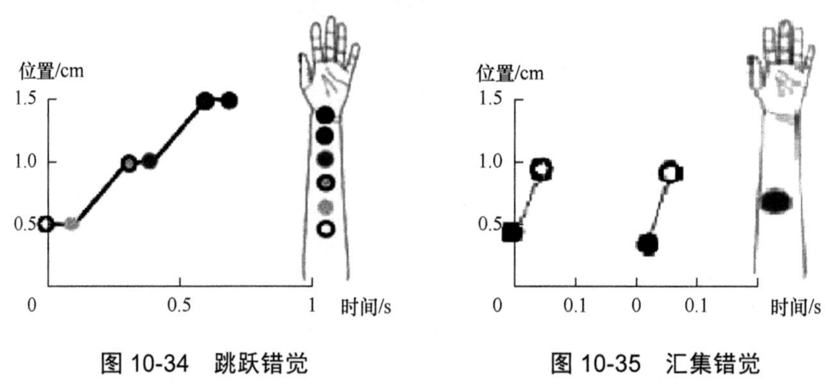

图 10-34　跳跃错觉　　　　图 10-35　汇集错觉

触控显示屏上的局部振动：单个执行器作为局部的振动源可产生一个全局的刺激，不能支持多点触摸和多用户交互。控制多个执行器产生的振动在屏幕上叠加，可以在不同位置产生多种触觉刺激。这种方法会引发整个显示屏都在小幅度振动，刺激的区分度不高，而且不能向多个手指提供不同的反馈。通过振动的局部化可以解决这个问题，即确保在一个选定位置产生的振动在另一个位置不会被感觉到。由于触控显示屏的结构复杂，目前的研究方案大部分针对材质均匀的薄平板。

通过波合成可以在平板上实现振动的局部化，控制两个或多个执行器发射的信号，每个执行器产生的振动幅度较小，但在选定位置可以产生一个较大幅度的振动，如图 10-36 所示。通过调节各振动电机的激活时间，可以控制合成位置。如果合成位置持续移动，就会产生行波，使触觉刺激从一个点出发逐渐向其他点传播，如图 10-37 所示。

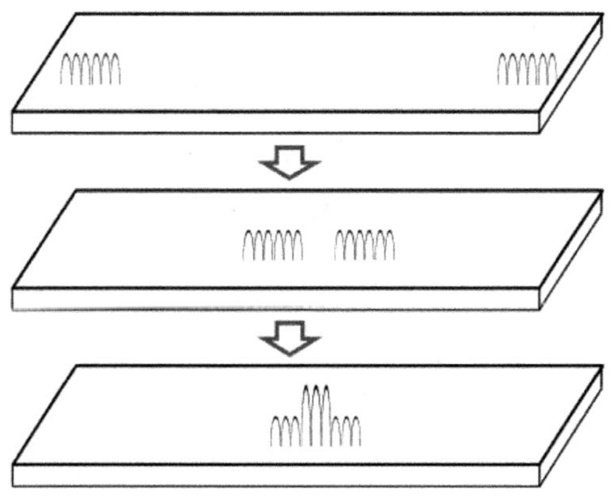

图 10-36　平板上波合成示意图

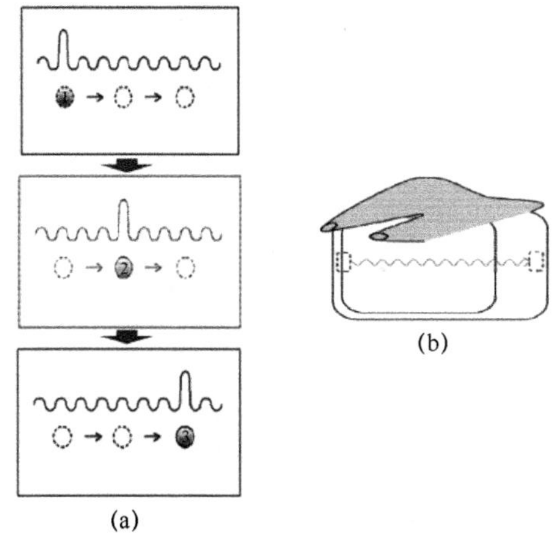

图 10-37　合成振动波的传播

2．触控笔的振动触觉反馈

触控笔是移动终端重要的输入设备，相比手指能更加自然、准确和流畅地进行书写、绘画等操作。通过在触控笔上安装触觉反馈装置，也可以使操作者感受到屏幕上显示物体的轮廓、形状、纹理和硬度等触觉特性，感受与虚拟物体的碰撞、摩擦等交互动态，获得像在真实的纸面进行书写、绘画的感觉，提高交互效率，提升用户体验。

触觉反馈触控笔主要利用特殊的机械结构和振动电机共同实现触觉反馈。2009 年，麻省理工学院设计了如图 10-38 所示的触控笔 Ubi-pen，Ubi-pen

利用振动电机及3×3排布的微型升降杆阵列提供盲文及纹理等图像内容的触觉反馈，帮助有视觉障碍的人更方便地使用移动终端。2010年，日本大阪大学设计了一款由齿轮结构、加速度计及直流电机等组成的触控笔ImpAct，如图10-39所示，当用户使用其按压触摸屏时，可操作屏幕中的虚拟物体。ImpAct利用可伸缩结构动态地改变有效长度，产生笔身进入屏幕的错觉。通过传感器测量的伸缩长度和笔身倾角等几何信息计算其在屏幕中虚拟世界的坐标，根据以上信息，直流电机产生相应的力触觉反馈。2012年，日本电气通信大学研发了一种由振动电机、微控制器及弹性垫片组成的触觉增强笔，如图10-40所示，触觉增强笔能够模拟在不同硬度材质上敲击的触觉感受。微控制器检测笔尖和屏幕的撞击，弹性垫片起减振作用，振动电机起增振作用，最后通过增振和减振的结合实现调节不同硬度的触觉感受。2016年，土耳其科克大学研制了一款由直流电机和多个执行器组成的触控笔，如图10-41所示，利用两个位于笔两端的振动电机分时振动产生动态的触觉幻觉，利用直流电机和振动电机产生的扭矩效应，实现物体转动的触觉反馈。

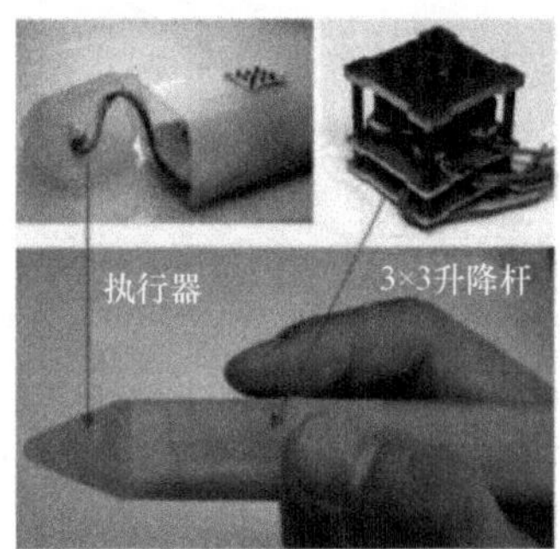

图10-38　麻省理工大学的Ubi-pen

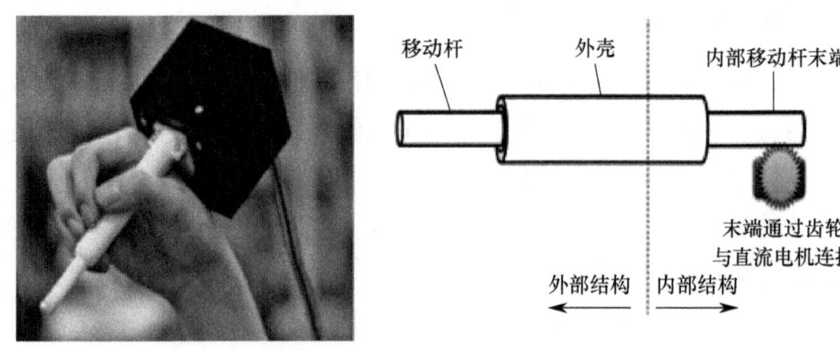

图10-39　日本大阪大学的ImpAct

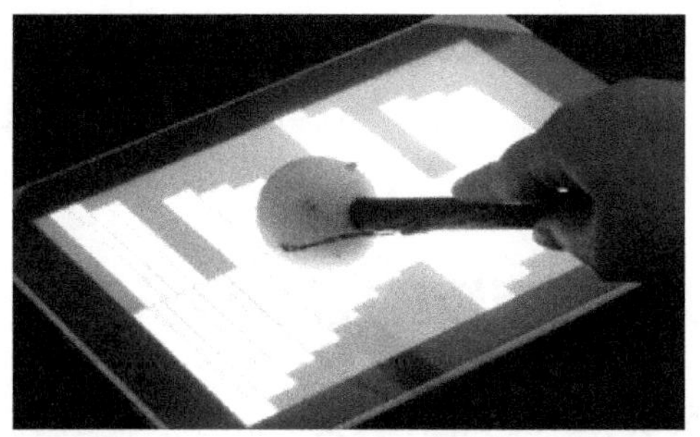

图 10-40　日本电气通信大学的触觉增强笔

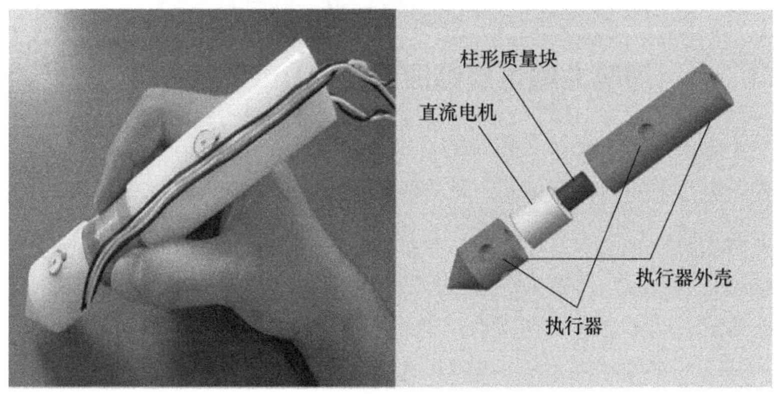

图 10-41　土耳其科克大学的触控笔

分别在触控笔和触控显示屏上安装触觉反馈装置，可实现共同对显示内容的触觉反馈。2019 年，波恩莱茵西格应用科学大学设计了一种触控笔-触控屏结合的触觉反馈装置，如图 10-42 所示，该装置由触控笔、安装在显示屏上的柔性触觉反馈层和执行器组成，当触控笔在屏幕上交互时，能够呈现硬度、轮廓和纹理等多种特性的力触觉反馈。Wang 等人设计了一支由静电力触觉反馈显示屏和振动触觉反馈笔相融合的装置 EV-PEN，如图 10-43 所示，

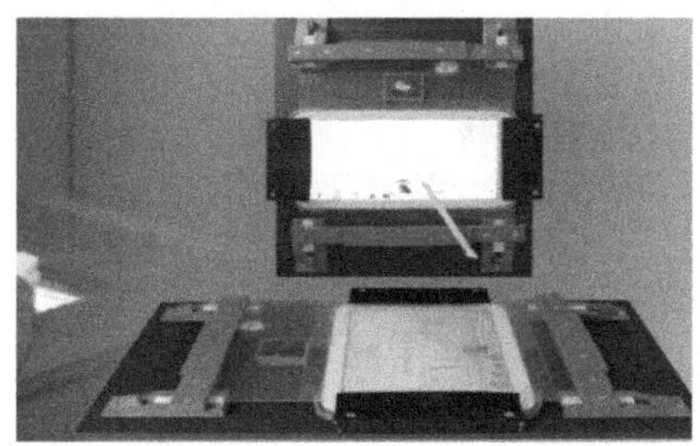

图 10-42　触控笔-触控屏结合的触觉反馈装置

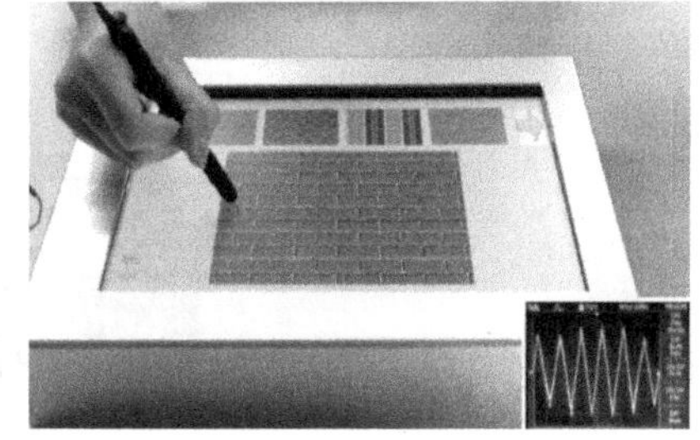

图 10-43　EV-PEN

其触觉反馈由触控显示屏和触控笔间的静电力及笔中的执行器共同产生，该装置可为图形交互界面的画图书写等任务提供触觉反馈及模拟笔在不同材质上交互的触觉感受。

10.3 静电力触觉反馈触控技术

静电力触觉反馈触控技术通过改变手指与屏幕之间滑动的摩擦力来提供触觉反馈，具有低功耗、无衰减、无噪声、易于在移动终端集成等特点，可在电子产品的侧面、背面及曲面等区域提供触感。

10.3.1 静电力触觉反馈原理

用干燥的手指去触摸工作中的灯泡会感觉比平时粗糙，而且这与电刺激直接刺激指尖带来的刺痛感不同。对此现象，Mallinckrodt 认为皮肤最外的角质层充当了电介质，灯泡中导电层与手指内部导电的组织液构成了平行板电容器，当加载交流信号时，二者会产生间隙性的吸引力。角质层没有神经末梢，在手指不移动时人们不会感受到压力。当手指移动时，静电吸引力会产生额外的摩擦力，随着交流信号的改变，人们会感觉持续的拉紧和释放，从而产生粗糙感。

1983 年 S. Grimnes 将这种现象命名为电振动（Electrovibration），通过电场定量解释这种现象。如图 10-44 所示，当手指与铜板之间存在电压 U 时，产生静电吸引力挤压皮肤角质层，挤压力

$$K=\frac{1}{2}\frac{S\varepsilon}{d^2}U^2 \tag{10-2}$$

式中，S 为接触面积，d 为角质层厚度，U 为瞬时电位差，ε 为介电常数。随着手指在金属表面移动，会产生沿着表面的摩擦力

$$F=\mu(K+T) \tag{10-3}$$

式中，μ 为摩擦系数，T 为人体施加的压力。

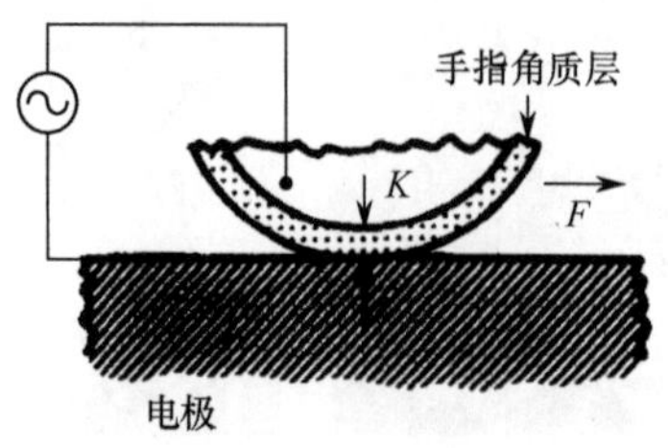

图 10-44 指尖滑动模型

静电力触觉反馈是通过控制手指指尖与触控面板表面之间的静电力，实现一系列的触觉感应，从而实现动态的反馈式人机交互。为保证触控显示模组的稳定性及人的安全性，通常在基材上的导体表面覆盖薄绝缘层。如图 10-45 所示，触觉反馈触控屏由基材、导电层、绝缘层三部分组成。基材是传统的电容式、电阻式、红外式或超声波式触控屏的上基板，起到支撑作用。传统的触控屏用于实现基本的触控位置识别。导电层用于信号的加载，绝缘层确保人体安全及触觉效果稳定。

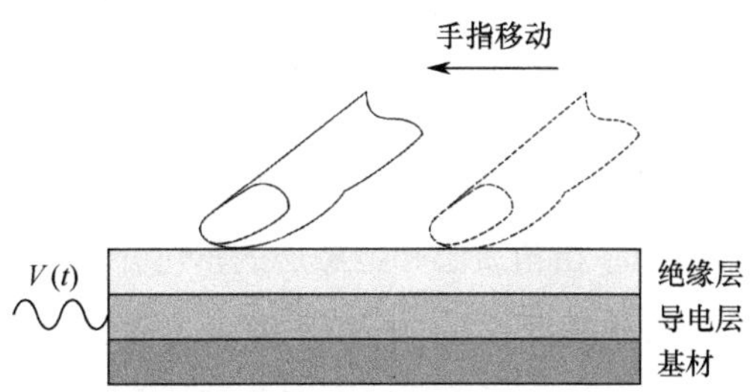

图 10-45 静电力触觉反馈触控屏的屏幕结构

10.3.2 静电力触觉反馈模型

手指在触觉面板移动时，皮肤中导电的组织液与屏幕中的导电层构成电容器的两个极板，绝缘层及皮肤角质层作为电介质。当透明导电层输入正电压时，透明导电层布满了正电荷，手指触摸绝缘层上表面会感应到与导电层极性相反的负电荷，如图 10-46（a）所示。在信号由正电压变为负电压的过程中，导电层带有正负电荷，正电荷也聚集在手指皮肤上，因此手指皮肤上带有正负电荷，如图 10-46（b）所示。当透明导电层上布满负电荷时，手指皮肤上都变为正电荷，如图 10-46（c）所示。

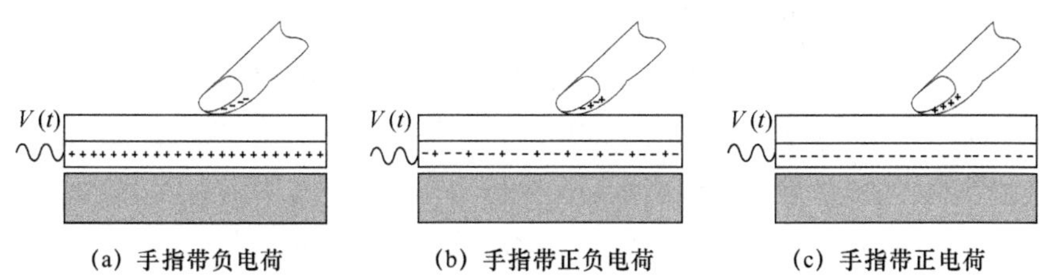

图 10-46 触觉面板电荷变化示意图

在此情况下，手指与触觉反馈面板之间的静电吸引力 $F_e(t)$ 如式（10-4）所示。

$$F_e(t)=\frac{\varepsilon SV^2(t)}{2\left(\frac{T_s}{\varepsilon_s}+\frac{T_p}{\varepsilon_p}\right)(T_s+T_p)} \tag{10-4}$$

手指在面板上移动时受到的滑动摩擦力 $f(t)$ 随着静电吸引力 $F_e(t)$ 的变化而变化，切向摩擦力 $f(t)$ 与驱动信号电压 $V(t)$ 的变化相关如式（10-5）所示。

$$f(t)=\mu[F_n+F_e(t)]=\mu\left[F_n+\frac{\varepsilon SV^2(t)}{2\left(\frac{T_s}{\varepsilon_s}+\frac{T_p}{\varepsilon_p}\right)(T_s+T_p)}\right] \tag{10-5}$$

式中，T_s 和 T_p 分别为手指角质层和绝缘层的厚度，S 为手指与触觉面板的接触面积，ε_s 和 ε_p 分别为手指角质层和绝缘层的相对介电常数，ε 为自由空间介电常数，μ 为静电力触摸屏表面的摩擦系数，F_n 是手指施加的压力。控制驱动信号的幅度、频率及波形能够产生不同的触觉效果。

交流信号幅度决定着感知的强度，Wijekoon 等人研究了静电力感知强度与电压幅度之间的关系，研究表明静电力感知强度与电压驱动信号幅度对数相关。Bau 等人研究了不同频率下的电压绝对阈值及分辨阈值（绝对阈值是人类感受到触觉效果的最小刺激，分辨阈值是指刚刚能引起差别感觉刺激的最小变化量），发现电压的绝对阈值和频率关系与力的绝对阈值和频率关系相似，呈 U 形曲线。

交流信号频率影响着触觉感受，如图 10-47 所示，Bau 等人研究了信号频率对于黏滞性（润滑/黏稠）、平滑性（光滑/粗糙）、性质（振动/摩擦）及愉悦度的影响。实验结果表明，频率对于黏滞性具有显著性影响，人们在低频感受黏着，而在高频感受光滑。与之相似，高频会感受更为平滑。人们感受到的触觉是振动及摩擦的混合，在高频时摩擦占据主导，而在低频时振动占据主导。交流信号频率不仅影响着触觉感受，还影响信号频率对于静电吸引力的大小。Mayer 等人利用“虚功理论”计算产生的法向吸引力，制作了静电摩擦力测试装置，通过测量切向摩擦力来计算静电吸引力大小。测量不同频率下的静电吸引力大小，如图 10-48 所示。Vezzoli 等人通过考虑手指皮肤与频率相关的电特性，并将其引入静电吸引力产生模型，并与 Mayer 等人研究数据进行对比，再次证明了静电吸引力的大小与驱动信号的频率之间的依赖性。

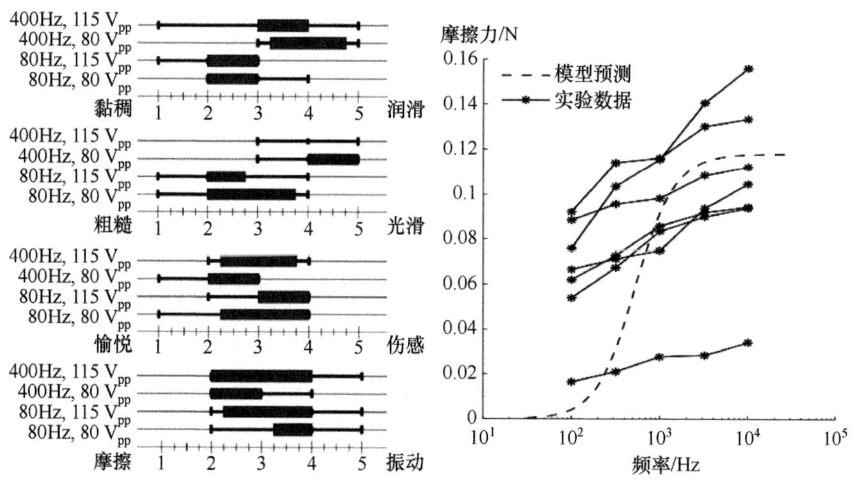

图 10-47　静电力不同触感等级图　　图 10-48　理论及实测法向力与频率关系图

交流信号极性是否影响静电力效果决定着驱动信号的设计，Kaczmarek 等人采用正向脉冲、负向脉冲及两种频率的双向脉冲，研究了电压极性对于静电力绝对阈值的影响。角质层具有极性不对称的电阻特性，带有负相位的脉冲能够“短路”部分角质层介质。与正向脉冲相比，人们更容易感受到负向脉冲和双向脉冲，如图 10-49 所示。

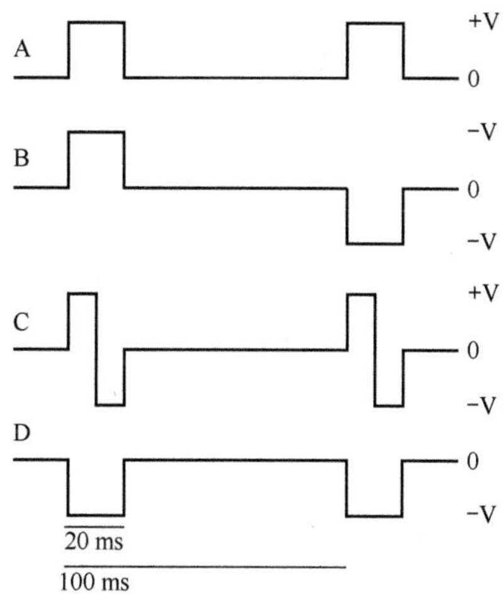

图 10-49　施加到电极的波形图

交流信号波形不同也会导致触觉效果的不同，Vardar 等人研究了电压波形对于静电力感知的影响。手指的角质层具有弱导电性，不同信号经过角质

层的滤波产生的力信号频率分量不同。具有多个频率分量的信号同时激励不同感受器，每个感受器有不同的阈值，当某一频率的能量超过感受器阈值时，人们感受触觉。正弦信号具有单一频率成分，而方波则具有多个频率成分，以 15Hz 为例，正弦信号产生的频率分量在 30Hz，当方波与正弦波在 30Hz 的能量无法超过默克尔触盘的阈值时，方波所具有的 180Hz 分量可以激励帕西尼小体，使人感受到振动，如图 10-50 所示。

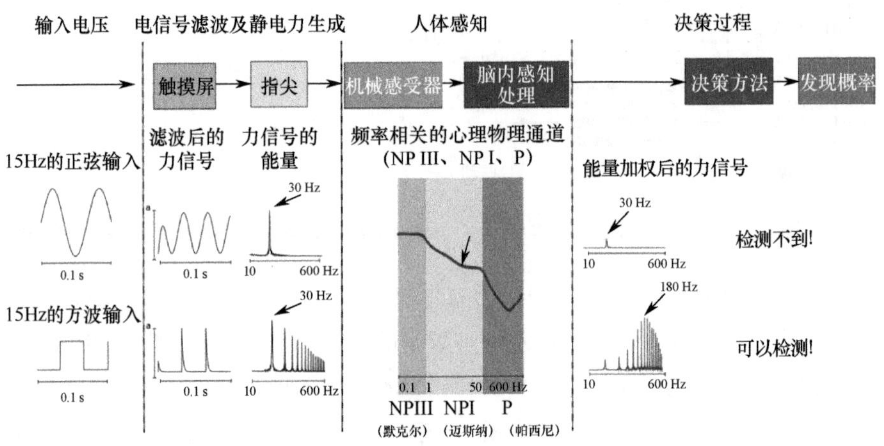

图 10-50　静电力触觉感知过程

10.3.3　静电力触觉反馈装置

静电力触觉反馈装置除可以表现多种触觉外，由于无须机械部件，因此没有振动声，不易损坏。不用选择可提示触觉的场所也是其一个特点。在电子产品的侧面、背面及曲面上等原有技术难以实现的场所也可采用。另外，还可自由控制提供触感的区域。例如，仅当用户触摸画面上显示的按钮时，提供反馈触觉等。

美国迪斯尼研究中心率先采用商业化触摸屏幕覆盖在显示器表面，制作静电力反馈装置 Teslatouch。如图 10-51 所示，所采用的触觉屏幕为 3M 公司生产的表面式电容屏，具有三层结构，分别是玻璃基材、导电的氧化铟锡层（ITO）及二氧化硅绝缘层。导电 ITO 层厚度为 250nm，二氧化硅层厚度约 1μm。与传统金属板不同，该屏幕三层结构均透明，保证用户的视觉体验。

投影装置将视觉信息投射在触摸屏上，Teslatouch 通过处理图片信息得到相应的触觉信息，并将触觉信息与驱动信号进行映射。当手指在装置表面

移动时，采用红外相机捕获手指位置，采用 TUIO 协议将位置信息发送给处理单元。处理单元将对应信号加载至屏幕导电层，随着手指位置的变化，在不同位置加载不同的驱动信号，产生预想的触觉效果。用户通过接地手环保证身体接地来提升触觉效果的强度，如图 10-52 所示。

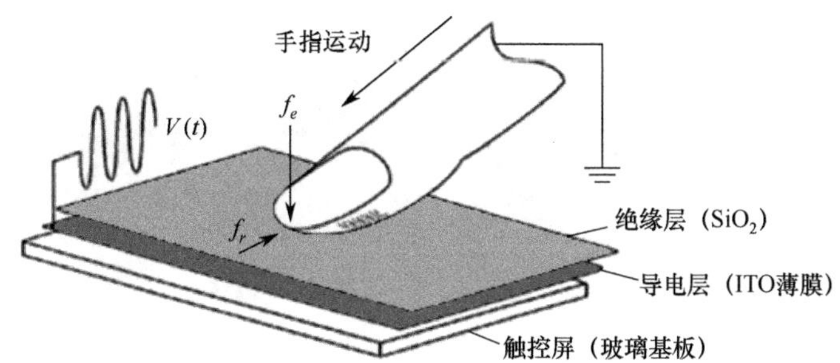

图 10-51　3M 表面电容屏结构

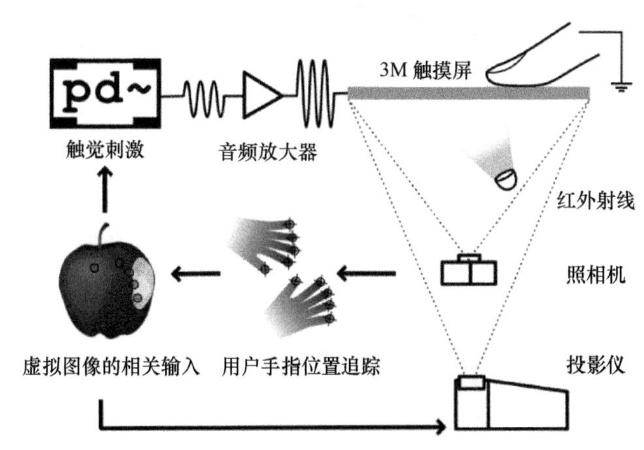

图 10-52　Teslatouch 装置结构图

用户可以与屏幕中的虚拟事物进行交互，通过捕获手指位置信息及处理好的与视觉相对应的触觉信息来控制手指与屏幕间摩擦力的大小，实现纹理材质再现、文件拖动、屏幕绘画及游戏娱乐等功能，如图 10-53 所示。

此外，芬兰 Senseg 公司利用特制的 Tixel 薄膜覆盖在投射式电容屏表面，薄膜能在不影响移动设备定位的前提下，产生静电力效果，有效降低了设备体积。吉林大学制作出国内第一款静电力触觉反馈装置，并证明了静电力反馈对于交互效率的提升。

图 10-53　Teslatouch 功能图

10.4　空气压膜触觉反馈触控技术

空气压膜触觉反馈触控装置利用执行器带动薄板高频振动，使手指和薄板之间产生高压空气膜，通过减小手指与屏幕间的摩擦系数来减小摩擦力，实现光滑的触感，且易于与现有的移动终端集成。与静电力触觉反馈触控技术相比，空气压膜触觉反馈触控技术不受周围环境和使用者手指温湿度的影响，但对执行器的功耗与体积要求较高。

10.4.1　空气压膜触觉反馈原理

"空气压膜"这一概念是由 Tipi 在 1954 年提出的。1957 年，Taylor 和 Saffman 通过研究机械轴承表面之间相对法向运动对空气非牛顿特性的影响，得出由轴承表面相对法向运动产生的薄膜压力高于初始压力或环境压力。

1959 年，Salbu 等人得出空气压膜效应是空气黏性效应和压缩性效应相互作用的结果，向两个间隙小的平行板中的一块施加高频振动，板块之间空气中的黏性力限制气流从板块中流出，压缩性效应导致板间压力高于大气压力，在两板中间产生一层空气薄膜，称为空气压膜，如图 10-54（a）所示。空气压膜触觉反馈技术是将静止平板替换为手指触摸，如图 10-54（b）所示。

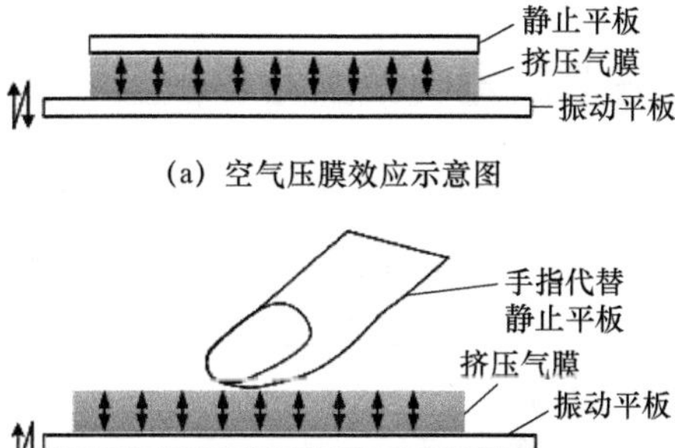

图 10-54　空气压膜触觉反馈技术

超声波的振幅非常小，传播时交替形成正音压和负声压，其平均值是零。原理上，可以产生 gf（克力）量级的压力。超声波的振幅越大，与声波能量呈比例关系的压力（辐射压）就能显现出来。如果在超声波束的截面上施加一个按压动作，就会产生相应的反作用力。

1995 年，Watanabe 和 Fukui 将针对表面粗糙度的触觉反馈，研制出第一个超声波振动板装置，如图 10-55 所示。当手指与振动平板接触，振动平板的频率和振幅满足形成空气压膜效应的条件时，在手指与振动平板间会形成一个高压空气薄膜，该高压空气薄膜承载手指的一部分按压力，减小了手指与振动平板间的相对摩擦系数，通过改变摩擦系数可以实现不同的触觉感受。

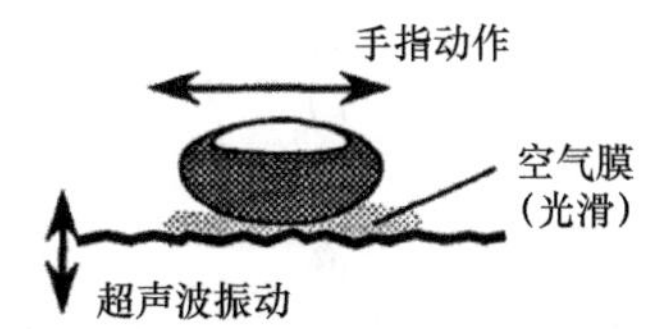

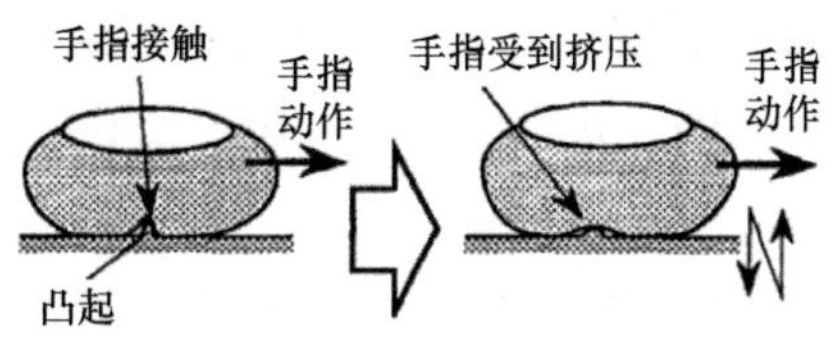

图 10-55　摩擦系数变化示意图

10.4.2 空气压膜触觉反馈的力学模型

空气压膜触觉反馈的力学模型如图 10-56 所示，当手指触摸面板保持静止状态，指板间无空气压膜效应，手指对板施加的法向作用力为 N；当手指在面板上滑动时，指板间存在空气压膜效应，手指会受到空气压膜施加的法向挤压力 N_s 和切向摩擦力 f 。

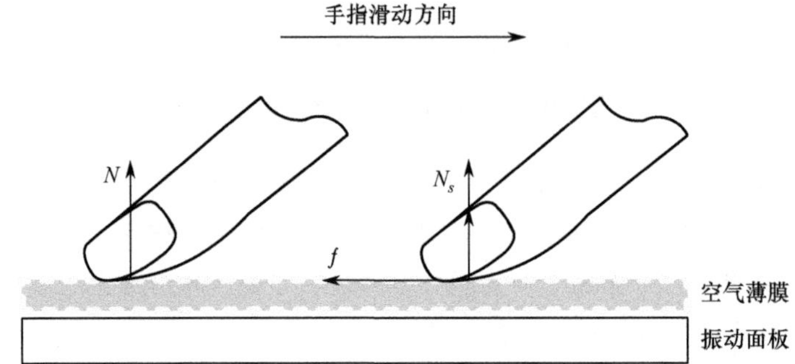

图 10-56　空气压膜触觉反馈力学模型

Salbu 提出压膜因子用来度量间隙中流体压缩性，表示为 σ_{salbu} 它也可以用来表征空气压膜强度的大小。在压膜因子较低时，流体几乎是不可压缩的，而在高压膜因子时，流体被困在间隙中。一般情况下，当压膜因子大于 10 时，可以形成空气压膜效应且比较明显。该理论适用于两板之间的空气压膜效应理论，如式（10-6）所示。

$$\sigma_{\text{salbu}} = \frac{12\eta\omega\left(l_0/2\right)^2}{P_0 h_0^{\ 2}} \tag{10-6}$$

式中，压膜因子 σ_{salbu} 代表空气分子的黏滞性和可压缩性之间的关系；η 是空气的黏性系数，与温度有关，20℃时，$\eta=1.81\times10^{-5}\text{Pa}\cdot\text{s}$；$\omega$ 是振动板的振动频率；l_0 是两板的接触长度；P_0 是大气压力，与温度、湿度和海拔有关，标准大气压 P_0=101.325kPa；h_0 为两平板间距。压膜因子主要与振动频率和两平板间距有关。

2007 年，Biet 等人进一步研究了指尖与振动平板之间产生的气体膜，提出指纹模型引入 Salbu 提出的压膜因子模型，如图 10-57 所示，该模型考虑了手指表面相对于平板的粗糙度（几微米），手指与振动平板间的气模厚度 $h(x)$，如式（10-7）所示。

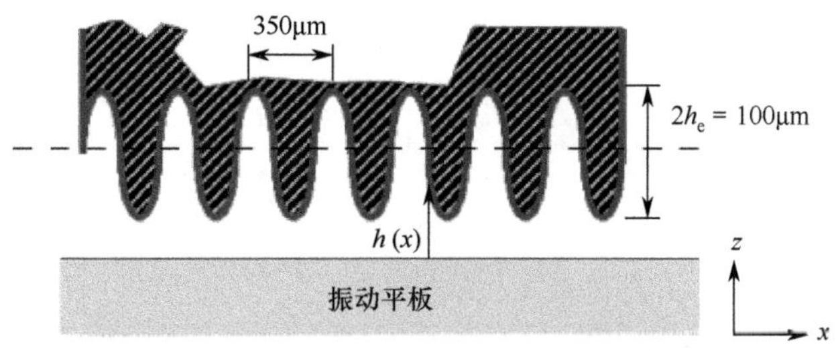

图 10-57　引入手指指纹的压膜模型

$$h(x,t)=h_r+h_{vib}[1+\cos(\omega\cdot t)]+h_e\left[1+\cos\left(\frac{2\pi}{L}x\right)\right] \tag{10-7}$$

式中，h_{vib} 为振动板的振动幅度，h_r 为振动板的粗糙度，h_e 为指纹的平均幅度，一般远大于振动板的振动幅度和振动板的粗糙度。根据指纹模型，Biet 提出的指尖平板压膜因子公式如式（10-8）所示。

$$\sigma_{Biet}=\frac{12\eta\omega l}{p_0(h_{vib}+h_r+h_e)^2} \tag{10-8}$$

式中，l 为手指与振动面板的间距，压膜因子 σ 几乎完全取决于振动频率 ω，当振动板的振动频率大于 25kHz 时，可以在手指和振动平板间产生空气压膜效应。压膜因子与振动频率关系如图 10-58 所示，当压膜因子 σ 较小时，气膜不可压缩；当压膜因子 σ 较大时，气膜类似于一个非线性弹簧。

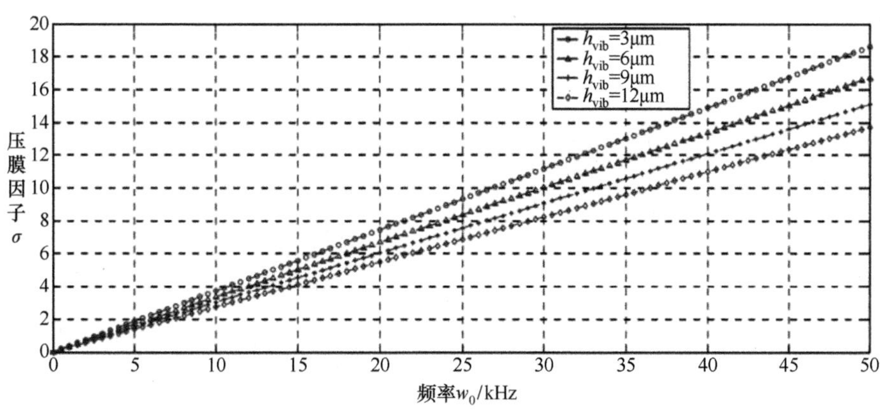

图 10-58　空气压膜的压膜因子与振动频率的关系

当空气压膜效应形成时，空气压膜中的压力会高于外界大气压，因此空气压膜会提供给手指挤压力 N_s，其表达式如式（10-9）和式（10-10）所示。

$$N_s = SP_0\left(\sqrt{\frac{1+\frac{3}{2}\varepsilon^2}{1-\varepsilon^2}}-1\right) \tag{10-9}$$

$$\varepsilon = \frac{h_{\text{vib}}}{h_0} \tag{10-10}$$

式中，S 为手指与振动面板的接触面积，ε 为偏移比（$h_0 = h_{\text{vib}} + h_e + h_r$）。参考不同粗糙度的振动平板，得到振动面板的振动幅度 h_{vib} 与挤压力 N_s 的非线性关系，如图 10-59 所示。

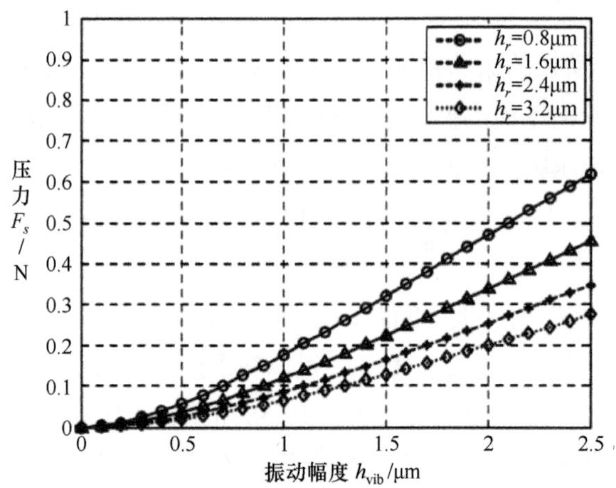

图 10-59　振幅与空气压膜挤压力的关系（h_e=2μm）

由于挤压力 N_s 的存在，将导致指尖在接触面板时的实际接触力小于指尖施加的力 N，因此，振动面板表面的摩擦力如式（10-11）所示。

$$f = \mu(N - N_s) = \mu' N \tag{10-11}$$

式中，μ' 和 μ 分别表示无和有空气压膜效应的摩擦系数，手指作用在振动平板的法向力一定时，空气压膜效应产生的挤压力越大，手指与振动平板间的相对摩擦系数越小，振动平板表面越光滑。其相对摩擦力系数如式（10-12）所示。

$$\frac{\mu'}{\mu} = 1 - \frac{N_s}{N} \tag{10-12}$$

通过振幅与挤压力的关系可以得出振幅对于空气压膜效应摩擦力的相对摩擦系数的影响程度，如图 10-60 所示。虽然摩擦力并不总是与触觉表面粗糙感相匹配，但它与“粗糙”和“光滑”等触觉感知密切相关，其中振动

面板的振动频率与振动幅度对于手指触觉感知程度影响最为明显，在实际应用当中可通过调节其参数达到不同的触觉效果。

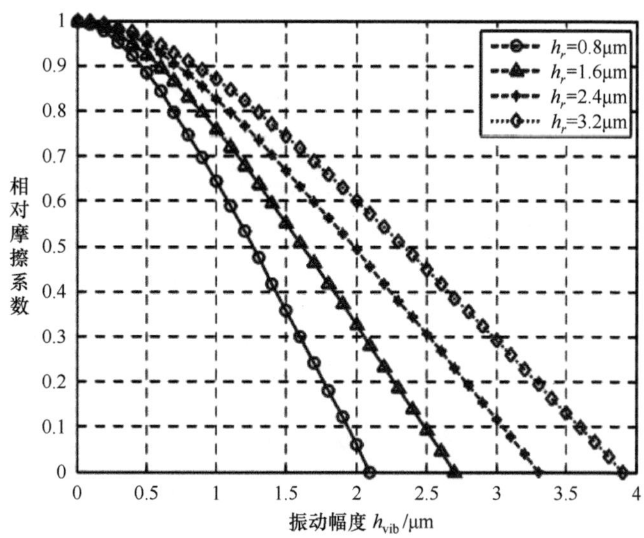

图 10-60　振幅与相对摩擦系数的关系

10.4.3　空气压膜触觉反馈装置

2001 年，Weisendanger 利用压电弯曲元件产生了空气压膜效应。压电弯曲元件由两层构成：被动支撑层与压电陶瓷层，压电陶瓷层粘在被动支撑层上面。当电压施加在压电层上时，压电层膨胀或收缩带动被动支撑层，由此导致整体元件弯曲。压电弯曲原件的设计包括选择压电陶瓷圆盘的半径与厚度、支撑层材料（材料为钢、玻璃、黄铜等）及其厚度，支撑层和压电层的厚度比要求如图 10-61 所示。

在 Weisendanger 的设计基础上，美国西北大学研制的 T-PaD 装置进一步改善了硬件结构，如图 10-62 所示，该装置主要包括玻璃平板和粘贴在平板下方的压电执行器，施加激励信号到压电执行器，带动平板高频振动使手指与面板之间产生空气压膜效应。在 T-PaD 中压电弯曲元件设计为直径 25mm、厚度 1mm 的压电陶瓷圆盘附着在直径相等、厚度为 1.59mm 的玻璃盘上，弯曲元件的总高度只有 2.59mm。使用的压电陶瓷盘与 Weisendanger 使用的相同，钢支撑层替换为更厚的玻璃层。玻璃平面具有比钢平面更高的摩擦系数，更大的切向应力（黏性力）范围。较厚的玻璃支撑层增加了共振频率，确保振动频率超出可听到的范围，同时减小振幅。

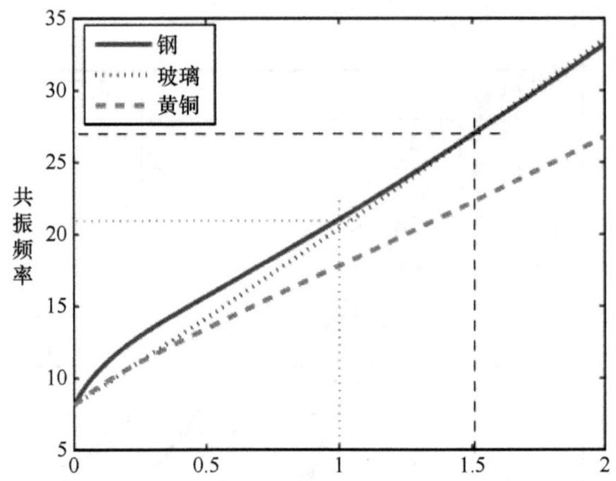

图 10-61　支撑层和压电层的厚度比

图 10-62　T-PaD 触觉再现装置

Colgate 和 Marchuk 等人将 T-PaD 触觉反馈装置移植到 76.2mm×76.2mm×3.175mm 的透明玻璃板上，制作了 T-PaD 触觉反馈装置，如图 10-63（a）所示，可在玻璃表面上再现纹理触感，同时降低了空气压膜效应触觉反馈装置的功耗。Leveaque 等人在 T-PaD 的基础上利用 4 个压电陶瓷片设计了新的 T-PaD 触觉反馈装置，如图 10-63（b）所示。

在触控显示屏上，为了不影响视觉效果，通常将压电陶瓷片粘贴在振动平板的两侧。压电陶瓷片伸缩振动带动振动板伸缩振动，伸缩振动产生纵波，纵波在满足半波长为弦长的整数倍时产生驻波，从而在振动平板的波腹处产生空气压膜效应，产生光滑的触觉效果，此时振动平板的振型为具有 N 个

波腹的驻波振型，如图 10-64 所示。两列振动频率相同、振动幅度相等、传播方向相反的机械波相遇时，如果满足弦长为驻波半波长的整数倍，则两列波经过叠加形成驻波。驻波分为波节和波腹，波节处振动幅度为零，波腹处振动幅度最大，波节处所在的痕迹称为振型节线。两列振动频率相同、振动幅度相等、传播方向相反的机械波方程如式（10-13）和式（10-14）所示。

$$y_1 = A\cos(\omega t - kx + \phi_1) \tag{10-13}$$

$$y_2 = A\cos(\omega t + kx + \phi_2) \tag{10-14}$$

(a) 玻璃基 T-PaD 触觉反馈装置

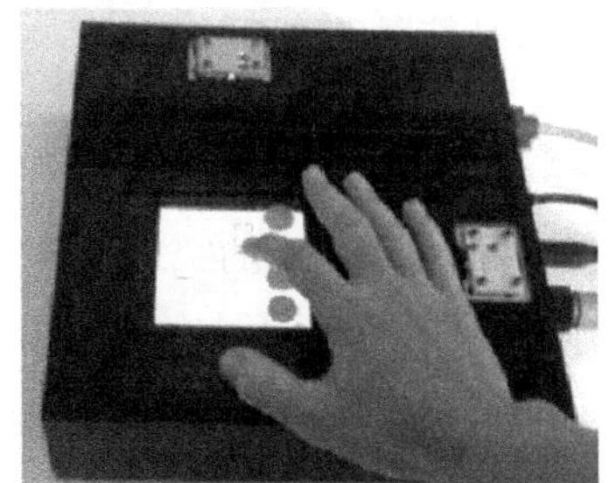

(b) 4 个压电陶瓷片的 LATPaD 触觉反馈装置

图 10-63　LATPaD 触觉反馈装置

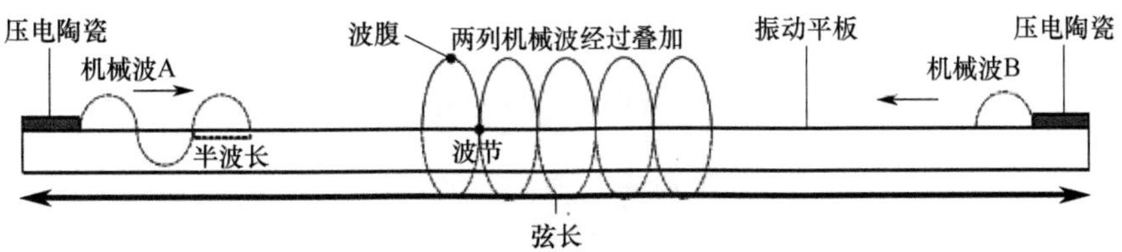

图 10-64　驻波振型

形成的驻波方程如式（10-15）所示。

$$y = y_1 + y_2 = 2A\cos\left(kx + \frac{\phi_2 - \phi_1}{2}\right)\cos\left(\omega t + \frac{\phi_2 + \phi_1}{2}\right) \tag{10-15}$$

波节所处位置 x 如式（10-16）所示。

$$x = (2n+1)\frac{\pi}{2k} - \frac{\phi_2 - \phi_1}{2k}(n = 0, \pm 1, \pm 2, \cdots) \tag{10-16}$$

波腹所处位置 x 如式（10-17）所示。

$$x = \frac{n\pi}{k} - \frac{\phi_2 - \phi_1}{2k}(n = 0, \pm 1, \pm 2, \cdots) \tag{10-17}$$

其中，平板波节位置处振幅为 0，波腹位置处振幅为 2A，驻波波腹位置与手

指表面产生空气压膜效应，驻波波节位置无法改变相对摩擦系数。

Biet 等对长为 $\lambda/2$、宽为 b、厚度为 h_i，粘贴在同样大小，厚度为 h_p 的基片上的压电陶瓷进行建模，压电陶瓷应工作在共振频率下，此时粘贴压电陶瓷的基片弯曲量 w 如式（10-18）所示。

$$w = Q_m \frac{-3}{16} \frac{d_{31}V}{h_p^2} \left(\frac{\lambda}{2}\right)^2 \left(\frac{1-2f_0}{1-3f_0+3f_0^2}\right) \tag{10-18}$$

其中，Q_m 为压电陶瓷片的机械品质因数，d_{31} 为压电常数，V 为驱动信号电压，h_p 为基片厚度，$\lambda/2$ 为压电陶瓷片的长度，z_0 为基片压缩和拉伸在 Z 轴方向的长度，$f_0 = z_0/h_p$。

法国 Hap2U 生产的空气压膜装置如图 10-65 所示，压电陶瓷片粘贴在盖板下方，放置在盖板下方的触控屏能够捕获手指位置并将手指位置发送给处理单元，发送交流信号驱动压电陶瓷片产生触觉效果，可在汽车显示器、移动终端上应用。其缺点是当触觉面板面积较大时，保持面板各部分的一致性振动较难，无法实现多点的触觉反馈。

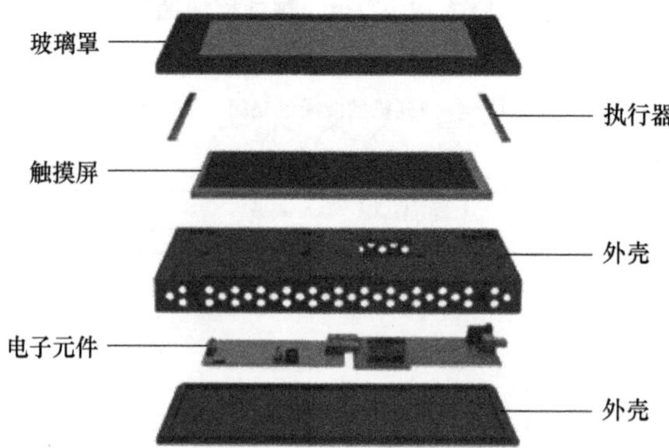

图 10-65　法国 Hap2U 的空气压膜装置

本章参考文献

[1] CHORTOS A, LIU J, BAO Z. Pursuing prosthetic electronic skin[J]. Nature materials, 2016, 15(9): 937-950.

[2] WANG D, OHNISHI K, XU W. Multimodal haptic display for virtual reality: A survey[J]. IEEE Transactions on Industrial Electronics, 2019, 67(1): 610-623.

[3] FARAGE M A, MILLER K W, MAIBACH H I. (Eds.) Textbook of aging skin[M]. Berlin, Heidelberg: Springer, 2017.

[4] ROBLES-DE-LA-TORRE G, HAYWARD V. Force can overcome object geometry in the perception of shape through active touch[J]. Nature, 2001, 412(6845): 445-448.

[5] 焦阳, 龚江涛, 史元春, 等. 盲人触觉图形显示器的交互体验研究[J]. 计算机辅助设计与图形学报, 2016, 28(9): 1571-1576.

[6] 焦阳, 龚江涛, 徐迎庆. 盲人触觉图像显示器 Graille 设计研究[J]. 装饰, 2016(1): 94-96.

[7] 迈卡・B. 亚里, 克雷格・切希拉, 纳撒尼尔・马克・萨尔, 等. 动态触觉界面和方法[P]. CN104662497A, 2015-05-27.

[8] WANG D , GUO Y , LIU S , et al. Haptic display for virtual reality: progress and challenges[J]. Virtual Reality & Intelligent Hardware, 2019, 1(2):136-162.

[9] BAU O, POUPYREV I, ISRAR A, et al. TeslaTouch: electrovibration for touch surfaces[C]. New York: Association for Computing Machinery, 2010.

[10] WINFIELD L, GLASSMIRE J, COLGATE J E, et al. T-pad: Tactile pattern display through variable friction reduction[C]. Piscataway, NJ: IEEE, 2007.

[11] GU X, ZHANG Y, SUN W, et al. Dexmo: An inexpensive and lightweight mechanical exoskeleton for motion capture and force feedback in VR[C]. New York: Association for Computing Machinery, 2016.

[12] SODHI R, POUPYREV I, GLISSON M, et al. AIREAL: interactive tactile experiences in free air[J]. ACM Transactions on Graphics (TOG), 2013, 32(4): 1-10.

[13] SUN C, NAI W, SUN X. Tactile sensitivity in ultrasonic haptics: Do different parts of hand and different rendering methods have an impact on perceptual threshold[J]. Virtual Reality & Intelligent Hardware, 2019, 1(3): 265-275.

[14] IWAMOTO T, TATEZONO M, SHINODA H. Non-contact method for producing tactile sensation using airborne ultrasound[C]. Berlin, Heidelberg: Springer, 2008.

[15] HOSHI T, TAKAHASHI M, IWAMOTO T, et al. Noncontact tactile display based on radiation pressure of airborne ultrasound[J]. IEEE Transactions on Haptics, 2010, 3(3): 155-165.

[16] CARTER T, SEAH S A, LONG B, et al. UltraHaptics: multi-point mid-air haptic feedback for touch surfaces[C]. New York: Association for Computing Machinery, 2013.

[17] LONG B, SEAH S A, CARTER T, et al. Rendering volumetric haptic shapes in mid-air using ultrasound[J]. ACM Transactions on Graphics (TOG), 2014, 33(6): 1-10.

[18] IKEI Y, WAKAMATSU K, FUKUDA S. Vibratory tactile display of image-based

textures[J]. IEEE Computer Graphics and Applications, 1997, 17(6): 53-61.

[19] FUKUMOTO M, SUGIMURA T. Active click: tactile feedback for touch panels[C]. New York: Association for Computing Machinery, 2001.

[20] FIJALKOWSKI B. Mechanical homogeneous continuous dynamical systems holor algebra-steady-state alternating velocity analysis[J]. International Journal of Applied Mechanics and Engineering, 2016, 21(4): 805-826.

[21] 甘添. 基于空气压膜的多媒体终端触觉再现方法[D]. 长春: 吉林大学, 2018.

[22] POUPYREV I, REKIMOTO J, MARUYAMA S. TouchEngine: a tactile display for handheld devices[C]. New York: Association for Computing Machinery, 2002.

[23] ZHAO S, ISRAR A, FENNER M, et al. Intermanual apparent tactile motion and its extension to 3D interactions[J]. IEEE transactions on haptics, 2017, 10(4): 555-566.

[24] SEO J, CHOI S. Edge flows: Improving information transmission in mobile devices using two-dimensional vibrotactile flows[C]. Piscataway, NJ: IEEE, 2015.

[25] LEDERMAN S J, JONES L A. Tactile and haptic illusions[J]. IEEE Transactions on Haptics, 2011, 4(4): 273-294.

[26] PARK G, CHA H, CHOI S. Attachable and detachable vibrotactile feedback modules and their information capacity for spatiotemporal patterns[C]. Piscataway, NJ: IEEE, 2017.

[27] KIM S Y, KIM J O, KIM K Y. Traveling vibrotactile wave-a new vibrotactile rendering method for mobile devices[J]. IEEE Transactions on Consumer Electronics, 2009, 55(3): 1032-1038.

[28] KYUNG K U, LEE J Y. Ubi-Pen: a haptic interface with texture and vibrotactile display[J]. IEEE Computer Graphics and Applications, 2009, 29(1):56-64.

[29] WITHANA A, KONDO M, MAKINO Y, et al. ImpAct: Immersive haptic stylus to enable direct touch and manipulation for surface computing[J]. Computers in Entertainment (CIE), 2010, 8(2): 1-16.

[30] HACHISU T, SATO M, FUKUSHIMA S, et al. Augmentation of material property by modulating vibration resulting from tapping[C]. Berlin, Heidelberg: Springer, 2012.

[31] ARASAN A, BASDOGAN C, SEZGIN T M. HaptiStylus: a novel stylus for conveying movement and rotational torque effects[J]. IEEE computer graphics and applications, 2016, 36(1): 30-41.

[32] KRUIJFF E, BISWAS S, TREPKOWSKI C, et al. Multilayer Haptic Feedback for Pen-Based Tablet Interaction[C]. New York: Association for Computing Machinery, 2019.

[33] WANG Q , REN X , SARCAR S , et al. EV-Pen: Leveraging Electrovibration Haptic Feedback in Pen Interaction[C]. New York: Association for Computing Machinery,

2016.

[34] MALLINCKRODT E, HUGHES A L, Sleator Jr W. Perception by the skin of electrically induced vibrations[J]. Science, 1953, 118(3062): 277.

[35] GRIMNES S. Electrovibration, cutaneous sensation of microampere current[J]. Acta Physiologica Scandinavica, 1983, 118(1): 19-25.

[36] MEYER D J. Electrostatic Force on a Human Fingertip[D]. Evanston, U.S.: Northwestern University, 2012.

[37] KACZMAREK K A, NAMMI K, AGARWAL A K, et al. Polarity effect in electrovibration for tactile display[J]. Transactions on Biomedical Engineering, IEEE, 2006, 53(10): 2047-2054.

[38] WIJEKOON D, CECCHINATO M, HOGGAN E, et al. Electrostatic modulated friction as tactile feedback: Intensity perception[C]. Berlin, Heidelberg: Springer, 2012.

[39] MAYER D, PESHKIN M, COLGATE E. Fingertip electrostatic modulation due to electrostatic attraction[C]. Piscataway, NJ: IEEE, 2013.

[40] VEZZOLI E, AMBERG M, GIRAUD F, et al. Electrovibration modeling analysis[C]. Berlin, Heidelberg: Springer, 2014.

[41] VARDAR Y, GÜÇLÜ B, BASDOGAN C. Effect of waveform on tactile perception by electrovibration displayed on touch screens[J]. IEEE transactions on haptics, 2017, 10(4): 488-499.

[42] LIU G, SUN X, WANG D, et al. Effect of electrostatic tactile feedback on accuracy and efficiency of pan gestures on touch screens[J]. IEEE Transactions on Haptics, 2017, 11(1): 51-60.

[43] AYYILDIZ M, SCARAGGI M, SIRIN O, et al. Contact mechanics between the human finger and a touchscreen under electroadhesion[J]. Proceedings of the National Academy of Sciences, 2018, 115(50): 12668-12673.

[44] TAYLOR S G, SAFFMAN P G. Effects of compressibility at low Reynolds number[J]. Journal of the Aeronautical Sciences, 1957, 24(8): 553-562.

[45] SALBU E O J. Compressible Squeeze Films and Squeeze Bearings[J]. Journal of Basic Engineering, 1964, 86(2):355.

[46] WATANABE T, FUKUI S. A method for controlling tactile sensation of surface roughness using ultrasonic vibration[C]. Piscataway, NJ: IEEE, 1995.

[47] BIET M, GIRAUD F, LEMAIRE-SEMAIL B. Implementation of tactile feedback by modifying the perceived friction[J]. The European Physical Journal Applied Physics, 2008, 43(1): 123-135.

[48] BIET M, GIRAUD F, LEMAIRE-SEMAIL B. Squeeze film effect for the design of

an ultrasonic tactile plate[J]. IEEE transactions on ultrasonics, ferroelectrics, and frequency control, 2007, 54(12): 2678-2688.

[49] 马露. 基于摩擦力控制的触觉再现系统的研究[D]. 南京：南京航空航天大学，2014.

[50] WIESENDANGER M, PROBST U, SIEGWART R. Squeeze film air bearings using piezoelectric bending elements[D]. Lausanne: EPFL, 2001.

[51] MARCHUK N D, COLGATE J E, PESHKIN M A. Friction measurements on a Large Area TPaD[C]. Piscataway, NJ: IEEE, 2010.

[52] MARCHUK N D. The Large Area Tactile Display[D]. Evanston, U.S.: Northwestern University, 2010.

[53] LÉVESQUE V, ORAM L, MACLEAN K, et al. Frictional widgets: enhancing touch interfaces with programmable friction[C]. New York: Association for Computing Machinery, 2011.

[54] LÉVESQUE V, ORAM L, MACLEAN K, et al. Restoring physicality to touch interaction with programmable friction [C]. Piscataway, NJ: IEEE, 2011.